"高考数学试题背景（第一辑）"丛书

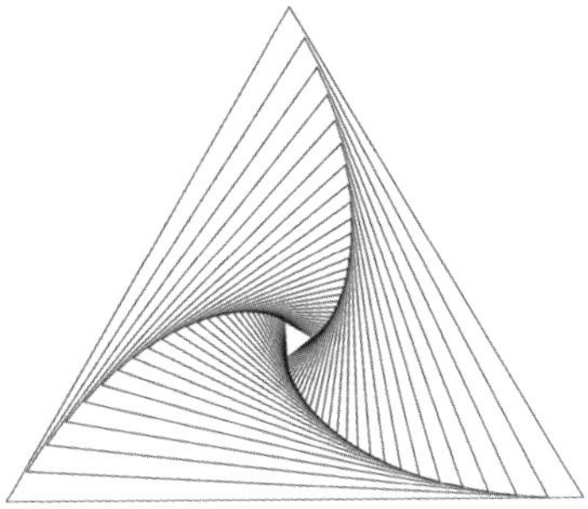

从一道北京大学金秋营数学试题的解法谈起

——兼谈帕塞瓦尔等式

刘培杰数学工作室 编

哈爾濱工業大學出版社
HARBIN INSTITUTE OF TECHNOLOGY PRESS

内 容 简 介

本书包含20章内容，从一道北京大学金秋营数学试题的解法谈起，详细介绍了帕塞瓦尔等式的相关基础理论，以及帕塞瓦尔等式的应用.

本书适合高中师生、大学师生及数学爱好者参考阅读.

图书在版编目(CIP)数据

从一道北京大学金秋营数学试题的解法谈起：兼谈帕塞瓦尔等式/刘培杰数学工作室编. —哈尔滨：哈尔滨工业大学出版社，2024. 10. —ISBN 978-7-5767-1659-7

Ⅰ. O13-44

中国国家版本馆 CIP 数据核字第 20244P65B6 号

CONG YIDAO BEIJING DAXUE JINQIUYING SHUXUE SHITI DE JIEFA TANQI：JIANTAN PASAIWA'ER DENGSHI

策划编辑 刘培杰 张永芹
责任编辑 钱辰琛
封面设计 孙茵艾
出版发行 哈尔滨工业大学出版社
社 址 哈尔滨市南岗区复华四道街10号 邮编150006
传 真 0451-86414749
网 址 http://hitpress.hit.edu.cn
印 刷 辽宁新华印务有限公司
开 本 787 mm×1 092 mm 1/16 印张 18 字数 305 千字
版 次 2024年10月第1版 2024年10月第1次印刷
书 号 ISBN 978-7-5767-1659-7
定 价 68.00元

目　录

第0章 引　　言

世界著名数论大师蒂奇马什(Titchmarsh)指出:许多数学证明是非常冗长而又错综的,另外一些不太长的证明才是构造得十分巧妙的.

当然要想得到巧妙的数学证明的必要条件是拥有超过常人的知识储备,具有跨分支的解题思路,其解题过程有一种“他乡遇故知”的数学“奇异美”.我们以著名的美国奥数专家蒂图(Titu)所给出的利用傅里叶(Fourier)分析中的帕塞瓦尔(Parseval)等式在几何不等式中的应用为例.

设 $z_0,z_1,\cdots,z_{n-1}$ 是一个复数序列,令

$$\omega_k=\cos\frac{2k\pi}{n}+\mathrm{i}\sin\frac{2k\pi}{n}=\mathrm{e}^{\frac{2k\pi\mathrm{i}}{n}}\quad(0\leqslant k\leqslant n-1)\tag{1}$$

那么这些数的有限傅里叶变换定义为

$$\hat{z}_m=\frac{1}{\sqrt{n}}\sum_{k=0}^{n-1}z_k\omega_k^{-m}\quad(m=0,1,\cdots,n-1)\tag{2}$$

根据等式

$$\sum_{k=0}^{n-1}\omega_k^m=\begin{cases}0 & (\text{如果 } m \text{ 不是 } n \text{ 的倍数})\\ n & (\text{如果 } m \text{ 是 } n \text{ 的倍数})\end{cases}\tag{3}$$

我们可以利用反变换公式

$$z_m=\frac{1}{\sqrt{n}}\sum_{k=0}^{n-1}\hat{z}_k\omega_k^m\tag{4}$$

重新得到我们的序列.我们还有以下离散形式的帕塞瓦尔等式

$$\sum_{k=0}^{n-1}|\hat{z}_k|^2=\sum_{k=0}^{n-1}|z_k|^2\tag{5}$$

利用公式 $|z|^2=z\cdot\bar{z}$ 与等式(2)和(3),我们可得

$$\begin{aligned}\sum_{k=0}^{n-1}|\hat{z}_k|^2&=\frac{1}{n}\sum_k\sum_{l,m}z_l\bar{z}_m\omega_k^{m-l}\\&=\frac{1}{n}\sum_{l,m}z_l\bar{z}_m\sum_k\omega_k^{m-l}\\&=\sum_{l=m}z_l\bar{z}_m=\sum_{k=0}^{n-1}|z_k|^2\end{aligned}$$

我们接下来考虑序列

$$\boldsymbol{z}=(z_0,z_1,\cdots,z_{n-1})$$

所谓的循环变换. 给定一个复数序列 $\boldsymbol{a}=(a_0,a_1,\cdots,a_{n-1})$,那么 $\boldsymbol{z}$ 的由 $\boldsymbol{a}$ 定义的循环变换是序列 $\boldsymbol{z}'=(z'_0,z'_1,\cdots,z'_{n-1})$,其定义为

$$z'_k=\sum_{l=0}^{n-1}z_{k+l-n}a_l \quad (0\leqslant k\leqslant n-1) \tag{6}$$

其中 $z_{-1}=z_{n-1}$,$z_{-2}=z_{n-2}$,依此类推. 设 $\boldsymbol{A}$ 是 $n\times n$ 循环矩阵,其定义为

$$\boldsymbol{A}=\begin{pmatrix} a_0 & a_1 & a_2 & \cdots & a_{n-1}\\ a_{n-1} & a_0 & a_1 & \cdots & a_{n-2}\\ a_{n-2} & a_{n-1} & a_0 & \cdots & a_{n-3}\\ \vdots & \vdots & \vdots & & \vdots\\ a_1 & a_2 & a_3 & \cdots & a_0 \end{pmatrix}$$

那么 $\boldsymbol{z}'=\boldsymbol{A}\boldsymbol{z}$,其中 $\boldsymbol{z}$ 看成一个列向量. 多项式

$$f(z)=a_0+a_1z+\cdots+a_{n-1}z^{n-1}$$

称为循环变换 $\boldsymbol{A}$ 的表征多项式,其重要性将由下面的广义帕塞瓦尔等式所显现.

定理 1 设 $\boldsymbol{z}=(z_0,z_1,\cdots,z_{n-1})$ 和 $\boldsymbol{a}=(a_0,a_1,\cdots,a_{n-1})$ 是任意复数序列,$\boldsymbol{z}'=(z'_0,z'_1,\cdots,z'_{n-1})$ 是 $\boldsymbol{z}$ 由 $\boldsymbol{a}$ 定义的循环变换,那么

$$\hat{z}'_k=f(\omega_k)\hat{z}_k \quad (0\leqslant k\leqslant n-1) \tag{7}$$

其中 $f(z)$ 是 $\boldsymbol{A}$ 的表征多项式. 特别地,以下等式

$$\sum_{k=0}^{n-1}|z'_k|^2=\sum_{k=0}^{n-1}|f(\omega_k)|^2|\hat{z}_k|^2 \tag{8}$$

成立.

证明 由等式(2)(4)和(6),我们得到

$$\begin{aligned}\hat{z}'_m&=\frac{1}{\sqrt{n}}\sum_{k=0}^{n-1}z'_k\omega_k^{-m}\\&=\frac{1}{\sqrt{n}}\sum_{k=0}^{n-1}\sum_{l=0}^{n-1}z_{k+1-n}a_l\omega_k^{-m}\\&=\frac{1}{n}\sum_{k=0}^{n-1}\sum_{l=0}^{n-1}\sum_{i=0}^{n-1}\hat{z}_i\omega_i^{k+1-n}a_l\omega_k^{-m}\\&=\frac{1}{n}\sum_{l=0}^{n-1}\sum_{i=0}^{n-1}\Big(\sum_{k=0}^{n-1}\omega_k^{i-m}\Big)\hat{z}_i\omega_i^{l-n}a_l\end{aligned}$$

由式(3),可得

$$\sum_{k=0}^{n-1}\omega_k^{i-m}=\begin{cases}0 & (i\neq m)\\ 1 & (i=m)\end{cases}$$

上述等式意味着

$$\hat{z}'_m=\sum_{l=0}^{n-1}\hat{z}_m\omega_m^{l-n}a_l=\hat{z}_m f(\omega_m)$$

最后，等式(8)可由式(7)和帕塞瓦尔等式(5)得到

$$\sum_{k=0}^{n-1}|z'_k|^2=\sum_{k=0}^{n-1}|\hat{z}'_k|^2=\sum_{k=0}^{n-1}|f(\omega_k)|^2|\hat{z}_k|^2$$

我们现在来考虑广义帕塞瓦尔等式的一些应用.

例1 设 $A_0A_1\cdots A_{n-1}$ 是平面上的一个 n 边形，其重心为 G，M_k 是边 A_kA_{k+1} $(0\leqslant k\leqslant n-1)$ 的中点. 证明

$$\sum_{k=0}^{n-1}GM_k^2\leqslant\cos^2\frac{\pi}{n}\sum_{k=0}^{n-1}GA_k^2 \tag{9}$$

等号成立当且仅当所给的 n 边形与一个重心为 G 的正 n 边形是仿射等价的.

证明 取一个原点为 G 的复坐标系，$z_0,z_1,\cdots,z_{n-1}$ 和 $z'_0,z'_1,\cdots,z'_{n-1}$ 分别是点 $A_0,A_1,\cdots,A_{n-1}$ 和 $M_0,M_1,\cdots,M_{n-1}$ 的复坐标，那么

$$z'_k=\frac{z_k+z_{k+1}}{2}\quad(0\leqslant k\leqslant n-1)$$

且序列 $\boldsymbol{z}'=(z'_0,z'_1,\cdots,z'_{n-1})$ 是 $\boldsymbol{z}=(z_0,z_1,\cdots,z_{n-1})$ 由向量 $\boldsymbol{a}=\left(\frac{1}{2},\frac{1}{2},0,\cdots,0\right)$ 所决定的循环变换，其表征多项式为

$$f(z)=\frac{1+z}{2}$$

由式(7)，我们得到等式

$$\sum_{k=0}^{n-1}|z'_k|^2=\sum_{k=0}^{n-1}\frac{|1+\omega_k|^2}{4}\cdot|\hat{z}_k|^2 \tag{10}$$

由于多边形 $A_1A_2\cdots A_n$ 的中心 G 在原点，我们有

$$\sum_{k=0}^{n-1}z_k=0$$

考虑到式(2)，上式可以写成 $\hat{z}_0=0$. 因此，式(5)(8)和(10)意味着

$$\begin{aligned}\sum_{k=0}^{n-1}|z'_k|^2&=\sum_{k=1}^{n-1}\frac{|1+\omega_k|^2}{4}\cdot|\hat{z}_k|^2\\&\leqslant\max_{1\leqslant k\leqslant n-1}\frac{|1+\omega_k|^2}{4}\cdot\sum_{k=1}^{n-1}|\hat{z}_k|^2\end{aligned}$$

$$=\cos^2\frac{\pi}{n}\sum_{k=1}^{n}|z_k|^2 \tag{11}$$

于是不等式(9)得证.这里我们已经应用了不等式

$$\frac{|1+\omega_k|^2}{4}=\frac{\left(1+\cos\frac{2k\pi}{n}\right)^2+\sin^2\frac{2k\pi}{n}}{4}$$

$$=\cos^2\frac{k\pi}{n}\leqslant\cos^2\frac{\pi}{n}\quad(1\leqslant k\leqslant n-1)$$

现在我们来分析取等条件.注意到

$$\frac{|1+\omega_k|^2}{4}=\max_{1\leqslant k\leqslant n-1}\frac{|1+\omega_k|^2}{4}=\cos^2\frac{\pi}{n}$$

只对 $k=1$ 或 $k=n-1$ 成立.因此,式(11)取等当且仅当 $\hat{z}_k=0$ 对 $k=2,3,\cdots,n-2$ 成立,这也是式(9)的取等条件.由于 $\omega_k^{n-1}=\overline{\omega_k}$,因此

$$z_k=\hat{z}_1\omega_k+\hat{z}_{n-1}\overline{\omega_k}\quad(0\leqslant k\leqslant n-1) \tag{12}$$

令

$$z_k=x_k+\mathrm{i}y_k,\hat{z}_1=a+\mathrm{i}b,\hat{z}_{n-1}=c+\mathrm{i}d$$

其中 x_k,y_k,a,b,c,d 都是实数.那么上述等式具有形式

$$x_k=(a+c)\cos\frac{2k\pi}{n}+(-b+d)\sin\frac{2k\pi}{n}$$

$$y_k=(b+d)\cos\frac{2k\pi}{n}+(a-c)\sin\frac{2k\pi}{n}$$

其中 $0\leqslant k\leqslant n-1$.这就说明 n 边形 $A_0A_1\cdots A_{n-1}$ 是以复数 $\omega_0,\omega_1,\cdots,\omega_{n-1}$ 为顶点的正 n 边形在仿射变换

$$x=(a+c)x'+(-b+d)y'$$
$$y=(b+d)x'+(a-c)y'$$

下的象.相反地,通过将上述关系式倒推,我们可以发现此正 n 边形的任意一个仿射变换都可以写成式(12)的形式,于是定理得证.

注1　如果 $n=3$,我们就得到了等式(9).如果 $n=4$,式(9)中等号成立当且仅当 $A_0A_1A_2A_3$ 是一个平行四边形.

注2　几何不等式(9)等价于下面的代数不等式:设 $x_0,x_1,\cdots,x_{n-1}$ 是任意实数,且满足

$$x_0+x_1+\cdots+x_{n-1}=0$$

那么

$$\cos^2\frac{\pi}{n}\sum_{k=0}^{n-1}x_k^2 \geqslant \sum_{k=0}^{n-1}x_k x_{k+1} \tag{13}$$

设 G 是平面直角坐标系的原点，不等式(9) 中的点 A_k 的坐标为 (x_k, y_k)，$0 \leqslant k \leqslant n-1$，那么 A_kA_{k+1} 的中点 M_k 的坐标为 $\left(\frac{x_k+x_{k+1}}{2}, \frac{y_k+y_{k+1}}{2}\right)$，式(9) 就变成了

$$\sum_{k=0}^{n-1}\left(\frac{x_k+x_{k+1}}{2}\right)^2+\left(\frac{y_k+y_{k+1}}{2}\right)^2 \leqslant \cos^2\frac{\pi}{n}\sum_{k=0}^{n-1}(x_k^2+y_k^2)$$

这就等价于式(13).

以下例子是不等式(9) 的一个巧妙的应用.

例2 设 $\mathcal{P}$ 是平面上的一个 n 边形，$\mathcal{P}^{(1)}$ 是以 $\mathcal{P}$ 各边中点为顶点的 n 边形. 对 $\mathcal{P}^{(1)}$ 重复此过程，我们得到 n 边形 $\mathcal{P}^{(2)}$，依此类推. 证明：n 边形 $\mathcal{P}^{(m)}$ 当 $m\to\infty$ 时收敛到 n 边形 $\mathcal{P}$ 的重心.

证法1 考虑以 $\mathcal{P}$ 的重心为原点的复坐标系，$z_0, z_1, \cdots, z_{n-1}$ 和 $z_0^{(m)}, z_1^{(m)}, \cdots, z_{n-1}^{(m)}$ 分别是 n 边形 $\mathcal{P}$ 和 $\mathcal{P}^{(m)}$ 的顶点的复坐标，那么对 $\mathcal{P}^{(m-1)}$ 和 $\mathcal{P}^{(m)}$ 运用式(11)，我们得到

$$\sum_{k=0}^{n-1}|z_k^{(m)}|^2 \leqslant \cos^2\frac{\pi}{n}\sum_{k=1}^{n}|z_k^{(m-1)}|^2$$

这意味着

$$\sum_{k=0}^{n-1}|z_k^{(m)}|^2 \leqslant \cos^{2m}\frac{\pi}{n}\sum_{k=1}^{n}|z_k|^2$$

当 $m\to\infty$ 时，由于 $\cos\frac{\pi}{n}<1$，式子右边趋于 0，这说明

$$\lim_{m\to\infty} z_k^{(m)}=0 \quad (0\leqslant k\leqslant n-1)$$

证法2 对 $\mathcal{P}^{(n-1)}$ 的任意顶点 $z^{(n-1)}$，我们有

$$z^{(n-1)}=\frac{z_l^{(n-2)}+z_j^{(n-2)}}{2} \quad (l\neq j)$$

依此类推，我们可以得到

$$z^{(n-1)}=\frac{a_0z_0+a_1z_1+\cdots+a_{n-1}z_{n-1}}{2^{n-1}}$$

其中 $a_k(0\leqslant k\leqslant n-1)$ 都是正整数，且其和为 2^{n-1}.

设 $r=\max\limits_{0\leqslant k\leqslant n-1}|z_k|$，那么由等式 $z_0+z_1+\cdots+z_{n-1}=0$ 和三角形不等式，我们

得到

$$\begin{aligned}|z^{(n-1)}| &= \frac{|(a_0-1)z_0+(a_1-1)z_1+\cdots+(a_{n-1}-1)z_{n-1}|}{2^{n-1}}\\ &\leqslant \frac{|(a_0-1)||z_0|+|(a_1-1)||z_1|+\cdots+|(a_{n-1}-1)||z_{n-1}|}{2^{n-1}}\\ &\leqslant \frac{r(a_0-1+a_1-1+\cdots+a_{n-1}-1)}{2^{n-1}}\\ &= \frac{2^{n-1}-n}{2^{n-1}}r\end{aligned}$$

此不等式说明 n 边形 $\mathcal{P}^{(n-1)}$ 完全包含在以原点为圆心，以 $K\cdot r=2^{1-n}(2^{n-1}-n)r$ 为半径的圆内. 重复此过程 m 次，我们发现 n 边形 $\mathcal{P}^{m(n-1)}$ 包含在圆 $|z|\leqslant K^m r$ 内，由于 $0<K<1$，当 $m\to\infty$ 时，它收敛到原点.

例 3 设 $A_0A_1\cdots A_{n-1}$ 是平面上的一个 n 边形，其中心为 G，证明

$$4\sin^2\frac{\pi}{n}\sum_{k=0}^{n-1}GA_k^2\leqslant\sum_{k=0}^{n-1}A_kA_{k+1}^2\leqslant 4\sin^2\left(\frac{\pi}{n}\cdot\frac{n}{2}\right)\sum_{k=0}^{n-1}GA_k^2 \tag{14}$$

左边等号成立当且仅当多边形仿射等价于一个中心为 G 的正 n 边形，右边等号成立当且仅当：

(1) $n=2p$，$A_1=A_3=\cdots=A_{2p-1}$ 且 $A_2=A_4=\cdots=A_{2p}$；

(2) $n=2p+1$，且多边形仿射等价于一个内接于单位圆的星形正 n 边形，且在这些星形正 n 边形中有最长的边.

证明 考虑一个原点为 G 的复坐标系，设 $z_0,z_1,\cdots,z_{n-1}$ 是点 $A_0,A_1,\cdots,A_{n-1}$ 的复坐标. 考虑以下循环变换

$$z'_k=z_{k+1}-z_k\quad(0\leqslant k\leqslant n-1)$$

$$z_n=z_0$$

其表征多项式为 $f(z)=-1+z$，且式(5)(8)和(10)意味着

$$\begin{aligned}\sum_{k=0}^{n-1}|z_{k+1}-z_k|^2 &= \sum_{k=0}^{n-1}|z'_k|^2=\sum_{k=0}^{n-1}|1-\omega_k|^2\cdot|\hat{z}_k|^2\\ &\leqslant \max_{0\leqslant k\leqslant n-1}|1-\omega_k|^2\cdot\sum_{k=0}^{n-1}|\hat{z}_k|^2\\ &= \max_{1\leqslant k\leqslant n-1}|1-\omega_k|^2\sum_{k=1}^{n}|z_k|^2 \end{aligned}\tag{15}$$

这里我们运用了

$$\sum_{k=0}^{n-1}z_k=0$$

这也可以写为 $\hat{z}_0=0$. 用同样的方式,我们得到

$$\sum_{k=0}^{n-1}|z_{k+1}-z_k|^2=\sum_{k=0}^{n-1}|z'_k|^2=\sum_{k=1}^{n-1}|1-\omega_k|^2\cdot|\hat{z}_k|^2$$

$$\geqslant \min_{1\leqslant k\leqslant n-1}|1-\omega_k|^2\cdot\sum_{k=1}^{n-1}|\hat{z}_k|^2$$

$$=\min_{1\leqslant k\leqslant n-1}|1-\omega_k|^2\sum_{k=1}^{n}|z_k|^2 \tag{16}$$

此外

$$|1-\omega_k|^2=\left(1-\cos\frac{2k\pi}{n}\right)^2+\sin^2\frac{2k\pi}{n}=4\sin^2\frac{k\pi}{n}$$

因此

$$\min_{1\leqslant k\leqslant n-1}|1-\omega_k|^2=4\sin^2\frac{\pi}{n}$$

$$\max_{1\leqslant k\leqslant n-1}|1-\omega_k|^2=4\sin^2\left(\frac{\pi}{n}\cdot\left[\frac{n}{2}\right]\right)$$

因而待证不等式由式(15)和(16)即得.

式(14)中右边等号成立当且仅当式(15)中的等号成立. 如果 $n=2p$,那么此时当且仅当

$$\hat{z}_0=\hat{z}_1=\cdots,\hat{z}_{p-1}=\hat{z}_{p+1}=\cdots=\hat{z}_{n-1}=0$$

即 $z_k=\hat{z}_p\omega_k^p=(-1)^k\hat{z}_p$. 如果 $n=2p+1$,那么式(15)中等号成立当且仅当

$$z_k=\hat{z}_p\omega_k^p+\hat{z}_{p+1}\omega_k^{p+1}=\hat{z}_p\omega_k^p+\hat{z}_{p+1}\overline{\omega_k^p}$$

这意味着,此 n 边形是一个顶点为 $\omega_0^p,\omega_1^p,\cdots,\omega_{n-1}^p$ 的星形正 n 边形的仿射象. 式(14)左边等号成立的情形在例1中已经说明了.

注　如果 $n=3$,那么不等式(14)中的最大项都是相等的,且我们有著名的等式

$$A_0A_1^2+A_1A_2^2+A_2A_0^2=3(GA_0^2+GA_1^2+GA_2^2)$$

如果 $n=4$,那么我们有

$$2\left(\sum_{k=0}^{3}A_kA_{k+1}^2\right)\leqslant\sum_{k=0}^{3}GA_k^2\leqslant 4\left(\sum_{k=0}^{3}A_kA_{k+1}^2\right)$$

左边等号成立当且仅当 $A_0A_1A_2A_3$ 是一个平行四边形,右边等号成立当且仅当 A_0 与 A_2 重合,A_1 与 A_3 重合.

现在我们应用有限傅里叶变换来证明平面上多边形的有向面积不等式. 设$\mathcal{P}$是

平面上的一个 n 边形,其顶点 $A_0,A_1,\cdots,A_{n-1}$ 的复坐标为 $z_0,z_1,\cdots,z_{n-1}$. 记$\mathcal{P}$的有向面积为 $\mathrm{Area}(\mathcal{P})$. 如果$(x_k,y_k)$ 是顶点 $A_k(0\leqslant k\leqslant n-1)$ 的复坐标,那么

$$\mathrm{Area}(\mathcal{P})=\sum_{k=1}^{n}\mathrm{Area}(OA_kA_{k+1})=\frac{1}{2}\sum_{k=1}^{n}(x_ky_{k+1}-y_kx_{k+1})$$

此外,$z_k=x_k+\mathrm{i}y_k,0\leqslant k\leqslant n-1$,容易验证

$$x_ky_{k+1}-y_kx_{k+1}=\mathrm{Im}(\overline{z}_kz_{k+1})=\frac{1}{2\mathrm{i}}(\overline{z}_kz_{k+1}-z_k\overline{z}_{k+1})$$

因此,上述等式就意味着有下面关于 n 边形的有向面积公式

$$\mathrm{Area}(\mathcal{P})=\frac{1}{4\mathrm{i}}\sum_{k=0}^{n-1}(\overline{z}_kz_{k+1}-z_k\overline{z}_{k+1})\tag{17}$$

关于 $\mathrm{Area}(\mathcal{P})$ 的公式可以用$\mathcal{P}$的顶点的傅里叶系数来表示. 由式(3) 和(4),我们有

$$\sum_{k=0}^{n-1}\overline{z}_kz_{k+1}=\sum_{\alpha,\beta,k}\overline{\hat{z}}_\alpha\overline{\omega}_k^\alpha\hat{z}_\beta\omega^{\beta_{k+1}}=\sum_{\alpha,\beta}\overline{\hat{z}}_\alpha\hat{z}_\beta\omega_1^\beta\sum_k\omega_k^\beta\overline{\omega}_k^\alpha=\sum_\alpha|\hat{z}_\alpha|^2\omega_\alpha$$

取其虚部,我们得到

$$\mathrm{Area}(\mathcal{P})=\frac{1}{2}\sum_{k=0}^{n-1}|\hat{z}_\alpha|^2\sin\frac{2k\pi}{n}\tag{18}$$

这个公式的第一个应用就是下面关于有向面积的极大值性质.

例 4 设$\mathcal{P}$是一个 n 边形,其顶点为 $A_0,A_1,\cdots,A_{n-1}$,且设 O 是平面上任意一点,那么

$$\mathrm{Area}(\mathcal{P})\leqslant R\sum_{k=0}^{n-1}OA_k^2\tag{19}$$

其中常数 R 按照如下方式给出:

(1) 如果 $k=4p$,那么 $R=\dfrac{1}{2}$,且式(19) 中等号成立当且仅当$\mathcal{P}$的顶点的复坐标为 $z_k=\hat{z}_p\omega_k^p=\hat{z}_p\omega_p^k=\hat{z}_p\mathrm{i}^k,0\leqslant k\leqslant n-1$,且 O 是原点,即$\mathcal{P}$是中心为 O 内嵌 p 次的正方形.

(2) 如果 $k=4p\pm1$,那么 $R=\dfrac{1}{2}\cos\dfrac{\pi}{2n}$,式(19) 中等号成立当且仅当$\mathcal{P}$是一个顶点为 $z_k=\hat{z}_p\omega_p^k$ 的星形n 边形,而 O 是它的中心.

(3) 如果 $k=4p+2$,那么 $R=\dfrac{1}{2}\cos\dfrac{\pi}{n}$,式(19) 中等号成立当且仅当$\mathcal{P}$是一个顶点为 $z_k=\hat{z}_p\omega_p^k+\hat{z}_{p+1}\omega_{p+1}^k$ 的 n 边形,而 O 是它的中心.

证明 由等式(5)和(17)可得

$$\begin{aligned}\mathrm{Area}(\mathcal{P}) &= \frac{1}{2}\sum_{k=0}^{n-1} |\hat{z}_a|^2 \sin\frac{2k\pi}{n} \\ &\leqslant \max_{0\leqslant k\leqslant n-1}\left(\frac{1}{2}\sin\frac{2k\pi}{n}\right)\sum_{k=0}^{n-1}|\hat{z}_k|^2 \\ &= \max_{0\leqslant k\leqslant n-1}\left(\frac{1}{2}\sin\frac{2k\pi}{n}\right)\sum_{k=0}^{n-1}|z_k|^2 \end{aligned} \tag{20}$$

如果令

$$R = \max_{0\leqslant k\leqslant n-1}\left(\frac{1}{2}\sin\frac{2k\pi}{n}\right)$$

那么我们就得到了不等式(19),其中等号成立当且仅当式(20)中等号成立.这也就是 $\hat{z}_k=0$ 的情形,其中 k 取不满足

$$\frac{1}{2}\sin\frac{2k\pi}{n}=R$$

的所有值.

注 我们来考虑三角形和四边形的特殊情形.由式(19)可知对平面上任意 $\triangle A_0A_1A_2$ 和点 O,我们有

$$\mathrm{Area}(A_0A_1A_2)\leqslant\frac{\sqrt{3}}{4}(OA_0^2+OA_1^2+OA_2^2)$$

等号只对以 O 为中心的等边三角形成立.对平面上任意四边形 $A_0A_1A_2A_3$ 和点 O,我们有不等式

$$\mathrm{Area}(A_0A_1A_2A_3)\leqslant\frac{1}{2}(OA_0^2+OA_1^2+OA_2^2+OA_3^2)$$

等号只对以 O 为中心的正方形成立.

在接下来的例子中,我们来证明多边形等周不等式的一种特殊情形.

例 5 设$\mathcal{P}$是一个周长为 L 的等边多边形,那么

$$L^2\geqslant 4n\tan\frac{\pi}{n}\mathrm{Area}(\mathcal{P}) \tag{21}$$

等号成立当且仅当$\mathcal{P}$是一个正 n 边形.

证明 记$\mathcal{P}$的顶点的复坐标为 $z_0,z_1,\cdots,z_{n-1}$.由于$\mathcal{P}$是等边的,我们有

$$|z_{k+1}-z_k|=a_1\quad(1\leqslant k\leqslant n-1)$$

因此 $L=na$,且

$$\sum_{k=0}^{n-1} | z_{k+1} - z_k |^2 = na^2 = \frac{L^2}{n}$$

故由式(15),我们得到

$$L^2 = \sum_{k=1}^{n-1} 4n\sin^2\frac{k\pi}{n} | \hat{z}_k |^2$$

此外,在式(17) 两边乘以 $4n\tan\frac{\pi}{n}$,我们得到

$$4n\tan\frac{\pi}{n}\mathrm{Area}(\mathcal{P}) = \sum_{k=1}^{n-1} 4n\tan\frac{\pi}{n}\sin\frac{k\pi}{n}\cos\frac{k\pi}{n} | \hat{z}_k |^2$$

注意到,上述两个展开式中 $|\hat{z}_1|^2$ 的系数相同.因此,如果我们将它们相减,那些项就会消掉,那么我们得到

$$L^2 - 4n\tan\frac{\pi}{n}\mathrm{Area}(\mathcal{P}) = \sum_{k=2}^{n-1} 4n\sin\frac{k\pi}{n}\left(\sin\frac{k\pi}{n} - \tan\frac{\pi}{n}\cos\frac{k\pi}{n}\right) | \hat{z}_k |^2$$

由于等号右边的所有系数都是正的,因此,我们就可以得到不等式(21) 是成立的.

第1章　帕塞瓦尔其人与法国大革命时期的数学

本书的主角是一位法国数学家，他叫帕塞瓦尔(1755—1836).他主要研究微分方程、实变函数论与泛函分析.在常微分方程中，他给出了帕塞瓦尔等式.1799年，在限于三角函数的情况下，他证明了斯图姆一刘维尔(Sturm-Liouville)定理.

对于一个国家或民族来说，评价其数学成就的大小，两个比较重要的参考指标是菲尔兹奖与沃尔夫奖的获奖人数.菲尔兹奖素有数学界的诺贝尔奖之誉，是奖给40岁以下的杰出数学家，而沃尔夫奖则是一种终身成就奖，华人在这两个大奖中各有一人获奖.1982年，丘成桐由于在微分几何、偏微分方程中的出色工作，获得了菲尔兹奖，陈省身则由于其在整体微分几何方面的出色工作，于1983年获得了沃尔夫奖，而法国人则在这两个大奖中占有非常大的比例.

关于数学的发展，人们乐于引用汉克尔(H. Hankel)那句著名的话："在大多数学科里，一代人要推倒另一代人所修筑的东西，一个人所建立的另一个人要加以摧毁.只有数学，每一代人都能在旧的大厦上添建一层新楼."这是数学发展渐进观的宣言，它明确地指出了数学与其他科学的发展模式之不同.

为什么法国数学如此发达？这是人们读有关数学的历史时，掩卷后的沉思.这类问题如果仅仅是囿于数学领域，抑或是数学史领域都无法给出圆满的回答.如果我们试着将它放到社会这个大系统中，那么我们或许能够找到一个答案.因为数学的产生和发展是一种社会现象，是文明社会的一种现象.伽罗瓦(Galois)参与政治，屡受挫折，不幸早逝，发生在19世纪初的法国，是一个社会现象；阿贝尔(Abel)穷困潦倒，命运不济，发生在19世纪初的北欧，也是一个社会现象.这些都是社会影响数学发展的实例.

最明显的一个与数学有关且有趣的社会现象发生于匈牙利.在1848～1849年的革命中，未被消灭的封建势力严重地阻碍着匈牙利的工业发展，资本主义工业只是在19世纪末才缓慢地发展起来.此时，多民族的匈牙利在政治上极不稳定，民族矛盾十分尖锐，资本主义工业与欧洲先进国家相比还较为落后，然而蜚声寰宇的人才却层出不穷.最著名的有:天才的作曲家和钢琴演奏家李斯特(Liszt,1811—1886),才华横溢的诗人裴多菲(Petöft,1823—1849),卓越的画家蒙卡奇(Munkácsy,1844—1900),现代航天事业的奠基人冯·卡门(von Kármán,1880—1963),全息照相创始人、诺贝尔物理学奖获得者加博尔(Gabor,1900—1979),同位素示踪技术的先驱、诺贝尔化学奖获得者海维西(Hevesy,1855—1966),诺贝尔物理学奖获得者维格纳(Wigner,1902—1995),氢弹之父特勒(Teller,1908—2003),泛函分析的奠基者里斯(Riesz,1880—1956),组合论专家寇尼希(Knig,1884—1944),对测度论做出重大贡献的拉多(Radó,1895—1965),领导研制第一台电子计算机的冯·诺伊曼(von Neumann,1903—1957),数学和数学教育家乔治·波利亚(George Pólya,1887—1985).无论从国土面积还是从人口比例来看,在一个短短的历史时期内涌现出如此众多天才的艺术家和科学家,几乎是不可思议的.显然,把这种奇迹出现的原因归结于匈牙利生产水平的发展是不足取的.那么究竟应该怎样解释呢?这几乎可以说是文明史和科学史上的一个谜.

在探讨科学共同体内兴趣转移的问题时,默顿(Merton)写道:"每个文化领域的内部史都在某种程度上为我们提供了某种解释,但是,有一点至少是合乎情理的,即其他的社会条件和文化条件也发挥了它们的作用."

也就是说,社会条件和文化条件是数学发展的外部环境,更多地了解和更好地认识法国社会和当时科学及文化的发展是必要的.

现在让我们看看帕塞瓦尔之前法国是一种什么状态的社会.

据葛力在《当代法国哲学》中的介绍:当时法国社会等级森严,所有的人分为三个等级.明文规定第一等级为僧侣(司汤达的《红与黑》中的黑即指修士,红则指从军,这是当时年轻人的两大理想职业,这样我们就不难理解为什么梅森(Mersenne)为修士,笛卡儿(Descartes)入军界的原因了),僧侣中包括修士和修女在内的黑衣僧和高级教士白衣僧,约为13万人,同当时大约2 500万总人口相比是少数,但是他们享有特权.在经济上,他们"占有王国中十分之一左右的土地,土地收入每年达8 000万至1亿锂①,此外还有1.2亿锂的什一税".在政治上,"有自己的行政组织,而且有自己的法庭".他们统治教育界,管辖大、中、小各级学校,在意识形态领域也掌握重要权力.高级僧侣收入丰富,他们拥有富丽堂皇的宫殿,可以外出游猎,也可以在府邸里举行盛大宴会、舞会和演奏会,由衣着华丽的仆从服侍生活,无异

①法国古代货币单位名称.

于高级贵族.

1598 年由亨利四世颁布的南特敕令被路易十四在 1685 年废止以后，大批的居民逃亡国外."3 年内将近 5 万户人家离开了法国……他们把技艺、手工业和财富带往异邦.几乎整个德国北部原是朴野无文之乡，毫无工业可言，因为这大批移民涌来而顿然改观.他们住满整个城市.布匹、饰带、帽子、袜子等过去要购自法国的东西，如今全由他们自己制造.而伦敦整整一个郊区住满法国的丝绸工人.另外一些移民给伦敦带来制作晶质玻璃器皿的精湛工艺，而这种工艺当时在法国都已失传绝迹.这样一来，法国损失了大约 50 万居民，以及数量大得惊人的货币，尤其是那些使法国人发财致富的工艺."

僧侣是法国旧制度政治结构中的一股力量，国王对这个等级谨慎行事，注意维护他们的权利，不侵犯他们的特权.拥有特权在法律、习惯上已经成为僧侣的本质属性，绝对不能触动.正是由于他们这种衣食无忧，像梅森那样的喜好数学的僧侣，才能用常人不能达到的精力与时间去研究数学，推动数学的发展.

除去第一等级的僧侣，享有特权的还有属于第二等级的贵族.贵族免缴大部分捐税，特别是从临时税演变为经常税的军役税，即所谓达依税(taille).在经济上，一些占有领地的贵族还向农民征集领主的税收.在权力机构中，他们有权充任高级军官和高级法官.这种贵族实际上是高级贵族，即宫廷贵族，是世袭的.费马(Fermat)家族就是这种贵族，他们的封建爵位称号为公、侯、伯、子等，可以出入宫廷，他们身居高位，收入极丰.

贵族中还有乡村贵族，他们长年居住在乡村，没有额外的收入，更不能指望获得国王的赏赐，只靠压榨农民、勒索地租而生活.就遗产而言，贵族子弟所能继承者不得超过总额的三分之一，这样，他们的子孙后代能接受的遗产越来越少，最后财产所剩无几，他们也就几乎无所继承了.他们没有其他经济来源，既是贵族，又不能从事体力劳动，即使耕种自己的土地，其面积也有一定的范围.如果进行工商业活动，就会失去贵族的地位，丧失包括免税在内的特权.

无论是宫廷贵族，还是乡村贵族，可以说都与生产无缘，过着悠闲的生活.

在贵族之间，还有一种穿袍贵族.这种贵族的称号是王国政府卖官鬻爵的产物，是为增加王国收入，充实国库而采取的一种措施的结果.根据这种措施，增加了许多无用的官职.例如，在 1707 年，设立了国王的酒类运输商兼经纪人的官职，这一官职卖了18万利弗尔①.人们还想出皇家法院书记官、各省总监代理人、国王的掌管木料存放顾问、治安顾问、假发假须师、鲜牛油视察监督员等职位.穿袍贵族有的取得了王国中的高级职位,进入高等法院,掌握司法权和行政权,由国王派到各省作监督或副监督.费马就是这样被任命为图卢兹地方法官的,但由于其品行端正,费马以研究数学代替了灯红酒绿的生活,以读书写作代替了营私舞弊.这些人都出身于上层资产阶级,诸如大工商业家和大银行家等.一旦他们获得贵族称号,就希望与佩剑贵族为伍,和他们平起平坐,实际上,在18世纪的法国,他们已经达到了这种目的.他们的思想实质贵族化,一心一意紧握贵族特权,千方百计地为之辩护.

奇怪的是法国社会的动荡并没有殃及科学和艺术,这可能与法国人特别是统治者对科学与艺术的偏爱有关,同时也说明科学与艺术是闲情逸致的产物.

在路易十四统治时代,法国不仅修建了研究自然科学的机构,还创立了研究文学艺术和历史的组织,例如,1663年由几位法兰西学院院士组成一个美文学院.它原来以为路易十四服务为目的,后来着重研究古代文化,正确合理地考证、详论各种思想观点和各种事件.对此,伏尔泰(Voltaire)也做出了评价,说"它在历史学方面起的作用与科学院在物理学方面起的作用差不多.它消除了一些谬误".他的评价依然公允,美文学院研究历史、文化,既有考证,又做出评判,启人心扉,开展思路,颇有重要的启蒙作用.

在一些王公重臣的心中,科学和技术还是有一定地位的,如路易十四的得力助手柯尔伯(Colbert),他既是贸易能手,又是工业专家,还热心支持科学.1666年,鉴于英国皇家学会在光学、万有引力原理、恒星的光行差和高等几何方面的发现以及其他成就,他极为欣羡,希望法国能够分享同样的荣誉.于是,他借助几位学者的申请,敦促路易十四创立一所科学院.这个机构直到1699年都是自由组织.柯尔伯以高额补助把意大利的卡西尼(Cassini)、荷兰的惠更斯(Huygens)、丹麦的罗梅尔(Romer)都招引到法国来.罗梅尔确定了太阳的光速,惠更斯发现了土星光环和一颗卫星,卡西尼发现了其他四颗.这一切都使得法国的科学成就盛极一时,人们的思想发生了很大的变化,不再在陈腐的轨道上运转,而是伸展向新的方向,针对面临的问题,寻求新的解决方案."人们抛弃一切旧体系,对真正的物理学的各部分逐渐有了认识.研究化学而不寻求炼金术.研究天文学而不再预言世事变迁.医学与

①法国古代货币单位名称.

月亮的盈蚀不再相干.人们看到这些,感到惊奇.人们一旦对大自然有了进一步的认识,世界上就不再存在什么奇迹.人们通过研究大自然的一切产物来对大自然进行研究."研究自然仅仅以自然本身为对象,不涉及神秘的东西,完全拨开了神秘的迷雾,开拓了新的视野,这给法国思想界带来了莫大的利益,促使它取得丰硕的收获.

路易十四本人在对法国科学的发展上也具有一定的业绩.于 1661 年他下令开始修建天文台,于 1669 年责成卡西尼和皮卡尔(Picard)划定子午线.1683 年子午线经拉伊尔(La Hire)继续往北划,最后由卡西尼于 1700 年把它延长,划到鲁西荣.伏尔泰详细地记述了这段历史事实,尔后评论道:"这是天文学上最宏伟的丰碑,仅仅这项成就就足以使这个时代永放光芒."他的评论说明他对法国的科学成就是赞叹不已的.

法国有着深厚的科学传统,日本科学史家汤浅光朝曾以《法国科学 300 年》详论了这种值得称道的传统.法国人的理性主义,始于笛卡儿的理性主义(rationalistic,亦称唯理论),已有 300 年历史.理性主义——特别是以数学为工具——是近代科学形成的重要因素.近代哲学两大潮流之一的欧洲大陆唯理论,即起源于法国的笛卡儿.后来,"大多数法国人都是笛卡儿唯理论的崇拜者……笛卡儿对于近代思想——特别是对法国清晰的判断性观念的流行,起了决定性作用."

传统的力量是惊人的,直至今天法国人仍然保留着喜爱哲学的习性.

《光明日报》曾专门刊登了一篇法国人喜爱哲学的小报道,每逢星期日,巴黎巴士底广场附近的"灯塔"咖啡馆便高朋满座,人声鼎沸.这个咖啡馆赖以吸引顾客的不是美味佳肴,而是一个开放性的哲学论坛.走进咖啡馆,人们相互友好地传递着话筒和咖啡.这种情景在巴黎平时是相当罕见的.

这个哲学论坛的主持人是曾经当过哲学教师的马赫·索特,他已出版过两部关于德国哲学家尼采(Nietzsche)的专著.1992 年,索特开办了一个"哲学诊所",专门供那些酷爱哲学的人前来与他探讨哲学问题,尽管索特每小时收费 350 法郎,但仍有不少人前来"就诊".于是,他产生了到咖啡馆等公共场所开办"哲学论坛"的想法,结果反应十分强烈.索特已在巴黎和外地的 30 家咖啡馆开办了哲学论坛,迄今讨论的题目几乎涉及了哲学的各个领域.

哲学论坛能在各个咖啡馆持久不衰,表明了法国人对哲学的热衷和迷恋.另一个表明法国人对哲学情有独钟的迹象是:哲学著作经常出现在畅销书排行榜上.挪威哲学家乔斯坦·贾德(Jostein Gaarder)以小说的形式写的哲学史名著《苏菲的世界》,10个月时间在法国售出了70万本.巴黎索邦大学哲学教授安德烈·孔特—斯蓬维尔(André Comte-Sponville)的一部哲学专著在出版的第一年也售出了10万本.

安德烈·孔特—斯蓬维尔教授在解释法国出现“哲学热”的原因时说,除传统的因素之外,还因为其他意识形态理论提供的现成答案愈来愈不能令人满意.索特也认为,“哲学热”的出现是西方国家出现危机的先兆.他说:“如果当年的希腊没有出现民族危机和内战,哲学就不会在那里诞生.”

与边走路边思考的讲求实际的英国人不同,法国人是想好了再去行动.法国人是在行动中彻底实现笛卡儿明确的理性思想的.但是,这种理性主义并不像德国人那样在普遍的逻辑制约下追求系统性,而是依靠各自独立的才智和感性.只要回忆一下笛卡儿、帕斯卡(Pascal)、拉瓦锡(Lavoisier)、卡诺(Carnot)、安培(Ampère)、贝尔纳(Bernal)、贝特洛(Berthelot)、庞加莱(Poincaré)、柏克勒耳(Becquerel)、居里(Curie)等科学家的生平就可以看出,反映在法国文学、绘画、音乐中的那种独创性以及轻快的天才灵感,在科学家的业绩中也存在着.很明显,法国科学家与英国、德国、美国等国的科学家不同,具有法国的特色.

贝尔纳在《科学的社会功能》一书中,对“法国的科学”进行了如下描述:

> 法国的科学具有一部辉煌而起伏多变的历史.它同英国和荷兰的科学一起诞生于17世纪,但却始终具有官办和中央集权的性质.在初期,这并不妨碍它的发展.它在18世纪末仍然是生机勃勃的,它不仅渡过了大革命,而且还借着大革命的东风进入了它最兴盛的时期.在1794年创立的工艺学校就是教授应用科学的第一所教育机构.由于它对军事及民用事业都有好处,因此受到拿破仑的赞助.它培养出大量的有能力的科学家,使法国科学于19世纪初期居于世界前列.不过这种发展并未能维持下去,和其他国家相比,虽然也出过一些重要人才,然而其重要性逐渐在减退……不过在这整个期间,法国科学从未失去其出众的特点——非常清晰而优美的阐述.它所缺乏的并不是思想,而是那个思想产生成果的物质手段.在20世纪前25年中,法国科学跌到第3或第4位.

要了解法国的科学传统就必须了解法国的大学.

法国是西方世界最早创立大学的国家,正如贝尔纳所指出的那样,法国的教育行政是典型的中央集权制. 当今,全国划分为 19 个学区,各区中都设有大学. 但是其中只有巴黎大学是特别出色的一所历史悠久的大学,了解了巴黎大学,即可以对法国的大学有个总体了解. 这是因为法国文化也是中央集权的,主要集中在巴黎.

巴黎大学的创办可以追溯到 12 世纪. 英国的剑桥大学和牛津大学就是以巴黎大学为模式建立的. 德国以及美国的大学,也都源于巴黎大学. 巴黎大学可以算是欧美大学的共同源泉. 巴黎大学是中世纪经院哲学的重要据点. 同时其对数学教育也给予了足够的重视.

巴黎大学讲授欧氏几何学. 根据欧几里得《几何原本》前六卷的注解书可以推定取得数学学位的志愿者必须宣誓听讲这几卷书. 实际考试时只限于《几何原本》的第一卷. 因此,他们给第一卷最后出现的毕达哥拉斯(Pythagoras)起了“数学先生”的绰号.

16 世纪法国出版了许多实用的几何学著作,但这些书没有进入大学校门. 同样,商业的、应用的算术书大学也不能采用. 当时,巴黎大学有些教授写的算术书,都是希腊算术的撮要,是以比的理论等为主要内容的旧式的理论算术. 实际上,商业算术只能在工商业城市里印刷出版而不能在巴黎出版.

在法国推行人文主义的学校,也设有数学课. 但是,这种数学课程接近古希腊的“七艺”中的几何、算术科目,古典的理论算术和欧氏几何脱离实际应用. 如 1534 年鲍尔德市的人文主义学校,除学些算术、三数法、开平方、开立方外,还在使用 11 世纪有名的希腊学者佩斯卢斯(Pesllus)的 *Mathematicorum Breviarium*(该书包括算术、音乐、几何、天文学的内容)和 5 世纪哲学家普罗克鲁斯(Proclus)的 *de Sphaera* 等古典著作.

当然,法国和德国一样,16 世纪以来,许多城市都有本国语的初等学校. 这些学校,都要学习简单应用的算术和计算法.

继巴黎大学之后,历史上最悠久的大学之一是位于法国南部地中海沿岸的蒙彼利埃大学,该大学创立于 13 世纪,在医学方面有着优秀的传统. 它与意大利的萨勒诺大学都是欧洲先进医学研究的根据地,其全盛时期是 13～14 世纪.

到中世纪末为止,法国设立的大学除蒙彼利埃大学外,还有奥尔良大学、昂热大学、图卢兹大学、阿韦龙大学、卡奥尔大学、格勒诺布尔大学、奥兰日大学、埃克斯大学、多尔大学、卡昂大学、波尔多大学、瓦兰斯大学、南特大学、布鲁日大学.

在 18 世纪末的法国大革命中,清算了教育制度中的一切旧体制. 中世纪的大学由于大革命而被取消. 这场大革命的教育精神,由拿破仑一世使之成为一种制度，并由1806年5月10日颁布的《有关帝国大学的构成法》及其附属敕令——1808年的《大学组织令》而具体化.这个帝国大学并不是一个具体学校，而是一个承担全法国公共教育的教师组织机构.将全国划分为27个大学区，各大学区井然有序地配置高等、中等、初等学校，形成有组织的、统一的学校制度.日本在1872年(明治五年)成立了教育组织，把全国分为8个大学区，就是模仿法国的教育制度.法国的大学组织与法国的教育行政密切结合在一起，1808年确立的组织机构至今还在起作用.

法国大学的近代化是在1885年以后的10年内完成的，1870年普法战争中败北的法国，开始认真地考虑近代科学研究与国家繁荣的关系问题.法国大学真正重建为综合性的大学则是1891年以后的事.

从数学发展的角度来看，这一时期正是法国数学大发展的时期.

18，19世纪之交，世界数学的中心是在法国，而此时正值法国大革命时期，这之间可能存在着某种关联.

18，19世纪之交的法国资产阶级大革命是一场广泛且深入的政治与社会变革，它极大地促进了资本主义的发展.在法国大革命期间，由于数学科学自身那种对自由知识的追求，以及这种追求所取得的巨大成功，使法国新兴资产阶级政权将数学科学视为自己的天然支柱.当第三等级夺取了政权，开始改革教育使之适应了自己的需要时，他们看到正好可以利用这些数学科学进行自由教育，这种教育是面向中产阶级的.加上旧制度对于这些科学的鼓励，这时法国出现了许多一流的数学科学家，如拉普拉斯(Laplace)、蒙日(Monge)、勒让德(Legendre)、卡诺(Carnot)等，他们乐于从事教育事业，并指出了通向科学前沿的道路.这里我们要特别介绍对数论有较大贡献的勒让德.

勒让德(1752—1833)，生于巴黎，卒于同地；早年毕业于马扎兰学院，1775年任巴黎军事学院数学教授；1780年转教于巴黎高等师范学校；1782年以《关于阻尼介质中的弹道研究》(1782)获柏林科学院奖金；1783年当选为巴黎科学院院士；1787年成为伦敦皇家学会会员.勒让德与拉格朗日(Lagrange)、拉普拉斯并称为法国数学界的“三L”.他的研究涉及数学分析、几何学、数论等学科.1784年他在科学院宣读的论文《行星外形的研究》(1784)中给出了特殊函数理论中著名的“勒让德多项式”，并阐明了该多项式的性质.1786年他又在《科学院文集》上发表了变分法的论文，确定了极值函数存在的“勒让德条件”，给出了椭圆积分的一些基本理论，引用了若干新符号.此类专著还有《超越椭圆》(1794)、《椭圆函数论》等.他的另一著作《几何原理》(1794)是一部初等几何教科书.书中详细讨论了平行公设问题，还证明了圆周率 π 的无理性.该书独到之处是将几何理论算术化、代数化，说明透彻，简明易懂，深受读者欢迎，在欧洲用作教科书达一个世纪之久.《数论》是勒让德的另一力作，该书出版于 1798 年，中间经过 1808 年、1816 年和 1825 年多次修订补充，最后完善于 1830 年.书中给出连分数理论、二次互反律的证明以及素数个数的经验公式等，对数论进行了较全面的论述.勒让德的其他贡献有：创立并发展了大地测量理论(1787)、提出球面三角形的有关定理等.

还有一所对法国科学有较大影响的学校是巴黎理工学校，由于当时军事、工程等的需要，资产阶级需要大量的科学家、工程技术人员，这是极为迫切的问题.当时朝着这方面努力的一个成功的例子就是 1794 年法国政府创办了巴黎理工学校，它的示范作用对法国高等教育甚至初等教育都产生了深远的影响.它的成功使得欧洲大陆国家纷纷仿效，如 1809 年柏林大学改革，其影响甚至远播美国——著名的西点军校就是仿效巴黎理工学校建立的.

值得注意的是，法国政府又建立了巴黎高等师范学校.这所学校是专门用来培养教师的，但也教授高深的课程，它有良好的学习与研究条件，学习好的学生被推荐去搞研究.它招进的都是优秀的学生，也培养了一批批一流的数学家，至今仍然如此.20 世纪 30 年代产生的布尔巴基(Bourbaki)学派的成员大部分毕业于这所学校.从 19 世纪 30 年代开始，巴黎高等师范学校显示出了极为重要的地位.天才的伽罗瓦就是该校学生.新学校的发展使法国教育大为改观.

从教育的角度讲，巴黎大学在 16～17 世纪中，作为经院哲学的顽固堡垒，统治着整个法国的教育.但是巴黎大学已经丧失了指导正在来临的新时代的力量，新兴势力的新据点在与巴黎大学的对抗中产生.

1530 年，法兰西学院在法国文化史上占有特殊地位，一直存续至今，它是在人本主义者毕德(Bude, 1468—1540)的建议下于弗郎西斯一世时创建的.相当于伦敦的格雷沙姆学院，设有希腊语、希伯来语、数学等学科.

由路易十三的宰相黎塞留(Richelieu)设立的新文学家团体——法兰西学会，有会员 40 名.

1666 年，法国科学院由路易十四的宰相柯尔伯设立.

英国与法国在科学院的成立与发展中有许多差异，英国皇家学会创立于 1660 年，而法国科学院是于 1666 年在巴黎创立的.这正是太阳王路易十四(1643—1715)时期.与英国皇家学会的主体是贵族、商人和科学家不同，法国科学院是官办的.1666年设立时有会员约20人,会员都是由国王支付薪水的.而且,它与伦敦的皇家学会的会员们那种自选研究题目的平民科学家的自主型集会不同,它是由一些政府确定研究题目的职业科学家组成的,是一个皇室经办的官方机构.伦敦的皇家学会经常面临经费困难,而法国科学院不仅提供会员们的年薪,而且实验和研究经费也由国库支付.路易十四从欧洲各地招募学者,使法国的这个学院一时呈现出全欧洲大陆最高学府的景观.学院附属机构——新设的天文台,台长是从意大利聘请来的天文学家卡西尼,荷兰的惠更斯更是学院的核心人物.

它的创立经过,与英国的皇家学会一样,有一个创立的基础.这个学院最初是以梅森(1588—1648,曾将伽利略(Galilei)的《天文学对话》(1632)译成法文(1634))为中心的一个学术团体.笛卡儿曾通过梅森在较长的时期内(1629—1649)与伽利略、伽桑狄(Gassendi)、罗伯沃尔(Roberval,法国数学家)、霍布斯(Hobbes)、卡尔卡维(Carcavi)、卡瓦列利(Cavalieri)、惠更斯、哈特里布(Hartlib,英国和平主义者)等人通信.对科学数学化或对实验科学感兴趣的科学家们,常在梅森的地下室集会.费马、笛沙格(Desargues)、帕斯卡、伽桑狄均是其常客.后来每周四在各家集会,最后在顾问官蒙特莫尔(Montmort)家定期参加集会活动.这个集会也与英国皇家学会有联系.当时的宰相,重商主义政策实行者柯尔伯得知这一情况后,经过一番努力,正式创办了科学学院.最早成为科学学院会员的有:

奥祖(Auzout),著名天文学家,望远镜用测微器发明者.

布德林(Bourdelin),化学家.

布特(Buot),技术专家.

卡尔卡维,几何学家,皇家图书馆管理员.

库普莱特(Couplet),法兰西学院数学教授.

库莱奥·德·拉·尚布尔(Cureau de la Chambre),路易十四侍医,法兰西学会会员.

德拉沃耶·米尼奥(Delavoye Mignot),几何学家.

多来尼克·迪克洛(Dominigue Duclos),化学家,柯尔伯侍医,最活跃的会员之一.

杜阿梅尔(Duhamel),解剖学家.

弗雷尼克莱·德·贝锡(Frenicle de Bessy),几何学家.

贝锡与费马有较密切的接触,他同时也是物理学家、天文学家,生于巴黎,卒于同地.他曾任政府官员,业余钻研数学,与笛卡儿、费马、惠更斯、梅森等著名的数学家保持长期的通信联系.他主要讨论有关数论的问题,推进了费马小定理的研究.另外他对抛射体轨迹做过阐述,还第一个应用了正割变换法,曾指出幻方的个数随阶数的增长而迅速增加,并给出880个4阶幻方.其主要著作有《解题法》(1657)、《直角三角形数(或称勾股数)》(1676)等.另外还有:

加扬特(Gayant),解剖学家.

阿贝·加卢瓦(Abbe Gallois),后来任法兰西学院希腊语和数学教授,柯尔伯的亲友.

惠更斯,荷兰数学家、物理学家、天文学家,最早的也是唯一的外国会员,最活跃的会员之一.

马尚特(Marchand),植物学家,皇家植物园园长.

马略特(Mariotte),物理学家,著名会员之一.

尼盖(Niguet),几何学家.

佩克盖(Pecguet),解剖学家.

佩罗(Perrault),建筑家,最活跃的会员之一,使柯尔伯对科学产生兴趣的就是他.

皮卡尔,天文学家,法兰西学院天文学教授,最活跃的会员之一.

皮韦(Pivert),天文学家.

里歇(Richer),天文学家.

罗伯瓦尔(Roberval),数学家.

1683年柯尔伯去世后,学会活动曾一度衰落,1699年重新组织后又恢复了活力,当时选举冯特尼尔(Fontennelle,1657—1757)为干事,任职长达40年.他著有《关于宇宙多样性的对话》(1686),普及了哥白尼学说.

在法国历史上对科学影响最大的是在伏尔泰、卢梭(Rousseau)、狄德罗(Diderot)等人的启蒙思想影响下爆发的法国大革命,是18世纪世界历史上的重要事件.这一启蒙思想以17世纪系统化的机械唯物论的自然观,特别是以牛顿(Newton)的物理学为基础,从科学和技术中去寻求人性形成的动力.18世纪是一个"理性的世纪"(达朗贝尔(d'Alembert)),同时也是一个"光明的世纪".启蒙思想家们强烈要求的是自由、平等、博爱,他们将"理性"与"光明"投向社会生活的各个角落,确立近代人道主义的启蒙运动.作为新兴的自然科学思想的支柱而得到发展,其主要舞台是法国.

法国启蒙运动始于冯特尼尔和伏尔泰.冯特尼尔的著作《关于宇宙多样性的对

话》对普及新宇宙观和科学的世界观做出了贡献.伏尔泰将牛顿物理学体系引入法国,完成了法国18世纪科学振兴的基础工作.1738年伏尔泰出版了《牛顿哲学纲要》.

集法国启蒙思想大成的巨型金字塔,能很好地反映18世纪法国科学实际情况,这就是著名的《法国百科全书》(1751—1772).这部百科全书是一项巨大的研究成果,其包括正卷17卷(收录条目达60 600条),增补5卷,其字数相当于400字稿纸14万页之多,此外还有图版11卷,索引2卷.从狄德罗(Diderot)开始编辑起,经历了26年并于1772年完成.执笔者职业涉及各方面:实行派(98人)——官吏(26人)、医生(23人)、军人(8人)、技师(5人)、工场主(4人)、工匠(14人)、辩护士(3人)、印刷师(3人)、钟表匠(2人)、地图师(2人)、税务包办人(2人)、博物馆馆长(2人),学校经营者、建筑家、兽医、探险家各1人.

桌上派(67人)——学会会员(24人)、著作家(17人)、教授(13人)、僧侣(8人)、编辑(2人),皇室史料编辑官、剧作家、诗人各1人.

这里的实行派,指除了读书写作外还从事其他职业,通过其职业而掌握经验知识者,而桌上派也是指采取实行派立场的桌上派.《法国百科全书》是从中世纪经院哲学立场向实验性、技术性立场转变期中的巨型金字塔.

18世纪法国的科学成果十分丰富.17世纪产生于英国的牛顿力学,18世纪初传入法国,经达朗贝尔、克雷洛、拉格朗日、拉普拉斯等人进一步发展,到18世纪末即迎来了天体力学的黄金时代.与18世纪英国的注重观测的天文学家布拉德雷(Bradley,1692—1762)及马斯凯林(Maskelyne,1732—1811)不同,法国出现了拉格朗日、拉普拉斯等优秀的理论家.这一倾向并不只限于力学.英国实验化学家普利斯特里(Priestley),站在传统的燃素说立场上仅发现了氧,而法国的拉瓦锡则利用氧创立了新的燃烧理论,并由此而成为化学革命的主要人物.生物学家蒲丰(Buffon)没有满足于林奈(Linné)在《自然体系》(1735)中提出的分类学说,于是完成了44卷的巨著《博物志》(1748—1788).牛顿阐明了支配天体等物体运动的规律,而蒲丰则力图阐明支配自然物(动物、植物、矿物)的统一规律.

与立足于实际的英国人开拓产业革命(1760—1830)道路的同一时期,侧重理论的法国人则完成了政治革命(1789—1794)的准备.可以说,18世纪末世界历史上的两大事件既发端于科学革命,又是受科学促进的.

始于1789年的法国大革命,虽然出现了将化学家拉瓦锡(税务包办人)及天文学家拜伊(Bailly,巴黎市长)送上断头台的暴行,但是革命政府的科学政策却将法

国科学在 18 世纪末到 19 世纪前半叶之间推上了世界前列. 革命政府为了创造美好的未来,制定了如下政策:

(1)改组科学学院.

(2)制定新度量衡制——米制.

(3)制定法兰西共和国历法(1792—1806).

(4)创立工艺学校.

(5)创立师范学校.

(6)设立自然史博物馆(改组皇家植物园).

(7)刷新军事技术.

其中,制定米制及创立工艺学校(理工科大学,1794 年)是法国科学发展中最优秀的成果. 拉普拉斯、拉格朗日、蒙日(Monge)、傅里叶(Fourier)等均是工艺学校的教官,该校培养了许多活跃于 19 世纪初的科学家. 在自然史博物馆中则集聚了拉马克、圣提雷尔、居修、居维叶等大生物学家,不久后这里就成为进化论研究与争论的场所.

从法国大革命到拿破仑时代达到顶峰的法国科学活动,从 19 世纪中叶以后转而衰落下去. 在 19 世纪以后,虽然也出现过世界首屈一指的优秀科学成果,除巴士德及居里外,安培的电磁学、卡诺的热力学、伽罗瓦的群论、勒维烈的海王星的发现、贝尔纳的实验医学、法布尔的昆虫记、贝克勒尔的放射性的发现等,均是极为出色的成果. 但是从整体上看,法国的科学活动能力落后了,其原因是复杂的,不过法国工业的薄弱基础及其官僚性的大学制度,都是促成其落后的重要原因. 而且法国人性格本身的原因也很重要,虽然法国人构思很好,然而对工业化兴趣不大. 从 19 世纪后半叶社会文化史栏目中可以看到,在象征派诗人、自然主义文学家、印象派画家开拓新的艺术世界的同时,法国科学不但没能恢复反而衰落下去.

法国诺贝尔奖获得者在人数上比英国、德国、美国都少. 在 20 世纪上半叶,获得物理学、化学、医学奖的共 16 人,其中 1901～1910 年有 6 人,1911～1922 年有 5 人,1921～1930 年有 3 人,1933～1940 年有 2 人,1941～1950 年无人获奖. 可见 20 世纪初人数较多,以后逐渐少起来.

法国科学的衰落有着复杂的原因,但有一条可以肯定,那就是法国人对科学依旧依赖,对科学家依旧尊重. 这就是法国科学得以重居世界中心地位的基础与保障.

1954 年 5 月 15 日,在法国索邦(Sorbonne)举行的纪念庞加莱诞生 100 周年纪念大会上,法国数学家阿达玛(Hadamard)在演讲中说:

今天，法兰西在纪念她的民族骄子之一亨利·庞加莱.他的名字应该是人所共知的，应当像他生前在人类精神活动的另一个领域那样，使每一个法国人都感到骄傲.数学家的业绩不是一眼就能看见的，它是大厦的基础、看不见的基础，而大厦是人人都可以欣赏的，然而它只有在坚实的基础上才能建立起来.

第 2 章　从一道北京大学金秋营不等式问题谈起

2014 年北京大学数学科学学院举办的中学生数学金秋营中有如下试题：

例 1　设 $a_i,b_i,c_i\in\mathbf{R},i=1,2,3,4$，且满足

$$\sum_{i=1}^{4}a_i^2=1,\sum_{i=1}^{4}b_i^2=1,\sum_{i=1}^{4}c_i^2=1$$

$$\sum_{i=1}^{4}a_ib_i=0,\sum_{i=1}^{4}c_ib_i=0,\sum_{i=1}^{4}a_ic_i=0$$

求证

$$a_1^2+b_1^2+c_1^2\leqslant 1$$

这道题对于掌握过一些大学知识的高中生来讲并不难，北京大学数学科学学院的韩京俊博士从这道试题出发，介绍了更为一般的数学知识．我们先来看一种基于线性代数的证明．

证法 1　考虑矩阵 $\boldsymbol{A}=(a_{ij})_{1\leqslant i,j\leqslant 4}$，其中 $a_{1j}=a_j,a_{2j}=b_j,a_{3j}=c_j,1\leqslant j\leqslant 4$，$a_{41}=1,a_{4j}=0,j=2,3,4$，则

$$\begin{aligned}0&\leqslant(\det\boldsymbol{A})^2=\det(\boldsymbol{A}\boldsymbol{A}^{\mathrm{T}})\\&=1-(a_1^2+b_1^2+c_1^2)\end{aligned}$$

将矩阵求行列式后，这一证明完全可以抹掉线性代数的痕迹，得到“天书”般的证明

$$\begin{aligned}0&\leqslant(a_2b_3c_4-a_2c_3b_4+b_2c_3a_4-b_2a_3c_4+c_2a_3b_4-c_2b_3a_4)^2\\&=1-(a_1^2+b_1^2+c_1^2)\end{aligned}$$

当然，对于不熟悉线性代数的读者而言，上述证明也仅限于“欣赏”．

韩京俊博士又介绍了一种具有几何背景的证明．

证法 2　将欲证命题改写一下，设 $\boldsymbol{a}=(a_1,a_2,a_3,a_4)$，$\boldsymbol{b}=(b_1,b_2,b_3,b_4)$，$\boldsymbol{c}=(c_1,c_2,c_3,c_4)$，$\boldsymbol{d}=(1,0,0,0)$．那么，原命题等价于当 $|\boldsymbol{a}|=1$，$|\boldsymbol{b}|=1$，$|\boldsymbol{c}|=1$，$|\boldsymbol{d}|=1$，$\boldsymbol{a}\cdot\boldsymbol{b}=0$，$\boldsymbol{c}\cdot\boldsymbol{b}=0$，$\boldsymbol{a}\cdot\boldsymbol{c}=0$ 时，证明

$$(\boldsymbol{a}\cdot\boldsymbol{d})^2+(\boldsymbol{b}\cdot\boldsymbol{d})^2+(\boldsymbol{c}\cdot\boldsymbol{d})^2\leqslant\boldsymbol{d}\cdot\boldsymbol{d}$$

从几何的角度看，譬如对于内积 $\boldsymbol{a}\cdot\boldsymbol{d}=|\boldsymbol{a}||\boldsymbol{d}|\cdot\cos\alpha$，其中 α 是向量 $\boldsymbol{a}$ 与 $\boldsymbol{d}$ 的夹角. 因为 $\boldsymbol{d}$ 是单位向量，所以 $\boldsymbol{a}\cdot\boldsymbol{d}$ 为向量 $\boldsymbol{a}$ 在单位向量 $\boldsymbol{d}$ 方向上投影的长度，这一长度有前面提到的几何意义，不会因为对坐标轴作旋转变换而改变，类似地，$\boldsymbol{b}\cdot\boldsymbol{d}$，$\boldsymbol{c}\cdot\boldsymbol{d}$，$\boldsymbol{d}\cdot\boldsymbol{d}$ 也有这样的性质. 因此，我们可以适当地旋转坐标轴，使得 $\boldsymbol{a}$，$\boldsymbol{b}$，$\boldsymbol{c}$ 在新的坐标轴下的坐标分别为 $(1,0,0,0)$，$(0,1,0,0)$，$(0,0,1,0)$，设此时 $\boldsymbol{d}$ 的坐标为 (x,y,z,w)，则 $x^2+y^2+z^2+w^2=1$. 原命题等价于 $x^2+y^2+z^2\leqslant 1$，这是显然的.

能用向量法证明的竞赛题目有很多，后面我们会继续讨论. 让我们回到原来的问题. 上述证明默认了一些事实，但还需要一些几何上的观察. 下面我们再来介绍一种分析上的证明，其实质也可看作将之前的证明严格化.

证法 3　为方便起见，我们将 $\boldsymbol{a}\cdot\boldsymbol{d}$ 等简记为 $(\boldsymbol{a},\boldsymbol{d})$ 等，则有

$$\begin{aligned}0&\leqslant|\boldsymbol{d}-(\boldsymbol{d},\boldsymbol{a})\boldsymbol{a}-(\boldsymbol{d},\boldsymbol{b})\boldsymbol{b}-(\boldsymbol{d},\boldsymbol{c})\boldsymbol{c}|^2\\&=(\boldsymbol{d},\boldsymbol{d})+(\boldsymbol{d},\boldsymbol{a})^2(\boldsymbol{a},\boldsymbol{a})+(\boldsymbol{d},\boldsymbol{b})^2(\boldsymbol{b},\boldsymbol{b})+\\&\quad(\boldsymbol{d},\boldsymbol{c})^2(\boldsymbol{c},\boldsymbol{c})-2(\boldsymbol{d},\boldsymbol{a})^2-2(\boldsymbol{d},\boldsymbol{b})^2-2(\boldsymbol{d},\boldsymbol{c})^2\\&=(\boldsymbol{d},\boldsymbol{d})-(\boldsymbol{d},\boldsymbol{a})^2-(\boldsymbol{d},\boldsymbol{b})^2-(\boldsymbol{d},\boldsymbol{c})^2\end{aligned}$$

移项后即知命题成立.

由我们给出的证明知：如果 $\boldsymbol{a}$，$\boldsymbol{b}$，$\boldsymbol{c}$，$\boldsymbol{d}$ 是三维向量，那么命题中的不等式实际成为等式.

用上面完全一样的方法我们可以证明下面的问题.

例 2　(1)(2008 年 IMO 中国国家队培训题)已知 n 元实数组 $\boldsymbol{a}=(a_1,a_2,\cdots,a_n)$，$\boldsymbol{b}=(b_1,b_2,\cdots,b_n)$，$\boldsymbol{c}=(c_1,c_2,\cdots,c_n)$ 满足

$$\begin{cases}a_1^2+a_2^2+\cdots+a_n^2=1\\b_1^2+b_2^2+\cdots+b_n^2=1\\c_1^2+c_2^2+\cdots+c_n^2=1\\b_1c_1+b_2c_2+\cdots+b_nc_n=0\end{cases}$$

求证

$$(b_1a_1+b_2a_2+\cdots+b_na_n)^2+(a_1c_1+a_2c_2+\cdots+a_nc_n)^2\leqslant 1$$

(2)(2007 年罗马尼亚数学奥林匹克竞赛试题)已知 $\boldsymbol{a}=(a_1,a_2,\cdots,a_n)$，$\boldsymbol{b}=(b_1,b_2,\cdots,b_n)\in\mathbf{R}^n$，满足

$$\sum_{i=1}^n a_i^2=\sum_{i=1}^n b_i^2=1,\ \sum_{i=1}^n a_ib_i=0$$

求证

$$\left(\sum_{i=1}^{n} a_i\right)^2+\left(\sum_{i=1}^{n} b_i\right)^2 \leqslant n$$

证明 对于(1),由

$$0 \leqslant |\boldsymbol{a}-(\boldsymbol{a},\boldsymbol{b})\boldsymbol{b}-(\boldsymbol{a},\boldsymbol{c})\boldsymbol{c}|^2$$

展开即得

$$(\boldsymbol{a},\boldsymbol{b})^2+(\boldsymbol{a},\boldsymbol{c})^2 \leqslant 1$$

对于(2),设 $\boldsymbol{c}=(1,1,\cdots,1)$,类似地,由

$$0 \leqslant |\boldsymbol{c}-(\boldsymbol{a},\boldsymbol{c})\boldsymbol{a}-(\boldsymbol{b},\boldsymbol{c})\boldsymbol{b}|^2$$

展开即知命题成立.

用这一方法可以编出许多道类似的试题,随着维数的增加,用其他方法就变得越发难以直接证明.

注意到上述证明中我们仅仅用到了欧氏空间的一些简单的内积性质,抽象出来我们可定义所谓的内积空间.

$\mathbf{R}$ 上的线性空间 X 中的双线性函数$(\cdot,\cdot)$:$X\times X\to\mathbf{R}$ 称为一个内积,若它满足:

(1)$(x,y)=(y,x)$,$\forall x,y\in X$(对称性).

(2)$(x,x)\geqslant 0$,$\forall x\in X$;$(x,x)=0$ 当且仅当 $x=0$(正定性).

我们记 $|x|=\sqrt{(x,x)}$.

具有内积的空间称为内积空间.

对于 $\mathbf{C}$ 上的线性空间,其若为内积空间,则我们需将第一条改为 $(x,y)=\overline{(y,x)}$,$\forall x,y\in X$.

欧氏空间 $\mathbf{R}^n$ 显然是内积空间,另外平方可积函数 $\int_{\mathbf{R}} f^2\mathrm{d}x<+\infty$(记作 $f\in L^2(\mathbf{R})$)也构成内积空间,其内积定义为

$$(u,v)=\int_{\mathbf{R}} u(x)v(x)\mathrm{d}x$$

其中 $u,v\in L^2(\mathbf{R})$.

从而,下面关于内积空间的结论对于欧氏空间 $\mathbf{R}^n$ 以及平方可积空间 L^2 都成立.

我们之前的证明可以毫无难度地用来证明如下结论.

定理 1(贝塞尔(Bessel)不等式) 设 X 是一个内积空间,如果 $\boldsymbol{e}_i$ 是单位向量(即$(\boldsymbol{e}_i,\boldsymbol{e}_i)=1$,且$(\boldsymbol{e}_i,\boldsymbol{e}_j)=0$),对任意 $\boldsymbol{x}\in X$ 有

$$\sum |(\boldsymbol{x},\boldsymbol{e}_i)|^2 \leqslant \|\boldsymbol{x}\|^2$$

事实上，我们有

$$\|\boldsymbol{x}\|^2-\sum |(\boldsymbol{x},\boldsymbol{e}_i)|^2=\left\|\boldsymbol{x}-\sum(\boldsymbol{x},\boldsymbol{e}_i)\boldsymbol{e}_i\right\|^2$$

上述等式的几何意义是较为明显的. 进一步，这里的下标 i 还可以改为指标集 A. 等号成立当且仅当 $\{\boldsymbol{e}_i\}$ 构成 X 的一组基，也即

$$\forall \boldsymbol{x}\in X, \boldsymbol{x}=\sum(\boldsymbol{x},\boldsymbol{e}_i)\boldsymbol{e}_i$$

此式称为帕塞瓦尔等式. 值得指出的是帕塞瓦尔等式在傅里叶分析等领域有广泛应用.

欧氏空间 $\mathbf{R}^n$ 中 $\boldsymbol{e}_1=(1,0,\cdots,0),\cdots,\boldsymbol{e}_n=(0,\cdots,0,1)$ 构成 $\mathbf{R}^n$ 的一组基，因此贝塞尔不等式变为帕塞瓦尔等式. 可以看出我们之前给出的证明有着较为深刻的背景和更为一般化的结论.

利用帕塞瓦尔等式还可以解决许多竞赛试题，如：

例 3（第 65 届美国大学生数学竞赛试题） 假设 $f(x,y)$ 是单位正方形 $0\leqslant x\leqslant 1, 0\leqslant y\leqslant 1$ 上的实值连续函数. 证明

$$\int_0^1\left(\int_0^1 f(x,y)\mathrm{d}x\right)^2\mathrm{d}y+\int_0^1\left(\int_0^1 f(x,y)\mathrm{d}y\right)^2\mathrm{d}x$$
$$\leqslant\left(\int_0^1\int_0^1 f(x,y)\mathrm{d}x\mathrm{d}y\right)^2+\int_0^1\int_0^1(f(x,y))^2\mathrm{d}x\mathrm{d}y$$

证明 对于整数 m 和 n，令

$$\hat{f}(m,n)=\int_0^1\int_0^1 f(x,y)\mathrm{e}^{-2\pi\mathrm{i}(mx+ny)}\mathrm{d}x\mathrm{d}y$$

表示 f 的傅里叶系数. 特别地

$$\int_0^1\int_0^1 f(x,y)\mathrm{d}x\mathrm{d}y=\hat{f}(0,0) \tag{1}$$

函数 $\int_0^1 f(x,y)\mathrm{d}y$ 是 x 的函数，其傅里叶级数是 $\sum\limits_m \hat{f}(m,0)\mathrm{e}^{2\pi\mathrm{i}mx}$. 由帕塞瓦尔等式即得

$$\int_0^1\left(\int_0^1 f(x,y)\mathrm{d}y\right)^2\mathrm{d}x=\sum_{m=-\infty}^{+\infty}|\hat{f}(m,0)|^2 \tag{2}$$

类似地

$$\int_0^1\left(\int_0^1 f(x,y)\mathrm{d}x\right)^2\mathrm{d}y=\sum_{m=-\infty}^{+\infty}|\hat{f}(0,n)|^2 \tag{3}$$

由 $L^2(T^2)$ 中的帕塞瓦尔等式得

$$\int_0^1\int_0^1 (f(x,y))^2 \mathrm{d}x\mathrm{d}y = \sum_{m=-\infty}^{+\infty}\sum_{n=-\infty}^{+\infty} |\hat{f}(m,n)|^2 \tag{4}$$

组合(1) ～(4) 我们即看到,在问题中所述不等式的右端减去其左端为

$$\sum_{\substack{m=-\infty \\ m\neq 0}}^{+\infty}\sum_{\substack{n=-\infty \\ n\neq 0}}^{+\infty} |\hat{f}(m,n)|^2$$

因为这是非负的,所以问题中所提出的不等式成立.

例 4(第 14 届国际大学生数学竞赛试题(保加利亚,2007))　设 $P(z)$是整系数多项式,且对于任意模为 1 的复数 z,$|P(z)|\leqslant 2$. 请问:$P(z)$可能有多少个非零的系数?

解　我们将证明非零系数的个数可以是 0,1 和 2. 这些值都是可能的. 例如,多项式 $P_0(z)=0$,$P_1(z)=1$ 和 $P_2(z)=1+z$ 满足条件,且分别有 0,1 和 2 个非零系数.

现在考虑满足条件的任意多项式 $P(z)=a_0+a_1z+\cdots+a_nz^n$,且假设其至少有 2 个非零系数. 用 z 的某个幂除以多项式,并在必要时用 $-p(z)$替代 $p(z)$,我们可以得到 $a_0>0$,使得条件仍然满足,且非零项的个数保持不变. 因此,不失一般性,我们可以假设 $a_0>0$.

令 $Q(z)=a_1z+\cdots+a_{n-1}z^{n-1}$. 我们的目标是证明 $Q(z)=0$.

考虑单位圆周上满足 $a_nw_k^n=|a_n|$ 的复数 $w_0,w_1,\cdots,w_{n-1}$,即令

$$w_k=\begin{cases}\mathrm{e}^{2k\pi \mathrm{i}/n}, a_n>0 \\ \mathrm{e}^{(2k+1)\pi \mathrm{i}/n}, a_n<0\end{cases}\quad (k=0,1,\cdots,n)$$

注意到

$$\sum_{k=0}^{n-1} Q(w_k) = \sum_{k=0}^{n-1} Q(w_0\mathrm{e}^{2k\pi \mathrm{i}/n}) = \sum_{j=1}^{n-1} a_j w_0^j \sum_{k=0}^{n-1} (\mathrm{e}^{2j\pi \mathrm{i}/n})^k = 0$$

利用多项式 $P(z)$在点 w_k 上的平均值,我们得到

$$\frac{1}{n}\sum_{k=0}^{n-1} P(w_k) = \frac{1}{n}\sum_{k=0}^{n-1}(a_0+Q(w_k)+a_nw_k^n) = a_0+|a_n|$$

和

$$2\geqslant \frac{1}{n}\sum_{k=0}^{n-1} |P(w_k)| \geqslant \left|\frac{1}{n}\sum_{k=0}^{n-1} P(w_k)\right| = a_0+|a_n|\geqslant 2$$

显然,这表明 $a_0=|a_n|=1$,且对所有的 k,有 $|P(w_k)|=|2+Q(w_k)|=2$. 因此,$Q(w_k)$的所有值必位于圆周 $|2+z|=2$ 上,且它们的和为 0. 这只有在 $Q(w_k)=0$ $(\forall k)$时才有可能. 所以多项式 $Q(z)$至少有 n 个不同的根,而它的次数至多为 $n-$

1，因此，$Q(z)=0$，而 $P(z)=a_0+a_nz^n$ 只有两个非零的系数.

注　利用帕塞瓦尔等式(即在单位圆周上对 $|P(z)|^2=P(z)\overline{P(z)}$ 积分)，可以得到

$$\begin{aligned}|a_0|^2+\cdots+|a_n|^2&=\frac{1}{2\pi}\int_0^{2\pi}|P(\mathrm{e}^{it})|^2\mathrm{d}t\\&\leqslant\frac{1}{2\pi}\int_0^{2\pi}4\mathrm{d}t=4\end{aligned}\tag{5}$$

因此，不可能有多于 4 个非零的系数，且若有多于一个非零的项，则它们的系数为 ±1.

容易看出式(5)中等号成立时不可能有两个或更多的非零系数，因此只需考虑形如 $1\pm x^m\pm x^n$ 的多项式. 然而，我们尚不知道是否有比上述证明更简单的方法.

例 5　给定实数 $r\in[-1,1]$，实数 $x_1,x_2,\cdots,x_{100}(x_{100+k}=x_k)$，满足：$\sum\limits_{k=1}^{100}x_k^2=1$，$\sum\limits_{k=1}^{100}x_kx_{k+1}=r$. 记 $S=\sum\limits_{k=1}^{100}x_kx_{k+2}$，试求 S 的最小可能值.

此题是 2022 年第三届百年老校数学奥林匹克试题.

浙江省著名数学奥林匹克教练田开斌利用傅里叶变换和帕塞瓦尔等式，给出了一个巧妙的解答.

解　记 $w=\mathrm{e}^{\frac{\pi\mathrm{i}}{50}}$，对任意一组复数 $z_1,z_2,\cdots,z_{100}$，定义 $\tilde{z}_k=\frac{1}{100}(\sum\limits_{j=1}^{100}z_jw^{-jk})(1\leqslant k\leqslant100)$，称为 $z_1,z_2,\cdots,z_{100}$ 的傅里叶变换，我们有著名的帕塞瓦尔等式

$$\sum_{k=1}^{100}|z_k|^2=100\sum_{k=1}^{100}|\tilde{z}_k|^2$$

下面回到原题：

记 $y_k=\tilde{x}_k=\frac{1}{100}\sum\limits_{j=1}^{100}x_jw^{-jk}(1\leqslant k\leqslant100)$，则 $y_k=\overline{y_{100-k}}(1\leqslant k\leqslant99)$. 根据帕塞瓦尔等式知

$$1=\sum_{k=1}^{100}x_k^2=100\sum_{k=1}^{100}|y_k|^2=\sum_{k=1}^{49}200|y_k|^2+100|y_{50}|^2+100|y_{100}|^2\tag{6}$$

根据条件知

$$\begin{aligned}r=\sum_{k=1}^{100}x_kx_{k+1}&=\frac{1}{2}\left[\sum_{k=1}^{100}(x_k+x_{k+1})^2-2(\sum_{k=1}^{100}x_k^2)\right]\\&=\frac{1}{2}\left[\sum_{k=1}^{100}(x_k+x_{k+1})^2\right]-1\end{aligned}$$

$$\Rightarrow 2r+2=\sum_{k=1}^{100}(x_k+x_{k+1})^2$$

同理可证

$$2S+2=\sum_{k=1}^{100}(x_k+x_{k+2})^2$$

令 $x_k+x_{k+1}=a_k, x_k+x_{k+2}=b_k(1\leqslant k\leqslant 100)$，则

$$\begin{aligned}\tilde{a}_k&=\frac{1}{100}\Big(\sum_{j=1}^{100}(x_k+x_{k+1})w^{-jk}\Big)\\&=\frac{1}{100}(y_k+w^k y_k)\\&=\frac{1}{100}(1+w^k)y_k\end{aligned}$$

$$\begin{aligned}\tilde{b}_k&=\frac{1}{100}\Big(\sum_{j=1}^{100}(x_k+x_{k+2})w^{-jk}\Big)\\&=\frac{1}{100}(y_k+w^{2k}y_k)\\&=\frac{1}{100}(1+w^{2k})y_k\end{aligned}$$

于是，根据帕塞瓦尔等式知

$$\begin{aligned}2r+2&=\sum_{k=1}^{100}(x_k+x_{k+1})^2\\&=\sum_{k=1}^{100}|a_k|^2\\&=100\sum_{k=1}^{100}|\tilde{a}_k|^2\\&=100\Big(\sum_{k=1}^{100}|1+w^k|^2\cdot|y_k|^2\Big)\\&=200\left(\sum_{k=1}^{100}\left(1+\cos\frac{k\pi}{50}\right)\cdot|y_k|^2\right)\\&=200\Big(\sum_{k=1}^{100}|y_k|^2\Big)+200\left(\sum_{k=1}^{100}\cos\frac{k\pi}{50}\cdot|y_k|^2\right)\\&=2+200\left(2\sum_{k=1}^{49}\cos\frac{k\pi}{50}\cdot|y_k|^2+\cos\frac{50\pi}{50}\cdot|y_{50}|^2+|y_{100}|^2\right)\end{aligned}$$

整理即得

$$r=\sum_{k=1}^{49}\cos\frac{k\pi}{50}\cdot 200\mid y_k\mid^2+\cos\frac{50\pi}{50}\cdot 100\mid y_{50}\mid^2+100\mid y_{100}\mid^2 \tag{7}$$

类似可知

$$\begin{aligned}2S+2&=\sum_{k=1}^{100}(x_k+x_{k+2})^2\\&=\sum_{k=1}^{100}\mid b_k\mid^2\\&=100\sum_{k=1}^{100}\mid\tilde{b}_k\mid^2\\&=100\left(\sum_{k=1}^{100}\mid 1+w^{2k}\mid^2\cdot\mid y_k\mid^2\right)\\&=200\left(\sum_{k=1}^{100}\left(1+\cos\frac{2k\pi}{50}\right)\cdot\mid y_k\mid^2\right)\\&=200\left(\sum_{k=1}^{100}\mid y_k\mid^2\right)+200\left(\sum_{k=1}^{100}\cos\frac{2k\pi}{50}\cdot\mid y_k\mid^2\right)\\&=2+200\left(2\sum_{k=1}^{49}\cos\frac{2k\pi}{50}\cdot\mid y_k\mid^2+\cos\frac{100\pi}{50}\cdot\mid y_{50}\mid^2+\mid y_{100}\mid^2\right)\end{aligned}$$

整理即得

$$S=\sum_{k=1}^{49}\cos\frac{2k\pi}{50}\cdot 200\mid y_k\mid^2+\cos\frac{100\pi}{50}\cdot 100\mid y_{50}\mid^2+100\mid y_{100}\mid^2 \tag{8}$$

令 $100\mid y_{100}\mid^2=p_0$，$200\mid y_k\mid^2=p_k(1\leqslant k\leqslant 49)$，$100\mid y_{50}\mid^2=p_{50}$，则 p_0，$p_1,\cdots,p_{50}\geqslant 0$，且

$$\sum_{k=0}^{50}p_k=1 \tag{9}$$

$$\sum_{k=0}^{50}p_k\cos\frac{k\pi}{50}=r \tag{10}$$

此时

$$\begin{aligned}S&=\sum_{k=0}^{50}p_k\cos\frac{2k\pi}{50}\\&=2\sum_{k=0}^{50}p_k\cos^2\frac{k\pi}{50}-\sum_{k=0}^{50}p_k\\&=2\sum_{k=0}^{50}p_k\cos^2\frac{k\pi}{50}-1\end{aligned} \tag{11}$$

于是我们只需求 $\sum\limits_{k=0}^{50}p_k\cos^2\frac{k\pi}{50}$ 的最小值.

设 $\cos\frac{(m+1)\pi}{50}\leqslant r\leqslant\cos\frac{m\pi}{50}$，$m\in\{0,1,2,\cdots,49\}$，则对任意 $0\leqslant k\leqslant 50$，$k\in\mathbf{Z}$，有

$$\left(\cos\frac{k\pi}{50}-\cos\frac{m\pi}{50}\right)\left(\cos\frac{k\pi}{50}-\cos\frac{(m+1)\pi}{50}\right)\geqslant 0$$

$$\Rightarrow\cos^2\frac{k\pi}{50}\geqslant\cos\frac{k\pi}{50}\left(\cos\frac{m\pi}{50}+\cos\frac{(m+1)\pi}{50}\right)-\cos\frac{m\pi}{50}\cos\frac{(m+1)\pi}{50}$$

于是知

$$\begin{aligned}&\sum_{k=0}^{50}p_k\cos^2\frac{k\pi}{50}\\ \geqslant&\sum_{k=0}^{50}p_k\left(\cos\frac{k\pi}{50}\left(\cos\frac{m\pi}{50}+\cos\frac{(m+1)\pi}{50}\right)-\cos\frac{m\pi}{50}\cos\frac{(m+1)\pi}{50}\right)\\ =&\left(\cos\frac{m\pi}{50}+\cos\frac{(m+1)\pi}{50}\right)\cdot\left(\sum_{k=0}^{50}p_k\cos\frac{k\pi}{50}\right)-\cos\frac{m\pi}{50}\cos\frac{(m+1)\pi}{50}\left(\sum_{k=0}^{50}p_k\right)\\ =&\left(\cos\frac{m\pi}{50}+\cos\frac{(m+1)\pi}{50}\right)r-\cos\frac{m\pi}{50}\cos\frac{(m+1)\pi}{50}\end{aligned}$$

代入式(11)知

$$\begin{aligned}S&=2\sum_{k=0}^{50}p_k\cos^2\frac{k\pi}{50}-1\\ &\geqslant 2\left(\cos\frac{m\pi}{50}+\cos\frac{(m+1)\pi}{50}\right)r-2\cos\frac{m\pi}{50}\cdot\cos\frac{(m+1)\pi}{50}-1\end{aligned}$$

当

$$p_0=p_1=\cdots=p_{m-1}=p_{m+2}=p_{m+3}=\cdots=p_{50}=0$$

$$p_m=\frac{r-\cos\frac{(m+1)\pi}{50}}{\cos\frac{m\pi}{50}-\cos\frac{(m+1)\pi}{50}}$$

$$p_{m+1}=\frac{\cos\frac{(m+1)\pi}{50}-r}{\cos\frac{m\pi}{50}-\cos\frac{(m+1)\pi}{50}}$$

时，等号成立.

帕塞瓦尔等式最先应用于傅里叶级数中：

设 f 是周期为 2π 的函数，在$[-\pi,\pi]$上可积与绝对可积，f 的傅里叶系数为

$$a_n=\frac{1}{\pi}\int_{-\pi}^{\pi}f(x)\cos nx\,\mathrm{d}x\quad(n=0,1,2,\cdots)$$

$$b_n=\frac{1}{\pi}\int_{-\pi}^{\pi}f(x)\sin nx\,\mathrm{d}x\quad(n=1,2,\cdots)$$

f 的傅里叶展开式为

$$f(x)\sim\frac{a_0}{2}+\sum_{n=1}^{\infty}(a_n\cos nx+b_n\sin nx)$$

若 f 在 x_0 处有两个有限的广义单侧导数

$$\lim_{t\to0^+}\frac{f(x_0+t)-f(x_0+0)}{t}$$

$$\lim_{t\to0^-}\frac{f(x_0-t)-f(x_0-0)}{-t}$$

则 f 的傅里叶级数在 x_0 处收敛于$\frac{1}{2}(f(x_0+0)+f(x_0-0))$,即

$$\frac{a_0}{2}+\sum_{n=1}^{\infty}(a_n\cos nx_0+b_n\sin nx_0)$$
$$=\frac{1}{2}(f(x_0+0)+f(x_0-0))$$

如果取某个特殊的 x_0,那么就可以得到特殊的级数和.

对$[-\pi,\pi]$上的可积和平方可积函数 f,有帕塞瓦尔等式

$$\frac{a_0^2}{2}+\sum_{n=1}^{\infty}(a_n^2+b_n^2)=\frac{1}{\pi}\int_{-\pi}^{\pi}f^2(x)\mathrm{d}x$$

利用这个等式,又可以得到一些特殊级数的和.下面先加以证明,再举几个例子.

证法 1 利用贝塞尔不等式的证明思想.

由条件 $\forall\varepsilon(0<\varepsilon<1),\exists N\in\mathbf{N}$,使得 $\forall n>N,\forall x\in[-\pi,\pi]$有

$$|f(x)-S_n(x)|<\frac{\varepsilon}{2}$$

其中 $S_n(x)$ 为 $f(x)$ 傅里叶级数的前 $2n+1$ 项部分和,于是

$$0\leqslant\frac{1}{\pi}\int_{-\pi}^{\pi}[f(x)-S_n(x)]^2\mathrm{d}x$$
$$=\frac{1}{\pi}\int_{-\pi}^{\pi}f^2(x)\mathrm{d}x-\frac{2}{\pi}\int_{-\pi}^{\pi}f(x)S_n(x)\mathrm{d}x+\frac{1}{\pi}\int_{-\pi}^{\pi}S_n^2(x)\mathrm{d}x$$
$$=\frac{1}{\pi}\int_{-\pi}^{\pi}f^2(x)\mathrm{d}x-\left[\frac{1}{2}a_0^2+\sum_{k=1}^{n}(a_k^2+b_k^2)\right]$$
$$<\frac{1}{\pi}\int_{-\pi}^{\pi}\left(\frac{\varepsilon}{2}\right)^2\mathrm{d}x$$

$$=\frac{1}{2}\varepsilon^2<\varepsilon^2<\varepsilon$$

令 $n\to\infty$，就有

$$0\leqslant\frac{1}{\pi}\int_{-\pi}^{\pi}f^2(x)\mathrm{d}x-\left[\frac{1}{2}a_0^2+\sum_{n=1}^{n}(a_n^2+b_n^2)\right]\leqslant\varepsilon$$

由 ε 的任意性即有帕塞瓦尔等式成立.

证法 2　利用一致收敛函数级数的逐项可积性.

因有 $\frac{a_0}{2}+\sum_{k=1}^{n}(a_k\cos kx+b_k\sin kx)\xrightarrow[]{[-\pi,\pi]}f(x)$，于是有

$$f(x)\left[\frac{a_0}{2}+\sum_{k=1}^{n}(a_k\cos kx+b_k\sin kx)\right]\xrightarrow[]{[-\pi,\pi]}f^2(x)$$

即

$$f^2(x)=\frac{a_0}{2}f(x)+\sum_{n=1}^{\infty}[a_nf(x)\cos nx+b_nf(x)\sin nx]$$

对上式在 $[-\pi,\pi]$ 上逐项积分，即得到

$$\begin{aligned}\frac{1}{\pi}\int_{-\pi}^{\pi}f^2(x)\mathrm{d}x&=\frac{a_0}{2}\cdot\frac{1}{\pi}\int_{-\pi}^{\pi}f(x)\mathrm{d}x+\\&\quad\sum_{n=1}^{\infty}\left[a_n\cdot\frac{1}{\pi}\int_{-\pi}^{\pi}f(x)\cos nx\,\mathrm{d}x+b_n\cdot\frac{1}{\pi}\int_{-\pi}^{\pi}f(x)\sin nx\,\mathrm{d}x\right]\\&=\frac{a_0^2}{2}+\sum_{n=1}^{\infty}(a_n^2+b_n^2)\end{aligned}$$

下面对帕塞瓦尔等式进行进一步分析.

首先说明，命题的提法可改变，改为“函数 $f(x)\in C(\mathbf{R})$，且在 $[-\pi,\pi]$ 上分段光滑，则有帕塞瓦尔等式成立”. 事实上，这一条件保证了 $f(x)$ 的傅里叶级数在 $[-\pi,\pi]$ 上必定具有一致收敛性.

其次指出，命题的条件可减弱，改为“函数 $f(x)\in\mathbf{R}[-\pi,\pi]$，则有帕塞瓦尔等式成立”. 这一条件相当弱，几乎就是熟知的贝塞尔不等式的条件. 自然，因为条件很弱，所以证明就十分困难.

例 6　将 $f(x)=x(-\pi<x<\pi)$ 延拓为 $(-\infty,+\infty)$ 上的以 2π 为周期的函数，使 $f(-\pi)=f(\pi)=\dfrac{f(-\pi+0)+f(\pi-0)}{2}=0$. 求 f 的傅里叶展开式，并求证

$$\sum_{n=1}^{\infty}\frac{(-1)^{n-1}}{n^2}=\frac{\pi^2}{12},\sum_{n=1}^{\infty}\frac{1}{n^2}=\frac{\pi^2}{6}$$

$$\sum_{n=1}^{\infty}\frac{(-1)^{n-1}}{n^4}=\frac{7\pi^4}{720},\sum_{n=1}^{\infty}\frac{1}{n^4}=\frac{\pi^4}{90}$$

证明　因为 $f(x)$ 为奇函数，所以

$$a_n=\frac{1}{\pi}\int_{-\pi}^{\pi}f(x)\cos nx\,\mathrm{d}x=0\quad(n=0,1,2,\cdots)$$

$$\begin{aligned}b_n&=\frac{1}{\pi}\int_{-\pi}^{\pi}f(x)\sin nx\,\mathrm{d}x\\&=\frac{2}{\pi}\int_{0}^{\pi}f(x)\sin nx\,\mathrm{d}x=\frac{2}{\pi}\int_{0}^{\pi}x\sin nx\,\mathrm{d}x\\&=\frac{2}{\pi}\left(x\frac{-\cos nx}{n}\Big|_0^{\pi}+\frac{1}{n}\int_0^{\pi}\cos nx\,\mathrm{d}x\right)\\&=\frac{2(-1)^{n+1}}{n}+\frac{2}{n\pi}\cdot\frac{\sin nx}{n}\Big|_0^{\pi}\\&=(-1)^{n+1}\frac{2}{n}\quad(n=1,2,\cdots)\end{aligned}$$

于是，f 的傅里叶展开式为

$$\begin{aligned}x&=\sum_{n=1}^{\infty}(-1)^{n+1}\frac{2}{n}\sin nx\\&=2\sum_{n=1}^{\infty}\frac{(-1)^{n+1}}{n}\sin nx\quad(-\pi<x<\pi)\end{aligned}$$

(或 $f(x)=2\sum\limits_{n=1}^{\infty}\frac{(-1)^{n+1}}{n}\sin nx\,(-\infty<x<+\infty)$).

应用帕塞瓦尔等式就得

$$\begin{aligned}4\sum_{n=1}^{\infty}\frac{1}{n^2}&=\frac{1}{\pi}\int_{-\pi}^{\pi}x^2\,\mathrm{d}x\\&=\frac{1}{\pi}\cdot\frac{x^3}{3}\Big|_{-\pi}^{\pi}=\frac{2}{3}\pi^2\end{aligned}$$

$$\sum_{n=1}^{\infty}\frac{1}{n^2}=\frac{\pi^2}{6}$$

又

$$\begin{aligned}\sum_{n=1}^{\infty}\frac{1}{n^2}&=\sum_{n=1}^{\infty}\frac{1}{(2n-1)^2}+\sum_{n=1}^{\infty}\frac{1}{(2n)^2}\\&=\sum_{n=1}^{\infty}\frac{1}{(2n-1)^2}+\frac{1}{4}\sum_{n=1}^{\infty}\frac{1}{n^2}\end{aligned}$$

故

$$\sum_{n=1}^{\infty}\frac{1}{(2n-1)^2}=\left(1-\frac{1}{4}\right)\sum_{n=1}^{\infty}\frac{1}{n^2}$$
$$=\frac{3}{4}\cdot\frac{\pi^2}{6}=\frac{\pi^2}{8}$$

$$\sum_{n=1}^{\infty}\frac{(-1)^{n-1}}{n^2}=\sum_{n=1}^{\infty}\left(\frac{1}{(2n-1)^2}-\frac{1}{(2n)^2}\right)$$
$$=\sum_{n=1}^{\infty}\frac{1}{(2n-1)^2}-\frac{1}{4}\sum_{n=1}^{\infty}\frac{1}{n^2}$$
$$=\frac{\pi^2}{8}-\frac{1}{4}\cdot\frac{\pi^2}{6}=\frac{\pi^2}{12}$$

将 $f(x)=x(-\pi<x<\pi)$ 的傅里叶展开式两边积分，有

$$\frac{1}{2}x^2=2\sum_{n=1}^{\infty}\frac{(-1)^{n+1}}{n}\cdot\left.\frac{-\cos nx}{n}\right|_0^x$$
$$=2\sum_{n=1}^{\infty}\frac{(-1)^n\cos nx}{n^2}+2\sum_{n=1}^{\infty}\frac{(-1)^{n+1}}{n^2}$$
$$(-\infty<x<+\infty)$$

令 $x=\pi$，得

$$\frac{1}{2}\pi^2=2\sum_{n=1}^{\infty}\frac{(-1)^{2n}}{n^2}+2\sum_{n=1}^{\infty}\frac{(-1)^{n+1}}{n^2}$$
$$=2\sum_{n=1}^{\infty}\frac{1+(-1)^{n+1}}{n^2}$$
$$=4\sum_{n=1}^{\infty}\frac{1}{(2n-1)^2}$$

即又得 $\sum_{n=1}^{\infty}\frac{1}{(2n-1)^2}=\frac{\pi^2}{8}$，从而

$$\sum_{n=1}^{\infty}\frac{1}{n^2}=\sum_{n=1}^{\infty}\frac{1}{(2n-1)^2}+\sum_{n=1}^{\infty}\frac{1}{(2n)^2}$$
$$=\frac{\pi^2}{8}+\frac{1}{4}\sum_{n=1}^{\infty}\frac{1}{n^2}$$
$$\left(1-\frac{1}{4}\right)\sum_{n=1}^{\infty}\frac{1}{n^2}=\frac{\pi^2}{8}$$

同样得到

$$\sum_{n=1}^{\infty}\frac{1}{n^2}=\frac{\pi^2}{6}$$

于是又有

$$\sum_{n=1}^{\infty}\frac{(-1)^{n+1}}{n^2}=\frac{\pi^2}{12}$$

代入

$$\frac{1}{2}x^2=2\sum_{n=1}^{\infty}\frac{(-1)^n}{n^2}\cos nx+2\sum_{n=1}^{\infty}\frac{(-1)^{n+1}}{n^2}$$

得

$$x^2=\frac{\pi^2}{3}+4\sum_{n=1}^{\infty}\frac{(-1)^n}{n^2}\cos nx \quad (-\pi<x<\pi)$$

两边再积分，有

$$\begin{aligned}\frac{x^3}{3}&=\frac{\pi^2}{3}x+4\sum_{n=1}^{\infty}\frac{(-1)^n}{n^2}\cdot\frac{\sin nx}{n}\\&=\frac{\pi^2}{3}\cdot 2\sum_{n=1}^{\infty}(-1)^{n+1}\frac{\sin nx}{n}+\\&\quad 4\sum_{n=1}^{\infty}(-1)^n\frac{\sin nx}{n^3} \quad (-\pi<x<\pi)\end{aligned}$$

$$\begin{aligned}x^3=&2\pi^2\sum_{n=1}^{\infty}\frac{(-1)^{n+1}}{n}\sin nx+\\&12\sum_{n=1}^{\infty}\frac{(-1)^n}{n^3}\sin nx \quad (-\pi<x<\pi)\end{aligned}$$

再两边积分，得

$$\begin{aligned}\frac{x^4}{4}=&2\pi^2\sum_{n=1}^{\infty}(-1)^{n+1}\frac{1-\cos nx}{n^2}+\\&12\sum_{n=1}^{\infty}(-1)^n\frac{1-\cos nx}{n^4} \quad (-\pi<x<\pi)\end{aligned}$$

$$\begin{aligned}x^4=&\left(8\pi^2\sum_{n=1}^{\infty}\frac{(-1)^{n-1}}{n^2}+48\sum_{n=1}^{\infty}\frac{(-1)^n}{n^4}\right)+\\&8\pi^2\sum_{n=1}^{\infty}(-1)^n\frac{\cos nx}{n^2}+\\&48\sum_{n=1}^{\infty}\frac{(-1)^{n+1}}{n^4}\cos nx \quad (-\pi<x<\pi)\end{aligned}$$

其中

$$8\pi^2\sum_{n=1}^{\infty}\frac{(-1)^{n-1}}{n^2}+48\sum_{n=1}^{\infty}\frac{(-1)^n}{n^4}$$

为 x^4 的傅里叶展开式的常数项,即

$$8\pi^2\sum_{n=1}^{\infty}\frac{(-1)^{n-1}}{n^2}+48\sum_{n=1}^{\infty}\frac{(-1)^n}{n^4}$$

$$=\frac{1}{2\pi}\int_{-\pi}^{\pi}x^4\mathrm{d}x=\frac{2}{2\pi}\cdot\frac{x^5}{5}\Big|_0^{\pi}=\frac{\pi^4}{5}$$

于是

$$x^4=\frac{\pi^4}{5}+8\pi^2\sum_{n=1}^{\infty}\frac{(-1)^n}{n^2}\cos nx-$$

$$48\sum_{n=1}^{\infty}\frac{(-1)^n}{n^4}\cos nx\quad(-\pi<x<\pi)$$

令 $x=0$,再移项就有

$$\sum_{n=1}^{\infty}\frac{(-1)^n}{n^4}=\frac{1}{48}\left(\frac{\pi^4}{5}-8\pi^2\sum_{n=1}^{\infty}\frac{(-1)^{n+1}}{n^2}\right)$$

$$=\frac{1}{48}\left(\frac{\pi^4}{5}-8\pi^2\cdot\frac{\pi^2}{12}\right)$$

$$=-\frac{7\pi^4}{720}$$

$$\sum_{n=1}^{\infty}\frac{(-1)^{n-1}}{n^4}=\frac{7}{720}\pi^4$$

再令 $x=\pi$,代入得

$$\pi^4=\frac{\pi^4}{5}+8\pi^2\sum_{n=1}^{\infty}\frac{1}{n^2}-48\sum_{n=1}^{\infty}\frac{1}{n^4}$$

$$=\frac{\pi^4}{5}+8\pi^2\cdot\frac{\pi^2}{6}-48\sum_{n=1}^{\infty}\frac{1}{n^4}$$

$$\sum_{n=1}^{\infty}\frac{1}{n^4}=\frac{1}{48}\left(-\pi^4+\frac{1}{5}\pi^4+\frac{4}{3}\pi^4\right)$$

$$=\frac{1}{48}\cdot\frac{8\pi^4}{15}=\frac{\pi^4}{90}$$

该结果也可以从 x^2 的傅里叶展开式的帕塞瓦尔等式得到.事实上,因为

$$x^2=\frac{\pi^2}{3}+4\sum_{n=1}^{\infty}\frac{(-1)^n}{n^2}\cos nx\quad(-\pi<x<\pi)$$

所以

$$\frac{\left(\frac{2}{3}\pi^2\right)^2}{2}+16\sum_{n=1}^{\infty}\frac{1}{n^4}=\frac{1}{\pi}\int_{-\pi}^{\pi}x^4\mathrm{d}x$$

$$=\frac{2}{\pi}\cdot\frac{x^5}{5}\Big|_0^{\pi}=\frac{2}{5}\pi^4$$

$$\sum_{n=1}^{\infty}\frac{1}{n^4}=\frac{1}{16}\left(\frac{2}{5}\pi^4-\frac{2}{9}\pi^4\right)=\frac{\pi^4}{90}$$

注 除了从 $a_n=\frac{1}{\pi}\int_{-\pi}^{\pi}f(x)\cos nx\,\mathrm{d}x,b_n=\frac{1}{\pi}\int_{-\pi}^{\pi}f(x)\sin nx\,\mathrm{d}x$ 得到 f 的傅里叶展开式，还可对某已知的傅里叶展开式逐项积分或逐项求导得到，从展开式在某些点处的值和帕塞瓦尔等式，得到 $\sum_{n=1}^{\infty}\frac{1}{n^2}=\frac{\pi^2}{6},\sum_{n=1}^{\infty}\frac{(-1)^{n-1}}{n^2}=\frac{\pi^2}{12},\sum_{n=1}^{\infty}\frac{(-1)^{n-1}}{n^4}=\frac{7\pi^4}{720},\sum_{n=1}^{\infty}\frac{1}{n^4}=\frac{\pi^4}{90}$.

例 7 将函数

$$f(x)=\begin{cases}x(\pi-x) & (0\leqslant x\leqslant\pi)\\(\pi-x)(2\pi-x) & (\pi<x\leqslant2\pi)\end{cases}$$

展开成周期为 2π 的傅里叶级数，然后求和

$$\sum_{k=0}^{\infty}\frac{1}{(2k+1)^6}$$

解 $a_n=\frac{1}{\pi}\int_0^{2\pi}f(x)\cos nx\,\mathrm{d}x$

$$=\frac{1}{\pi}\left(\int_0^{\pi}x(\pi-x)\cos nx\,\mathrm{d}x+\int_{\pi}^{2\pi}(\pi-x)(2\pi-x)\cos nx\,\mathrm{d}x\right)$$

$$=\frac{1}{\pi}\left(\int_0^{\pi}x(\pi-x)\cos nx\,\mathrm{d}x-\int_{\pi}^{0}(t-\pi)t\cos n(2\pi-t)\mathrm{d}t\right)$$

$$=\frac{1}{\pi}\left(\int_0^{\pi}x(\pi-x)\cos nx\,\mathrm{d}x-\int_0^{\pi}t(\pi-t)\cos nt\,\mathrm{d}t\right)$$

$$=0\quad(n=0,1,2,\cdots)$$

$$b_n=\frac{1}{\pi}\int_0^{2\pi}f(x)\sin nx\,\mathrm{d}x$$

$$=\frac{1}{\pi}\left(\int_0^{\pi}x(\pi-x)\sin nx\,\mathrm{d}x+\int_{\pi}^{2\pi}(\pi-x)(2\pi-x)\sin nx\,\mathrm{d}x\right)$$

$$=\frac{1}{\pi}\left(\int_0^{\pi}x(\pi-x)\sin nx\,\mathrm{d}x-\int_{\pi}^{0}(t-\pi)t\sin n(2\pi-t)\mathrm{d}t\right)$$

$$=\frac{1}{\pi}\left(\int_0^{\pi}x(\pi-x)\sin nx\,\mathrm{d}x+\int_0^{\pi}t(\pi-t)\sin nt\,\mathrm{d}t\right)$$

$$=\frac{2}{\pi}\int_0^{\pi}x(\pi-x)\sin nx\,\mathrm{d}x$$

$$=\frac{2}{\pi}\left(x(\pi-x)\cdot\frac{-\cos nx}{n}\Bigg|_0^{\pi}+\frac{1}{n}\int_0^{\pi}(\pi-2x)\cos nx\,\mathrm{d}x\right)$$

$$=\frac{2}{n\pi}\left((\pi-2x)\frac{\sin nx}{n}\Bigg|_0^{\pi}-\int_0^{\pi}-2\frac{\sin nx}{n}\mathrm{d}x\right)$$

$$=\frac{4}{n^2\pi}\frac{-\cos nx}{n}\Bigg|_0^{\pi}=\frac{4}{n^3\pi}(1-(-1)^n)$$

$$=\begin{cases}\dfrac{8}{(2k+1)^3\pi} & (n=2k+1,k=0,1,2,\cdots)\\ 0 & (n=2k,k=0,1,2,\cdots)\end{cases}$$

于是

$$f(x)=\frac{8}{\pi}\sum_{k=0}^{\infty}\frac{\sin(2k+1)x}{(2k+1)^3}$$

$$x\in(-\infty,+\infty)$$

这里 $f(x)$ 视作延拓后的在 $(-\infty,+\infty)$ 上以 2π 为周期的周期函数. 根据帕塞瓦尔等式有

$$\sum_{k=0}^{\infty}\left(\frac{8}{(2k+1)^3\pi}\right)^2=\frac{1}{\pi}\int_0^{2\pi}f^2(x)\mathrm{d}x$$

$$=\frac{1}{\pi}\left(\int_0^{\pi}x^2(\pi-x)^2\mathrm{d}x+\int_{\pi}^{2\pi}(\pi-x)^2(2\pi-x)^2\mathrm{d}x\right)$$

$$=\frac{1}{\pi}\left(\int_0^{\pi}x^2(\pi-x)^2\mathrm{d}x+\int_{\pi}^{0}(t-\pi)^2t^2(-\mathrm{d}t)\right)$$

$$=\frac{2}{\pi}\int_0^{\pi}x^2(\pi-x)^2\mathrm{d}x$$

$$=\frac{2}{\pi}\left(\pi^2\cdot\frac{x^3}{3}-2\pi\cdot\frac{x^4}{4}+\frac{x^5}{5}\right)\Bigg|_0^{\pi}=\frac{\pi^4}{15}$$

从而

$$\sum_{k=0}^{\infty}\frac{1}{(2k+1)^6}=\frac{\pi^2}{64}\cdot\frac{\pi^4}{15}=\frac{\pi^6}{960}$$

例 8　以 2π 为周期的函数 $f(x)\in C(\mathbf{R})$，在 $[-\pi,\pi]$ 上分段光滑，而 $g(x)\in\mathbf{R}[-\pi,\pi]$. 证明

$$\frac{1}{\pi}\int_{-\pi}^{\pi} f(x)g(x)\mathrm{d}x=\frac{1}{2}a_0\alpha_0+\sum_{n=1}^{\infty}(a_n\alpha_n+b_n\beta_n) \tag{12}$$

其中，a_0,a_n,b_n 与 $\alpha_0,\alpha_n,\beta_n$ 分别是 $f(x)$ 与 $g(x)$ 的傅里叶系数.

分析 问题的结论(即式(12))与帕塞瓦尔等式十分相似，自然会想到：能否借用帕塞瓦尔等式的证明思想？实际上，这种类比与借鉴正是数学证明的基本方法之一.甚至更进一步，能否直接借用帕塞瓦尔等式的结果？下面介绍的三种证法正是出于上述的考虑.

证法 1 利用帕塞瓦尔等式的证明思想.

由 $g(x)\in\mathbf{R}[-\pi,\pi]$，从而 $g(x)$ 在$[-\pi,\pi]$上有界，可记为 $|g(x)|\leqslant M$，$x\in[-\pi,\pi]$. 又 $f(x)\in c(\mathbf{R})$，在$[-\pi,\pi]$上分段光滑，故有

$$\frac{1}{2}a_0+\sum_{k=1}^{n}(a_k\cos kx+b_k\sin kx)\overset{[-\pi,\pi]}{\rightrightarrows} f(x)$$

于是 $\forall\varepsilon>0,\exists N\in\mathbf{N}$，使得 $\forall n>N,\forall x\in[-\pi,\pi]$ 有

$$\left|f(x)-\left[\frac{1}{2}a_0+\sum_{k=1}^{n}(a_k\cos kx+b_k\sin kx)\right]\right|<\frac{\varepsilon}{2M}$$

从而

$$\begin{aligned}&\left|\frac{1}{\pi}\int_{-\pi}^{\pi} f(x)g(x)\mathrm{d}x-\left[\frac{1}{2}a_0\alpha_0+\sum_{k=1}^{n}(a_k\alpha_k+b_k\beta_k)\right]\right|\\&=\left|\frac{1}{\pi}\int_{-\pi}^{\pi} f(x)g(x)\mathrm{d}x-\frac{1}{\pi}\int_{-\pi}^{\pi} g(x)\left[\frac{1}{2}a_0+\sum_{k=1}^{n}(a_k\cos kx+b_k\sin kx)\right]\mathrm{d}x\right|\\&=\frac{1}{\pi}\int_{-\pi}^{\pi}|g(x)|\cdot\left|f(x)-\left[\frac{1}{2}a_0+\sum_{k=1}^{n}(a_k\cos kx+b_k\sin kx)\right]\right|\mathrm{d}x\\&<\frac{1}{\pi}\int_{-\pi}^{\pi} M\cdot\frac{\varepsilon}{2M}\mathrm{d}x=\varepsilon\end{aligned}$$

令 $n\to\infty$ 即有式(12)成立.

证法 2 利用一致收敛函数级数的逐项可积性(仍然是帕塞瓦尔等式的证明思想).

由条件有

$$\frac{a_0}{2}+\sum_{k=1}^{n}(a_k\cos kx+b_k\sin kx)\overset{[-\pi,\pi]}{\rightrightarrows} f(x)$$

而 $g(x)\in\mathbf{R}[-\pi,\pi]$ 必定有界，故又有

$$g(x)\left[\frac{a_0}{2}+\sum_{k=1}^{n}(a_k\cos kx+b_k\sin kx)\right]\overset{[-\pi,\pi]}{\rightrightarrows} f(x)g(x) \tag{13}$$

对式(13)在$[-\pi,\pi]$上逐项积分,即得

$$\frac{1}{\pi}\int_{-\pi}^{\pi}f(x)g(x)\mathrm{d}x=\frac{1}{2}a_0\cdot\frac{1}{\pi}\int_{-\pi}^{\pi}g(x)\mathrm{d}x+\sum_{n=1}^{\infty}\left[a_n\cdot\frac{1}{\pi}\int_{-\pi}^{\pi}g(x)\cos nx\,\mathrm{d}x+b_n\cdot\frac{1}{\pi}\int_{-\pi}^{\pi}g(x)\sin nx\,\mathrm{d}x\right]$$

$$=\frac{1}{2}a_0\alpha_0+\sum_{n=1}^{\infty}(a_n\alpha_n+b_n\beta_n)$$

证法 3　用帕塞瓦尔等式的结果.

易知 $f(x)\pm g(x)$ 的傅里叶系数为

$$a_0\pm\alpha_0,a_n\pm\alpha_n,b_n\pm\beta_n\quad(n\in\mathbf{N})$$

由 $f(x)\pm g(x)$ 的可积性,利用帕塞瓦尔等式有

$$\frac{1}{\pi}\int_{-\pi}^{\pi}[f(x)+g(x)]^2\mathrm{d}x=\frac{(a_0+\alpha_0)^2}{2}+\sum_{n=1}^{\infty}[(a_n+\alpha_n)^2+(b_n+\beta_n)^2]$$

$$\frac{1}{\pi}\int_{-\pi}^{\pi}[f(x)-g(x)]^2\mathrm{d}x=\frac{(a_0-\alpha_0)^2}{2}+\sum_{n=1}^{\infty}[(a_n-\alpha_n)^2+(b_n-\beta_n)^2]$$

以上两式相减整理即得式(12).

我们利用这一结果重证傅里叶级数的逐项可积定理.

定理 2　设以 2π 为周期的函数 $f(x)$ 在$[-\pi,\pi]$上分段连续,其傅里叶级数为

$$f(x)\sim\frac{a_0}{2}+\sum_{n=1}^{\infty}(a_n\cos nx+b_n\sin nx)$$

则对 $\forall[a,b]\subseteq[-\pi,\pi]$,有

$$\int_a^b f(x)\mathrm{d}x=\int_a^b\frac{a_0}{2}\mathrm{d}x+\sum_{n=1}^{\infty}\int_a^b(a_n\cos nx+b_n\sin nx)\mathrm{d}x$$

证明　设 $g(x)$ 为任一可积函数,其傅里叶级数为

$$g(x)\sim\frac{\alpha_0}{2}+\sum_{n=1}^{\infty}(\alpha_n\cos nx+\beta_n\sin nx)$$

由上例结果有

$$\frac{1}{\pi}\int_{-\pi}^{\pi}f(x)+g(x)\mathrm{d}x=\frac{a_0\alpha_0}{2}+\sum_{n=1}^{\infty}(a_n\alpha_n)+(b_n\beta_n)$$

$$=\frac{a_0}{2}\cdot\frac{1}{\pi}\int_{-\pi}^{\pi}g(x)\mathrm{d}x+\sum_{n=1}^{\infty}\left[a_n\frac{1}{\pi}\int_{-\pi}^{\pi}g(x)\cos nx\,\mathrm{d}x+b_n\frac{1}{\pi}\int_{-\pi}^{\pi}g(x)\sin nx\,\mathrm{d}x\right]\tag{14}$$

特别地，令

$$g(x)=\begin{cases}1 & (x\in[a,b])\\ 0 & (x\in[-\pi,\pi]\setminus[a,b])\end{cases}$$

代入式(14) 有

$$\int_a^b f(x)\mathrm{d}x=\int_a^b \frac{a_0}{2}\mathrm{d}x+\sum_{n=1}^{\infty}\int_a^b (a_n\cos nx+b_n\sin nx)\mathrm{d}x$$

例 9 试证级数 $\sum\limits_{n=2}^{\infty}\frac{\sin nx}{\ln n}$ 收敛，但不存在$[-\pi,\pi]$上的可积与平方可积函数 $f(x)$ 使得 $\sum\limits_{n=2}^{\infty}\frac{\sin nx}{\ln n}$ 为其傅里叶级数.

证法 1 当 $x=2k\pi(k=0,\pm1,\pm2,\cdots)$ 时，$\sum\limits_{n=2}^{N}\sin nx=0$；当 $x\neq 2k\pi(k=0,\pm1,\cdots)$ 时

$$\left|\sum_{n=2}^{N}\sin nx\right|=\left|\frac{\sum\limits_{n=2}^{N}2\sin\frac{x}{2}\sin nx}{2\sin\frac{x}{2}}\right|$$

$$=\left|\frac{\cos\frac{3}{2}x-\cos\left(N+\frac{1}{2}\right)x}{2\sin\frac{x}{2}}\right|$$

$$\leqslant\frac{1}{\left|\sin\frac{x}{2}\right|}$$

又 $\frac{1}{\ln n}$ 单调递减，且趋于 0，根据狄利克雷(Dirichlet) 判别法，$\sum\limits_{n=2}^{\infty}\frac{\sin nx}{\ln n}$ 收敛.

(反证) 假设存在 $f(x)$ 以 $\sum\limits_{n=2}^{\infty}\frac{\sin nx}{\ln n}$ 为其傅里叶级数，则由对傅里叶级数逐项积分的定理有

$$\int_0^{\pi}f(x)\mathrm{d}x=\sum_{n=2}^{\infty}\int_0^{\pi}\frac{\sin nx}{\ln n}\mathrm{d}x$$

$$=\sum_{n=2}^{\infty}\frac{1+(-1)^{n+1}}{n\ln n}$$

$$=\sum_{k=1}^{\infty}\frac{2}{(2k+1)\ln(2k+1)}=+\infty$$

此与 $f(x)$ 可积和平方可积相矛盾，故不存在满足题设条件的函数.

证法 2　级数收敛证法同证法 1. 根据帕塞瓦尔等式

$$\frac{1}{\pi}\int_{-\pi}^{\pi} f^2(x)\mathrm{d}x=\sum_{n=2}^{\infty}\frac{1}{(\ln n)^2}$$

由 $f(x)$ 平方可积，上式左边是一有限数，而右边由

$$\lim_{n\to+\infty}\frac{\frac{1}{n}}{\frac{1}{(\ln n)^2}}=\lim_{n\to+\infty}\frac{(\ln n)^2}{n}=0$$

和比较判别法知显然发散于 $+\infty$，矛盾.

注　不是每个收敛的三角级数都是某个可积与平方可积的函数 f 的傅里叶级数，上述例子就是一个反例.

例 10　设 f 在 $[-\pi,\pi]$ 中连续，且在该区间上有可积和平方可积的导数 f'，若 f 满足

$$f(-\pi)=f(\pi),\int_{-\pi}^{\pi} f(x)\mathrm{d}x=0$$

则不等式

$$\int_{-\pi}^{\pi}(f'(x))^2\mathrm{d}x\geqslant\int_{-\pi}^{\pi} f^2(x)\mathrm{d}x$$

只有当 $f(x)=A\cos x+B\sin x$ 时等号才成立.

证明　因为

$$\begin{aligned}a_n&=\frac{1}{\pi}\int_{-\pi}^{\pi} f(x)\cos nx\,\mathrm{d}x\\&=\frac{1}{\pi}\left(\frac{f(x)}{n}\sin nx\Big|_{-\pi}^{\pi}-\frac{1}{n}\int_{-\pi}^{\pi} f'(x)\sin nx\,\mathrm{d}x\right)\\&=-\frac{b'_n}{n}\quad(n=1,2,\cdots)\end{aligned}$$

$$a_0=\frac{1}{\pi}\int_{-\pi}^{\pi} f(x)\mathrm{d}x=0$$

$$\begin{aligned}b_n&=\frac{1}{\pi}\int_{-\pi}^{\pi} f(x)\sin nx\,\mathrm{d}x\\&=\frac{1}{\pi}\left(f(x)\frac{-\cos nx}{n}\Big|_{-\pi}^{\pi}+\frac{1}{n}\int_{-\pi}^{\pi} f'(x)\cos nx\,\mathrm{d}x\right)\\&=\frac{a'_n}{n}\quad(n=1,2,\cdots)\end{aligned}$$

由帕塞瓦尔等式得

$$\begin{aligned}\frac{1}{\pi}\int_{-\pi}^{\pi} f^2(x)\mathrm{d}x &= \sum_{n=1}^{\infty}(a_n^2+b_n^2)\\ &= \sum_{n=1}^{\infty}\frac{1}{n^2}(b'^2_n+a'^2_n)\\ &\leqslant \sum_{n=1}^{\infty}(a'^2_n+b'^2_n)\\ &\leqslant \frac{a'^2_0}{2}+\sum_{n=1}^{\infty}(a'^2_n+b'^2_n)\\ &= \frac{1}{\pi}\int_{-\pi}^{\pi}(f'(x))^2\mathrm{d}x\end{aligned}$$

即$\int_{-\pi}^{\pi}(f'(x))^2\mathrm{d}x \geqslant \int_{-\pi}^{\pi} f^2(x)\mathrm{d}x$.

由上式还知,等号成立$\Leftrightarrow a'_0=0, a'_n=b'_n=0(n\geqslant 2)\Leftrightarrow a_0=0, a_n=b_n=0(n\geqslant 2)\Leftrightarrow f=A\cos x+B\sin x$.

当然当我们选择将不同的函数展成傅里叶级数时也可得到前面所得到的级数的和.

例 11 设 $f:\mathbf{R}\to\mathbf{R}$ 是 2π 一周期函数,使得

$$\forall x\in[-\pi,\pi], f(x)=1-\frac{x^2}{\pi^2}$$

(1) 将 f 展开为三角傅里叶级数.

(2) 由此推出下列各级数的和

$$\sum_{n=1}^{+\infty}\frac{1}{n^2}, \sum_{n=1}^{+\infty}(-1)^{n+1}\frac{1}{n^2}, \sum_{n=1}^{+\infty}\frac{1}{(2n-1)^2}, \sum_{n=1}^{+\infty}\frac{1}{n^4}$$

解 (1) 由于 f 是偶函数,故 $\forall n\in\mathbf{N}^*, b_n=0$.

因为

$$\begin{aligned}a_0(f) &= \frac{1}{\pi}\int_{-\pi}^{\pi} f(x)\mathrm{d}x = \frac{2}{\pi}\int_0^{\pi}\left(1-\frac{x^2}{\pi^2}\right)\mathrm{d}x\\ &= 2\left(1-\frac{\pi^2}{3\pi^2}\right)\\ &= \frac{4}{3}\end{aligned}$$

$$a_n(f)=\frac{1}{\pi}\int_{-\pi}^{\pi} f(x)\cos nx\,\mathrm{d}x=\frac{2}{\pi}\int_0^{\pi}\left(1-\frac{x^2}{\pi^2}\right)\cos nx\,\mathrm{d}x=(-1)^{n+1}\frac{4}{n^2\pi^2}$$

所以 f 的傅里叶级数为

$$\frac{1}{2}a_0(f)+\sum_{n=1}^{+\infty}a_n(f)\cos nx=\frac{2}{3}+\sum_{n=1}^{+\infty}(-1)^{n+1}\frac{4}{n^2\pi^2}\cos nx$$

由于 $\forall x\in[-\pi,\pi]$，有

$$f'(x)=-\frac{2x}{\pi^2}$$

$$f'_+(-\pi)=\frac{2}{\pi}$$

$$f'_-(\pi)=-\frac{2}{\pi}$$

因此 f 在$[-\pi,\pi]$上是 C^1 类的.

由狄利克雷定理知，f 的傅里叶级数在 $\mathbf{R}$ 上一致收敛于 f，于是

$$\forall x\in\mathbf{R},f(x)=\frac{2}{3}+\sum_{n=1}^{+\infty}(-1)^{n+1}\frac{4}{\pi^2n^2}\cos nx$$

(2) 特别地，对 $x=\pi$，有 $f(\pi)=0$，故

$$0=\frac{2}{3}+\sum_{n=1}^{+\infty}(-1)^{n+1}\frac{4}{\pi^2n^2}\cos n\pi=\frac{2}{3}-\sum_{n=1}^{+\infty}\frac{4}{\pi^2n^2}$$

从而

$$\sum_{n=1}^{+\infty}\frac{1}{n^2}=\frac{\pi^2}{6}$$

对 $n=0$，有 $f(0)=1$，故

$$1=\frac{2}{3}+\sum_{n=1}^{+\infty}(-1)^{n+1}\frac{4}{\pi^2n^2}\Rightarrow\sum_{n=1}^{+\infty}(-1)^{n+1}\frac{1}{n^2}=\frac{\pi^2}{12}$$

将上述两式相加即得

$$\sum_{n=1}^{+\infty}(1+(-1)^{n+1})\frac{1}{n^2}=\frac{\pi^2}{4}\Rightarrow\sum_{n=1}^{+\infty}\frac{1}{(2n-1)^2}=\frac{\pi^2}{8}$$

为了得到 $\sum\limits_{n=1}^{+\infty}\frac{1}{n^4}$ 的和，利用帕塞瓦尔关系式得

$$\frac{1}{2\pi}\int_0^{2\pi}f^2(x)\mathrm{d}x=\frac{1}{2}\left[\frac{1}{2}a_0^2(f)+\sum_{n=1}^{+\infty}a_n^2(f)\right]$$

于是

$$\begin{aligned}\frac{1}{2}\left(\frac{1}{2}\cdot\frac{16}{9}+\sum_{n=1}^{+\infty}\frac{16}{\pi^4n^4}\right)&=\frac{1}{2\pi}\int_0^{2\pi}f^2(x)\mathrm{d}x\\&=\frac{1}{2\pi}\int_{-\pi}^{\pi}f^2(x)\mathrm{d}x\end{aligned}$$

$$=\frac{1}{\pi}\int_0^{\pi}f^2(x)\mathrm{d}x$$

$$=\frac{1}{\pi}\int_0^{\pi}\left(1-\frac{x^2}{\pi^2}\right)^2\mathrm{d}x$$

$$=\frac{8}{15}$$

由此得

$$\sum_{n=1}^{+\infty}\frac{1}{n^4}=\frac{\pi^4}{90}$$

例 12 求下列两个级数的和

$$\sum_{n=1}^{+\infty}\frac{1}{(2n+1)^6},\sum_{n=0}^{+\infty}\frac{1}{(2n+1)^{10}}$$

解 我们先做两个准备工作:

(1) 设 $f:\mathbf{R}\to\mathbf{C}$ 是 $2\pi-$周期的奇函数,使得 $\forall t\in[0,\pi],f(t)=\pi t-t^2$. 将 f 展开为三角傅里叶级数,并研究此级数的收敛性及其和.

(2) 定义函数 $g:\mathbf{R}\to\mathbf{C}$ 如下

$$\forall t\in\mathbf{R},g''(t)=f(t),g(0)=g(\pi)=0$$

证明 g 是 $2\pi-$周期的奇函数,并将 g 展开为三角傅里叶级数.

先解决(1):由于 f 是 $2\pi-$周期的奇函数,故 $\forall n\in\mathbf{N}$,有

$$a_n(f)=0$$

$\forall n\in\mathbf{N}^*$,有

$$b_n=\frac{1}{\pi}\int_{-\pi}^{\pi}f(t)\sin nt\,\mathrm{d}t$$

$$=\frac{2}{\pi}\int_0^{\pi}(\pi t-t^2)\sin nt\,\mathrm{d}t$$

$$=\frac{4(1-(-1)^n)}{\pi n^3}$$

由此得

$$b_{2n}(f)=0\quad(\forall n\geqslant 1)$$

$$b_{2n+1}(f)=\frac{8}{\pi(2n+1)^3}\quad(\forall n\geqslant 0)$$

因此 f 的傅里叶级数为

$$\sum_{n\geqslant 0}\frac{8}{\pi(2n+1)^3}\sin(2n+1)t$$

显然此级数在 **R** 上是一致收敛的.

另外,由于 f 是奇函数,故有

$$f(t)=\begin{cases}\pi t-t^2 & (\text{若 } t\in[0,\pi])\\ \pi t+t^2 & (\text{若 } t\in[-\pi,0])\end{cases}$$

由此可知,$f\mid[-\pi,\pi]$ 是 C^1 类的. 由狄利克雷定理和 f 的傅里叶级数在 **R** 上一致收敛于 f(因为 f 在 **R** 上连续),因此

$$\forall t\in\mathbf{R}, f(t)=\frac{8}{\pi}\sum_{n=0}^{+\infty}\frac{1}{(2n+1)^3}\sin(2n+1)t$$

特别地,$\forall t\in[0,\pi],\pi t-t^2=\dfrac{8}{\pi}\displaystyle\sum_{n=0}^{+\infty}\frac{1}{(2n+1)^3}\sin(2n+1)t.$

再解决(2). 设 $t\in\mathbf{R}$,则由逐次求积得

$$\begin{aligned}\int_0^t f(x)\mathrm{d}x&=\int_0^t\frac{8}{\pi}\sum_{n=0}^{+\infty}\frac{1}{(2n+1)^3}\sin(2n+1)x\mathrm{d}x\\&=\frac{8}{\pi}\sum_{n=0}^{+\infty}\int_0^t\frac{\sin(2n+1)x}{(2n+1)^3}\mathrm{d}x\\&=\frac{8}{\pi}\sum_{n=0}^{+\infty}\frac{1-\cos(2n+1)t}{(2n+1)^4}\end{aligned}$$

另外,由于 $g''(t)=f(t)(\forall t\in\mathbf{R})$,且 $g(0)=g(\pi)=0$,故有

$$g'(t)=\int_0^t g''(x)\mathrm{d}x+g'(0)$$

$$g(t)=\int_0^t g'(y)\mathrm{d}y=\int_0^t\left(\int_0^y g''(x)\mathrm{d}x\right)\mathrm{d}y+g'(0)t$$

$$0=g(\pi)=\int_0^\pi\left(\int_0^y g''(x)\mathrm{d}x\right)\mathrm{d}y+g'(0)\pi$$

由此得

$$g'(0)=-\frac{1}{\pi}\int_0^\pi\left(\int_0^y g''(x)\mathrm{d}x\right)\mathrm{d}y$$

因此

$$\begin{aligned}g(t)&=\int_0^t\left(\int_0^y f(x)\mathrm{d}x\right)\mathrm{d}y-\frac{t}{\pi}\int_0^\pi\left(\int_0^y f(x)\mathrm{d}x\right)\mathrm{d}y\\&=\int_0^t\left(\frac{8}{\pi}\sum_{n=0}^{+\infty}\frac{1-\cos(2n+1)y}{(2n+1)^4}\right)\mathrm{d}y-\frac{t}{\pi}\int_0^\pi\left(\frac{8}{\pi}\sum_{n=0}^{+\infty}\frac{1-\cos(2n+1)y}{(2n+1)^4}\right)\mathrm{d}y\\&=\frac{8t}{\pi}\sum_{n=0}^{+\infty}\frac{1}{(2n+1)^4}-\frac{8}{\pi}\sum_{n=0}^{+\infty}\int_0^t\frac{\cos(2n+1)y}{(2n+1)^4}\mathrm{d}y-\end{aligned}$$

$$\frac{8t}{\pi}\sum_{n=0}^{+\infty}\frac{1}{(2n+1)^4}+\frac{8t}{\pi^2}\sum_{n=0}^{+\infty}\int_0^{\pi}\frac{\cos(2n+1)y}{(2n+1)^4}\mathrm{d}y$$

$$=-\frac{8}{\pi}\sum_{n=0}^{+\infty}\frac{1}{(2n+1)^5}\sin(2n+1)t$$

这就是函数 g 的傅里叶级数,显然 g 是 2π 一周期的奇函数.

有了以上的准备,我们便可以开始计算:

利用帕塞瓦尔关系式,有

$$\begin{aligned}\frac{1}{2\pi}\int_0^{2\pi}f^2(t)\mathrm{d}t&=\frac{1}{\pi}\int_0^{\pi}f^2(t)\mathrm{d}t\\&=\frac{1}{\pi}\int_0^{\pi}(\pi t-t^2)^2\mathrm{d}t\\&=\frac{\pi^4}{30}\end{aligned}$$

因此

$$\begin{aligned}\frac{\pi^4}{30}&=\frac{1}{2}\sum_{n=1}^{+\infty}b_n^2(f)\\&=\frac{1}{2}\sum_{n=0}^{+\infty}b_{n+1}^2(f)\\&=\frac{1}{2}\sum_{n=0}^{+\infty}\left(\frac{8}{\pi(2n+1)^3}\right)^2\end{aligned}$$

由此得

$$\sum_{n=0}^{+\infty}\frac{1}{(2n+1)^6}=\frac{1}{15}\cdot\left(\frac{\pi}{2}\right)^6$$

由于

$$\begin{aligned}g'(0)&=-\frac{1}{\pi}\int_0^{\pi}\left(\int_0^y f(x)\mathrm{d}x\right)\mathrm{d}y\\&=-\frac{1}{\pi}\int_0^{\pi}\left(\int_0^y(\pi x-x^2)\mathrm{d}x\right)\mathrm{d}y\\&=-\frac{\pi^3}{12}\end{aligned}$$

故 $\forall t\in[0,\pi]$,有

$$\begin{aligned}g(t)&=\int_0^t\left(\int_0^y f(x)\mathrm{d}x\right)\mathrm{d}y-\frac{\pi^3}{12}t\\&=\int_0^t\left(\int_0^y(\pi x-x^2)\mathrm{d}x\right)\mathrm{d}y-\frac{\pi^3}{12}t\end{aligned}$$

$$=\int_0^t\left(\frac{\pi y^2}{2}-\frac{y^3}{3}\right)\mathrm{d}y-\frac{\pi^3}{12}t$$

$$=\frac{\pi t^3}{6}-\frac{t^4}{12}-\frac{\pi^3}{12}t$$

因此

$$\frac{1}{2\pi}\int_0^{2\pi}g^2(t)\mathrm{d}t=\frac{1}{2\pi}\int_{-\pi}^{\pi}g^2(t)\mathrm{d}t$$

$$=\frac{1}{\pi}\int_0^{\pi}\left(\frac{\pi t^3}{6}-\frac{t^4}{12}-\frac{\pi^3 t}{12}\right)^2\mathrm{d}t$$

$$=\frac{1}{\pi}\int_0^{\pi}\left(\frac{\pi^2 t^6}{36}+\frac{t^8}{12^2}+\frac{\pi^6 t^2}{12^2}-\frac{\pi t^7}{36}-\frac{\pi^4 t^4}{36}+\frac{2\pi^3 t^5}{12^2}\right)\mathrm{d}t$$

$$=\left(\frac{1}{7\times 36}+\frac{1}{9\times 12^2}+\frac{1}{3\times 12^2}-\frac{1}{8\times 36}-\frac{1}{5\times 36}+\frac{1}{3\times 12^2}\right)\pi^8$$

$$=\frac{31}{5\times 7\times 18\times 144}\pi^8$$

由此得到

$$\frac{31}{5\times 7\times 18\times 144}\pi^8=\frac{1}{2}\sum_{n=0}^{+\infty}\left(-\frac{8}{\pi(2n+1)^5}\right)^2$$

或

$$\sum_{n=0}^{+\infty}\frac{1}{(2n+1)^{10}}=\frac{31}{5\times 7\times 18\times 32\times 144}\pi^{10}$$

例 13　设 $f:\mathbf{R}\to\mathbf{R}$ 是 C^2 类的 2π—周期函数.令 $\forall n\in\mathbf{N}^*,\forall x\in\mathbf{R},u_n(x)=a_n(f)\cos nx+b_n(f)\sin nx,u_0(x)=\frac{1}{2}a_0(f)$.

证明:$\exists A>0$,使得 $\forall n\in\mathbf{N}^*,\forall x\in\mathbf{R},|u_n(x)|\leqslant\frac{A}{n^2}$.

证明　由于 f 是 C^2 类的 2π—周期函数,故 f'' 是连续的 2π—周期函数,于是由帕塞瓦尔关系式

$$\frac{1}{2}\left[2a_0^2(f'')+\sum_{n=1}^{+\infty}(a_n^2(f'')+b_n^2(f''))\right]$$

$$=\frac{1}{2\pi}\int_0^{2\pi}[f''(x)]^2\mathrm{d}x$$

由此得

$$\forall n\in\mathbf{N},|a_n(f'')|\leqslant\left(\frac{1}{\pi}\int_0^{2\pi}(f''(x))^2\mathrm{d}x\right)^{\frac{1}{2}}=\frac{A}{2}$$

$$\forall n \in \mathbf{N}, |b_n(f'')| \leqslant \frac{A}{2}$$

另外,通过分部积分得

$$\begin{aligned} a_n(f'') &= \frac{1}{\pi}\int_0^{2\pi} f''(x)\cos nx\,\mathrm{d}x \\ &= \frac{1}{\pi} f'(x)\cos nx \Big|_0^{2\pi} + \frac{n}{\pi}\int_0^{2\pi} f'(x)\sin nx\,\mathrm{d}x \\ &= \frac{n}{\pi} f(x)\sin nx \Big|_0^{2\pi} - \frac{n^2}{\pi}\int_0^{2\pi} f(x)\cos nx\,\mathrm{d}x \\ &= -n^2 a_n(f) \end{aligned}$$

$$b_n(f'') = n^2 b_n(f)$$

故

$$|a_n(f)| \leqslant \frac{1}{n^2} |a_n(f'')| \leqslant \frac{A}{2n^2}$$

$$|b_n(f)| \leqslant \frac{1}{n^2} |b_n(f'')| \leqslant \frac{A}{2n^2}$$

从而对 $\forall n \in \mathbf{N}^*, \forall x \in \mathbf{R}, |u_n(x)| = |a_n(f)\cos nx + b_n(x)\sin nx| \leqslant \frac{A}{n^2}$.

例 14 设 $l^2(\mathbf{Z},\mathbf{C})$ 是如下定义的 $\mathbf{C}-$ 向量空间:$l^2(\mathbf{Z},\mathbf{C}) = \{\langle x_k\rangle_{k\in\mathbf{Z}} \mid x_k \in \mathbf{C}(\forall k \in \mathbf{Z})$ 且 $\sum_{-\infty}^{+\infty} |x_k|^2 < +\infty\}$, $\forall \boldsymbol{x} = \langle x_k\rangle \in l^2(\mathbf{Z},\mathbf{C})$, $\|\boldsymbol{x}\| = \left(\sum_{-\infty}^{+\infty} |x_k|^2\right)^{\frac{1}{2}}$.

证明:集合 $E = \{\langle c_k(f)\rangle_{k\in\mathbf{Z}} \mid f:\mathbf{R}\to\mathbf{C}$ 是 $2\pi-$周期的连续函数$\}$ 在空间$(l^2(\mathbf{Z},\mathbf{C}), \|\cdot\|)$ 中稠密.

证明 设$\langle c_n(f)\rangle \in E$,由帕塞瓦尔关系式得

$$\frac{1}{2\pi}\int_0^{2\pi} |f(x)|^2\mathrm{d}x = \sum_{-\infty}^{+\infty} |c_n(f)|^2$$

因此$\langle c_n(f)\rangle_{n\in\mathbf{Z}} \in l^2(\mathbf{Z},\mathbf{C})$.

现在设 $\boldsymbol{x} = \langle x_n\rangle_{n\in\mathbf{Z}} \in l^2(\mathbf{Z},\mathbf{C})$,那么 $\forall \varepsilon > 0, \exists N \in \mathbf{N}$,使得

$$\sum_{n=N+1}^{+\infty} (|x_n|^2 + |x_{-n}|^2) < \varepsilon^2$$

令 $f_N = \sum_{-N}^{N} x_n e_n$,那么 $\forall k \in \mathbf{Z}$,有

$$c_k(f_N) = \frac{1}{2\pi}\int_0^{2\pi} f_N(t)\mathrm{e}^{-\mathrm{i}kt}\,\mathrm{d}t$$

$$=\frac{1}{2\pi}\int_0^{2\pi}\left(\sum_{-N}^{N}x_n e_n(t)\right)\mathrm{e}^{-\mathrm{i}kt}\,\mathrm{d}t$$

$$=\frac{1}{2\pi}\sum_{-N}^{N}x_n\int_0^{2\pi}\mathrm{e}^{\mathrm{i}(n-k)t}\,\mathrm{d}t$$

$$=\begin{cases}x_k & (\text{若 } k\in[-N,N])\\ 0 & (\text{若 } k\notin[-N,N])\end{cases}$$

由此推得

$$\|\boldsymbol{x}-\langle c_n(f_N)\rangle_{n\in\mathbf{Z}}\|^2=\sum_{n=N+1}^{+\infty}(|x_n|^2+|x_{-n}|^2)<\varepsilon^2$$

或

$$\|\boldsymbol{x}-\langle c_n(f_N)\rangle_{n\in\mathbf{Z}}\|<\varepsilon$$

此即表明集合 E 在 $(l^2(\mathbf{Z},\mathbf{C}),\|\cdot\|)$ 中稠密.

例 15　设 $\alpha>0,C>0,f:\mathbf{R}\to\mathbf{C}$ 是 2π 一周期函数,使得

$$\forall x,y\in\mathbf{R},\ |f(x)-f(y)|\leqslant C|x-y|^\alpha$$

$\forall n\geqslant 1$,令 $S_n=(|c_n(f)|^2+|c_{-n}(f)|^2)^{\frac{1}{2}}$,证明:$\forall h\in\mathbf{R}$,有

$$\frac{1}{2\pi}\int_{-\pi}^{\pi}|f(x+h)-f(x-h)|^2\mathrm{d}x=4\sum_{n=1}^{+\infty}\rho_n^2\sin^2 nh$$

证明　由于 f 是连续的 2π 一周期函数,故 $\forall n\in\mathbf{R}$,函数 $g:\mathbf{R}\to\mathbf{C},x_1\to g(x)=f(x+h)-f(x-h)$ 在 $\mathbf{R}$ 上也是连续的 2π 一周期函数.于是由帕塞瓦尔关系式给出

$$\frac{1}{2\pi}\int_{-\pi}^{\pi}|f(x+h)-f(x-h)|^2\mathrm{d}x$$

$$=|c_0(g)|^2+\sum_{n=1}^{+\infty}(|c_n(g)|^2+|c_{-n}(g)|^2)$$

于是,直接计算得到

$$c_0(g)=0$$

$$c_n(g)=2\mathrm{i}c_n(f)\sin nh$$

$$c_{-n}(g)=-2\mathrm{i}c_{-n}(f)\sin nh$$

因此

$$\frac{1}{2\pi}\int_{-\pi}^{\pi}|f(x+h)-f(x-h)|^2\mathrm{d}x=4\sum_{n=1}^{+\infty}\rho_n^2\sin^2 nh$$

这里

$$\rho_n^2=|c_n(f)|^2+|c_{-n}(f)|^2$$

第 3 章　平方平均逼近中的帕塞瓦尔等式①

我们知道，周期为 2π 的连续函数能用三角多项式一致逼近. 对一般的可积函数，这个结论不再成立. 问题出在哪里呢？所谓一致逼近，是指

$$\sup_{-\pi\leqslant x\leqslant\pi}|f(x)-T_n(x)|\to 0\quad(n\to\infty)$$

这就要求 f 与 T_n 之差在整个区间 $[-\pi,\pi]$ 上均匀地趋于 0，而不允许有某些点例外. 由于连续函数在邻近点处的值相差很小，这点能办到，而对一般的可积函数就做不到了. 在这种情况下，我们只能放弃一致逼近，退而求其次，要求能用三角多项式 T_n 平均地逼近 f，即要求

$$\int_{-\pi}^{\pi}(f(x)-T_n(x))^2\mathrm{d}x\to 0\quad(n\to\infty)$$

这时，我们要求对 f 增加一些条件，如果 f 是 $[-\pi,\pi]$ 上的有界函数，那么我们假定它是黎曼(Riemann)可积的，因而 f^2 也是黎曼可积的；如果 f 是 $[-\pi,\pi]$ 上的无界函数，那么我们假定 f^2 是反常可积的. 由不等式

$$|f|\leqslant\frac{1}{2}(1+|f|^2)$$

知，f 是反常绝对可积的，因而反常可积. 把 $[-\pi,\pi]$ 上这种函数的全体记为 $\mathbf{R}^2[-\pi,\pi]$.

现在给出下面的定义.

定义 1　设 $f\in\mathbf{R}^2[-\pi,\pi]$. 若存在三角多项式序列 $\{T_n\}$，使得

$$\lim_{n\to\infty}\int_{-\pi}^{\pi}(f(x)-T_n(x))^2\mathrm{d}x=0$$

则称 $\{T_n\}$ 平方平均收敛于 f，或者称 f 可用三角多项式平方平均逼近.

那么，对 $\mathbf{R}^2[-\pi,\pi]$ 中的 f，是否存在平方平均收敛于 f 的三角多项式序列 $\{T_n\}$ 呢？回答是肯定的. 证明这个结论的关键是傅里叶级数部分和 $S_n(x)$ 的一个极值性质. 下面先对一般正交系的傅里叶级数证明这个性质，然后把它用到三角函

---

①本章摘编自《数学分析教程(下册)》(第 3 版)，常庚哲，史济怀编著，中国科学技术大学出版社，2019.

数系的傅里叶级数上去.

我们把$[a,b]$上所有可积且平方可积的函数的全体记为 $\mathbf{R}^2[a,b]$. 在 $\mathbf{R}^2[a,b]$ 上按通常函数的加法和乘以实数的运算引进加法与数乘运算, $\mathbf{R}^2[a,b]$ 成为一个线性空间. 对任意的 $f,g\in\mathbf{R}^2[a,b]$, 称积分

$$\langle f,g\rangle=\int_a^b f(x)g(x)\mathrm{d}x$$

为 f 和 g 的内积. 内积有以下简单性质:

(1) $\langle f,g\rangle=\langle g,f\rangle$ 对任意的 $f,g\in\mathbf{R}^2[a,b]$ 成立;

(2) 对任意的实数 α_1,α_2 及 $f_1,f_2,g\in\mathbf{R}^2[a,b]$, 有

$$\langle\alpha_1f_1+\alpha_2f_2,g\rangle=\alpha_1\langle f_1,g\rangle+\alpha_2\langle f_2,g\rangle$$

(3) 对任意的 $f\in\mathbf{R}^2[a,b]$, $\langle f,f\rangle\geqslant 0$.

称

$$\|f\|=\sqrt{\langle f,f\rangle}=\left(\int_a^b f^2(x)\mathrm{d}x\right)^{\frac{1}{2}}$$

为 f 的范数.

如果 $f,g\in\mathbf{R}^2[a,b]$ 满足条件

$$\langle f,g\rangle=\int_a^b f(x)g(x)\mathrm{d}x=0$$

那么我们就称 f 和 g 是正交的.

设$\{\varphi_0,\varphi_1,\cdots,\varphi_n,\cdots\}$是 $\mathbf{R}^2[a,b]$ 中的一个函数系. 如果它们满足

$$\langle\varphi_k,\varphi_l\rangle=\int_a^b\varphi_k(x)\varphi_l(x)\mathrm{d}x=\begin{cases}0 & (k\neq l)\\ \lambda_k>0 & (k=l)\end{cases}$$

那么称$\{\varphi_k\}$是 $\mathbf{R}^2[a,b]$ 中的一个正交系. 如果还有

$$\lambda_k=1\quad(k=0,1,\cdots)$$

那么称这个函数系是规范正交的.

例如, 函数系

$$\{1,\cos x,\sin x,\cdots,\cos nx,\sin nx,\cdots\}$$

是$[-\pi,\pi]$上的正交系, 而

$$\left\{\frac{1}{\sqrt{2\pi}},\frac{\cos x}{\sqrt{\pi}},\frac{\sin x}{\sqrt{\pi}},\cdots,\frac{\cos nx}{\sqrt{\pi}},\frac{\sin nx}{\sqrt{\pi}},\cdots\right\}\tag{1}$$

是$[-\pi,\pi]$上的规范正交系.

设$\{\varphi_k\}$是 $\mathbf{R}^2[a,b]$ 中一个给定的规范正交系. 对任意的 $f\in\mathbf{R}^2[a,b]$, 称

$$c_k=\langle f,\varphi_k\rangle=\int_a^b f(x)\varphi_k(x)\mathrm{d}x\quad(k=0,1,\cdots)\tag{2}$$

为 f 关于正交系$\{\varphi_k\}$的傅里叶系数. 由此产生的级数 $\sum\limits_{k=1}^{\infty}c_k\varphi_k(x)$ 称为 f 关于正交系$\{\varphi_k\}$的傅里叶级数,记为

$$f(x)\sim\sum_{k=1}^{\infty}c_k\varphi_k(x)\tag{3}$$

前面讨论的傅里叶级数只是对特定的规范正交系(1)而言的.

记

$$S_n(x)=\sum_{k=0}^{n}c_k\varphi_k(x)$$

为式(3)的部分和. 称

$$T_n(x)=\sum_{k=0}^{n}\alpha_k\varphi_k(x)$$

为 n 次 φ 多项式,其中 α_k 是任意给定的实数.

现在问,对于给定的 f 和正整数 n,怎样的 φ 多项式 T_n 使范数

$$\|f-T_n\|=\left(\int_a^b(f(x)-T_n(x))^2\mathrm{d}x\right)^{\frac{1}{2}}$$

取最小值,即平方平均误差最小? 根据$\{\varphi_k\}$的规范正交性以及等式(2),有

$$\begin{aligned}\|f-T_n\|^2&=\int_a^b f^2(x)\mathrm{d}x-2\int_a^b f(x)T_n(x)\mathrm{d}x+\int_a^b T_n^2(x)\mathrm{d}x\\&=\|f\|^2-2\sum_{k=0}^{n}\alpha_k\int_a^b f(x)\varphi_k(x)\mathrm{d}x+\\&\quad\sum_{k=0}^{n}\sum_{j=0}^{n}\alpha_k\alpha_j\int_a^b\varphi_k(x)\varphi_j(x)\mathrm{d}x\\&=\|f\|^2-2\sum_{k=0}^{n}c_k\alpha_k+\sum_{k=0}^{n}\alpha_k^2\\&=\|f\|^2-\sum_{k=0}^{n}c_k^2+\sum_{k=0}^{n}(c_k-\alpha_k)^2\end{aligned}$$

由此看出,当且仅当

$$\alpha_k=c_k\quad(k=0,1,\cdots,n)$$

时,$\|f-T_n\|^2$ 才取到最小值

$$\left\|f-\sum_{k=0}^{n}c_k\varphi_k\right\|^2=\|f\|^2-\sum_{k=0}^{n}c_k^2\tag{4}$$

这就是说，f 关于 $\{\varphi_k\}$ 的傅里叶级数的 n 次部分和使得 $\|f-T_n\|$ 取得最小值. 这就是前面曾经提到的傅里叶级数部分和的极值性质. 从式(4)，可得

$$\sum_{k=0}^{n} c_k^2 \leqslant \|f\|^2 \tag{5}$$

这里 $\{c_k\}$ 是 f 关于 $\{\varphi_k\}$ 的傅里叶系数. 式(5) 称为贝塞尔不等式. 注意到式(5) 的右边与 n 无关，得出

$$\sum_{k=0}^{\infty} c_k^2 < +\infty$$

因而

$$\lim_{k\to\infty} c_k = 0$$

我们把上面的结果总结成下面的定理.

定理 1　设 $f\in \mathbf{R}^2[a,b]$，$\{\varphi_k\}$ 是 $\mathbf{R}^2[a,b]$ 中的一个规范正交系，$\{c_k\}$ 是 f 关于 $\{\varphi_k\}$ 的傅里叶系数. 那么：

(1) 对任意的正整数 n 及实数 $\alpha_0,\cdots,\alpha_n$ 有

$$\left\|f-\sum_{k=0}^{n}\alpha_k\varphi_k\right\| \geqslant \left\|f-\sum_{k=0}^{n}c_k\varphi_k\right\|$$

(2) $\left\|f-\sum_{k=0}^{n}c_k\varphi_k\right\|^2 = \|f\|^2-\sum_{k=0}^{n}c_k^2$；

(3) $\sum_{k=0}^{\infty}c_k^2 \leqslant \|f\|^2$.

现在问，对什么样的规范正交系 $\{\varphi_k\}$，(3) 中不等式的等号成立，即

$$\sum_{k=0}^{\infty} c_k^2 = \|f\|^2 \tag{6}$$

式(6) 称为帕塞瓦尔等式或封闭性方程.

帕塞瓦尔等式(6) 有明确的几何意义. 我们把规范正交系 $\{\varphi_k\}$ 看作无穷维空间 $\mathbf{R}^2[a,b]$ 的一个基，如果 $f\in \mathbf{R}^2[a,b]$ 能展开成傅里叶级数，即

$$f(x)=c_0\varphi_0(x)+c_1\varphi_1(x)+\cdots+c_n\varphi_n(x)+\cdots$$

那么 $\{c_0,c_1,\cdots,c_n,\cdots\}$ 可以看作 f 在这组基下的坐标. 于是帕塞瓦尔等式(6) 就是无穷维空间中的勾股定理.

定义 2　设 $\{\varphi_k\}$ 是 $\mathbf{R}^2[a,b]$ 中的一个规范正交系. 如果对任意的 $f\in \mathbf{R}^2[a,b]$，均有帕塞瓦尔等式(6) 成立，那么称 $\{\varphi_k\}$ 是完备的.

从定理 1 的(2) 和(3)，可得：

推论 1 规范正交系$\{\varphi_k\}$是完备的充分必要条件是，对任意的 $f \in \mathbf{R}^2[a,b]$，有

$$\lim_{n\to\infty}\left\| f-\sum_{k=0}^{n} c_k\varphi_k \right\|^2=0$$

即 f 可用它的傅里叶级数的部分和平方平均逼近.

我们将证明三角函数系

$$\left\{\frac{1}{\sqrt{2\pi}},\frac{\cos x}{\sqrt{\pi}},\frac{\sin x}{\sqrt{\pi}},\cdots,\frac{\cos kx}{\sqrt{\pi}},\frac{\sin kx}{\sqrt{\pi}},\cdots\right\} \tag{7}$$

是完备的. 从上面的推论 1 知，这等价于 f 可用它的傅里叶级数的部分和平方平均逼近. 这就肯定地回答了本节开头提出的问题.

下面先对三角函数系(7) 写出帕塞瓦尔等式. 令

$$\varphi_0(x)=\frac{1}{\sqrt{2\pi}},\varphi_{2k-1}(x)=\frac{\cos kx}{\sqrt{\pi}},\varphi_{2k}(x)=\frac{\sin kx}{\sqrt{\pi}} \quad (k=1,2,\cdots)$$

对任意的 $f \in \mathbf{R}^2[-\pi,\pi]$，有

$$c_0=\int_{-\pi}^{\pi} f(x)\varphi_0(x)\mathrm{d}x=\frac{1}{\sqrt{2\pi}}\int_{-\pi}^{\pi} f(x)\mathrm{d}x=\sqrt{\frac{\pi}{2}}a_0$$

$$c_{2k-1}=\int_{-\pi}^{\pi} f(x)\varphi_{2k-1}(x)\mathrm{d}x=\frac{1}{\sqrt{\pi}}\int_{-\pi}^{\pi} f(x)\cos kx\,\mathrm{d}x=\sqrt{\pi}a_k$$

$$c_{2k}=\int_{-\pi}^{\pi} f(x)\varphi_{2k}(x)\mathrm{d}x=\frac{1}{\sqrt{\pi}}\int_{-\pi}^{\pi} f(x)\sin kx\,\mathrm{d}x=\sqrt{\pi}b_k$$

这里 a_k,b_k 是傅里叶系数. 于是

$$\sum_{k=0}^{2n} c_k\varphi_k(x)=\frac{a_0}{2}+\sum_{k=1}^{n}(a_k\cos kx+b_k\sin kx)$$

这时贝塞尔不等式和帕塞瓦尔等式分别为

$$\frac{a_0^2}{2}+\sum_{k=1}^{n}(a_k^2+b_k^2)\leqslant\frac{1}{\pi}\int_{-\pi}^{\pi} f^2(x)\mathrm{d}x$$

$$\frac{a_0^2}{2}+\sum_{k=1}^{\infty}(a_k^2+b_k^2)=\frac{1}{\pi}\int_{-\pi}^{\pi} f^2(x)\mathrm{d}x \tag{8}$$

现在证明：

定理 2 设 $f \in \mathbf{R}^2[-\pi,\pi]$，$a_n,b_n$ 是 f 关于三角函数系的傅里叶系数，那么 f 可用它的傅里叶级数的部分和平方平均逼近，即帕塞瓦尔等式(8) 成立.

证明 分两步来证明.

(1) 设 f 在$[-\pi,\pi]$上黎曼可积.

因为 f 在 $[-\pi,\pi]$ 上黎曼可积,故对 $\varepsilon>0$,存在 $[-\pi,\pi]$ 的一个分割

$$-\pi=x_0<x_1<\cdots<x_{m-1}<x_m=\pi$$

使得

$$\sum_{i=1}^{m}\omega_i\Delta x_i<\frac{\varepsilon}{4\Omega} \tag{9}$$

其中 $\omega_i=M_i-m_i$ 是 f 在小区间 $[x_{i-1},x_i]$ 上的振幅,$\Omega=M-m$ 是 f 在 $[-\pi,\pi]$ 上的振幅.

改变 f 在区间端点 $-\pi$ 或 π 的值,使得

$$f(-\pi)=f(\pi)$$

这种改变当然不会影响 f 的傅里叶系数.

用直线将点 $(x_{i-1},f(x_{i-1}))$ 和 $(x_i,f(x_i))$ 联结起来,得到区间 $[-\pi,\pi]$ 上的一条折线.设此折线的方程为 $y=g(x)$,它当然是 $[-\pi,\pi]$ 上的连续函数,而且满足 $g(-\pi)=g(\pi)$.因为存在三角多项式 $T_{n_0}(x)$,使得

$$|g(x)-T_{n_0}(x)|<\frac{1}{2}\sqrt{\frac{\varepsilon}{2\pi}}\quad(-\pi\leqslant x\leqslant\pi)$$

因而

$$\int_{-\pi}^{\pi}(g(x)-T_{n_0}(x))^2\,\mathrm{d}x<\frac{1}{4}\cdot\frac{\varepsilon}{2\pi}\cdot 2\pi=\frac{\varepsilon}{4} \tag{10}$$

我们有

$$f(x)-T_{n_0}(x)=(f(x)-g(x))+(g(x)-T_{n_0}(x))$$

利用不等式 $(a+b)^2\leqslant 2(a^2+b^2)$,得

$$\begin{aligned}\int_{-\pi}^{\pi}(f(x)-T_{n_0}(x))^2\,\mathrm{d}x&\leqslant 2\int_{-\pi}^{\pi}(f(x)-g(x))^2\,\mathrm{d}x+\\&\quad 2\int_{-\pi}^{\pi}(g(x)-T_{n_0}(x))^2\,\mathrm{d}x\\&\leqslant 2\int_{-\pi}^{\pi}(f(x)-g(x))^2\,\mathrm{d}x+\frac{\varepsilon}{2}\end{aligned} \tag{11}$$

这里已经用了式(10).由于当 $x\in[x_{i-1},x_i]$ 时

$$m_i\leqslant f(x)\leqslant M_i,m_i\leqslant g(x)\leqslant M_i$$

因此

$$|f(x)-g(x)|\leqslant M_i-m_i=\omega_i$$

于是有

$$\begin{aligned}\int_{-\pi}^{\pi}(f(x)-g(x))^2\mathrm{d}x &= \sum_{i=1}^{m}\int_{x_i-1}^{x_i}(f(x)-g(x))^2\mathrm{d}x \\ &\leqslant \sum_{i=1}^{m}\omega_i^2\Delta x_i \\ &\leqslant \Omega\sum_{i=1}^{m}\omega_i\Delta x_i < \frac{\varepsilon}{4}\end{aligned} \tag{12}$$

这里已经用了式(9).把式(12)代入式(11),即得

$$\| f-T_{n_0}\|^2=\int_{-\pi}^{\pi}(f(x)-T_{n_0}(x))^2\mathrm{d}x<\varepsilon$$

根据傅里叶级数部分和 S_n 的极值性质,有

$$\| f-S_{n_0}\|^2\leqslant \| f-T_{n_0}\|^2<\varepsilon$$

从定理1的(2)可以看出,$\| f-S_n\|^2$ 随 n 的增大而递减,因此,当 $n>n_0$ 时,有

$$\| f-S_n\|^2\leqslant \| f-S_{n_0}\|^2<\varepsilon$$

这就证明了 $\lim\limits_{n\to\infty}\| f-S_n\|=0$.故由推论1知帕塞瓦尔等式成立.

(2)设 f 在 $[-\pi,\pi]$ 上反常平方可积.

因为 $f\in \mathbf{R}^2[-\pi,\pi]$,所以 f^2 可积.不妨设 π 是 f 的瑕点.于是对 $\varepsilon>0$ 存在 $\eta>0$,使得

$$\int_{\pi-\eta}^{\pi}f^2(x)\mathrm{d}x<\frac{\varepsilon}{4} \tag{13}$$

作函数

$$f_1(x)=\begin{cases}f(x) & (-\pi\leqslant x\leqslant \pi-\eta)\\ 0 & (\pi-\eta<x\leqslant\pi)\end{cases}$$

与

$$f_2(x)=\begin{cases}0 & (-\pi\leqslant x\leqslant \pi-\eta)\\ f(x) & (\pi-\eta<x\leqslant\pi)\end{cases}$$

显然,有 $f(x)=f_1(x)+f_2(x)$.由于 f_1 在 $[-\pi,\pi]$ 上黎曼可积,故由(1)证明的结论知,存在三角多项式 $T(x)$,使得

$$\int_{-\pi}^{\pi}(f_1(x)-T(x))^2\mathrm{d}x<\frac{\varepsilon}{4} \tag{14}$$

于是由式(14)和式(13),即得

$$\begin{aligned}\int_{-\pi}^{\pi}(f(x)-T(x))^2\mathrm{d}x &\leqslant 2\int_{-\pi}^{\pi}(f_1(x)-T(x))^2\mathrm{d}x+2\int_{-\pi}^{\pi}f_2^2(x)\mathrm{d}x \\ &<\frac{\varepsilon}{2}+2\int_{\pi-\eta}^{\pi}f^2(x)\mathrm{d}x\end{aligned}$$

$$<\frac{\varepsilon}{2}+\frac{\varepsilon}{2}=\varepsilon$$

重复上面的讨论,即得

$$\lim_{n\to\infty}\| f-S_n \| =0$$

故帕塞瓦尔等式在这种情形下也成立.

例 1　已知

$$x^2=\frac{\pi^2}{3}+\sum_{n=1}^{\infty}(-1)^n\frac{4}{n^2}\cos nx \quad (-\pi\leqslant x\leqslant\pi)$$

$$a_0=\frac{2}{3}\pi^2, a_n=(-1)^n\frac{4}{n^2}, b_n=0$$

应用帕塞瓦尔等式,得

$$\frac{1}{\pi}\int_{-\pi}^{\pi}x^4\mathrm{d}x=\frac{2}{9}\pi^4+\sum_{n=1}^{\infty}\frac{16}{n^4}$$

由此即得

$$\sum_{n=1}^{\infty}\frac{1}{n^4}=\frac{\pi^4}{90}$$

若对展开式

$$\frac{x}{2}=\sum_{n=1}^{\infty}(-1)^{n-1}\frac{\sin nx}{n} \quad (-\pi<x<\pi)$$

用帕塞瓦尔等式,我们重新得到

$$\sum_{n=1}^{\infty}\frac{1}{n^2}=\frac{\pi^2}{6}$$

从帕塞瓦尔等式,可以得到下面两个重要推论.

推论 1　如果$[-\pi,\pi]$上的连续函数 f 和三角函数系

$$\{1,\cos x,\sin x,\cdots,\cos nx,\sin nx,\cdots\}$$

中的每一个函数都正交,那么必有 $f=0$.

证明　根据假定,可得

$$a_n=\frac{1}{\pi}\int_{-\pi}^{\pi}f(x)\cos nx\,\mathrm{d}x=0 \quad (n=0,1,\cdots)$$

$$b_n=\frac{1}{\pi}\int_{-\pi}^{\pi}f(x)\sin nx\,\mathrm{d}x=0 \quad (n=1,2,\cdots)$$

于是由帕塞瓦尔等式,得出$\int_{-\pi}^{\pi}f^2(x)\mathrm{d}x=0$,再由 f 的连续性即得 $f=0$.

推论 2(唯一性)　若两个连续函数有相同的傅里叶级数,则这两个连续函数

必恒等.

证明　设连续函数 f 和 g 有相同的傅里叶级数,那么 $f-g$ 的傅里叶系数全为0.由帕塞瓦尔等式,知 $f-g=0$,即 $f=g$.

帕塞瓦尔等式还可推广到两个不同的函数.

定理3　设 $f,g\in \mathbf{R}^2[-\pi,\pi]$,$a_n,b_n$ 和 α_n,β_n 分别是 f 和 g 的傅里叶系数,那么

$$\frac{1}{\pi}\int_{-\pi}^{\pi} f(x)g(x)\mathrm{d}x=\frac{a_0\alpha_0}{2}+\sum_{n=1}^{\infty}(a_n\alpha_n+b_n\beta_n) \tag{15}$$

证明　分别写出 $f+g$ 和 $f-g$ 的帕塞瓦尔等式

$$\frac{1}{\pi}\int_{-\pi}^{\pi}(f(x)+g(x))^2\mathrm{d}x=\frac{(a_0+\alpha_0)^2}{2}+\sum_{n=1}^{\infty}((a_n+\alpha_n)^2+(b_n+\beta_n)^2)$$

$$\frac{1}{\pi}\int_{-\pi}^{\pi}(f(x)-g(x))^2\mathrm{d}x=\frac{(a_0+\alpha_0)^2}{2}+\sum_{n=1}^{\infty}((a_n-\alpha_n)^2+(b_n-\beta)^2)$$

两式相减,即得式(15).

作为定理3的一个应用,我们来证明傅里叶级数的逐项积分定理.

定理4　设 $f\in \mathbf{R}^2[-\pi,\pi]$,其傅里叶级数为

$$f(x)\sim\frac{a_0}{2}+\sum_{n=1}^{\infty}(a_n\cos nx+b_n\sin nx)$$

那么对包含在$[-\pi,\pi]$中的任意区间$[a,b]$,有

$$\int_a^b f(x)\mathrm{d}x=\int_a^b\frac{a_0}{2}\mathrm{d}x+\sum_{n=1}^{\infty}\int_a^b(a_n\cos nx+b_n\sin nx)\mathrm{d}x$$

证明　任取 $g\in \mathbf{R}^2[-\pi,\pi]$,其傅里叶级数为

$$g(x)\sim\frac{\alpha_0}{2}+\sum_{n=1}^{\infty}(\alpha_n\cos nx+\beta_n\sin nx)$$

把

$$\alpha_n=\frac{1}{\pi}\int_{-\pi}^{\pi}g(x)\cos nx\,\mathrm{d}x\quad(n=0,1,\cdots)$$

$$\beta_n=\frac{1}{\pi}\int_{-\pi}^{\pi}g(x)\sin nx\,\mathrm{d}x\quad(n=1,2,\cdots)$$

代入推广的帕塞瓦尔等式(15),即得

$$\begin{aligned}&\frac{1}{\pi}\int_{-\pi}^{\pi}f(x)g(x)\mathrm{d}x\\=&\frac{1}{\pi}\int_{-\pi}^{\pi}\frac{a_0}{2}g(x)\mathrm{d}x+\sum_{n=1}^{\infty}\frac{1}{\pi}\int_{-\pi}^{\pi}g(x)(a_n\cos nx+b_n\sin nx)\mathrm{d}x\end{aligned} \tag{16}$$

上式对任何 $g \in \mathbf{R}[-\pi,\pi]$ 都成立. 现取

$$g(x)=\begin{cases}1 & (x \in [a,b]) \\ 0 & (x \in [-\pi,a) \cup (b,\pi])\end{cases}$$

式(16) 就变成

$$\int_a^b f(x)\mathrm{d}x=\int_a^b \frac{a_0}{2}\mathrm{d}x+\sum_{n=1}^{\infty}\int_a^b (a_n\cos nx+b_n\sin nx)\mathrm{d}x$$

这就是要证明的.

这个定理说明, f 的傅里叶级数不论是否收敛, 都永远可以逐项积分. 这是傅里叶级数特有的性质.

第 4 章　从柯西—许瓦兹不等式到帕塞瓦尔等式

我们所要证的就是

$$|\langle \boldsymbol{u},\boldsymbol{v}\rangle|^2\leqslant\|\boldsymbol{u}\|^2\|\boldsymbol{v}\|^2$$

按照惯例我们称上述不等式为许瓦兹(Schwarz)不等式.但是实际上,柯西(Cauchy)已经对 $\mathbf{R}^n$ 的情况证明了这一不等式,而布尼亚科夫斯基(Bunyakovskiĭ)对 $c(I)$证明了这一不等式.

从许瓦兹不等式得出

$$\begin{aligned}\|\boldsymbol{u}+\boldsymbol{v}\|^2 &= \|\boldsymbol{u}\|^2+2R\langle \boldsymbol{u},\boldsymbol{v}\rangle+\|\boldsymbol{v}\|^2\\ &\leqslant\|\boldsymbol{u}\|^2+2|\langle \boldsymbol{u},\boldsymbol{v}\rangle|+\|\boldsymbol{v}\|^2\\ &\leqslant(\|\boldsymbol{u}\|+\|\boldsymbol{v}\|)^2\end{aligned}$$

因而对所有的 $\boldsymbol{u},\boldsymbol{v}\in V$ 有

$$\|\boldsymbol{u}+\boldsymbol{v}\|\leqslant\|\boldsymbol{u}\|+\|\boldsymbol{v}\|$$

如果 $\boldsymbol{u},\boldsymbol{v}$ 是线性无关的,那么上述不等式是严格的.

现在就得出:如果我们定义 $\boldsymbol{u}$ 和 $\boldsymbol{v}$ 之间的距离是

$$d(\boldsymbol{u},\boldsymbol{v})=\|\boldsymbol{u}-\boldsymbol{v}\|$$

那么 V 就具有了度量空间的结构.

在 $V=\mathbf{R}^n$ 的情况下,这就是通常的欧几里得(Euclid)距离

$$d(\boldsymbol{x},\boldsymbol{y})=\left(\sum_{j=1}^{n}|\xi_j-\eta_j|^2\right)^{\frac{1}{2}}$$

在 $V=c(I)$的情况下,这一距离就是 L^2—模

$$d(\boldsymbol{f},\boldsymbol{g})=\left(\int_a^b|f(t)-g(t)|^2\mathrm{d}t\right)^{\frac{1}{2}}$$

任意内积空间 V 的模都满足平行四边形等式

$$\|\boldsymbol{u}+\boldsymbol{v}\|^2+\|\boldsymbol{u}-\boldsymbol{v}\|^2=2\|\boldsymbol{u}\|^2+2\|\boldsymbol{v}\|^2$$

这可以通过把等式中所有的模的平方都用 $\|\boldsymbol{w}\|^2=\langle \boldsymbol{w},\boldsymbol{w}\rangle$代换并利用内积的线性性质而立即得出.它的几何意义是平行四边形两条对角线的平方和等于其四边的

平方和.

反过来还可以证明,任何一个模满足平行四边形等式的向量空间是一个内积空间,这只要如下定义内积即可:

当 $F=\mathbf{R}$ 时,定义

$$\langle \boldsymbol{u},\boldsymbol{v}\rangle=\frac{\|\boldsymbol{u}+\boldsymbol{v}\|^2-\|\boldsymbol{u}-\boldsymbol{v}\|^2}{4}$$

当 $F=\mathbf{C}$ 时,定义

$$\langle \boldsymbol{u},\boldsymbol{v}\rangle=\frac{\|\boldsymbol{u}+\boldsymbol{v}\|^2-\|\boldsymbol{u}-\boldsymbol{v}\|^2+\mathrm{i}\|\boldsymbol{u}+\mathrm{i}\boldsymbol{v}\|^2-\mathrm{i}\|\boldsymbol{u}-\mathrm{i}\boldsymbol{v}\|^2}{4}$$

在任意内积空间 V 中,称向量 $\boldsymbol{u}$ 正交或垂直于向量 $\boldsymbol{v}$,如果 $\langle \boldsymbol{u},\boldsymbol{v}\rangle=0$. 这个关系是对称的,因为 $\langle \boldsymbol{u},\boldsymbol{v}\rangle=0$ 蕴涵 $\langle \boldsymbol{v},\boldsymbol{u}\rangle=0$. 对垂直的向量 $\boldsymbol{u},\boldsymbol{v}$,毕达哥拉斯定理

$$\|\boldsymbol{u}+\boldsymbol{v}\|^2=\|\boldsymbol{u}\|^2+\|\boldsymbol{v}\|^2$$

成立.

更一般地,V 的子集 E 称为是正交的,如果对所有 $\boldsymbol{u}\neq\boldsymbol{v},\boldsymbol{u},\boldsymbol{v}\in E$ 都有 $\langle \boldsymbol{u},\boldsymbol{v}\rangle=0$,称它们(即子集中的所有向量)是标准正交的,如果除了正交外,每一个 $\boldsymbol{u}\in E$ 还满足 $\langle \boldsymbol{u},\boldsymbol{u}\rangle=1$. 一个不包含 $\mathbf{0}$ 的正交集合可以通过把每个 $\boldsymbol{u}\in E$ 换成 $\dfrac{\boldsymbol{u}}{\|\boldsymbol{u}\|}$ 而变成标准正交.

例如,如果 $V=F^n$,那么基向量

$$\boldsymbol{e}_1=(1,0,\cdots,0),\boldsymbol{e}_2=(0,1,\cdots,0),\cdots,\boldsymbol{e}_n=(0,0,\cdots,1)$$

就构成一个标准正交基. 也容易验证,如果 $I=[0,1]$,那么在 $c(I)$ 中,函数 $e_n(t)=\mathrm{e}^{2\pi int}$ $(n\in\mathbf{Z})$ 构成标准正交基.

设 $\{\boldsymbol{e}_1,\cdots,\boldsymbol{e}_m\}$ 是任意一个内积空间 V 的标准正交集,并设 U 是由 $\boldsymbol{e}_1,\cdots,\boldsymbol{e}_m$ 生成的向量子空间,那么向量 $\boldsymbol{u}=\alpha_1\boldsymbol{e}_1+\cdots+\alpha_m\boldsymbol{e}_m\in U$ 的模就是

$$\|\boldsymbol{u}\|^2=|\alpha_1|^2+\cdots+|\alpha_m|^2$$

这说明 $\boldsymbol{e}_1,\cdots,\boldsymbol{e}_m$ 是线性无关的.

对给定的向量 $\boldsymbol{v}\in V$,为了求出它在 U 中的最佳逼近,设

$$\boldsymbol{u}=\gamma_1\boldsymbol{e}_1+\cdots+\gamma_m\boldsymbol{e}_m$$

其中

$$\gamma_j=\langle \boldsymbol{v},\boldsymbol{e}_j\rangle\quad(j=1,\cdots,m)$$

那么 $\langle \boldsymbol{w},\boldsymbol{e}_j\rangle=\langle \boldsymbol{v},\boldsymbol{e}_j\rangle(j=1,\cdots,m)$,因而 $\langle \boldsymbol{v}-\boldsymbol{w},\boldsymbol{w}\rangle=0$. 所以,由毕达哥拉斯定理(勾股定理),有

$$\|\boldsymbol{v}\|^2=\|\boldsymbol{v}-\boldsymbol{w}\|^2+\|\boldsymbol{w}\|^2$$

由于 $\|\boldsymbol{w}\|^2=|\gamma_1|^2+\cdots+|\gamma_m|^2$，这就得出贝塞尔不等式

$$|\langle\boldsymbol{v},\boldsymbol{e}_1\rangle|^2+\cdots+|\langle\boldsymbol{v},\boldsymbol{e}_m\rangle|^2\leqslant\|\boldsymbol{v}\|^2$$

当 $\boldsymbol{v}\notin U$ 时，上式是严格的不等式. 对任意 $\boldsymbol{u}\in U$，我们也有 $\langle\boldsymbol{v}-\boldsymbol{w},\boldsymbol{w}-\boldsymbol{u}\rangle=0$，所以仍由毕达哥拉斯定理得出

$$\|\boldsymbol{v}-\boldsymbol{u}\|^2=\|\boldsymbol{v}-\boldsymbol{w}\|^2+\|\boldsymbol{w}-\boldsymbol{u}\|^2$$

这说明 $\boldsymbol{w}$ 是 U 中唯一的最接近 $\boldsymbol{v}$ 的点.

从任何线性无关的向量 $\boldsymbol{v}_1,\cdots,\boldsymbol{v}_m$ 的集合，我们可以归纳地构造一个标准正交集 $\boldsymbol{e}_1,\cdots,\boldsymbol{e}_m$，使得 $\boldsymbol{e}_1,\cdots,\boldsymbol{e}_k$ 和 $\boldsymbol{v}_1,\cdots,\boldsymbol{v}_k$ 对 $1\leqslant k\leqslant m$ 生成相同的向量子空间. 先取 $\boldsymbol{e}_1=\dfrac{\boldsymbol{v}_1}{\|\boldsymbol{v}_1\|}$，现在假设 $\boldsymbol{e}_1,\cdots,\boldsymbol{e}_k$ 已经确定，令

$$\boldsymbol{w}=\boldsymbol{v}_{k+1}-\langle\boldsymbol{v}_{k+1},\boldsymbol{e}_1\rangle\boldsymbol{e}_1-\cdots-\langle\boldsymbol{v}_{k+1},\boldsymbol{e}_k\rangle\boldsymbol{e}_k$$

则 $\langle\boldsymbol{w},\boldsymbol{e}_j\rangle=0(j=1,\cdots,k)$. 此外 $\boldsymbol{w}\neq\boldsymbol{0}$，由于 $\boldsymbol{w}$ 是$\boldsymbol{v}_1,\cdots,\boldsymbol{v}_{k+1}$ 的线性组合，其中 $\boldsymbol{v}_{k+1}$ 的系数为 1. 取 $\boldsymbol{e}_{k+1}=\dfrac{\boldsymbol{w}}{\|\boldsymbol{w}\|}$，我们就得出了标准正交集合 $\boldsymbol{e}_1,\cdots,\boldsymbol{e}_{k+1}$，它和 $\boldsymbol{v}_1,\cdots,\boldsymbol{v}_{k+1}$ 生成同样的线性子空间. 这一构造过程为施密特(E. Schmidt)正交化程序，由于施密特(1907 年)在处理线性积分方程时使用了这一程序. 正规的勒让德多项式是在空间 $c(I)$ 中，其中 $I=[0,1]$，对线性无关的函数 $1,t,t^2,\cdots$ 应用这一程序得出的.

由此得出，任意有限维内积空间 V 都有标准正交基 $\boldsymbol{e}_1,\cdots,\boldsymbol{e}_n$，并且任意 $\boldsymbol{v}\in V$ 成立

$$\|\boldsymbol{v}\|^2=\sum_{j=1}^{n}|\langle\boldsymbol{v},\boldsymbol{e}_j\rangle|^2$$

在无限维内积空间 V 中，标准正交集 E 甚至可能有不可数个元素. 然而，对给定的 $\boldsymbol{v}\in V$，至多有可数个向量 $\boldsymbol{e}\in E$ 使得 $\langle\boldsymbol{v},\boldsymbol{e}\rangle\neq0$. 因为如果 $\{\boldsymbol{e}_1,\cdots,\boldsymbol{e}_m\}$ 是 E 的任意有限子集，那么由贝塞尔不等式可知

$$\sum_{j=1}^{m}|\langle\boldsymbol{v},\boldsymbol{e}_j\rangle|^2\leqslant\|\boldsymbol{v}\|^2$$

因此对任意 $n\in\mathbf{Z}$，至多存在 n^2-1 个向量 $\boldsymbol{e}\in E$，使得 $|\langle\boldsymbol{v},\boldsymbol{e}\rangle|>\dfrac{\|\boldsymbol{v}\|}{\boldsymbol{n}}$.

如果 E 的元素的所有有限的线性组合所构成的向量子空间 U 在 V 中是稠密的，那么根据有限的标准正交集的最佳逼近性质可以推出帕塞瓦尔等式，即对每一个 $\boldsymbol{v}\in V$，成立

$$\sum_{e\in E}|\langle \boldsymbol{v},\boldsymbol{e}\rangle|^2=\|\boldsymbol{v}\|^2$$

帕塞瓦尔等式对内积空间 $c(I)$ 和标准正交集 $E=\{e^{2\pi int}\mid n\in\mathbf{Z}\}$ 成立，其中 $I=[0,1]$. 由魏尔斯特拉斯(Weierstrass)逼近定理，任意 $f\in c(I)$ 都是三角多项式的一致极限. 对于这一情况的结果是由帕塞瓦尔导出的.

玻尔(Bohr)意义下的几乎周期函数是一个在 $\mathbf{R}$ 上可以被广义三角多项式

$$\sum_{j=1}^{m}c_j e^{i\lambda_j t}$$

一致逼近的函数 $f:\mathbf{R}\to\mathbf{C}$，其中 $c_j\in\mathbf{C},\lambda_j\in\mathbf{R}(j=1,\cdots,m)$. 对任意几何周期函数 f,g，极限

$$\langle f,g\rangle=\lim_{T\to\infty}\frac{1}{2T}\int_{-T}^{T}f(t)\overline{g(t)}\mathrm{d}t$$

存在. 所有几乎周期函数的集合 B 按照这种方式具有内积空间的结构. 集合 $E=\{e^{i\lambda t}\mid\lambda\in\mathbf{R}\}$ 是一个不可数的标准正交集并且对这个集合成立帕塞瓦尔等式.

一个有限维的内积空间作为度量空间必定是完备的. 然而一个无限维的内积空间，就像我们已经对 $c(I)$ 说过的那样，却不一定是完备的. 完备的内积空间称为希尔伯特(Hilbert)空间.

希尔伯特(1906 年)考虑的例子是由所有复数的使得 $\sum_{k\geq 1}|\xi_k|^2<\infty$ 成立的无限序列 $x=(\xi_1,\xi_2,\cdots)$ 组成的向量空间 l^2，其内积定义为

$$\langle x,y\rangle=\sum_{k\geq 1}\xi_k\overline{\eta}_k$$

另一个例子是向量空间 $L^2(I)$，其中 $I=[0,1]$，即由所有的使得 $\int_0^1|f(t)|^2\mathrm{d}t<\infty$ 成立的勒贝格(Lebesgue)可测函数 $f:I\to\mathbf{C}$(的等价类)组成的向量空间，其内积定义为

$$\langle f,g\rangle=\int_0^1 f(t)\overline{g(t)}\mathrm{d}t$$

对任何 $f\in L^2(I)$，我们可以指定一个由内积 $\langle f,e_n\rangle$ 组成的序列 $\hat{f}\in\ell^2$ 与其对应，其中 $e_n(t)=e^{2\pi int}(n\in\mathbf{Z})$. 这样定义的映射 $F:L^2(I)\to\ell^2$ 是线性的，由帕塞瓦尔等式可知成立

$$\|Ff\|=\|f\|$$

事实上，F 是一个等距映射，由里斯一菲舍尔(Riesz-Fischer)(1907 年)定理可知，这是一一对应的映射.

第 5 章　帕塞瓦尔等式的一种构造性证明[①]

帕塞瓦尔等式是数学中的重要等式，在许多解题中有重要应用，而关于它的证明大多是应用魏尔斯特拉斯逼近定理给出的. 商洛师范专科学校数学系的赵朋军教授 2005 年通过构造含参量积分给出了帕塞瓦尔等式的一种简单证明，这一方法体现了“构造性”思维的灵活性和重要性.

帕塞瓦尔等式　若函数 $f(x)$ 在闭区间 $[-\pi,\pi]$ 上连续，则

$$\frac{1}{\pi}\int_{-\pi}^{\pi} f^2(x)\mathrm{d}x = \frac{a_0^2}{2} + \sum_{n=1}^{\infty}(a_n^2 + b_n^2)$$

其中 a_0, a_n 和 $b_n(n=1,2,\cdots)$ 是函数 $f(x)$ 的傅里叶系数.

证明　令 $F(x)=\frac{1}{\pi}\int_{-\pi}^{\pi} f(x+t)f(t)\mathrm{d}t$，将函数 $f(x)$ 作周期性延拓，则知 $f(x)$ 构成以 2π 为周期的周期函数. 因为

$$F(x+2\pi) = \frac{1}{\pi}\int_{-\pi}^{\pi} f(x+2\pi+t)f(t)\mathrm{d}t = \frac{1}{\pi}\int_{-\pi}^{\pi} f(x+t)f(t)\mathrm{d}t = F(x)$$

所以函数 $F(x)$ 也是以 2π 为周期的周期函数.

又因为 $f(x)$ 在 $[-\pi,\pi]$ 上连续，所以由含参量积分性质知，$F(x)$ 在 $[-\pi,\pi]$ 上连续，故由傅里叶级数收敛定理，它可以展开成傅里叶级数.

下面求 $F(x)$ 的傅里叶系数. 设函数 $F(x)$ 的傅里叶系数为 c_0, c_n 和 $d_n(n=1,2,\cdots)$，因为

$$F(-x) = \frac{1}{\pi}\int_{-\pi}^{\pi} f(-x+t)f(t)\mathrm{d}t$$

令 $u=-x+t$，可得

$$\begin{aligned} F(-x) &= \frac{1}{\pi}\int_{-\pi-x}^{\pi-x} f(u)f(x+u)\mathrm{d}u \\ &= \frac{1}{\pi}\int_{-\pi-x}^{-\pi-x+2\pi} f(u)f(x+u)\mathrm{d}u \end{aligned}$$

---

①本章摘编自《商洛师范专科学校学报》，2005 年第 19 卷第 2 期，原作者为赵朋军.

$$=\frac{1}{\pi}\int_{-\pi}^{\pi}f(u)f(x+u)\mathrm{d}u=F(x)$$

因此 $F(x)$ 在$[-\pi,\pi]$上为偶函数,即有

$$d_n=0\quad(n=1,2,\cdots)$$

$$c_0=\frac{1}{\pi}\int_{-\pi}^{\pi}F(x)\mathrm{d}x=\frac{1}{\pi}\int_{-\pi}^{\pi}\left[\frac{1}{\pi}\int_{-\pi}^{\pi}f(x+t)f(t)\mathrm{d}t\right]\mathrm{d}x$$

令 $u=x+t$,由含参量积分的积分顺序可交换性质,可得

$$\begin{aligned}c_0&=\frac{1}{\pi^2}\int_{-\pi}^{\pi}\left[\int_{-\pi}^{\pi}f(x+t)\mathrm{d}x\right]f(t)\mathrm{d}t\\&=\frac{1}{\pi^2}\int_{-\pi}^{\pi}\left[\int_{-\pi+t}^{\pi+t}f(u)\mathrm{d}u\right]f(t)\mathrm{d}t\\&=\frac{1}{\pi^2}\int_{-\pi}^{\pi}\left[\int_{-\pi+t}^{\pi+t+2\pi}f(u)\mathrm{d}u\right]f(t)\mathrm{d}t\\&=\frac{1}{\pi^2}\int_{-\pi}^{\pi}\left[\int_{-\pi}^{\pi}f(u)\mathrm{d}u\right]f(t)\mathrm{d}t\\&=\frac{1}{\pi^2}\int_{-\pi}^{\pi}f(u)\mathrm{d}u\int_{-\pi}^{\pi}f(t)\mathrm{d}t\\&=\left[\frac{1}{\pi}\int_{-\pi}^{\pi}f(t)\mathrm{d}t\right]^2\\&=a_0^2\end{aligned}$$

$$\begin{aligned}c_n&=\frac{1}{\pi}\int_{-\pi}^{\pi}F(x)\cos nx\,\mathrm{d}x\\&=\frac{1}{\pi}\int_{-\pi}^{\pi}\left[\frac{1}{\pi}\int_{-\pi}^{\pi}f(x+t)f(t)\mathrm{d}t\right]\cos nx\,\mathrm{d}x\\&=\frac{1}{\pi^2}\int_{-\pi}^{\pi}\left[\int_{-\pi}^{\pi}f(x+t)\cos nx\,\mathrm{d}x\right]f(t)\mathrm{d}t\end{aligned}$$

同理令 $u=x+t$,可得

$$\begin{aligned}c_0&=\frac{1}{\pi^2}\int_{-\pi}^{\pi}\left[\int_{-\pi+t}^{\pi+t}f(u)\cos n(u-t)\mathrm{d}u\right]f(t)\mathrm{d}t\\&=\frac{1}{\pi^2}\int_{-\pi}^{\pi}\left[\cos nt\int_{-\pi+t}^{\pi+t}f(u)\cos nu\,\mathrm{d}u+\sin nt\int_{-\pi+t}^{\pi+t}f(u)\sin nu\,\mathrm{d}u\right]f(t)\mathrm{d}t\\&=\frac{1}{\pi^2}\int_{-\pi}^{\pi}\left[\cos nt\int_{-\pi+t}^{-\pi+t+2\pi}f(u)\cos nu\,\mathrm{d}u+\sin nt\int_{-\pi+t}^{-\pi+t+2\pi}f(u)\sin nu\,\mathrm{d}u\right]f(t)\mathrm{d}t\\&=\frac{1}{\pi}\int_{-\pi}^{\pi}\left[\cos nt\cdot\frac{1}{\pi}\int_{-\pi}^{\pi}f(u)\cos n\mathrm{d}u+\sin nt\ \frac{1}{\pi}\int_{-\pi}^{\pi}f(u)\sin nu\,\mathrm{d}u\right]f(t)\mathrm{d}t\end{aligned}$$

$$=\frac{a_n}{\pi}\int_{-\pi}^{\pi}f(t)\cos nt\,\mathrm{d}t+\frac{b_n}{\pi}\int_{-\pi}^{\pi}f(t)\sin nt\,\mathrm{d}t=a_n^2+b_n^2\quad(n=1,2,\cdots)$$

故由傅里叶级数收敛定理,可得

$$\frac{1}{\pi}\int_{-\pi}^{\pi}f(x+t)f(t)\mathrm{d}t=\frac{c_0}{2}+\sum_{n=1}^{\infty}c_n\cos nx=\frac{a_0^2}{2}+\sum_{n=1}^{\infty}(a_n^2+b_n^2)\cos nx$$

将 $x=0$ 代入上式,即得帕塞瓦尔等式.

第 6 章　直交函数系与广义傅里叶级数中的帕塞瓦尔等式

设 $\rho(x)$ 为定义在 $[a,b]$ 上的权函数. 若函数 $f(x)$ 与 $g(x)$ 满足条件

$$\int_a^b \rho(x)f(x)g(x)\mathrm{d}x=0$$

则称函数 $f(x)$ 与 $g(x)$ 在 $[a,b]$ 上关于权函数 $\rho(x)$ 是直交的. 又如果函数系统

$$\omega_1(x),\omega_2(x),\cdots,\omega_k(x),\cdots$$

中的每一对函数在 $[a,b]$ 上关于权函数 $\rho(x)$ 均为直交的，那么称该系统为 $[a,b]$ 上的关于权函数 $\rho(x)$ 的直交函数系. 特别地，若 $\rho(x)\equiv 1$，则可以不必提到权函数.

在这里让我们列举几个最常见的直交函数系.

例 1　三角函数系

$$1,\cos x,\sin x,\cos 2x,\sin 2x,\cdots,\cos nx,\sin nx,\cdots$$

是定义在 $[-\pi,\pi]$ 上的直交函数系.

例 2　余弦函数系与正弦函数系

$$1,\cos x,\cos 2x,\cdots,\cos nx,\cdots$$

$$\sin x,\sin 2x,\cdots,\sin nx,\cdots$$

均是 $[0,\pi]$ 上的直交函数系.

例 3　勒让德多项式

$$\mathrm{P}_n(x)=\frac{1}{2^n n!}\left(\frac{\mathrm{d}}{\mathrm{d}x}\right)^n(x^2-1)^n\quad (n=0,1,2,\cdots)$$

是 $[-1,1]$ 上的直交多项式系.

例 4　切比雪夫(Chebyshev)多项式系 $T_n(x)=\cos(n\arccos x)(n=0,1,2,\cdots)$ 是 $[-1,1]$ 上对权函数 $(1-x^2)^{-\frac{1}{2}}$ 而言的直交系.

例 5　考虑斯图姆—刘维尔型微分方程边值问题：$y''+\lambda\rho(x)y=0$，$y(a)=y(b)=0$. 此处 $\rho(x)>0$ 是定义在 $[a,b]$ 上的连续函数，而 λ 为数值参数. 除平凡解 $y(x)\equiv 0$ 不予考虑之外，凡不恒等于 0 的解 $y(x)$ 均称为基本函数，而对应的 λ 值称为特征值(注意并非任何 λ 值都对应有基本函数). 根据微分方程理论，上述边值问

题的特征值总是存在的，而且除常数因子不计外，对应于每一特征值都只有一个基本函数.特征值可以由小到大地排列起来，因而对应的基本函数也可排成一列，例如

$$\lambda_1,\lambda_2,\lambda_3,\cdots$$
$$y_1(x),y_2(x),y_3(x),\cdots$$

可以证明，上述的基本函数系在$[a,b]$上关于权$\rho(x)$是直交系.

事实上，假如 $i\neq k$，则

$$y''_i+\lambda_i\rho(x)y_i=0,y''_k+\lambda_k\rho(x)y_k=0$$

用 y_k，y_i 分别乘第一、第二式，再相减，则得

$$(\lambda_i-\lambda_k)\rho(x)y_iy_k+\frac{\mathrm{d}}{\mathrm{d}x}(y_ky_i'-y_iy_k')=0$$

两边积分又得

$$(\lambda_i-\lambda_k)\int_a^b y_iy_k\mathrm{d}x+[y_ky_i'-y_iy_k']_a^b=0$$

由边界条件及 $\lambda_i\neq\lambda_k$ 便得知

$$\int_a^b\rho(x)y_iy_k\mathrm{d}x=0$$

证毕.

下面着重介绍广义的傅里叶展开问题.设$\{\omega_k(x)\}(k=1,2,3,\cdots)$在$[a,b]$上关于权函数 $\rho(x)$作成直交函数系，其中每一个 $\omega_k(x)$均不几乎处处等于零且均在空间 L_p^2 中，因而

$$A_k=\int_a^b\rho(x)\omega_k^2(x)\mathrm{d}x\quad(k=1,2,\cdots)$$

都是有限正数.特别地，若 $A_k=1(k=1,2,\cdots)$，则称$\{\omega_k(x)\}$为标准直交系(显然，$\left\{\frac{\omega_k(x)}{\sqrt{A_k}}\right\}$总是标准直交系).

设 $f(x)\in L_p^2$，则称按下式算出的常数

$$c_k=\frac{1}{A_k}\int_a^b\rho(x)\omega_k(x)f(x)\mathrm{d}x\quad(k=1,2,\cdots)$$

为 $f(x)$的广义傅里叶系数，从而有如下的广义傅里叶级数

$$f(x)\sim\sum_{k=1}^{\infty}c_k\omega_k(x)$$

因为我们还不能断定上面的傅里叶级数是否平均收敛于 $f(x)$，所以只能用联结符

号“∾”去表示它们之间的相应关系. 尽管如此,这个级数的部分和却能用来圆满地解答一般形式的最小二乘问题. 这便是下面的定理.

定理 1(托普勒(Toepler))　对于任意指定的正整数 n,用线性组合式

$$F(x)=\sum_{k=1}^{n} a_k\omega_k(x)$$

作成的函数来对给定的 $f(x)$ 进行平方逼近时,为使偏差(平均平方偏差)

$$\| F-f \| =\left(\int_a^b \rho(x)(F(x)-f(x))^2\mathrm{d}x\right)^{\frac{1}{2}}$$

达到最小值,函数 $F(x)$ 必须等于广义傅里叶级数的部分和

$$S_n(x)=\sum_{k=1}^{n} c_k\omega_k(x)$$

而偏差的最小值等于

$$\| S_n(x)-f(x) \| =\left(\int_a^b \rho(x)(f(x))^2\mathrm{d}x-\sum_{k=1}^{n}A_k c_k^2\right)^{\frac{1}{2}}$$

证明　根据 $\{\omega_k\}$ 的直交性易算出

$$\begin{aligned}\| F-f \|^2 &=\int_a^b \rho(x)(F(x)-f(x))^2\mathrm{d}x\\ &=\int_a^b \rho F^2\mathrm{d}x+\int_a^b \rho f^2\mathrm{d}x-2\int_a^b \rho F f\,\mathrm{d}x\\ &=\int_a^b \rho\left(\sum_{k=1}^{n} a_k^2\omega_k^2\right)\mathrm{d}x+\int_a^b \rho f^2\mathrm{d}x-2\int_a^b \rho\left(\sum_{k=1}^{n} a_k\omega_k f\right)\mathrm{d}x\\ &=\sum_{k=1}^{n} A_k a_k^2+\int_a^b \rho f^2\mathrm{d}x-2\sum_{k=1}^{n} A_k a_k c_k\\ &=\int_a^b \rho f^2\mathrm{d}x+\sum_{k=1}^{n} A_k(a_k-c_k)^2-\sum_{k=1}^{n} A_k c_k^2\end{aligned}$$

因此要使 $\| F-f \|^2$ 取最小值,唯有令 $a_k=c_k$. 亦即,只有当 $F(x)$ 恰好等于傅里叶级数的部分和 $S_n(x)$ 时才能给出偏差 $\| F-f \|$ 的最小值. 证毕.

注意 $\| S_n-f \| \geqslant 0$,因此根据最小值的那个表达式立即推出

$$\sum_{k=1}^{n} A_k c_k^2 \leqslant \int_a^b \rho(x)(f(x))^2\mathrm{d}x$$

又因为不等式的右端与 n 无关,所以可令 $n\to\infty$ 而得出

$$\sum_{k=1}^{\infty} A_k c_k^2 \leqslant \int_a^b \rho(x)(f(x))^2\mathrm{d}x \tag{1}$$

通常称式(1)为广义贝塞尔不等式.

根据偏差的最小值表达式知上述的贝塞尔不等式能改为所谓的帕塞瓦尔等式

$$\sum_{k=1}^{\infty} A_k c_k^2 = \int_a^b \rho(x)(f(x))^2 \mathrm{d}x$$

的充要条件是

$$\lim_{n\to\infty} \| S_n(x) - f(x) \| = 0$$

换言之,傅里叶级数的部分和 $S_n(x)$ 平均收敛于 $f(x)$ 这件事是同 $f(x)$ 的帕塞瓦尔等式成立这件事互相等价的. 因此,L_p^2 空间中的一个傅里叶级数是否收敛的问题也就归结为帕塞瓦尔等式是否成立的问题.

这里有一个问题:在什么条件下,给定的数列 $\{c_k\}$ 能够有资格作为 L_p^2 中某一函数 $f(x)$ 的傅里叶系数,并且作成的傅里叶级数平均收敛于 $f(x)$? 正像通常的傅里叶级数那样,对于这个问题的回答有如下的定理.

定理 2(里斯－菲舍尔) 设 $\{\omega_k(x)\}$ 在 $[a,b]$ 上关于权函数 $\rho(x)$ 作成直交函数系. 若数列 $\{c_k\}(k=1,2,\cdots)$ 满足条件

$$\sum_{k=1}^{\infty} A_k c_k^2 < +\infty$$

其中 $A_k = \int_a^b \rho\omega_k^2 \mathrm{d}x$,则 L_p^2 中存在唯一的函数 $f(x)$,使得 $f(x)$ 的傅里叶系数恰好是 $\{c_k\}$ 且 $\sum_{k=1}^{n} c_k\omega_k(x) \xrightarrow[\rho]{2} f(x)$.

证明 记

$$S_n(x) = \sum_{k=1}^{n} c_k\omega_k(x)$$

则当 $m>n$ 时依 ω_k 间的直交性显然有

$$\begin{aligned}\| S_m - S_n \|^2 &= \left\| \sum_{k=n+1}^{m} c_k\omega_k \right\|^2 = \int_a^b \rho\left(\sum_{k=n+1}^{m} c_k\omega_k\right)^2 \mathrm{d}x \\ &= \sum_{k=n+1}^{m} A_k c_k^2 \to 0 \quad (m > n \to \infty)\end{aligned}$$

因此,$\{S_n\}$ 为一个基本序列,从而由 L_p^2 的完备性得知其极限 $\lim\limits_{n\to\infty} S_n(x)$ 亦在 L_p^2 中(当然这里所说的极限是按照平均收敛的意义而言的). 亦即有 L_p^2 中的函数 $f(x)$,使得

$$\lim_{n\to\infty} \| S_n - f \| = 0$$

现在应该验证 $\{c_k\}$ 恰好是 $f(x)$ 的傅里叶系数. 由于

$$\int_a^b \rho(f - S_n)\omega_k \mathrm{d}x \leqslant \left(\int_a^b \rho(f - S_n)^2 \mathrm{d}x\right)^{\frac{1}{2}} \left(\int_a^b \rho\omega_k^2 \mathrm{d}x\right)^{\frac{1}{2}}$$

$$= \| f - S_n \| \sqrt{A_k} \to 0 \quad (n \to \infty)$$

故
$$\int_a^b \rho f \omega_k \mathrm{d}x = \lim_{n\to\infty} \int_a^b \rho S_n \omega_k \mathrm{d}x = c_k A_k$$

这表明 c_k 恰好是 $f(x)$ 的傅里叶系数，从而 S_n 恰好是 $f(x)$ 的傅里叶级数的前 n 项部分和，而极限关系式 $\lim\limits_{n\to\infty} \| S_n - f \| = 0$ 恰好表明该傅里叶级数是平均收敛的：$S_n \xrightarrow[\rho]{2} f$.

又因为序列 $S_n(x)$ 的极限是唯一的，因此作为极限函数而存在的 $f(x)$ 也是唯一的. 证毕.

若一个直交函数系 $\{\omega_k\}$ 对于 L_ρ^2 中的每一函数，帕塞瓦尔等式都成立，则称它为封闭的直交系.

若 $\{\omega_k\}$ 为封闭的直交系，而 $f(x)$ 与 $g(x)$ 为 L_ρ^2 中的任意两个函数，它们的傅里叶系数分别为 $\{\alpha_k\}$ 与 $\{\beta_k\}$，则必成立下列的广义帕塞瓦尔等式

$$\int_a^b \rho(x) f(x) g(x) \mathrm{d}x = \sum_{k=1}^{\infty} A_k \alpha_k \beta_k$$

事实上，因为 $f+g$ 的傅里叶系数为 $\{\alpha_k + \beta_k\}$，所以利用通常的帕塞瓦尔等式应该有

$$\int_a^b \rho (f^2 + 2fg + g^2) \mathrm{d}x = \sum_{k=1}^{\infty} A_k (\alpha_k^2 + 2\alpha_k \beta_k + \beta_k^2)$$

$$\int_a^b \rho f^2 \mathrm{d}x = \sum_{k=1}^{\infty} A_k \alpha_k^2, \int_a^b \rho g^2 \mathrm{d}x = \sum_{k=1}^{\infty} A_k \beta_k^2$$

故由上述三式间的比较便得出广义的帕塞瓦尔等式.

给定一个直交系 $\{\omega_k\}$，如果 L_ρ^2 中再也没有一个函数（几乎处处等于 0 的函数除外）能和一切 ω_k 相直交，那么 $\{\omega_k\}$ 便称为完备的直交系.

直交系的完备性实际是和封闭性等价的. 这就是下述的定理.

定理 3　$\{\omega_k\}$ 是一个完备直交系的充分必要条件是：它是一个封闭直交系.

证明　如果 $\{\omega_k\}$ 是封闭直交系，那么当一函数 f 与每一 ω_k 都直交时，该函数的傅里叶系数就都等于 0，即 $c_k = 0 (k = 1, 2, \cdots)$. 因而根据帕塞瓦尔等式就得到

$$\int_a^b \rho f^2 \mathrm{d}x = 0$$

注意 ρ 为非负的，而且至多只在一个零测度集上可能等于 0，因此可以断言 $f(x)$ 只能几乎处处等于 0. 这就表明 $\{\omega_k\}$ 必是一个完备直交系.

反之，如果 $\{\omega_k\}$ 不是封闭的，那么在 L_ρ^2 中就有使帕塞瓦尔等式不成立的函数

$g(x)$，亦即有

$$\sum_{k=1}^{\infty} A_k c_k^2 < \int_a^b \rho(x)(g(x))^2 \mathrm{d}x$$

其中 c_k 为 $g(x)$ 的傅里叶系数. 既然 $\sum\limits_{k=1}^{\infty} A_k c_k^2 < +\infty$，故按里斯—菲舍尔定理，$L_p^2$ 中又必存在函数 $f(x)$，以 $\{c_k\}$ 作为它的傅里叶系数且 $\sum\limits_{k=1}^{n} c_k \omega_k(x) \xrightarrow[\rho]{2} f(x)$ $(n\to\infty)$，从而有

$$\sum_{k=1}^{\infty} A_k c_k^2 = \int_a^b \rho(x)(f(x))^2 \mathrm{d}x$$

以此与上述不等式相比较，可知差函数 $h(x)=f(x)-g(x)$ 不能几乎处处等于 0. 然而 $h(x)$ 的傅里叶系数都是 0（亦即 $h(x)$ 与一切 ω_k 直交），这表明 $\{\omega_k\}$ 必为非完备直交系. 定理证毕.

作一简单总结，我们知道下列诸概念都是彼此等价的（也就是通常数理逻辑中所说的“同义反复”）：

(1) $\{\omega_k\}$ 是完备直交系.

(2) $\{\omega_k\}$ 是封闭直交系.

(3) 帕塞瓦尔等式对每个 $f\in L_p^2$ 都成立.

(4) L_p^2 中每个 f 的傅里叶级数都平均收敛.

(5) 只有几乎处处取零值的函数才能同一切 ω_k 相直交.

(6) 当两个函数有相同的傅里叶级数时，它们必定几乎处处相等.

(7) 对 L_p^2 中的每个 f 用 $\omega_1, \omega_2, \cdots, \omega_n$ 的线性组合来作平方逼近时，偏差的最小值恒与 $\frac{1}{n}$ 同时趋于 0.

(8) 由 $\{\omega_k\}$ 中的函数的一切线性组合构成的类是在 L_p^2 中稠密的（亦就是说：对 L_p^2 中的每个 f 及对任意 $\varepsilon>0$，都存在满足不等式 $\| F-f \| < \varepsilon$ 的线性组合 $F(x)=\sum\limits_{k=1}^{n} a_k \omega_k$）.

注意上述的等价命题(7)是直接可以从托普勒定理的结论得出的. 又(8)与(7)的等价关系也是十分明显的.

第 7 章　帕塞瓦尔等式与差分方程的稳定性

§1　定义与简单的例子

虽然差分方程的稳定性已得到广泛的讨论，但还很少碰到确切的定义. 因此，这一课题需要做进一步的澄清. 顺便讲一下，舍入误差的一般理论也是这样，而稳定性是其中重要的内容.

为了便于说明，有必要从名词上来区分一下两个通常都被称为“误差”的概念. 令 $Y(x,t)$ 是一给定的差分问题的解，这个差分问题可以在 t 方向逐步地求解，又假设在单一格点 (x_0,t_0) 处，我们把值 $Y(x_0,t_0)$ 换成 $Y(x_0,t_0)+\varepsilon$. 在实践中，这可以是一次舍入或一个错误所产生的结果. 我们把 ε 看作在 (x_0,t_0) 处的误差. 如果用值 $Y(x_0,t_0)+\varepsilon$ 继续求解下去不会再引进新的误差，且如果在以后的点上我们得到值 $Y^*(x,t)$，则 $Y^*(x,t)-Y(x,t)$ 将称为由 (x_0,t_0) 处误差 ε 所引起的解的偏差. 若误差在多于一个点上出现，则可以称为由这些误差所引起的累积偏差. 在线性问题中，而且只有在线性问题中由两个误差所引起的偏差总等于每一误差单独引起的偏差的和.

原则上，即使在讨论不稳定的情形下，偏差也是可以控制的. 对于给定的增量 h,k，以及一个给定的 (x,t) 区域，偏差增长的速度总存在确定的界. 因此，只要计算具有足够的精确度，我们就可以使结果任意接近于没有误差的理论上的结果. 所需要的精确度无疑是远远超过了目前任何计算机的实际可能，但尽管如此，“稳定”与“不稳定”问题之间的区别在这里还没有用数字的语言来定义. 从偏差的界来找出稳定性的判别准则是自然的.

就舍入误差来说，一个有限差分近似的理想状况最好是，由每一步出现的误差在解中所引起的最大可能的偏差，随着这些误差的最大值一起趋向于 0，而且关于网格宽度 h 是一致的. 遗憾的是这样的理想对于线性问题是不能实现的，而对于非线性问题大概也是如此. 其原因是在一个线性问题中，每一步所引进的误差对解的影响是迭加起来的. 我们举一个例子来说明这个概念，虽然这个例子本身几乎是显然的.

对于常微分方程问题

$$y'=-y, y(0)=1 \tag{1}$$

当 $x\geqslant 0$ 时用下述差分近似来数值地求解

$$Y(x+h)-Y(x)=-hY(x), Y(0)=1$$

每一步所引进的误差是 $\varepsilon(x)$,对此我们只假设

$$|\varepsilon(x)|\leqslant\delta$$

于是在实际计算中,问题是用方程

$$Y^*(x+h)-Y^*(x)=-hY^*(x)+\varepsilon(x+h)$$

$$Y^*(0)=1+\varepsilon(0)$$

来求解的,而解的偏差

$$\omega(x)=Y^*(x)-Y(x)$$

适合问题

$$\omega(x+h)=(1-h)\omega(x)+\varepsilon(x+h), \omega(0)=\varepsilon(0)$$

绝对值 $|\omega(x)|$ 满足不等式

$$|\omega(x+h)|\leqslant(1-h)|\omega(x)|+\delta, |\omega(0)|\leqslant\delta$$

因此,问题

$$\omega(x+h)=(1-h)\omega(x)+\delta, \omega(0)=\delta \tag{2}$$

的解就给出了 $|\omega(x)|$ 的上界. 差分方程(2)可以用解答系数线性微分方程同样的方法来求解:从直接观察就知常数 $\omega_P=\dfrac{\delta}{h}$ 是一个特解. 齐次方程 $\omega(x+h)=(1-h)\omega(x)$ 的解是 $(1-h)^{\frac{x}{h}}$,因此

$$\omega(x)=C(1-h)^{\frac{x}{h}}+\frac{\delta}{h}$$

是差分方程(2)的通解. 利用初始条件来确定常数 C,就得到

$$\omega(x)=\frac{\delta}{h}(1-(1-h)^{\frac{x}{h+1}}) \tag{3}$$

如果关于误差 $\varepsilon(x)$ 其他什么也不知道,那么函数 $\omega(x)$ 是对于总的偏差最好的上界估计. 这个量是随着 δ 一起趋向于 0 的. 但当 h 趋向于 0 时它却按幂 h^{-1} 线性地增加. 下面的情况是典型的:选择一个小的网格宽度虽然有希望得到微分方程解的一个好的近似,但却增加了差分方程解的最大可能的偏差.

如果微分方程(1)换成 $y'=y$,那么偏差的界变为

$$\omega(x)=\frac{\delta}{h}((1+h)^{\frac{x}{h+1}}-1)\leqslant\frac{\delta}{h}(e^x(1+h)-1) \tag{4}$$

因为这时舍入误差随着 x 指数地增长，所以在有些文献中也把这种情形说成是不稳定的，但这样的说法是会使人误解的. 因为这种指数增长为微分问题的解 $y=e^x$ 本身所遮盖，所以不论是在式(3)还是在式(4)中，只要 $\frac{\delta}{h}$ 小，相对偏差 $\frac{\omega(x)}{y}$ 就对一切 $x\geqslant 0$ 一致地小.

不要把式(4)中 $\omega(x)$ 的按指数增长与所碰到的偏差的不稳定增长(那里是用函数 $\varepsilon\lambda^{2(t/k-1)}$，$\lambda>1$ 来估计的)混同起来. 在那里 λ 是不依赖于 k 的，因此对于变量 t 的任何正的固定的值，当 k 趋向于 0 时函数 $\varepsilon\lambda^{2(t/k-1)}$ 指数地增长. 另外，式(4)中的函数 $\omega(x)$ 当网格宽度 h 趋向于 0 时只是按 h^{-1} 线性地增长. 另一个差别是：$\omega(x)$ 涉及每一步出现的舍入误差累积引起的偏差，而 $\varepsilon\lambda^{2(t/k-1)}$ 却是初值中仅仅一个误差所引起的偏差的一个下界. 容易知道，对于微分方程 $y'=y$，单个误差的影响当 $h\to 0$ 时是有界的.

对于高于一阶的差分方程，即使单个误差的影响关于 h^{-1} 也常常是无界的. 作为一个简单的例子，考虑逼近于微分方程 $y''=y$ 的差分方程

$$Y(x+h)-2Y(x)+Y(x-h)=h^2Y(x) \tag{5}$$

用 $r^{\frac{x}{h}}$ 代替 Y，其中 r 是待定的，则容易证明，如果

$$\begin{cases} r_1=1+\dfrac{h^2}{2}+\dfrac{1}{2}\sqrt{4h^2+h^4}=1+h+O(h^2) \\ r_2=1+\dfrac{h^2}{2}-\dfrac{1}{2}\sqrt{4h^2+h^4}=1-h+O(h^2) \end{cases} \tag{6}$$

那么 $r_1^{\frac{x}{h}}$，$r_2^{\frac{x}{h}}$ 就是两个线性无关的解.

设在 $x=0$ 引进一个误差 ε. 相应的偏差(记为 Y)是方程(5)的具有初值

$$Y(0)=\varepsilon, Y(h)=0$$

的解. 如果我们把这个解写成 $c_1r_1^{\frac{x}{h}}+c_2r_2^{\frac{x}{h}}$，借助于(6)就可以算出偏差. 经过计算(这里不写出)就能证明，它等于

$$-\varepsilon(h^{-1}\sin hx+O(1))\quad(h\to 0)$$

因此，由在所有格点上的误差引起的最大可能的累积偏差具有阶 $O(\delta h^{-2})$，其中 δ 与以前一样是误差的上界. 对于更高阶的差分方程，在偏差的估计中可以出现 h^{-1} 的更高幂次.

按照这样的讨论，把稳定性与不稳定性看作量的概念比之看作质的概念似乎

更为自然，也即不说稳定与不稳定，而只说较大的或较小的稳定. 累积偏差绝对值的阶可以作为稳定程度的一个自然的测度. 更确切地说，我们是指在一给定的区域内，当网格宽度 h 及最大的绝对误差 δ 趋向于 0 时，最大偏差的绝对值关于 h 及 δ 的阶.

我们仍然可以问通常什么样的阶被认为是稳定的. 其实，大多数人称一个过程为稳定的，是指累计偏差随 δ 一起趋向于 0，且当 h 趋向于 0 时增长速度不比 h^{-1} 的某个幂次快. 这就是本节中所要采用的稳定性定义. 不稳定性是指偏差按 h^{-1} 指数地增长，这样的增长在实际计算中一般认为是难以控制的. 这样的定义可以认为是合理的，因为对于至今已在数学上被分析过的所有问题，偏差绝对值的阶或者是 h^{-1} 的低次幂，或者就是 h^{-1} 的一个指数函数，所以在稳定与不稳定方法的本质之间是存在着真正空隙的.

遗憾的是累积偏差绝对值的阶很难确切地求出. 通常我们或者利用解为已知的某些问题对一差分过程作试验性的检查，或者对于由某种特殊类型的误差所引起的偏差进行理论上的研究. 我们证明了，如果 $k/h>1$，那么在单个点处的误差就随 h^{-1} 指数地增长. 这就指出了极强地累积的不稳定性.

对于某些类型的线性偏差分方程，容易来研究由一条形如 $\varepsilon\sin\alpha x$，$\varepsilon\cos\alpha x$（或更一般地 $\varepsilon \mathrm{e}^{\mathrm{i}\alpha x}$）的误差线所引起的偏差. 如果相应的偏差随 h^{-1} 增长得快，那么我们断定，对于任何形状的误差，总的偏差至少以同样的速度增长. 如果增长的速度较慢，或者如果误差按 h^{-1} 还是有界的，那么总的偏差似乎将以一可以控制得住的速度增长.

这些说法不是非常精确的，而要依问题的性质来定. 常常说：由一条形如 $\varepsilon \mathrm{e}^{\mathrm{i}\alpha x}$ 的误差线所引起的偏差就能显示出这条线的所有点上任意误差所引起的总的偏差的行为，其理由是任何误差线在格点可以写成一个有限三角级数（或者一个傅里叶积分）. 但这样的说法过于简单化了. 即使是对不稳定的方法，通常由一条特殊的误差线 $\varepsilon \mathrm{e}^{\mathrm{i}\alpha x}$ 所引起的偏差，当 $h\to 0$ 时也不比 h^{-1} 的某个幂次增长得快. 但在不稳定的情形，最大偏差可以随 α 迅速地增长，所以由傅里叶级数（或积分）的所有项引起的累积偏差就可以有比 h^{-1} 的任何幂次更高的阶. 重要的是要记住，在我们的稳定性定义中，要求的是：对于一切数值上小于 δ 的可能误差，而不仅仅是对于某些特殊形状的误差，偏差具有定义中所指定的性质.

在结束这样的一般讨论以前，还应指出，有一种不同于这里所考虑的现象，它往往也被认为是在计算上不稳定的. 为了说明这种现象，我们来考虑差分方程

$$Y(x+2h)-Y(x)=-2hY(x+h)$$

它形式地逼近于微分方程 $y'=-y$. 因为这个差分方程是二阶的，所以它的解不能由它在 $x=0$ 的初值唯一确定. $Y(h)$ 的值也必须给定. 为了说明误差的增长情况，我们假设在 $x=0$ 的值是一个正确值，但在 $x=h$ 有一误差 δ. 那么由这个误差所引起的偏差就是差分方程相应于初值 $Y(0)=0, Y(h)=\delta$ 的解. 容易求出这个偏差是

$$\frac{\delta}{2\sqrt{1+h^2}}(\sqrt{1+h^2}-h)^{\frac{x}{h}}-(-\sqrt{1+h^2}-h)^{\frac{x}{h}}$$

它近似地等于

$$\frac{\delta}{2}(\mathrm{e}^{-x}-(-1)^{\frac{x}{h}}\mathrm{e}^{x})$$

因此在一固定点 x 的累积偏差就是 $O(\delta h^{-1})$，根据我们的定义，这正是稳定的情形. 但是“额外”项 $(-1)^{\frac{x}{h}}\mathrm{e}^{x}$ 的存在将使相对误差很大，除非计算有高的精确度或者计算限制在小的 x 区间内. 虽然在我们的定义下这种现象并不算是不稳定的，但它却可以使在其他方面都合理的数值过程变得不能使用，特别是对于常微分方程. “额外”误差项的出现是与我们用一较高阶的差分方程去逼近微分方程这个事实有关的.

到目前为止，所讨论的误差的界都是把所有不同的舍入误差的影响彼此系统地增强的这种可能性也考虑在内，这是太悲观了. 实际上，舍入误差的分布具有一个随机过程的许多特点，因此，误差的影响一般将部分地彼此抵消. 所以在这方面利用概率论中的观念是合理的. 例如我们可以把每一步引进的舍入误差都看作随机变数，那么偏差也是一随机变数，且可把后一随机变数的标准离差看作舍入误差影响的一个真实测度.

最简单的假设是：每一点的误差具有均值 0 及不变的方差 σ^2，且各个误差是彼此无关的. 最后，这一假设不如另外两个来得合适，它可以用一更复杂的假设来代替.

对于一维的线性齐次问题，由点 $x=rh$ 处的单一误差 ε_r 所引起的点 $x=sh$ 处的偏差 $e_r(x,h)$ 是

$$e_r(x,h)=M_r(x,h)\varepsilon_r$$

由前述的统计假设，我们求得在点 $x=sh$ 的总偏差

$$e(x,h)=\sum_{r=0}^{s}e_r(x,h)$$

的方差 $V(e(x,h))$ 为

$$V(e(x,h))=V\Big(\sum_{r=0}^{s}e_r(x,h)\Big)=\sigma^2\sum_{r=0}^{s}M_r^2(x,h)$$

标准离差 s.d. $[e(x,h)]$ 是

$$\text{s.d.}[e(x,h)]=\sigma\sqrt{\sum_{r=0}^{x/h}M_r^2(x,h)}$$

另外，若 δ 是在每一点上最大可能的误差，则最大可能的累积偏差就是

$$\max|e(x,h)|=\delta\sum_{r=0}^{x/h}|M_r(x,h)|$$

如果我们处理的是稳定的情形，那么 $M_r(x,h)$ 是 $O(h^{-\alpha})$，其中 α 是某个非负的数. 因此 s.d. $[e(x,h)]=\sigma O(h^{-\alpha-\frac{1}{2}})$，但是

$$\max|e(x,h)|=\delta O(h^{-\alpha-1})$$

这些公式证明了舍入误差的影响有一部分相互抵消掉了. 应当着重指出，这一论断仅对线性问题才是正确的.

同样的论证也可应用于两个独立变量的线性齐次问题. 由在 $x=rh,t=sk$ 的一个误差 ε_{rs} 所引起的在 (x,t) 的偏差 $e_{rs}(x,t,h)$ 是 $e_{rs}(x,t,h)=M_{rs}(x,t,h)\varepsilon_{rs}$. 这样，对于总偏差

$$e(x,t,h)=\sum_{r,s}e_{rs}(x,t,h)$$

就得到等式

$$\text{s.d.}[e(x,t,h)]=\sigma\sqrt{\sum_{r,s}M_{rs}^2(x,t,h)}$$

其中，求和是对一切能在 (x,t) 产生非 0 偏差的格点来求的. 然而，如我们在一维情形所做的那样，把这个公式中的所有 $M_{rs}(x,t,h)$ 用某个公共的界来代替现在是有些浪费的，这点将在以后说明.

§2 对波动方程的应用

若在波动方程的数值解中误差 $\varepsilon(x)$ 仅仅在一条线(例如 $t=0$)的格点上出现，则偏差 $e(x,t)$ 就是波动方程当 $f(x)=\varepsilon(x),g(x)=-\frac{1}{k}\varepsilon(x)$ 时的解. 如果 $\varepsilon(x)$ 的有限傅里叶级数是

$$\varepsilon(x)=\sum_{n=1}^{N-1}\alpha_n\sin nx \tag{7}$$

其中

$$\alpha_n=\frac{2}{N}\sum_{r=1}^{N-1}\varepsilon(rh)\sin nrh \tag{8}$$

经过简短的计算后就得到表达式

$$e(x,t)=-\sum_{n=1}^{N-1}\alpha_n\Big(\sum_{s=1}^{t/k-1}\gamma_n(sk)\Big)\sin nx \quad (t>0) \tag{9}$$

把 α_n 的表达式(8)代入，我们就把式(9)变成

$$e(x,t)=\sum_{r=1}^{N-1}g_r(x,t)\varepsilon(rh) \quad (t>0) \tag{10}$$

其中

$$g_r(x,t)=-\frac{2}{N}\sum_{n=1}^{N-1}\Big(\sum_{s=1}^{t/k-1}\gamma_n(sk)\Big)\sin nx\sin nrh \quad (t>0) \tag{11}$$

我们已经知道，当 $\lambda<1$ 时 $|\gamma_n(t)|\leqslant(1-\lambda^2)^{-1/2}$，因此

$$\Big|\sum_{s=1}^{t/k-1}\gamma_n(sk)\Big|<\frac{t}{k}(1-\lambda^2)^{-\frac{1}{2}}=O(h^{-1})$$

于是从条件(11)就推出，在 x 的任何有限区间内一致地有

$$g_r(x,t)=O(h^{-1}) \quad (h\to 0)$$

再由式(10)就知道在线 $t=sk$ 的每一点误差 δ(δ 是这些误差的一个上界)引起一个阶为 $O(\delta h^{-2})$ 的偏差，这与讨论的二阶线性常差分方程的情形是一样的. 由此，我们立刻可以断定，由所有格点上的误差(不超过 δ)引起的总偏差至多是 $O(\delta h^{-3})$. 然而正像我们即将看到的，这并不是最好的可能估计.

对于 $\varepsilon(x)=\delta\sin nx$，式(9)的偏差 $e(x,t)$ 等于

$$-\delta\sum_{s=1}^{t/k-1}\gamma_n(sk)\sin nx$$

因此是 $O(\delta h^{-1})$，也即 $e(x,t)$ 与单个误差所引起的偏差具有相同的阶. 由于级数(9)有 π/h 项，我们可以料想到由任何一条误差线所引起的偏差的阶将是 $O(\delta h^{-2})$，然而可以证明这样引起的偏差是小于 $O(\delta h^{-2})$ 的. 证明是基于离散傅里叶级数的帕塞瓦尔等式

$$\frac{2}{N}\sum_{r=1}^{N-1}f^2(rh)=\sum_{n=1}^{N-1}A_n^2$$

这个等式的推导如下：把恒等式 $f(x)-\sum\limits_{n=1}^{N-1}A_n\sin nx=0$ 平方，再对格点求和并利

用关于正弦与余弦乘积的和的正交关系.因为级数(9)的右端是 $e(x,t)$ 的离散的傅里叶级数,所以应用帕塞瓦尔等式两次,一次对式(9),另一次对式(8),并注意到不等式 $|\gamma_n(t)|\leqslant(1-\lambda^2)^{-1/2}$,就得到

$$\frac{1}{N}\sum_{r=1}^{N-1}e^2(rh,t)=\frac{1}{2}\sum_{n=0}^{N-1}\alpha_n^2\Big(\sum_{s=1}^{t/k-1}\gamma_n(sk)\Big)^2$$

$$\leqslant\frac{t^2}{k^2(1-\lambda^2)N}\sum_{r=1}^{N-1}\varepsilon^2(rh)$$

$$\leqslant\frac{t^2\delta^2}{h^2\lambda^2(1-\lambda^2)}$$

因此,由在 $t=0$ 的一条误差线所引起的、在直线 $t=$ 常数上的偏差的均方值具有阶 $O(\delta^2h^{-2})$.所以对 $\lambda<1$,由在直线 $t=0$ 上的误差所引起的、在一个点上的偏差的阶不超过 $O(\delta h^{-3/2})$,而所有误差的累积偏差至多是 $O(\delta h^{-5/2})$.

对于 $\lambda=1$,累积偏差仅是 $O(\delta h^{-2})$.这时利用公式,就知道,对于在 $t=0$ 的误差线 $\varepsilon(x)$,也即对 $f(x)=\varepsilon(x)$,$g(x)=-h^{-1}\varepsilon(x)$ 且 $|\varepsilon(x)|\leqslant\delta$,我们有

$$|e(x,t)|\leqslant(s+2)\delta=\left(\frac{t}{h}+1\right)\delta$$

这就证明了我们的结论.特别地,取 $\varepsilon(\sigma h)=(-1)^\sigma\delta$ 并算出在 $x=t$ 上一点的偏差,就可知道当 $\lambda=1$ 时 $O(\delta h^{-2})$ 是最好可能的结果.因此,研究这是否是 $\lambda=1$ 的一个特殊性质,或者对 $\lambda<1$ 的估计是否可以得到改进,都将是有意义的.

最后来说一下统计误差.若对 $r=\pm1,\pm2,\cdots$,假定 $\varepsilon(rh)$ 的值都是具有均值 0 与方差 σ^2 的独立随机变量,则式(8)中的傅里叶系数 α_n 以及由在 $t=0$ 的这条误差线所引起的偏差也都是随机变量,它们的方差分别是

$$V(\alpha_n)=\frac{4}{N^2}\sigma^2\sum_{r=1}^{N-1}\sin^2nrh=\frac{2\sigma^2}{N}$$

及

$$V(e(x,t))=\frac{2}{N}\sigma^2\sum_{n=1}^{N-1}\Big(\sum_{s=1}^{t/k-1}\gamma_n(sk)\Big)^2\sin^2nx$$

在前面曾证明

$$\Big|\sum_{s=1}^{t/k-1}\gamma_n(sk)\Big|=O(h^{-1})$$

因此,我们得到

$$V(e(x,t))=O(\sigma^2h^{-2})$$

对格线 $t=0,k,\cdots$ 求和,我们就知道累积偏差的方差具有阶 $O(\delta^2h^{-3})$,因为每条线

上所提供的都是同阶的量. 于是它的标准离差是 $O(\delta h^{-3/2})$. 这说明了实际的偏差一般将大大地小于对最大可能偏差所得到的阶$O(\delta h^{-5/2})$.

第 8 章　非线性波动方程中基于二进形式单位分解的索伯列夫嵌入定理

我们可以利用帕塞瓦尔等式证明如下的定理.

定理 1　设 $\Psi(x)$ 为集合 $\{x \mid |x| \geqslant a\}(a>0)$ 的特征函数,则:

(1)若 $\frac{1}{2}<s_0<\frac{n}{2}$,则成立

$$\|\Psi f\|_{L^{\infty,2}(\mathbf{R}^n)} \leqslant C a^{s_0-\frac{n}{2}} \|f\|_{\dot{H}^{s_0}(\mathbf{R}^n)} \tag{1}$$

(2)对任何给定的 $p>2$,成立

$$\|\Psi f\|_{L^{p,2}(\mathbf{R}^n)} \leqslant C a^{-(n-1)s_0} \|f\|_{\dot{H}^{s_0}(\mathbf{R}^n)} \tag{2}$$

其中 $s_0=\frac{1}{2}-\frac{1}{p}$.

在(1)和(2)两式中,C 为与 f 及 a 均无关的正常数,而 $\dot{H}^{s_0}(\mathbf{R}^n)$ 为齐次索伯列夫(Sobolev)空间,其范数为

$$\|f\|_{\dot{H}^{s_0}(\mathbf{R}^n)} = \| |\xi|^{s_0} \hat{f}(\xi) \|_{L^2(\mathbf{R}^n)} \tag{3}$$

其中 $\hat{f}(\xi)$ 是 $f(x)$ 的傅里叶变换.

证明　(1)利用标度变换,只需在 $a=4$ 的情形证明相应的不等式(1)及(2).

事实上,在 $a>0$ 的一般情形,可令 $x=by$,而 $b=\frac{a}{4}$,并记

$$\tilde{f}(y)=f(by)=f(x) \tag{4}$$

注意到

$$\widehat{f(by)} = b^{-n}\hat{f}\left(\frac{\eta}{b}\right) \tag{5}$$

其中函数上方的“$\widehat{\quad}$”表示该函数的傅里叶变换. 由式(3)易见有

$$\begin{aligned}\|\tilde{f}(y)\|_{\dot{H}^{s_0}(\mathbf{R}^n)} &= \|f(by)\|_{\dot{H}^{s_0}(\mathbf{R}^n)} \\ &= b^{-n}\left\| |\eta|^{s_0} \hat{f}\left(\frac{\eta}{b}\right)\right\|_{L^2(\mathbf{R}^n)}\end{aligned}$$

$$=b^{s_0-\frac{n}{2}}\||\xi|^{s_0}\hat{f}(\xi)\|_{L^2(\mathbf{R}^n)}$$

$$=b^{s_0-\frac{n}{2}}\|f\|_{\dot{H}^{s_0}(\mathbf{R}^n)} \tag{6}$$

易见,若记 $\widetilde{\Psi}$ 为集合 $\{x\mid |x|\geqslant 4\}$ 的特征函数,就有

$$\|\widetilde{\Psi}\widetilde{f}\|_{L^{\infty,2}(\mathbf{R}^n)}=\|\Psi f\|_{L^{\infty,2}(\mathbf{R}^n)} \tag{7}$$

及

$$\|\widetilde{\Psi}\widetilde{f}\|_{L^{p,2}(\mathbf{R}^n)}=b^{-\frac{n}{p}}\|\Psi f\|_{L^{p,2}(\mathbf{R}^n)} \tag{8}$$

这样,由对 $\widetilde{f}$ 在 $a=4$ 时成立的不等式,就可以得到在一般情形 $a>0$ 时的不等式(1)及(2).

(2)现在证明 $a=4$ 时的式(1),即证明:设 $\Psi(x)$ 为集合 $\{x\mid |x|\geqslant 4\}$ 的特征函数,则在 $\frac{1}{2}<s_0<\frac{n}{2}$ 时,成立

$$\|\Psi f\|_{L^{\infty,2}(\mathbf{R}^n)}\leqslant C\|f\|_{\dot{H}^{s_0}(\mathbf{R}^n)} \tag{9}$$

在集合 $\{x\mid |x|\geqslant 4\}$ 上成立

$$\Psi f(x)\equiv f(x)\equiv\sum_{j=1}^{\infty}\Phi_j(x)f(x)\overset{\text{def}}{=\!=}\sum_{j=1}^{\infty}f_j(x) \tag{10}$$

对 $f_1(x)=\Phi_1(x)f(x)$,其支集 $\subseteq\{x\mid 1\leqslant|x|\leqslant 4\}$. 注意到此时通过自变量的同胚变换,范数 $\|f_1\|_{L^\infty(\mathbf{R};L^2(\mathbf{R}^{n-1}))}$ 与范数 $\|f_1\|_{L^{\infty,2}(\mathbf{R}^n)}$ 等价,在 $s_0>\frac{1}{2}$ 时就有

$$\|f_1\|_{L^{\infty,2}(\mathbf{R}^n)}\leqslant C\|f_1\|_{\dot{H}^{s_0}(\mathbf{R}^n)} \tag{11}$$

由庞加莱不等式及帕塞瓦尔等式,并注意到 f_1 具有紧支集,我们有

$$\begin{aligned}
\|f_1\|_{\dot{H}^{s_0}(\mathbf{R}^n)}&\leqslant C\|f_1\|_{\dot{H}^{s_0}(\mathbf{R}^n)}\\
&=C\||\xi|^{s_0}\hat{f}_1(\xi)\|_{L^2(\mathbf{R}^n)}\\
&=C\left\||\xi|^{s_0}\int_{\mathbf{R}^n}\hat{\Phi}_1(\xi-\eta)\hat{f}(\eta)\mathrm{d}\eta\right\|_{L^2(\mathbf{R}^n)}\\
&\leqslant C\Big(\left\|\int_{\mathbf{R}^n}|\xi-\eta|^{s_0}|\hat{\Phi}_1(\xi-\eta)\hat{f}(\eta)|\mathrm{d}\eta\right\|_{L^2(\mathbf{R}^n)}+\\
&\qquad\left\|\int_{\mathbf{R}^n}|\hat{\Phi}_1(\xi-\eta)||\eta|^{s_0}|\hat{f}(\eta)|\mathrm{d}\eta\right\|_{L^2(\mathbf{R}^n)}\Big)\\
&=C(\|\Phi_1^* f_*\|_{L^2(\mathbf{R}^n)}+\|\Phi_{1*}f^*\|_{L^2(\mathbf{R}^n)})\\
&\leqslant C(\|f_*\|_{L^r(\mathbf{R}^n)}\|\Phi_1^*\|_{L^{n/s_0}(\mathbf{R}^n)}+\\
&\qquad\|\Phi_{1*}\|_{L^\infty(\mathbf{R}^n)}\|f^*\|_{L^2(\mathbf{R}^n)})
\end{aligned} \tag{12}$$

其中

$$\begin{cases}\hat{\Phi}_1^*(\xi)=|\xi|^{s_0}|\hat{\Phi}_1(\xi)| \\ \hat{f}_*(\xi)=|\hat{f}(\xi)| \\ \hat{\Phi}_{1*}(\xi)=|\hat{\Phi}_1(\xi)| \\ \hat{f}^*(\xi)=|\xi|^{s_0}|\hat{f}(\xi)|\end{cases} \tag{13}$$

而

$$\frac{1}{r}+\frac{s_0}{n}=\frac{1}{2} \tag{14}$$

(这里需进一步假设 $s_0<\frac{n}{2}$). 由索伯列夫嵌入定理,有

$$\| f_* \|_{L^r(\mathbf{R}^n)}\leqslant C\| f_* \|_{\dot{H}^{s_0}(\mathbf{R}^n)}=C\| f\|_{\dot{H}^{s_0}(\mathbf{R}^n)} \tag{15}$$

又由帕塞瓦尔等式,有

$$\| f^* \|_{L^2(\mathbf{R}^n)}=\| f\|_{\dot{H}^{s_0}(\mathbf{R}^n)} \tag{16}$$

由 $s_0<\frac{n}{2}$,利用豪斯道夫-杨(Hausdorff-Young)不等式,并注意到 Φ_1 具有紧支集,就有

$$\begin{aligned}\| \Phi_1^* \|_{L^{n/s_0}(\mathbf{R}^n)}&\leqslant C\| \hat{\Phi}_1^* \|_{L^{n/(n-s_0)}(\mathbf{R}^n)} \\ &=C\| |\xi|^{s_0}\hat{\Phi}_1(\xi)\|_{L^{n/(n-s_0)}(\mathbf{R}^n)} \\ &<+\infty\end{aligned} \tag{17}$$

此外,易见

$$\| \Phi_{1*} \|_{L^\infty(\mathbf{R}^n)}\leqslant \| \hat{\Phi}_1\|_{L^1(\mathbf{R}^n)}<+\infty \tag{18}$$

将式(15)～(18)代入(12),就可由式(11)得到

$$\| f_1\|_{L^{\infty,2}(\mathbf{R}^n)}\leqslant C\| f\|_{\dot{H}^{s_0}(\mathbf{R}^n)} \tag{19}$$

再一次利用标度变换,就可由式(18)得到

$$\| f_j\|_{L^{\infty,2}(\mathbf{R}^n)}\leqslant 2^{(j-1)(s_0-\frac{n}{2})}C\| f\|_{\dot{H}^{s_0}(\mathbf{R}^n)}\quad (j=1,2,\cdots) \tag{20}$$

事实上,对任意给定的 $j=1,2,\cdots$,可令 $y=2^{-(j-1)}x$,并记

$$\begin{cases}\tilde{f}_j(y)=f_j(2^{(j-1)}y)=f_j(x) \\ \tilde{f}(y)=f(2^{(j-1)}y)=f(x)\end{cases} \tag{21}$$

类似于式(6)及(7),就有

$$\| \widetilde{f}_j \|_{L^{\infty,2}(\mathbf{R}^n)} = \| f_j \|_{L^{\infty,2}(\mathbf{R}^n)} \tag{22}$$

$$\| \widetilde{f} \|_{\dot{H}^{s_0}(\mathbf{R}^n)} = 2^{(j-1)\left(s_0 - \frac{n}{2}\right)} \| \boldsymbol{f} \|_{\dot{H}^{s_0}(\mathbf{R}^n)} \tag{23}$$

这样，由式(10)，并注意到 $s_0 < \dfrac{n}{2}$，就得到

$$\begin{aligned} \| \Psi f \|_{L^{\infty,2}(\mathbf{R}^n)} &\leqslant \sum_{j=1}^{\infty} \| f_j \|_{L^{\infty,2}(\mathbf{R}^n)} \\ &= C \sum_{j=1}^{\infty} 2^{(j-1)\left(s_0 - \frac{n}{2}\right)} \| f \|_{\dot{H}^{s_0}(\mathbf{R}^n)} \\ &\leqslant C \| f \|_{\dot{H}^{s_0}(\mathbf{R}^n)} \end{aligned}$$

这就是所要证明的式(9).

(3)现在证明 $a=4$ 时的式(2)，即证明：设 $\Phi(x)$ 为集合 $\{x \mid |x| \geqslant 4\}$ 的特征函数，则对任何给定的 $p>2$，当 $s_0 = \dfrac{1}{2} - \dfrac{1}{p}$ 时，成立

$$\| \Psi f \|_{L^{p,2}(\mathbf{R}^n)} \leqslant C \| f \|_{\dot{H}^{s_0}(\mathbf{R}^n)} \tag{24}$$

这一证明和式(9)的证明是类似的，下面仅对不同之处进行说明. 此时，类似地有

$$\| f_1 \|_{L^{p,2}(\mathbf{R}^n)} \leqslant C \| f_1 \|_{\dot{H}^{s_0}(\mathbf{R}^n)} \tag{25}$$

其中 $s_0 = \dfrac{1}{2} - \dfrac{1}{p}$. 因此，类似于式(19)，有

$$\| f_1 \|_{L^{p,2}(\mathbf{R}^n)} \leqslant C \| f \|_{\dot{H}^{s_0}(\mathbf{R}^n)} \tag{26}$$

此外，注意到此时除式(22)与(23)外，类似于式(8)，还有

$$\| \widetilde{f}_j \|_{L^{p,2}(\mathbf{R}^n)} = 2^{-(j-1)\frac{n}{p}} \| f_j \|_{L^{p,2}(\mathbf{R}^n)} \tag{27}$$

就可由式(26)利用标度变换得到

$$\| f_j \|_{L^{p,2}(\mathbf{R}^n)} \leqslant 2^{-(j-1)(n-1)s_0} C \| f \|_{\dot{H}^{s_0}(\mathbf{R}^n)} \quad (j=1,2,\cdots)$$

从而就容易得到所要求的式(24). 证毕.

第 9 章　帕塞瓦尔等式与线性波动方程的解的估计式①

§1　利用帕塞瓦尔等式建立二维线性波动方程的解的估计式

考虑下述二维线性齐次波动方程的柯西问题

$$\Box u(t,x)=0 \quad ((t,x)\in \mathbf{R}^{*}\times \mathbf{R}^{2}) \tag{1}$$

$$t=0: u=f(x), u_t=g(x) \quad (x\in \mathbf{R}^{2}) \tag{2}$$

定理 1　对二维柯西问题(1)与(2)的解 $u=u(t,x)$，成立下述估计式.

(1)成立

$$\|u(t,\cdot)\|_{L^2(\mathbf{R}^2)}\leqslant \|f\|_{L^2(\mathbf{R}^2)}+C\sqrt{\ln(2+t)}\cdot \|(1+|\cdot|^2)g\|_{L^2(\mathbf{R}^2)} \tag{3}$$

(2)若

$$\int_{\mathbf{R}^2} g(x)\mathrm{d}x=0 \tag{4}$$

则成立

$$\|u(t,\cdot)\|_{L^2(\mathbf{R}^2)}\leqslant \|f\|_{L^2(\mathbf{R}^2)}+C\|(1+|\cdot|^2)g\|_{L^2(\mathbf{R}^2)} \tag{5}$$

其中 C 为一个正常数.

证明　$u=u(t,x)$关于 x 的傅里叶变换为

$$\hat{u}(t,\xi)=\cos(|\xi|t)\hat{f}(\xi)+\frac{\sin(|\xi|t)}{|\xi|}\hat{g}(\xi) \tag{6}$$

从而，由帕塞瓦尔等式有

$$\|u(t,\cdot)\|_{L^2_x}=\|\hat{u}(t,\cdot)\|_{L^2_\xi}$$

---

①本章摘编自《非线性波动方程》，李大潜，周忆著，上海科学技术出版社，2015.

$$\leqslant \|\hat{f}\|_{L^2}+\left\|\frac{\sin(|\xi|t)}{|\xi|}\hat{g}(\xi)\right\|_{L^2}$$

$$=\|f\|_{L^2}+\left\|\frac{\sin(|\xi|t)}{|\xi|}\hat{g}(\xi)\right\|_{L^2} \tag{7}$$

对变量 ξ 采用极坐标：$\xi=r\omega$，其中 $r=|\xi|$，而 $\omega=(\cos\theta,\sin\theta)$，就有

$$I(t)\xlongequal{\text{def}}\left\|\frac{\sin(|\xi|t)}{|\xi|}\hat{g}(\xi)\right\|_{L^2}^2$$

$$=\iint\frac{\sin^2(rt)}{r}\hat{g}^2(r\omega)\,\mathrm{d}r\mathrm{d}\theta \tag{8}$$

从而利用分部积分易得

$$I'(t)=\iint\sin(2rt)\hat{g}^2(r\omega)\,\mathrm{d}r\mathrm{d}\theta$$

$$=\frac{1}{t}\iint\cos(2rt)\hat{g}(r\omega)\partial_r\hat{g}(r\omega)\,\mathrm{d}r\mathrm{d}\theta$$

于是就得到

$$|I'(t)|\leqslant\frac{1}{t}\left(\iint\hat{g}^2(r\omega)\,\mathrm{d}r\mathrm{d}\theta\right)^{\frac{1}{2}}\left(\iint(\partial_r\hat{g}^2(r\omega))^2\,\mathrm{d}r\mathrm{d}\theta\right)^{\frac{1}{2}}$$

在上式右端的两个积分中分别直接做一次分部积分，并利用帕塞瓦尔等式，就得到

$$|I'(t)|\leqslant\frac{C}{t}\|(1+|\cdot|^2)g\|_{L^2}^2\quad(\forall\, t>0) \tag{9}$$

其中 C 是一个正常数.

注意到在 $t=0$ 附近，例如在 $0\leqslant t\leqslant 1$ 时，有

$$\sin^2(rt)\leqslant(rt)^2\leqslant r^2$$

由式(8)并利用帕塞瓦尔等式，有

$$I(t)\leqslant\|g\|_{L^2}^2\quad(\forall\, 0\leqslant t\leqslant 1) \tag{10}$$

综合式(9)与(10)，容易得到

$$I(t)\leqslant C\ln(2+t)\|(1+|\cdot|^2)g\|_{L^2}^2\quad(\forall\, t\geqslant 0) \tag{11}$$

从而由式(7)立刻得到所要证的式(3).

另外，若式(4)成立，由傅里叶变换的定义，此条件等价于

$$\hat{g}(0)=0 \tag{12}$$

从而利用分部积分易知

$$\frac{\hat{g}(\xi)}{|\xi|}=\frac{1}{|\xi|}\int_0^1\partial_s\hat{g}(s\xi)\,\mathrm{d}s=\int_0^1\partial_r\hat{g}(s\xi)\,\mathrm{d}s$$

$$=\partial_r\hat{g}(\xi)-|\xi|\int_0^1 s\partial_r^2\hat{g}(s\xi)\mathrm{d}s \tag{13}$$

其中 $\xi=r\omega$.

由式(7),易知

$$\|u(t,\cdot)\|_{L^2}\leqslant\|f\|_{L^2}+\left\|\frac{\hat{g}(\xi)}{|\xi|}\right\|_{L^2}$$

$$\leqslant\|f\|_{L^2}+\|\hat{g}\|_{L^2}+\left\|\frac{\hat{g}(\xi)}{|\xi|}\right\|_{L^2(B_1)} \tag{14}$$

其中 $B_1=\{\xi\,|\,|\xi|\leqslant1\}$. 再由式(13),有

$$\left\|\frac{\hat{g}(\xi)}{|\xi|}\right\|_{L^2(B_1)}\leqslant\|\partial_r\hat{g}\|_{L^2(B_1)}+\int_0^1 s\|\partial_r^2\hat{g}(s\xi)\|_{L^2(B_1)}\mathrm{d}s$$

$$=\|\partial_r\hat{g}\|_{L^2(B_1)}+\int_0^1 s^2\|\partial_r^2\hat{g}(\xi)\|_{L^2(B_1)}\mathrm{d}s$$

$$\leqslant\|\partial_r\hat{g}\|_{L^2}+\|\partial_r^2\hat{g}\|_{L^2}$$

于是,由式(14)并注意到帕塞瓦尔等式,就立刻可得所要证的式(5).

§2 利用帕塞瓦尔等式给出 $n(\geqslant4)$ 维线性波动方程的解的一个 L^2 估计式

在本节中,我们将在一个估计的基础上,对 $n(\geqslant4)$ 维线性波动方程的柯西问题的解建立一个新的 L^2 估计式. 这一估计式对四维非线性波动方程具有小初值的柯西问题的解,建立其生命跨度下界的精确估计时发挥关键的作用.

先来证明如下的引理. 该引理的结果通常称为莫拉维兹(Morawetz)估计.

引理 1 设 $n\geqslant3$,而 $u=u(t,x)$ 是 n 维线性波动方程的柯西问题

$$\Box u(t,x)=0 \tag{15}$$

$$t=0: u=0, u_t=g(x) \tag{16}$$

的解,则成立如下的时空估计式

$$\||x|^{-s}u\|_{L^2(\mathbf{R}\times\mathbf{R}^n)}\leqslant C\|g\|_{\dot{H}^{s-\frac{3}{2}}(\mathbf{R}^n)} \tag{17}$$

其中 s 满足

$$1<s<\frac{n}{2} \tag{18}$$

$\dot{H}^{s-\frac{3}{2}}(\mathbf{R}^n)$ 的定义见第 8 章式(3),而 C 是一个正常数.

证明　先来证明：设 s 满足式(18)，则对于任何给定的 $v\in \dot{H}^s(\mathbf{R}^n)$，成立

$$\sup_{r>0} r^{\frac{n}{2}-s}\|v(r\omega)\|_{L^2(S^{n-1})}\leqslant C\|v\|_{\dot{H}^s(\mathbf{R}^n)} \tag{19}$$

其中 $x=r\omega, r=|x|$，而 $\omega\in S^{n-1}$.

事实上，由第 8 章定理 1 的(1)(在其中取 $a=1$)，对任何给定的 $h\in \dot{H}^s(\mathbf{R}^n)$，易得

$$\|h\|_{L^2(S^{n-1})}\leqslant C\|h\|_{\dot{H}^s(\mathbf{R}^n)} \tag{20}$$

对任何给定的 $v\in \dot{H}^s(\mathbf{R}^n)$，在上式中取 $h(x)=v(\lambda x)\xlongequal{\text{def}}h_\lambda(x)$，其中 λ 是一个任意给定的正数，就得到

$$\|h_\lambda\|_{L^2(S^{n-1})}\leqslant C\|h_\lambda\|_{\dot{H}^s(\mathbf{R}^n)} \tag{21}$$

但

$$\|h_\lambda\|_{L^2(S^{n-1})}=\|v(\lambda\omega)\|_{L^2(S^{n-1})} \tag{22}$$

而

$$\|h_\lambda\|_{\dot{H}^s(\mathbf{R}^n)}=\||\xi|^s\hat{h}_\lambda\|_{L^2(\mathbf{R})}=\||\xi|^s\ \widehat{v(\lambda x)}\ \|_{L^2(\mathbf{R}^n)}$$

其中函数上方的“ $\widehat{\ }$ ”表示该函数的傅里叶变换. 由傅里叶变换的定义，有

$$\widehat{v(\lambda x)}=\lambda^{-n}\hat{v}\left(\frac{\xi}{\lambda}\right)$$

从而易得

$$\begin{aligned}\|h_\lambda\|_{\dot{H}^s(\mathbf{R}^n)}&=\||\xi|^s\ \widehat{v(\lambda x)}\ \|_{L^2(\mathbf{R}^n)}\\&=\lambda^{-n}\left\||\xi|^s\hat{v}\left(\frac{\xi}{\lambda}\right)\right\|_{L^2(\mathbf{R})}\\&=\lambda^{s-\frac{n}{2}}\||\xi|^s\hat{v}(\xi)\|_{L^2(\mathbf{R}^n)}\\&=\lambda^{s-\frac{n}{2}}\|v\|_{\dot{H}^s(\mathbf{R}^n)}\end{aligned} \tag{23}$$

将式(22)与(23)代入式(21)，就立刻可得：对任何给定的 $\lambda>0$，成立

$$\|v(\lambda\omega)\|_{L^2(S^{n-1})}\leqslant C\lambda^{s-\frac{n}{2}}\|v\|_{\dot{H}^s(\mathbf{R}^n)} \tag{24}$$

在上式中特取 $\lambda=r=|x|$，就立刻可得式(19).

对 v 的傅里叶变换 $\hat{v}$ 应用式(24)，就得到

$$\left(\int_{S^{n-1}}|\hat{v}(\lambda\omega)|^2\mathrm{d}\omega\right)^{\frac{1}{2}}\leqslant C\lambda^{s-\frac{n}{2}}\||x|^s v\|_{L^2(\mathbf{R}^n)} \tag{25}$$

由此利用对偶性，就可得到

$$\left\||x|^{-s}\int_{S^{n-1}}\mathrm{e}^{\mathrm{i}\lambda x\cdot\omega}h(\omega)\mathrm{d}\omega\right\|_{L^2(\mathbf{R}^n)}\leqslant C\lambda^{s-\frac{n}{2}}\|h\|_{L^2(S^{n-1})} \tag{26}$$

事实上

$$\text{上式左边}=\sup_{v\neq 0}\frac{\int_{\mathbf{R}^n}v(x)\mid x\mid^{-s}\int_{S^{n-1}}\mathrm{e}^{\mathrm{i}\lambda x\cdot\omega}h(\omega)\mathrm{d}\omega\mathrm{d}x}{\|v\|_{L^2(\mathbf{R}^n)}}\tag{27}$$

令

$$\overline{v}(x)=|x|^{-s}v(x)\tag{28}$$

就有

$$\begin{aligned}&\int_{\mathbf{R}^n}v(x)\mid x\mid^{-s}\int_{S^{n-1}}\mathrm{e}^{\mathrm{i}\lambda x\cdot\omega}h(\omega)\mathrm{d}\omega\mathrm{d}x\\=&\int_{S^{n-1}}\left(\int_{\mathbf{R}^n}\mathrm{e}^{\mathrm{i}\lambda x\cdot\omega}\overline{v}(x)\mathrm{d}x\right)h(\omega)\mathrm{d}\omega\\=&\int_{S^{n-1}}\hat{\overline{v}}(\lambda\omega)h(\omega)\mathrm{d}\omega\end{aligned}$$

从而

$$\begin{aligned}&\left|\int_{\mathbf{R}^n}v(x)\mid x\mid^{-s}\int_{S^{n-1}}\mathrm{e}^{\mathrm{i}\lambda x\cdot\omega}h(\omega)\mathrm{d}\omega\mathrm{d}x\right|\\\leqslant&\ \|\hat{\overline{v}}(\lambda\omega)\|_{L^2(S^{n-1})}\|h\|_{L^2(S^{n-1})}\end{aligned}\tag{29}$$

而利用式(25)并注意到式(28),有

$$\begin{aligned}\|\hat{\overline{v}}(\lambda\omega)\|_{L^2(S^{n-1})}&\leqslant C\lambda^{s-\frac{n}{2}}\||x|^s\overline{v}\|_{L^2(\mathbf{R}^n)}\\&=C\lambda^{s-\frac{n}{2}}\|v\|_{L^2(\mathbf{R}^n)}\end{aligned}\tag{30}$$

这样,由式(27)就得到式(26).

现在考虑波动方程柯西问题(15)和(16)的解 $u=u(t,x)$,有

$$u=\mathrm{Im}\,v\tag{31}$$

而

$$\hat{v}(t,\xi)=\frac{\mathrm{e}^{\mathrm{i}t|\xi|}}{|\xi|}\hat{g}(\xi)\tag{32}$$

将上式对 t 作傅里叶变换,就得到 v 的时空傅里叶变换

$$v^{\#}(\tau,\xi)=\begin{cases}\dfrac{\delta(\tau-|\xi|)}{|\xi|}\hat{g}(\xi),\tau>0\\0,\tau<0\end{cases}\tag{33}$$

从而 v 关于时间的傅里叶变换为:当 $\tau>0$ 时

$$\tilde{v}(\tau,x)=\int_{\mathbf{R}^n}\mathrm{e}^{\mathrm{i}x\cdot\xi}\frac{\delta(\tau-|\xi|)}{|\xi|}\hat{g}(\xi)\mathrm{d}\xi$$

$$=\tau^{n-2}\int_{S^{n-1}} e^{ix\cdot\omega\tau}\hat{g}(\tau\omega)\,d\omega \tag{34}$$

而当 $\tau<0$ 时，$\tilde{v}(\tau,x)=0$. 于是，利用式(26)就可得到：对 $\tau>0$，成立

$$\| |x|^{-s}\tilde{v}(\tau,x)\|_{L^2(\mathbf{R}^n)}\leqslant C\tau^{\frac{n}{2}-2+s}\|\hat{g}(\tau\omega)\|_{L^2(S^{n-1})} \tag{35}$$

注意到当 $\tau<0$ 时，$\tilde{v}(\tau,x)=0$，将上式对 τ 取 L^2 范数，并利用帕塞瓦尔等式，就得到

$$\begin{aligned}
&\| |x|^{-s}v(\tau,x)\|_{L^2(\mathbf{R}^n\times\mathbf{R}^n)}\\
\leqslant\ & C\left(\int_0^{\infty}\tau^{2(\frac{n}{2}-2+s)}\int_{S^{n-1}}\hat{g}^2(\tau\omega)\,d\omega\,d\tau\right)^{\frac{1}{2}}\\
=\ & C\left(\int_{\mathbf{R}^n}|\xi|^{2s-3}\hat{g}^2(\xi)\,d\xi\right)^{\frac{1}{2}}\\
=\ & C\|g\|_{\dot{H}^{s-\frac{3}{2}}(\mathbf{R}^n)}
\end{aligned} \tag{36}$$

从而注意到式(31)就立刻得到所要证明的式(17). 引理 1 证毕.

第 10 章　$L^2(\mathbf{R}^n)$中的帕塞瓦尔等式

大家知道，按通常收敛的意义，对于 L^2 中的一个函数，其定义的傅里叶变换一般不存在(不过，后面学习分布理论时，我们知道在分布意义下是存在的). 虽然如此，L^2 中的函数的傅里叶变换仍可在较自然的方法下根据哈恩—巴拿赫(Hahn-Banach)延拓定理来导出，而且由于 L^2 是希尔伯特空间，故 L^2 中的函数的傅里叶变换理论还是最为完善的. 我们这里介绍与此相关的三个定理. 下面的帕塞瓦尔等式由傅里叶变换的逆定理和高斯(Gauss)函数 $g(x)$的性质来证明：

定理 1(帕塞瓦尔等式)　$\forall f\in L^1\cap L^2$，有 $\| f\|_2=(2\pi)^{-\frac{n}{2}}\|\hat{f}\|_2$.

证明　由于 $f\in L^1\cap L^2$，因此对于高斯函数 $g(x)$，我们有 $f*g_t(x)$和 $\hat{f}(x)\hat{g}(t\xi)$均属于 L^1. 这样由傅里叶变换的逆定理有

$$\begin{aligned}\int |f*g_t(x)|^2\mathrm{d}x&=\int f*g_t(x)\overline{f*g_t(x)}\mathrm{d}x\\&=\int F^{-1}(F(f*g_t))(x)\overline{f*g_t(x)}\mathrm{d}x\end{aligned}$$

把傅里叶逆变换的表达式代进去，并利用绝对可积性交换积分顺序，得到

$$\int |f*g_t(x)|^2\mathrm{d}x=(2\pi)^{-n}\int (F(f*g_t))(x)\overline{Ff*g_t(x)}\mathrm{d}x$$

再利用卷积的傅里叶变换为傅里叶变换的乘积，得到

$$\int |f*g_t(x)|^2\mathrm{d}x=(2\pi)^{-n}\int |\hat{f}(x)\hat{g}(t\xi)|^2\mathrm{d}x$$

由于$\int |f*g_t(x)|^2\mathrm{d}x\to\int |f(x)|^2\mathrm{d}x$，因此$\int |\hat{f}(x)\cdot\hat{g}(t\xi)|^2\mathrm{d}x$ 收敛为一个有界量，这导致$\int |\hat{f}(x)|^2\mathrm{d}x$ 有界. 另外

$$\int |\hat{f}(x)\hat{g}(t\xi)|^2\mathrm{d}x\to\int |\hat{f}(x)|^2\mathrm{d}x$$

这样就有

$$\int |f(x)|^2\mathrm{d}x=(2\pi)^{-n}\int |\hat{f}(x)|^2\mathrm{d}x$$

在具体计算中我们并不关心上面的帕塞瓦尔等式中的常数，有时将上面的帕

塞瓦尔等式简单写成

$$\int |f(x)|^2 \mathrm{d}x = \int |\hat{f}(x)|^2 \mathrm{d}x$$

上面的帕塞瓦尔等式指出傅里叶变换 F 是 $L^1 \cap L^2 \to L^2$ 的连续算子. 根据哈恩—巴拿赫延拓定理, F 定义了一个 L^2 中所有函数的傅里叶变换. 注意到 $f_t(x) = f * g_t(x)$ 与 $\hat{f}(x)\mathrm{e}^{-\frac{x^2t^2}{4}}$ 的关系,完全类似地采用上面的证明就可得到乘法公式.

定理 2(乘法公式)　设 $f, g \in L^2(\mathbf{R}^n)$,则

$$\int \hat{f}(x) g(x) \mathrm{d}x = \int f(x) \hat{g}(x) \mathrm{d}x$$

证明　证明本定理的关键在于如何让积分顺序可交换,为此我们利用高斯函数把 $f(x)$ 和 $g(x)$ 变成"好函数"

$$f_s(x) = \pi^{-\frac{n}{2}} s^{-n} \int f(y) \mathrm{e}^{-\frac{|x-y|^2}{s^2}} \mathrm{d}y$$

和

$$g_t(x) = \pi^{-\frac{n}{2}} t^{-n} \int g(y) \mathrm{e}^{-\frac{|x-y|^2}{t^2}} \mathrm{d}y$$

来研究. 实际上,由于 $\hat{f}_s(x) = \hat{f}(x)\mathrm{e}^{-\frac{x^2s^2}{4}}$,我们有

$$\int \hat{f}(x) g_t(x) \mathrm{e}^{-\frac{x^2s^2}{4}} \mathrm{d}x = \int \hat{f}_s(x) g_t(x) \mathrm{d}x$$

把 $\hat{f}_s(x)$ 的傅里叶变换公式具体写出来

$$\int \hat{f}(x) g_t(x) \mathrm{e}^{-\frac{x^2s^2}{4}} \mathrm{d}x = \iint f_s(y) \mathrm{e}^{-\mathrm{i}yx} g_t(x) \mathrm{d}x \mathrm{d}y$$

利用绝对可积性,在右边我们先对 x 积分,利用卷积的傅里叶变换为傅里叶变换的乘积,就得到

$$\int \hat{f}(x) g_t(x) \mathrm{e}^{-\frac{x^2s^2}{4}} \mathrm{d}x = \int f_s(y) \hat{g}(y) \mathrm{e}^{-\frac{y^2s^2}{4}} \mathrm{d}x$$

然后分别令 $s \to 0$ 和 $t \to 0$ 就得到所需要的结论.

下面要用到结论:"对于 $L^2(\mathbf{R}^n)$的一个闭的真子空间 E,存在 $0 \neq \varphi \in L^2(\mathbf{R}^n)$,使得 $\varphi \perp E$". 这一点超出本章内容,不介绍证明. 这里闭的这个条件是不可少的,否则令 E 为 $L^2(\mathbf{R}^n)$中所有阶梯函数组成的空间,则不存在非零的 $\varphi \in L^2(\mathbf{R}^n)$使得 $\varphi \perp E$. $L^2(\mathbf{R}^n)$上的酉算子是指算子范数为 1 的一一对应的满映射. 对于傅里叶变换,更精确地有傅里叶变换算子 F 在范数相差一个常数意义下,是 $L^2(\mathbf{R}^n)$上的酉算子,即有下面的定理.

定理 3　F 是 $L^2(\mathbf{R}^n)$ 上的酉算子.

证明　帕塞瓦尔等式意味着 F 是等距的,下面证明 F 是满映射.为此令

$$E=\{f\mid f=\hat{g},g\in L^2(\mathbf{R}^n)\}$$

则 E 是 $L^2(\mathbf{R}^n)$ 的一个闭子空间.假定 $E\neq L^2$,则有 $0\neq\varphi\in L^2(\mathbf{R}^n)$,使得

$$\int f(x)\overline{\varphi(x)}\mathrm{d}x=0\quad(\forall f\in E)$$

这就是说,对一切 $g\in L^2(\mathbf{R}^n)$,有

$$\int\hat{g}(x)\overline{\varphi(x)}\mathrm{d}x=0$$

由乘法公式有

$$\int g(x)\hat{\bar{\varphi}}(x)\mathrm{d}x=\int\hat{g}(x)\overline{\varphi(x)}\mathrm{d}x=0$$

特别地,取 $g=\hat{\varphi}\in L^2(\mathbf{R}^n)$,得到 $\|\hat{\varphi}\|_2=0=\|\varphi\|_2$,由此而得 $E=L^2$.

第 11 章　帕塞瓦尔等式在局部域 K_p 上分形 PDE 的一般理论中的应用

局部域 K_p 上的拟微分算子在局部域微分方程理论中占据极其重要的地位. 本章作为局部域上微分方程理论的基础，以 p 级数域为研究对象，有两个原因：一是 p 级数域的运算是按位的模 p 加法，不进位，因此比较简单，作为局部域上的微分方程理论研究的入门，是比较适宜的；二是关于一般局部域，包括 p 级数域、p 进数域、两种域的有限代数扩张，其上的微分方程理论很不成熟，是当今的前沿课题，问题非常多，有待于进一步的深入研究.

1. 局部域 K_p 上的傅里叶分析

假定读者已经熟悉局部域 K_p 上的傅里叶分析的一般结果，如检验函数空间 $S(K_p)$、分布空间 $S^*(K_p)$、象征类 $S^{\alpha}_{\rho\delta}(K_p)\equiv S^{\alpha}_{\rho\delta}(K_p\times\Gamma_p)$，$\varphi\in S(K_p)$ 与 $f\in S^*(K_p)$ 的傅里叶变换与逆傅里叶变换、两个元的卷积及卷积的傅里叶变换公式等.

2. 局部域 K_p 上的拟微分算子

局部域 K_p 上的拟微分算子 T_α 的定义如下：

设 $\xi\in\Gamma_p$，记 $\langle\xi\rangle=\max\{1,|\xi|\}$，则 $\langle\xi\rangle^{\alpha}\in S^{\alpha}_{\rho\delta}(K_p)$，$\alpha\in\mathbf{R}$，$\rho\geqslant 0$，$\sigma\geqslant 0$. 以 $\langle\xi\rangle^{\alpha}$ 为象征的拟微分算子记为 T_α，则

$$T_\alpha\varphi(\langle\xi\rangle^{\alpha}\varphi^{\wedge})^{\vee}\quad(\forall\,\varphi\in S(K_p))\tag{1}$$

并且定义

$$\langle T_\alpha f,\varphi\rangle=\langle f,T_\alpha\varphi\rangle\quad(\forall\,f\in S^*(K_p))\tag{2}$$

对于 $\alpha>0$，算子 T_α 称为 α 阶 p 型导算子；对于 $\alpha<0$，算子 T_α 称为 $-\alpha$ 阶 p 型积分算子；对于 $\alpha=0$，算子 T_0：$T_0 f=f=If$ 为恒同算子.

为研究局部域 K_p 上的拟微分算子 T_α 的卷积核，先定义一个分布 $\pi_\alpha\in S(K_p)$.

定义 1（分布 π_α）　设 $\alpha\in\mathbf{C}$，对于 $\operatorname{Re}\alpha>0$，定义一个分布 $\pi_\alpha\in S^*(K_p)$，有

$$\langle \pi_\alpha, \varphi \rangle = \int_{K_p} |x|^{\alpha-1} \varphi(x) \mathrm{d}x \quad (\forall \varphi \in S(K_p)) \tag{3}$$

上述积分是绝对收敛的，从而保证了定义(3)的合理性. 进而，注意到分布 π_α 在 $\operatorname{Re} \alpha > 0$ 上是全纯的，故可将 π_α 解析延拓到复平面 $\mathbf{C}$ 上，使 $\forall \varphi \in S(K_p)$，有

$$\begin{aligned}\langle \pi_\alpha, \varphi \rangle = &\int_{B^0} |x|^{\alpha-1} (\varphi(x) - \varphi(0)) \mathrm{d}x + \\ &\int_{K_p \setminus B^0} |x|^{\alpha-1} \varphi(x) \mathrm{d}x + \frac{1-p^{-1}}{1-p^{-\alpha}} \varphi(0)\end{aligned} \tag{4}$$

显见，在复平面 $\mathbf{C}$ 上，除了 $\alpha_k = \frac{2k\pi \mathrm{i}}{\ln p} (k \in \mathbf{Z})$，$\pi_\alpha$ 是解析的，从而对于任意非零实数 $\alpha \neq 0$，分布 π_α 的定义是合理的.

式(3)和(4)可简化为：对于 $\alpha \in \mathbf{R}, \alpha \neq 0$，有

$$\langle \pi_\alpha, \varphi \rangle = \int_{K_p} |x|^{\alpha-1} (\varphi(x) - \varphi(0)) \mathrm{d}x \quad (\forall \varphi \in S(K_p)) \tag{5}$$

为求算子 T_α 的卷积核，现在证明两个引理.

引理 1　设 $\alpha \in \mathbf{R}$，对于 $\alpha \neq 0$，有

$$\begin{aligned}&\int_{B^0} |x|^{-\alpha-1} (\chi(-\xi x) - 1) \mathrm{d}x \\ &= \left(\frac{p^{-\alpha} - p^{-\alpha-1}}{1-p^{-\alpha}} + \frac{1-p^{-\alpha-1}}{1-p^{\alpha}} |\xi|^{\alpha} \right) (1 - \Delta_0)\end{aligned}$$

其中

$$\Delta_0(x) = \begin{cases} 1 & (x \in B^0) \\ 0 & (x \notin B^0) \end{cases}$$

$$B^0 = \{ x \in K_p \mid |x| \leqslant 1 \}$$

证明　作变量代换 $t = \xi x, \mathrm{d}t = |\xi| \mathrm{d}x$，得到

$$\begin{aligned}&\int_{B^0} |x|^{-\alpha-1} (\chi(-\xi x) - 1) \mathrm{d}x \\ &= |\xi|^{-1} \int_{|t| \leqslant |\xi|} |\xi^{-1} t|^{-\alpha-1} (\chi(-t) - 1) \mathrm{d}t \\ &= |\xi|^{\alpha} \int_{|t| \leqslant |\xi|} |t|^{-\alpha-1} (\chi(-t) - 1) \mathrm{d}t\end{aligned}$$

若 $|\xi| \leqslant 1$，则 $\chi(-t) = 1$，且 $\int_{|t| \leqslant |\xi|} |t|^{-\alpha-1} (\chi(-t) - 1) \mathrm{d}t = 0$；若 $|\xi| = p^N > 1$，即 $N > 0$，则

$$\int_{|t| \leqslant |\xi|} |t|^{-\alpha-1} (\chi(-t) - 1) \mathrm{d}t$$

$$=\int_{p\leqslant|t|\leqslant|\xi|}|t|^{-\alpha-1}(\chi(-t)-1)\mathrm{d}t$$

$$=\sum_{r=1}^{N}p^{-\alpha r-r}\left(\int_{|t|=p^r}\chi(-t)\mathrm{d}t-p^r\left(1-\frac{1}{p}\right)\right)$$

$$=-p^{-\alpha-1}-\left(1-\frac{1}{p}\right)p^{-\alpha}\frac{1-p^{-\alpha N}}{1-p^{-\alpha}}$$

$$=\frac{p^{-\alpha}-p^{-\alpha-1}}{1-p^{-\alpha}}|\xi|^{-\alpha}+\frac{1-p^{-\alpha-1}}{1-p^{\alpha}}$$

因此

$$\int_{B^0}|x|^{-\alpha-1}(\chi(-\xi x)-1)\mathrm{d}x$$

$$=\left(\frac{p^{-\alpha}-p^{-\alpha-1}}{1-p^{-\alpha}}+\frac{1-p^{-\alpha-1}}{1-p^{\alpha}}|\xi|^{\alpha}\right)(1-\Delta_0)$$

定义 2(局部常值函数)　若 $\forall x\in K_p$，存在整数 $l(x)\in\mathbf{Z}$，使得 $\psi(x+y)=\psi(x)$，$y=B^{l(x)}$，则称函数 $\psi:K_p\to\mathbf{C}$ 为局部常值的，局部常值函数的全体记为 $\mathbf{H}(K_p)$.

引理 2　设 $\alpha\in\mathbf{R}$，令

$$\kappa_\alpha=\begin{cases}\left(\dfrac{1-p^{\alpha}}{1-p^{-\alpha-1}}\pi_{-\alpha}+\dfrac{1-p^{\alpha}}{1-p^{\alpha+1}}\right)\Delta_0 & (\alpha\neq0,-1)\\ \left(1-\dfrac{1}{p}\right)(1-\log_p|x|)\Delta_0 & (\alpha=-1)\\ \delta & (\alpha=0)\end{cases}$$

则

$$(\kappa_\alpha)^{\wedge}=\langle\xi\rangle^{\alpha}$$

证明　由定义知，分布 κ_α 具有紧支集，$\operatorname{supp}\kappa_\alpha\subseteq B^0$，因此，不难证明，$(\kappa_\alpha)^{\wedge}$是局部常值函数.

(1) 当 $\alpha\neq0,-1$ 时，利用式(4)，富比尼(Fubini)定理与引理 1，有

$$\left\langle\left(\frac{1-p^{\alpha}}{1-p^{-\alpha-1}}\pi_{-\alpha}\Delta_0\right)^{\wedge},\varphi\right\rangle=\left\langle\frac{1-p^{\alpha}}{1-p^{-\alpha-1}}\pi_{-\alpha}\Delta_0,\varphi^{\wedge}\right\rangle$$

$$=\int_{B^0}\frac{1-p^{\alpha}}{1-p^{-\alpha-1}}|x|^{-\alpha-1}(\varphi^{\wedge}(x)-\varphi^{\wedge}(0))\mathrm{d}x+\frac{1-p^{-1}}{1-p^{-\alpha-1}}\varphi^{\wedge}(0)$$

$$=\frac{1-p^{\alpha}}{1-p^{-\alpha-1}}\int_{B^0}|x|^{-\alpha-1}\int_{\Gamma_p}\varphi(\xi)(\chi(-\xi x)-1)\mathrm{d}\xi\mathrm{d}x+\frac{1-p^{-1}}{1-p^{-\alpha-1}}\langle1,\varphi\rangle$$

$$=\frac{1-p^{\alpha}}{1-p^{-\alpha-1}}\int_{\Gamma_p}\varphi(\xi)\int_{B^0}|x|^{-\alpha-1}(\chi(-\xi x)-1)\mathrm{d}x\mathrm{d}\xi+\frac{1-p^{-1}}{1-p^{-\alpha-1}}\langle1,\varphi\rangle$$

$$=\frac{1-p^{\alpha}}{1-p^{-\alpha-1}}\left\langle\left(\frac{p^{-\alpha}-p^{-\alpha-1}}{1-p^{-\alpha}}+\frac{1-p^{-\alpha-1}}{1-p^{\alpha}}\mid\xi\mid^{\alpha}\right)\cdot(1-\Delta_0),\varphi\right\rangle+\frac{1-p^{\alpha}}{1-p^{-\alpha-1}}\langle 1,\varphi\rangle$$

$$=\left\langle\left(\mid\xi\mid^{\alpha}-\frac{1-p^{-1}}{1-p^{-\alpha-1}}\right)(1-\Delta_0),\varphi\right\rangle+\frac{1-p^{-1}}{1-p^{-\alpha-1}}\langle 1,\varphi\rangle$$

$$=\left\langle\mid\xi\mid^{\alpha}(1-\Delta_0)+\frac{1-p^{-1}}{1-p^{-\alpha-1}}\Delta_0,\varphi\right\rangle$$

因此

$$\begin{aligned}(\kappa_{\alpha})^{\wedge}&=|\xi|^{\alpha}(1-\Delta_0)+\frac{1-p^{-1}}{1-p^{-\alpha-1}}\Delta_0+\frac{1-p^{\alpha}}{1-p^{\alpha+1}}\Delta_0\\&=|\xi|^{\alpha}(1-\Delta_0)+\Delta_0=\langle\xi\rangle^{\alpha}\end{aligned}$$

(2)当 $\alpha=-1$ 时

$$\begin{aligned}(\kappa_{-1})^{\wedge}&=\left(1-\frac{1}{p}\right)\int_{B^0}(1-\log_p\mid x\mid)\chi(-\xi x)\mathrm{d}x\\&=\left(1-\frac{1}{p}\right)\left(\Delta_0-\int_{B^0}\log_p\mid x\mid\chi(-\xi x)\mathrm{d}x\right)\end{aligned}$$

计算积分$\int_{B^0}\log_p\mid x\mid\chi(-\xi x)\mathrm{d}x$. 若 $\mid\xi\mid\leqslant 1$,则

$$\begin{aligned}\int_{B^0}\log_p\mid x\mid\chi(-\xi x)\mathrm{d}x&=\sum_{r=0}^{+\infty}\int_{|x|=p^{-r}}\log_p\mid x\mid\mathrm{d}x\\&=\sum_{r=0}^{+\infty}(-r)p^{-r}\left(1-\frac{1}{p}\right)\\&=\frac{1}{1-p}\end{aligned}$$

因此

$$(\kappa_{-1})^{\wedge}(\xi)=\left(1-\frac{1}{p}\right)\left(1-\frac{1}{1-p}\right)=1\quad(\mid\xi\mid\leqslant 1)$$

若 $\mid\xi\mid=p^N>1$,则

$$\begin{aligned}&\int_{|x|\leqslant|\xi|^{-1}}\log_p\mid x\mid\chi(-\xi x)\mathrm{d}x+\\&\int_{|\xi|^{-1}<|x|\leqslant 1}\log_p\mid x\mid\chi(-\xi x)\mathrm{d}x\\=&\sum_{r=N}^{+\infty}(-r)p^{-r}\left(1-\frac{1}{p}\right)+\sum_{r=0}^{N-1}(-r)\int_{|x|=p^{-r}}\chi(-\xi x)\mathrm{d}x\\=&-\left(1-\frac{1}{p}\right)\sum_{r=N}^{+\infty}rp^{-r}+(-N+1)(-p^{-N})\end{aligned}$$

$$=\frac{p^{-N}}{p^{-1}-1}=\frac{|\xi|^{-1}}{p^{-1}-1}$$

因此

$$(\kappa_{-1})^{\wedge}(\xi)=\left(1-\frac{1}{p}\right)\left(-\frac{|\xi|^{-1}}{p^{-1}-1}\right)$$
$$=|\xi|^{-1}\quad(|\xi|>1)$$

综上得到

$$(\kappa_{-1})^{\wedge}(\xi)=\langle\xi\rangle^{-1}$$

(3)当 $\alpha=0$ 时，得到

$$(\kappa_{\alpha})^{\wedge}=\delta^{\wedge}=1=\langle\xi\rangle^{0}$$

引理得证.

定理 1 κ_α 具有半群性质

$$\kappa_\alpha*\kappa_\beta=\kappa_{\alpha+\beta}\quad(\alpha,\beta\in\mathbf{R})$$

证明 对于 $\alpha,\beta\in\mathbf{R}$，$\operatorname{supp}\kappa_\alpha\subseteq B^0$，$\operatorname{supp}\kappa_\beta\subseteq B^0$，从而 $\kappa_\alpha*\kappa_\beta$ 存在，因此

$$(\kappa_{\alpha+\beta})^{\wedge}=\langle\xi\rangle^{\alpha+\beta}=\langle\xi\rangle^{\alpha}\cdot\langle\xi\rangle^{\beta}$$
$$=(\kappa_\alpha)^{\wedge}\cdot(\kappa_\beta)^{\wedge}=(\kappa_\alpha*\kappa_\beta)^{\wedge}$$

故得到

$$\kappa_\alpha*\kappa_\beta=\kappa_{\alpha+\beta}$$

关于算子 T_α 有如下定理.

定理 2 设 $\alpha\in\mathbf{R}$，则：

(1) $\forall f\in S^*(K_p)\Rightarrow T_\alpha f=\kappa_\alpha*f$，即算子 T_α 有卷积核 κ_α.

(2) $\forall f\in S^*(K_p),\alpha,\beta\in\mathbf{R}\Rightarrow T_{\alpha+\beta}f=T_\alpha T_\beta f=T_{\beta+\alpha}f$.

从而 $T_\alpha T_{-\alpha}f=T_0 f=f$，即 $(T_\alpha)^{-1}=T_{-\alpha}$.

证明 (1)对于 $\alpha\in\mathbf{R}$ 与 $f\in S^*(K_p)$，由 $\operatorname{supp}\kappa_\alpha\subseteq B^0$，从而 $\kappa_\alpha*f$ 存在. 利用引理 2，得

$$T_\alpha f=(\langle\xi\rangle^{\alpha}f^{\wedge})^{\vee}=((\kappa_\alpha)^{\wedge}\cdot f^{\wedge})^{\vee}=((\kappa_\alpha*f)^{\wedge})^{\vee}=\kappa_\alpha*f$$

(2)
$$T_\alpha T_\beta f=T_\alpha(T_\beta f)=\kappa_\alpha*(\kappa_\beta*f)$$
$$=(\kappa_\alpha*\kappa_\beta)*f=\kappa_{\alpha+\beta}*f$$
$$=T_{\alpha+\beta}f$$

下面寻找拟微分算子 T_α 在分布空间 $S^*(K_p)$ 中的不动点集，为分形微分方程理论做准备.

由于 $T_0=I$ 为恒同算子，$\forall f\in S^*(K_p)\Rightarrow T_0 f=f$，故下面设 $\alpha\neq0$.

定理 3　对于 $\alpha\in\mathbf{R}$，空间 $S(K_p)$，$S^*(K_p)$，$\mathbf{H}(K_p)$ 是算子 T_α 的不变空间.

证明留作练习.

然而，算子 T_α 的不动点集却与 $f\in S^*(K_p)$ 的支集有关.

定义 3（空间 $\mathbf{E}(K_p)$）　对于 $f\in S^*(K_p)$，定义

$$\mathbf{E}(K_p)=\{f\in S^*(K_p)\mid \operatorname{supp} f^{\wedge}\subseteq\Gamma^0\}$$

它是傅里叶变换具有紧支集且支集 $\operatorname{supp} f^{\wedge}$ 含在 Γ^0 中的分布的全体.

定理 4　设 $\alpha\in\mathbf{R}$，$\alpha\neq0$，则 $T_\alpha g=g$ 当且仅当 $g\in\mathbf{E}(K_p)$.

证明　充分性. 取 $g\in\mathbf{E}(K_p)$，由 $\operatorname{supp} g^{\wedge}\subseteq\Gamma^0$，有

$$(\kappa_\alpha * g)^{\wedge}=(\kappa_\alpha)^{\wedge}\cdot g^{\wedge}=\langle\xi\rangle^\alpha g^{\wedge}=g^{\wedge}$$

这最后一步是因为 $\xi\in B^0\Rightarrow\langle\xi\rangle=1$. 于是根据定理 2 的(1)与傅里叶变换的唯一性，得 $T_\alpha g=\kappa_\alpha * g=g$，充分性得证.

必要性. 设 $T_\alpha g=g$，$g\in S^*(K_p)$. 若 $\operatorname{supp} g^{\wedge}\not\subset\Gamma^0$，则必存在检验函数 $\varphi\in S(K_p)$，$\operatorname{supp}\varphi\subseteq K_p\backslash B^0$，使得

$$\langle g^{\wedge},\varphi_{r_0}\rangle\neq0 \tag{6}$$

由 $\varphi\in S(K_p)$，必存在整数 $N\in\mathbf{N}$，使得 $\operatorname{supp}\varphi\subseteq B^{-N}$，且

$$\varphi=\sum_{r=1}^{N}\varphi\cdot\Phi_{B^{-r}\backslash B^{-r+1}}=\sum_{r=1}^{N}\varphi_r$$

其中 $\varphi_r=\varphi\Phi_{B^{-r}\backslash B^{-r+1}}\in S(K_p)$. 于是，式(6)给出：存在 $r_0(1\leqslant r\leqslant N)$，使得

$$\langle g^{\wedge},\varphi_{r_0}\rangle\neq0$$

另外，由 $T_\alpha g=\kappa_\alpha * g=g$，得 $g^{\wedge}=\langle\xi\rangle^\alpha g^{\wedge}$，故

$$\begin{aligned}\langle g^{\wedge},\varphi_{r_0}\rangle&=\langle\langle\xi\rangle^\alpha g^{\wedge},\varphi_{r_0}\rangle=\langle g^{\wedge},\langle\xi\rangle^\alpha\varphi_{r_0}\rangle\\&=\langle g^{\wedge},p^{\alpha r_0}\varphi_{r_0}\rangle=p^{\alpha r_0}\langle g^{\wedge},\varphi_{r_0}\rangle\end{aligned}$$

因此有 $p^{\alpha r_0}=1$. 但这与 $\alpha\neq0$，$r_0\neq0$ 矛盾，故 $\operatorname{supp} g^{\wedge}\subseteq\Gamma^0$，必要性得证.

定理 5　T_α 的不动点集 $\mathbf{E}(K_p)$ 是 $\mathbf{H}(K_p)$ 的子集，且

$$\mathbf{E}(K_p)=\{f\in\mathbf{H}(K_p)\mid f \text{ 在 } B^0 \text{ 的陪集上取常值}\}$$

拟微分算子 T_α 关于实参数 $\alpha\in\mathbf{R}$ 是连续的.

定理 6　设 $\alpha\in\mathbf{R}$，则 κ_α 关于 α 在空间 $S^*(K_p)$ 内连续，特别地

$$\lim_{\alpha\to0}\kappa_\alpha=\delta\quad(\text{在 } S^*(K_p)\text{ 中})$$

$$\lim_{\alpha\to-1}\kappa_\alpha=\kappa_{-1}\quad(\text{在 } S^*(K_p)\text{ 中})$$

证明　显然，对于 $\alpha\in\mathbf{R}$，$\langle\xi\rangle^\alpha$ 关于参数 α 在 $S^*(K_p)$ 内连续. 进而，由逆傅里叶变换算子在空间 $S^*(K_p)$ 中的连续性知，$(\langle\xi\rangle^\alpha)^{\vee}$ 关于参数 α 在 $S^*(K_p)$ 内连续，因

此核 κ_α 关于参数 α 在 $S^*(K_p)$ 内连续.

定理 7　设 $\alpha\in\mathbf{R}$,对于 $f\in S^*(K_p)$,有

$$\lim_{\beta\to\alpha} T^\beta f=T^\alpha f$$

证明　首先证明,对 $\forall\varphi\in S(K_p)$,有 $\lim\limits_{\beta\to\alpha} T^\beta\varphi=T^\alpha\varphi$. 事实上,设整数 $l\leqslant N$,记函数集合

$$D_l^N=\{\varphi\in S(K_p)\mid \text{supp }\varphi\subseteq B^l, g \text{ 在 } B^N \text{ 的陪集上取常值}\}$$

$\forall\varphi\in S(K_p)$,都存在指标对(N,l),使得 $\varphi\in D_l^N$,$\varphi^\wedge\in D_{-N}^{-l}$.

注意到,$\langle\xi\rangle^\beta-\langle\xi\rangle^\alpha\in\mathbf{H}(K_p)$,且$\langle\xi\rangle^\beta-\langle\xi\rangle^\alpha$ 在 B^0 的陪集上取常值,故

$$(\langle\xi\rangle^\beta-\langle\xi\rangle^\alpha)\varphi^\wedge(\xi)\in D_{-\max\{0,N\}}^{-l}$$

因此

$$T^\beta\varphi-T^\alpha\varphi=((\langle\xi\rangle^\beta-\langle\xi\rangle^\alpha)\varphi^\wedge(\xi))^\vee\in D_l^{\max\{0,N\}}$$

另外,由于 $\varphi^\wedge\in D_{-N}^{-l}$,故

$$\begin{aligned}T^\beta\varphi-T^\alpha\varphi&=\int_{\Gamma_p}((\langle\xi\rangle^\beta-\langle\xi\rangle^\alpha)\varphi^\wedge(\xi))\chi_\xi(x)\mathrm{d}\xi\\&=\int_{\Gamma^l\setminus\Gamma^0}((\langle\xi\rangle^\beta-\langle\xi\rangle^\alpha)\varphi^\wedge(\xi))\chi_\xi(x)\mathrm{d}\xi\end{aligned}$$

有

$$|T^\beta\varphi-T^\alpha\varphi|\leqslant M\int_{\Gamma^l\setminus\Gamma^0}|\langle\xi\rangle^\beta-\langle\xi\rangle^\alpha|\mathrm{d}\xi$$

其中 M 是依赖于 φ 的常数. 再由勒贝格控制收敛定理,当 $\beta\to\alpha$ 时,一致成立 $T^\beta\varphi-T^\alpha\varphi\to0$. 于是,有

$$T^\beta\varphi\xrightarrow{S}T^\alpha\varphi\quad(\forall\varphi\in S(K_p))$$

其次,对于 $f\in S^*(K_p)$,$\varphi\in S(K_p)$,有

$$\langle T^\beta f-T^\alpha f,\varphi\rangle=\langle f,T^\beta\varphi-T^\alpha\varphi\rangle$$

当 $\beta\to\alpha$ 时,有 $T^\beta\varphi\xrightarrow{S}T^\alpha\varphi$,再由分布 f 的连续性,得$\langle f,T^\beta\varphi-T^\alpha\varphi\rangle\to0$,故

$$T^\beta f\xrightarrow{S^*}T^\alpha f\quad(\forall f\in S^*(K_p))$$

定理得证.

3. 局部域 K_p 上的拟微分算子 T_α 的谱理论

与建立经典微分方程理论的思路相类似,下面研究局部域 K_p 上的微分算子的谱理论.

首先，介绍拟微分算子 T_α 在希尔伯特空间 $L^2(K_p)$ 中的性质.

定义 4(算子 T_α 的定义域)　设 $\alpha\in\mathbf{R}$，记函数集合

$$D(T_\alpha)=\{f\in L^2(K_p)\mid\langle\xi\rangle^\alpha f^\wedge(\xi)\in L^2(K_p)\}$$

易见，$D(T_\alpha)$ 是算子 T_α 在空间 $L^2(K_p)$ 中的定义域

$$\forall f\in D(T_\alpha)\Rightarrow T_\alpha f=(\langle\xi\rangle^\alpha f^\wedge(\xi))^\vee$$

引理 3　$\langle\xi\rangle^\alpha\in L^2(K_p)$ 当且仅当 $\alpha<-\frac{1}{2}$.

证明　由

$$\begin{aligned}\int_{K_p}\langle\xi\rangle^{2\alpha}\mathrm{d}\xi&=\int_{B^0}1\cdot\mathrm{d}\xi+\int_{K_p\setminus B^0}|\xi|^{2\alpha}\mathrm{d}\xi\\&=1+\sum_{r=1}^{+\infty}p^{2\alpha r}p^r(1-p^{-1})\\&=1+(1-p^{-1})\sum_{r=1}^{+\infty}p^{(1+2\alpha)r}\\&=\frac{p^{2\alpha}-1}{p^{2\alpha+1}-1}\end{aligned}$$

级数 $\sum_{r=1}^{+\infty}p^{(1+2\alpha)r}$ 收敛，当且仅当 $\alpha<-\frac{1}{2}$. 引理得证.

定理 8　对于算子 T_α 的定义域 $D(T_\alpha)$，若 $\alpha\leqslant0$，则 $D(T_\alpha)=L^2(K_p)$；若 $\alpha>0$，则 $D(T_\alpha)\subsetneqq L^2(K_p)$. 进而，$D(T_\alpha)$ 在 $L^2(K_p)$ 中稠密，$\overline{D(T_\alpha)}=L^2(K_p)$.

证明　若 $\alpha\leqslant0$，则 $\langle\xi\rangle^\alpha\leqslant1$，故由

$$\begin{aligned}f\in L^2(K_p)&\Rightarrow f^\wedge\in L^2(K_p)\\&\Rightarrow|\langle\xi\rangle^\alpha f^\wedge(\xi)|\\&\leqslant|f^\wedge(\xi)|\in L^2(K_p)\end{aligned}$$

知 $D(T_\alpha)=L^2(K_p)$.

若 $\alpha>0$，则由引理 3，以及傅里叶变换是 $L^2(K_p)$ 上的等距同构算子，必存在 $g\in L^2(K_p)$，使得 $g^\wedge\langle\xi\rangle=\langle\xi\rangle^{-\alpha-\frac{1}{2}}\in L^2(K_p)$. 再据引理 3，有

$$\langle\xi\rangle^\alpha g^\wedge=\langle\xi\rangle^{-\frac{1}{2}}\notin L^2(K_p)$$

因此，虽然 $g\in L^2(K_p)$，却有 $g\notin D(T_\alpha)$，故 $D(T_\alpha)\subsetneqq L^2(K_p)$.

至于稠密性，由 $S(K_p)\subseteq D(T_\alpha)$ 与 $\overline{S(K_p)}=L^2(K_p)$ 得到.

定理 9　对于算子 T_α 的值域 $T_\alpha(D(T_\alpha))$，若 $\alpha\geqslant0$，则 $T_\alpha(D(T_\alpha))=L^2(K_p)$；若 $\alpha<0$，则 $T_\alpha(D(T_\alpha))\subsetneqq L^2(K_p)$. 进而，$T_\alpha(D(T_\alpha))$ 在 $L^2(K_p)$ 中稠密，$\overline{T_\alpha(D(T_\alpha))}=$

$L^2(K_p)$.

证明　若 $\alpha\geqslant 0$，则 $\langle\xi\rangle^{-\alpha}\leqslant 1$，故取 $g\in L^2(K_p)$，并考察方程 $T_\alpha f=g$，则

$$f=T_{-\alpha}g=(\langle\xi\rangle^{-\alpha}g^{\wedge})^{\vee}$$

于是

$$\begin{aligned}g\in L^2(K_p)&\Rightarrow g^{\wedge}\in L^2(K_p)\Rightarrow\langle\xi\rangle^{-\alpha}g^{\wedge}\in L^2(K_p)\\&\Rightarrow f=(\langle\xi\rangle^{-\alpha}g^{\wedge})^{\vee}\in L^2(K_p)\\&\Rightarrow T_\alpha(D(T_\alpha))=L^2(K_p)\end{aligned}$$

若 $\alpha<0$，则利用引理 3，以及傅里叶变换算子在 $L^2(K_p)$ 中的等距同构，必存在 $g\in L^2(K_p)$，使得 $g^{\wedge}(\xi)=\langle\xi\rangle^{\alpha-\frac{1}{2}}\in L^2(K_p)$. 于是，可考察方程 $T_\alpha f=g$，则

$$f=T_{-\alpha}g=(\langle\xi\rangle^{-\alpha}g^{\wedge})^{\vee}=(\langle\xi\rangle^{\alpha-\frac{1}{2}})^{\vee}\notin L^2(K_p)$$

从而，不存在函数 $g\in L^2(K_p)$，使得 $T_\alpha f=g$，因此 $T_\alpha(D(T_\alpha))\subsetneqq L^2(K_p)$.

至于稠密性，取 $\varphi\in S(K_p)$，则方程 $T_\alpha f=\varphi$ 在 $S(K_p)\subseteq D(T_\alpha)$ 中有唯一解，从而 $T_\alpha(D(T_\alpha))\supset S(K_p)$，所以 $T_\alpha(D(T_\alpha))$ 在 $L^2(K_p)$ 中稠密.

定理 10　设 $\alpha\in\mathbf{R}$，则算子 T_α 是 $L^2(K_p)$ 上的非负自伴算子.

证明　利用帕塞瓦尔等式，容易得到，对于 $\varphi,\psi\in D(T_\alpha)$，有

$$\langle T_\alpha\psi,\varphi\rangle=\langle T_{\frac{\alpha}{2}}\psi,T_{\frac{\alpha}{2}}\varphi\rangle=\int_{\Gamma_p}\langle\xi\rangle^{\alpha}\psi^{\wedge}(\xi)\overline{\varphi^{\wedge}}(\xi)\mathrm{d}\xi$$

于是

$$\|T_\alpha\psi\|_2^2=(T_\alpha\psi,T_\alpha\psi)=\int_{\Gamma_p}\langle\xi\rangle^{2\alpha}\ |\psi^{\wedge}(\xi)|^2\mathrm{d}\xi$$

这里 $(T_\alpha\psi,T_\alpha\psi)$ 是 $L^2(K_p)$ 的内积，这样，有

$$(T_\alpha\psi,T_\alpha\psi)=\|T_\alpha\psi\|_2^2>0\quad(\forall\,\psi\in D(T_\alpha),\psi\neq 0)$$

根据非负自伴算子理论，得到 $T_{\frac{\alpha}{2}}=(T_\alpha)^{\frac{1}{2}}$，且

$$D(T_\alpha)=\{\psi\in D(T_{\frac{\alpha}{2}})\mid T_{\frac{\alpha}{2}}\psi\in D(T_{\frac{\alpha}{2}})\}$$

进而，存在 $L^2(K_p)$ 上的非负二次型 $Q^\alpha(\cdot,\cdot)$，其定义域为

$$D(T_{\frac{\alpha}{2}})\times D(T_{\frac{\alpha}{2}})$$

使得

$$Q^\alpha(\varphi,\psi)=(T_{\frac{\alpha}{2}}\varphi,T_{\frac{\alpha}{2}}\psi),(\varphi,\psi)\in D(T_{\frac{\alpha}{2}})\times D(T_{\frac{\alpha}{2}})$$

根据非负自伴算子理论，引入新内积 $\overline{Q}^\alpha(\varphi,\psi)=Q^\alpha(\varphi,\psi)+(\varphi,\psi)$，则

$$(D(T_{\frac{\alpha}{2}}),\overline{Q}^\alpha)$$

成为一个希尔伯特空间.

下面讨论拟微分算子 T_α 在希尔伯特空间 $L^2(K_p)$ 中的固有值、固有函数与完整直交系.

为研究拟微分算子 T_α 在 $L^2(K_p)$ 空间中的固有值问题,考虑方程

$$T_\alpha\psi=\lambda\psi \quad (\psi\in L^2(K_p)) \tag{7}$$

由定理 10,算子 T_α 的所有固有值 λ 为非负的,$\lambda\geqslant 0$.

设 $\lambda=0$,则式(7)成为 $T_\alpha\psi=0$,这蕴涵 $\psi=0$,因此 $\lambda=0$ 不是固有值.

对于 $\lambda>0$,将式(7)写为 $(T_\alpha-\lambda)\psi=0$,并作傅里叶变换

$$0=(T_\alpha\psi-\lambda\psi)\hat{}\,(\xi)=(\langle\psi\rangle^\alpha-\lambda)\psi\hat{}\,(\xi)$$

由此知算子 T_α 的固有值具有形式

$$\lambda_N=p^{N\alpha}\quad (N\in\mathbf{N}=\{0,1,2,\cdots\})$$

若 $L^2(K_p)$ 中存在由 T_α 的固有函数组成的完整直交系 $\{\psi_N(x)\}$,则函数 $\psi_N(x)$ 的傅里叶变换为

$$(\psi_N)\hat{}\,(\xi)=\begin{cases}\Phi_{\{|\xi|=p^{-N}\}}(\xi)\rho_N(\xi) & (N>0)\\ \Phi_{\{|\xi|\leqslant 1\}}(\xi)\rho_0(\xi) & (N=0)\end{cases}$$

其中

$$\Phi_{\{|\xi|=p^{-N}\}}(\xi)=\begin{cases}1 & (|\xi|=p^{-N})\\ 0 & (|\xi|\neq p^{-N})\end{cases}$$

$$\int_{\{|\xi|=p^{-N}\}}|\rho_N(\xi)|^2\mathrm{d}\xi=1\quad (N\in\mathbf{N}^*)$$

$$\Phi_{\{|\xi|\leqslant 1\}}(\xi)=\begin{cases}1 & (|\xi|\leqslant 1)\\ 0 & (|\xi|>1)\end{cases}$$

$$\int_{\{|\xi|\leqslant 1\}}|\rho_0(\xi)|^2\mathrm{d}\xi=1$$

于是,有下面的定理.

定理 11 设 $\alpha\in\mathbf{R}$,则算子 T_α 的固有值的集合为 $\{\lambda_N\}_{N=0}^{+\infty}$,即

$$\{\lambda_N\}_{N=0}^{+\infty}=\begin{cases}\{1,p^\alpha,p^{2\alpha},\cdots\} & (\alpha>0)\\ \{1\} & (\alpha=0)\\ \{\cdots,p^{2\alpha},p^\alpha,1\} & (\alpha<0)\end{cases}$$

为构造由拟微分算子 T_α 的固有函数组成的 $L^2(K_p)$ 中的完整直交系,先证明两个引理.

引理 4 设 $\psi(x)=\chi_{p^{-1}}(x)\Phi_{B^0}(x)$,则 $\psi(x)$ 是算子 T_α 的一个固有函数,即

$$T_\alpha\psi(x)=p^\alpha\psi(x)\quad(\alpha\in\mathbf{R})$$

证明　易见

$$\begin{aligned}\psi^\wedge(\xi)&=\int_{K_p}\chi_{p^{-1}}(x)\Phi_{B^0}(x)\overline{\chi}_\xi(x)\mathrm{d}x\\&=\int_{B^0}\chi((p^{-1}-\xi)x)\mathrm{d}x\\&=\Phi_{p^{-1}+\Gamma^0}(\xi)\end{aligned}$$

且

$$\langle\xi\rangle^\alpha\psi^\wedge(\xi)=\langle\xi\rangle^\alpha\Phi_{p^{-1}+\Gamma^0}(\xi)=p^\alpha\Phi_{p^{-1}+\Gamma^0}(\xi)$$

因此

$$\begin{aligned}T_\alpha\psi(x)&=(\langle\xi\rangle^\alpha\psi^\wedge(\xi))^\vee(x)\\&=p^\alpha\int_{p^{-1}+\Gamma^0}\chi_\xi(x)\mathrm{d}\xi\\&=p^\alpha\int_{\Gamma^0}\chi_{p^{-1}}(x)\chi_\xi(x)\mathrm{d}\xi\\&=p^\alpha\chi_{p^{-1}}(x)\int_{\Gamma^0}\chi_\xi(x)\mathrm{d}\xi\\&=p^\alpha\chi_{p^{-1}}(x)\Phi_{B^0}(x)\\&=p^\alpha\psi(x)\end{aligned}$$

引理得证.

引理 5　设 $\psi(x)=\chi_{p^{-1}}(x)\Phi_{B^0}(x)$，$a,b\in K_p$，$a\neq0$，则

$$T_\alpha\psi(ax+b)=\begin{cases}p^\alpha|a|^\alpha\psi(ax+b) & (|a|>p^{-1})\\ \psi(ax+b) & (|a|\leqslant p^{-1})\end{cases}$$

证明　$\psi(ax+b)$ 的傅里叶变换为

$$\begin{aligned}(\psi(ax+b))^\wedge(\xi)&=|a|^{-1}\chi_\xi(a^{-1}b)\psi^\wedge(a^{-1}\xi)\\&=|a|^{-1}\chi_\xi(a^{-1}b)\Phi_{a(p^{-1}+\Gamma^0)}(\xi)\end{aligned}$$

由此得

$$\begin{aligned}T_\alpha\psi(ax+b)&=(\langle\xi\rangle^\alpha(\psi(ax+b))^\wedge(\xi))^\vee(x)\\&=\int_{\Gamma_p}\langle\xi\rangle^\alpha|a|^{-1}\chi_{a^{-1}b}(\xi)\Phi_{a(p^{-1}+\Gamma^0)}(\xi)\chi_x(\xi)\mathrm{d}\xi\\&=|a|^{-1}\int_{a(p^{-1}+\Gamma^0)}\langle\xi\rangle^\alpha\chi_{x+a^{-1}b}(\xi)\mathrm{d}\xi\end{aligned}$$

若 $|a|\leqslant p^{-1}$，则 $a(p^{-1}+\Gamma^0)\subseteq\Gamma^0$，故

$$\begin{aligned}T_\alpha\psi(ax+b)&=|a|^{-1}\int_{a(p^{-1}+\Gamma^0)}\langle\xi\rangle^\alpha\chi_{x+a^{-1}b}(\xi)\mathrm{d}\xi\\&=\int_{\Gamma^0}\chi_{x+a^{-1}b}(a(p^{-1}+\xi))\mathrm{d}\xi\\&=\int_{\Gamma^0}\chi(p^{-1}(ax+b))\chi(\xi(ax+b))\mathrm{d}\xi\\&=\chi(p^{-1}(ax+b))\Phi_{B^0}(ax+b)\\&=\psi(ax+b)\end{aligned}$$

若 $|a|>p^{-1}$，则 $\forall\xi\in a(p^{-1}+\Gamma^0)$，有 $|\xi|=p|a|$，故

$$\begin{aligned}T_\alpha\psi(ax+b)&=\int_{a(p^{-1}+\Gamma^0)}|\xi|^\alpha|a|^{-1}\chi_{x+a^{-1}b}(\xi)\mathrm{d}\xi\\&=p^\alpha|a|^\alpha\int_{a(p^{-1}+\Gamma^0)}|a|^{-1}\chi_{x+a^{-1}b}(\xi)\mathrm{d}\xi\\&=p^\alpha|a|^\alpha\psi(ax+b)\end{aligned}$$

引理得证.

定理 12 设 $\alpha\in\mathbf{R}$，则算子 T_α 的固有函数组成的集合

$$\{\psi_{N,j,I}\mid N\in\mathbf{Z},j=1,\cdots,p-1,I=z_I+B^0\}$$

组成 $L^2(K_p)$ 的完整直交基，其中

$$\psi_{N,j,I}(x)=p^{\frac{-N}{2}}\chi_j(p^{N-1}x)\Phi_{B^0}(p^Nx-z_I)$$
$$(N\in\mathbf{Z},j=1,\cdots,p-1,I=z_I+B^0)$$

且

$$T_\alpha\psi_{1-N,j,I}(x)=\begin{cases}p^{N\alpha}\psi_{1-N,j,I}(x) & (N>0)\\ \psi_{1-N,j,I}(x) & (N\leqslant 0)\end{cases}\tag{8}$$

证明 第一步，证式(8). 由

$$\begin{aligned}\psi_{N,j,I}(x)&=p^{\frac{-N}{2}}\chi_j(p^{N-1}x)\Phi_{B^0}(p^Nx-z_I)\\&=p^{\frac{-N}{2}}\chi_j(p^{-1}(p^Nx))\Phi_{B^0}(p^Njx-jz_I)\\&=p^{\frac{-N}{2}}\chi_j(p^{-1}z_I)\chi_j(p^{-1}(p^Nx-z_I))\Phi_{B^0}(p^Njx-jz_I)\\&=p^{\frac{-N}{2}}\chi_j(p^{-1}z_I)\psi(p^Njx-jz_I)\end{aligned}$$

若 $N<1$，则 $|p^N|>p^{-1}$，故

$$\begin{aligned}T_\alpha\psi_{N,j,I}(x)&=p^{\frac{-N}{2}}\chi_j(p^{-1}z_I)T_\alpha\psi(p^Njx-jz_I)\\&=p^{\frac{-N}{2}}\chi_j(p^{-1}z_I)p^\alpha|p^N|^\alpha\psi(p^Njx-jz_I)\end{aligned}$$

$$=p^{(1-N)\alpha}\psi_{N,j,I}(x)$$

若 $N\geqslant 1$，则 $|p^N|\leqslant p^{-1}$，故

$$\begin{aligned}T_\alpha\psi_{N,j,I}(x)&=p^{\frac{-N}{2}}\chi_j(p^{-1}z_I)T_\alpha\psi(p^Njx-jz_I)\\&=p^{\frac{-N}{2}}\chi_j(p^{-1}z_I)\psi(p^Njx-jz_I)\\&=\psi_{N,j,I}(x)\end{aligned}$$

将 N 换为 $1-N$，则式(8)得证.

第二步，证$\{\psi_{N,j,I}\}$的直交性. 考察 $L^2(K_p)$ 的内积$(\psi_{N,j,I},\psi_{N',j',I'})$，有

$$\begin{aligned}(\psi_{N,j,I},\psi_{N',j',I'})&=\int_{p^{-N}I\cap p^{-N'}I'}p^{\frac{-N}{2}}\chi_j(p^{N-1}x)p^{\frac{-N'}{2}}\overline{\chi}_{j'}(p^{N'-1}x)\mathrm{d}x\\&=\delta_{NN'}\int_{p^{-N}(I\cap I')}p^{-N}\chi_j(p^{N-1}x)\overline{\chi}_{j'}(p^{N-1}x)\mathrm{d}x\\&=\delta_{NN'}\delta_{II'}\int_{p^{-N}I}p^{-N}\chi_{j-j'}(p^{N-1}x)\mathrm{d}x\\&=\delta_{NN'}\delta_{II'}\delta_{jj'}\end{aligned}$$

又易证：$\forall\,\psi_{N,j,I}$，有

$$\int_{K_p}\psi_{N,j,I}(x)\mathrm{d}x=0$$

第三步，证$\{\psi_{N,j,I}\}$的完整性. 考察 Φ_{B^0} 的傅里叶系数$(\Phi_{B^0},\psi_{N,j,I})$，有

$$(\Phi_{B^0},\psi_{N,j,I})=p^{\frac{-N}{2}}\int_{B^0\cap p^{-N}I}\overline{\chi}_j(p^{N-1}x)\mathrm{d}x$$

若 $N\leqslant 0$，则$(\Phi_{B^0},\psi_{N,j,I})=0$；若 $N\geqslant 0$，则$(\Phi_{B^0},\psi_{N,j,I})=p^{\frac{-N}{2}}\delta_{I,B^0}$，因此

$$\begin{aligned}\sum_{N,j,I}|(\Phi_{B^0},\psi_{N,j,I})|^2&=(p-1)\sum_{N=1}^{+\infty}p^{-N}=1\\&=\|\Phi_{B^0}\|_2^2\end{aligned}$$

从而关于 Φ_{B^0} 的傅里叶系数有帕塞瓦尔等式成立. 完整性得证.

第 12 章　别索夫空间中的帕塞瓦尔等式

现代分析的严格基础是建立在分布理论之上的. 为了更好地研究分布对象，皮特(Peetre)和特里贝尔(Triebel)利用李特尔伍德—佩利(Littlewood-Paley)分析将大多数的函数空间分类成别索夫(Besov)空间和特里贝尔—Lizorkin 空间. 特里贝尔—Lizorkin 空间包含了索伯列夫空间，当然也就包含了其特例勒贝格空间 L^p，但这类空间的处理需要更多的技巧，这里就不介绍了. 我们只介绍别索夫空间，它包含了 L^2 空间、赫尔德(Hölder)空间、济格蒙德(Zygmund)空间、博灵(Beurling)代数、单峰代数、特殊原子生成的空间、布洛赫(Bloch)空间等，但不包含 $L^p(p\neq 2)$ 空间. 为了研究函数空间中性质可能不好的分布，李特尔伍德—佩利分析将之转化为研究一列好性质的函数 f_j，这是小波出现前分析分布的方法. 这样的一列函数不一定属于具体的函数空间，而在应用上不能表示成固定空间中的函数就不能用有限元方法进行数值计算. 小波的出现改变了这一状况，它把分布表示成一些"好函数"的线性组合，它的范数只与这些组合系数的绝对值有关，而对分布的任何运算都将转化成对这些"好函数"的运算.

李特尔伍德—佩利分析是利用 $\mathbf{R}^n$ 上的一个函数族 $\{\psi_v\}_{v\in\mathbf{Z}}$ 来进行的. 存在 C_1，C_2 满足 $\frac{1}{2}<C_1<C_2<2$，使得 ψ_v 满足如下的条件：

(1) $\psi_v\in S(\mathbf{R}^n)$.

(2) $\operatorname{supp}\hat{\psi}_v\subseteq\left\{\boldsymbol{\xi}\in\mathbf{R}^n\,\middle|\,\frac{1}{2}\leqslant 2^{-v}|\boldsymbol{\xi}|\leqslant 2\right\}$.

(3) 当 $C_1\leqslant 2^{-v}|\boldsymbol{\xi}|\leqslant C_2$ 时，$|\hat{\psi}_v(\boldsymbol{\xi})|\geqslant C>0$.

(4) $|\partial^{\boldsymbol{\alpha}}\hat{\psi}_v(\boldsymbol{\xi})|\leqslant C_{\boldsymbol{\alpha}}2^{-v|\boldsymbol{\alpha}|}$，$\forall\,\boldsymbol{\alpha}\in\mathbf{N}^n$.

(5) $\sum\limits_{v=-\infty}^{+\infty}\hat{\psi}_v(\boldsymbol{\xi})=1$.

对于任意的分布 $f\in S'/P(\mathbf{R}^n)$，定义 $f_v=F^{-1}(\hat{\psi}_v\hat{f})$，于是，从形式上有

$$f=\sum_{v=-\infty}^{+\infty}f_v$$

不同的李特尔伍德—佩利分析之间的傅里叶变换的支集在环线上，这使得所定义的函数空间不变. 对于小波，除梅耶(Meyer)小波外，都不具有这一性质，不过不同的正则小波基之间相差一个几乎对角化的矩阵，由此我们可以得到小波刻画的不变性. 对于两组小波基$\{\Phi^{1,\epsilon}_{j,k}\}_{(\epsilon,j,k)\in\Lambda}$和$\{\Phi^{2,\epsilon}_{j,k}\}_{(\epsilon,j,k)\in\Lambda}$，记

$$a^{\epsilon,\epsilon'}_{j,k;j',k'}=\langle\Phi^{1,\epsilon}_{j,k},\Phi^{2,\epsilon'}_{j',k'}\rangle$$

则$\{a^{\epsilon,\epsilon'}_{j,k;j',k'}\}_{(\epsilon,j,k;\epsilon',j',k')\in\Lambda\times\Lambda}$是两组基相差的矩阵，它满足下面的几乎对角化的估计.

引理 1

$$|a^{\epsilon,\epsilon'}_{j,k;j',k'}|\leqslant C_N 2^{-|j-j'|(\frac{n}{2}+N)}\left(\frac{2^{-j}+2^{-j'}}{2^{-j}+2^{-j'}+|2^{-j}k-2^{-j'}k'|}\right)^{n+N}$$

注　引理 1 的估计式中的因子$2^{-|j-j'|(\frac{n}{2}+N)}$是由小波的消失矩性质和光滑性得到的，估计式中的因子$\left(\frac{2^{-j}+2^{-j'}}{2^{-j}+2^{-j'}+|2^{-j}k-2^{-j'}k'|}\right)^{n+N}$是由小波的快速衰减性得到的.

证明　由对称性，我们只考虑$j\geqslant j'$的情况. 对于$\epsilon\neq0$，记i_ϵ为使$\epsilon_i\neq0$的最小指标. 对于$x\in\mathbf{R}^n$，记$y_0=x_{i_\epsilon}$. 对于$\forall N\geqslant1$，记x^ϵ_N是第i_ϵ个指标为y_N，其余指标仍为x的相应坐标分量的向量. 对于$\forall\,\Phi(x)$，记

$$I^\epsilon_N\Phi(x)=(-1)^N\int_{-\infty}^{x_{i_\epsilon}}\cdots\int_{-\infty}^{y_{N-1}}\Phi(x^\epsilon_N)\,\mathrm{d}y_1\cdots\mathrm{d}y_N$$

记$D^\epsilon_N\Phi(x)$为对$\Phi(x)$的第i_ϵ个变量微分N次所得的函数. 于是，有

$$\begin{aligned}a^{\epsilon,\epsilon'}_{j,k;j',k'}&=2^{\frac{n}{2}(j'-j)}\langle\Phi^{1,\epsilon}(x),\Phi^{2,\epsilon'}(2^{j'-j}x-k'+2^{j'-j}k)\rangle\\&=2^{(\gamma+\frac{n}{2})(j'-j)}\langle I^\epsilon_\gamma\Phi^{1,\epsilon}(x),(D^\epsilon_\gamma\Phi^{2,\epsilon'})(2^{j'-j}x-k'+2^{j'-j}k)\rangle\\&=b^{\epsilon,\epsilon'}_{j-j',k-2^{j-j'}k'}\end{aligned}$$

根据小波的光滑性和消失矩性质，积分和微分后的函数$I^\epsilon_\gamma\Phi^{1,\epsilon}(x)$和$D_\gamma\Phi^{2,\epsilon'}(x)$仍具有强衰减性，有

$$|a^{\epsilon,\epsilon'}_{j,k;j',k'}|\leqslant C\int(1+|x|)^{-N_1}(1+|2^{j'-j}x-k'+2^{j'-j}k|)^{-N_2}\,\mathrm{d}x$$

将积分区域分成$|x|\leqslant2^{j-j'-1}|k'-2^{j'-j}k|$和$|x|>2^{j-j'-1}|k'-2^{j'-j}k|$两部分，得到

$$\begin{aligned}|a^{\epsilon,\epsilon'}_{j,k;j',k'}|\leqslant{}&C\int_{|x|\leqslant2^{j-j'-1}|k'-2^{j'-j}k|}(1+|x|)^{-N_1}(1+|k'+2^{j'-j}k|)^{-N_2}\,\mathrm{d}x+\\&C\int_{|x|>2^{j-j'-1}|k'-2^{j'-j}k|}(1+|x|)^{-N_1}\,\mathrm{d}x\end{aligned}$$

取$N_1>N+n$和$N_2>N+n$，就得到所需结论.

用小波来分析分布的理论基础是：对于任意分布 $f(\boldsymbol{x})\in S'/P(\mathbf{R}^n)$，由分布的缓增性质，我们总可以选择正则的小波，以便可以定义 $f^{\epsilon}_{j,\boldsymbol{k}}$，即

$$f^{\epsilon}_{j,\boldsymbol{k}}=\langle f,\Phi^{\epsilon}_{j,\boldsymbol{k}}\rangle\quad(\forall(\epsilon,j,\boldsymbol{k})\in\Lambda)\tag{1}$$

从 $f^{\epsilon}_{j,\boldsymbol{k}}$ 可以很方便地恢复 $f(\boldsymbol{x})$，事实上在分布意义下有

$$f(\boldsymbol{x})=\sum_{(\epsilon,j,\boldsymbol{k})\in\Lambda}f^{\epsilon}_{j,\boldsymbol{k}}\Phi^{\epsilon}_{j,\boldsymbol{k}}(\boldsymbol{x})\tag{2}$$

下面用小波来研究别索夫空间中的函数，我们使用来源于多分辨率分析的充分正则的正交张量积小波基，其中 $\Phi^0(\boldsymbol{x})$ 为父小波，$\Phi^{\epsilon}(\boldsymbol{x})$，$\epsilon\in\{0,1\}^n\backslash\{0\}$ 是母小波. 令

$$\Lambda=\Lambda_n=\{\lambda=(\epsilon,j,\boldsymbol{k})\mid\epsilon\in\{0,1\}^n\backslash\{0\},j\in\mathbf{Z},\boldsymbol{k}\in\mathbf{Z}^n\}$$

对于任意的 $\epsilon,j,\boldsymbol{k}$，记

$$\Phi^{\epsilon}_{j,\boldsymbol{k}}(\boldsymbol{x})=2^{\frac{jn}{2}}\Phi^{\epsilon}(2^j\boldsymbol{x}-\boldsymbol{k})$$

运用式(1)和(2)，则可以用正则小波分析别索夫空间.

定理 1 给定 $s\in\mathbf{R}$，$0<p,q\leqslant+\infty$，那么 $f(\boldsymbol{x})\in\dot{B}^{s,q}_{p}(\mathbf{R}^n)$ 等价于

$$\Big(\sum_{j\in\mathbf{Z}}2^{jq(s+\frac{n}{2}-\frac{n}{p})}\Big(\sum_{\epsilon,\boldsymbol{k}}|f^{\epsilon}_{j,\boldsymbol{k}}|^p\Big)^{\frac{q}{p}}\Big)^{\frac{1}{q}}<\infty$$

定理 1 的证明分两步完成. 首先，证明梅耶小波使定理 1 成立，其次，证明对于不同的小波基小波系数的估计不变.

证明 第一步：梅耶小波.

给定函数系 $\{\psi_v\}_{v\in\mathbf{Z}}$ 和梅耶小波基 $\{\Phi^{\epsilon}_{j,\boldsymbol{k}}\}_{(\epsilon,j,\boldsymbol{k})\in\Lambda}$，于是对于 $f\in S'/P(\mathbf{R}^n)$，相应地对应 $\{f_v\}_{v\in\mathbf{Z}}$ 和 $\{f^{\epsilon}_{j,\boldsymbol{k}}\}_{(\epsilon,j,\boldsymbol{k})\in\Lambda}$. 因此，有

$$\begin{aligned}I&=\Big(\sum_{v\in\mathbf{Z}}(2^{vs}\|f_v\|_p)^q\Big)^{\frac{1}{q}}=\Big(\sum_{v\in\mathbf{Z}}(2^{vs}\|f*\psi_v\|_p)^q\Big)^{\frac{1}{q}}\\&=\Big(\sum_{v\in\mathbf{Z}}\Big(2^{vs}\Big\|\sum_{\epsilon,j,\boldsymbol{k}}f^{\epsilon}_{j,\boldsymbol{k}}\Phi^{\epsilon}_{j,\boldsymbol{k}}*\psi_v\Big\|_p\Big)^q\Big)^{\frac{1}{q}}\end{aligned}$$

由 $\Phi^{\epsilon}_{j,\boldsymbol{k}}*\psi_v$ 的傅里叶变换的支集性质，知道存在不依赖函数组选择的正整数 C，使得如果 $|v-j|>C$，那么 $\Phi^{\epsilon}_{j,\boldsymbol{k}}*\psi_v=0$. 于是，有

$$\begin{aligned}I&=\Big(\sum_{v\in\mathbf{Z}}\Big(2^{vs}\Big\|\sum_{|j-v|\leqslant C}\sum_{\epsilon,\boldsymbol{k}}f^{\epsilon}_{j,\boldsymbol{k}}\Phi^{\epsilon}_{j,\boldsymbol{k}}*\psi_v\Big\|_p\Big)^q\Big)^{\frac{1}{q}}\\&\leqslant\Big(\sum_{v\in\mathbf{Z}}\Big(2^{vs}\sum_{|j-v|\leqslant C}\Big\|\sum_{\epsilon,\boldsymbol{k}}f^{\epsilon}_{j,\boldsymbol{k}}\Phi^{\epsilon}_{j,\boldsymbol{k}}*\psi_v\Big\|_p\Big)^q\Big)^{\frac{1}{q}}\end{aligned}$$

由于

$$\Big\|\sum_{\epsilon,\boldsymbol{k}}f^{\epsilon}_{j,\boldsymbol{k}}\Phi^{\epsilon}_{j,\boldsymbol{k}}*\psi_v\Big\|_p\leqslant C\Big\|\sum_{\epsilon,\boldsymbol{k}}f^{\epsilon}_{j,\boldsymbol{k}}\Phi^{\epsilon}_{j,\boldsymbol{k}}\Big\|_p$$

$$\leqslant \left(\sum_{\epsilon,\boldsymbol{k}} 2^{nj(\frac{p}{2}-1)} \mid f^{\epsilon}_{j,\boldsymbol{k}} \mid^{p}\right)^{\frac{1}{p}}$$

可得

$$\begin{aligned}
I &\leqslant C\left(\sum_{v\in\mathbf{Z}}\left(2^{vs}\sum_{|j-v|\leqslant C}\sum_{\epsilon,\boldsymbol{k}} 2^{nj(\frac{p}{2}-1)} \mid f^{\epsilon}_{j,\boldsymbol{k}} \mid^{p}\right)^{\frac{q}{p}}\right)^{\frac{1}{q}}\\
&\leqslant C\left(\sum_{v\in\mathbf{Z},|j-v|\leqslant C}\left(2^{vs}\sum_{\epsilon,\boldsymbol{k}} 2^{nj(\frac{p}{2}-1)} \mid f^{\epsilon}_{j,\boldsymbol{k}} \mid^{p}\right)^{\frac{q}{p}}\right)^{\frac{1}{q}}\\
&\leqslant C\left(\sum_{v\in\mathbf{Z},|j-v|\leqslant C}\left(2^{js}\sum_{\epsilon,\boldsymbol{k}} 2^{nj(\frac{p}{2}-1)} \mid f^{\epsilon}_{j,\boldsymbol{k}} \mid^{p}\right)^{\frac{q}{p}}\right)^{\frac{1}{q}}\\
&\leqslant C\left(\sum_{j\in\mathbf{Z}} 2^{jq(s+\frac{n}{2}-\frac{n}{p})}\left(\sum_{\epsilon,\boldsymbol{k}} \mid f^{\epsilon}_{j,\boldsymbol{k}} \mid^{p}\right)^{\frac{q}{p}}\right)^{\frac{1}{q}}
\end{aligned}$$

反过来，我们有

$$\begin{aligned}
J &= \left(\sum_{j\in\mathbf{Z}} 2^{jq(s+\frac{n}{2}-\frac{n}{p})}\left(\sum_{\epsilon,\boldsymbol{k}} \mid f^{\epsilon}_{j,\boldsymbol{k}} \mid^{p}\right)^{\frac{q}{p}}\right)^{\frac{1}{q}}\\
&= \left(\sum_{j\in\mathbf{Z}} 2^{jq(s+\frac{n}{2}-\frac{n}{p})}\left(\sum_{\epsilon,\boldsymbol{k}} \mid \langle f,\Phi^{\epsilon}_{j,\boldsymbol{k}}\rangle \mid^{p}\right)^{\frac{q}{p}}\right)^{\frac{1}{q}}\\
&= \left(\sum_{j\in\mathbf{Z}} 2^{jq(s+\frac{n}{2}-\frac{n}{p})}\left(\sum_{\epsilon,\boldsymbol{k}} \left| \left\langle \sum_{v} f*\psi_v,\Phi^{\epsilon}_{j,\boldsymbol{k}}\right\rangle \right|^{p}\right)^{\frac{q}{p}}\right)^{\frac{1}{q}}\\
&= \left(\sum_{j\in\mathbf{Z}} 2^{jq(s+\frac{n}{2}-\frac{n}{p})}\left(\sum_{\epsilon,\boldsymbol{k}} \left| \sum_{v} \langle f*\psi_v,\Phi^{\epsilon}_{j,\boldsymbol{k}}\rangle \right|^{p}\right)^{\frac{q}{p}}\right)^{\frac{1}{q}}
\end{aligned}$$

由 $\Phi^{\epsilon}_{j,\boldsymbol{k}}$ 和 $f*\psi_v$ 的傅里叶变换的支集和帕塞瓦尔等式性质，知道存在不依赖函数组选择的正整数 C，使得如果 $|v-j|>C$，那么 $\langle f*\psi_v,\Phi^{\epsilon}_{j,\boldsymbol{k}}\rangle=0$. 于是，有

$$\begin{aligned}
J &= \left(\sum_{j\in\mathbf{Z}} 2^{jq(s+\frac{n}{2}-\frac{n}{p})}\left(\sum_{\epsilon,\boldsymbol{k}} \left| \sum_{|v-j|\leqslant C} \langle f*\psi_v,\Phi^{\epsilon}_{j,\boldsymbol{k}}\rangle \right|^{p}\right)^{\frac{q}{p}}\right)^{\frac{1}{q}}\\
&\leqslant C\left(\sum_{j\in\mathbf{Z}} 2^{jq(s+\frac{n}{2}-\frac{n}{p})}\left(\sum_{|v-j|\leqslant C}\sum_{\epsilon,\boldsymbol{k}} |\langle f*\psi_v,\Phi^{\epsilon}_{j,\boldsymbol{k}}\rangle|^{p}\right)^{\frac{q}{p}}\right)^{\frac{1}{q}}\\
&\leqslant C\left(\sum_{j\in\mathbf{Z}}\sum_{|v-j|\leqslant C} 2^{jq(s+\frac{n}{2}-\frac{n}{p})}\left(\sum_{\epsilon,\boldsymbol{k}} |\langle f*\psi_v,\Phi^{\epsilon}_{j,\boldsymbol{k}}\rangle|^{p}\right)^{\frac{q}{p}}\right)^{\frac{1}{q}}
\end{aligned}$$

由于

$$\left(\sum_{\epsilon,\boldsymbol{k}} |\langle f*\psi_v,\Phi^{\epsilon}_{j,\boldsymbol{k}}\rangle|^{p}\right)^{\frac{1}{p}} \leqslant C2^{jn(\frac{1}{p}-\frac{1}{2})} \| f*\psi_v \|_{L^p}$$

可得

$$\begin{aligned}
J &\leqslant C\left(\sum_{j\in\mathbf{Z}}\sum_{|v-j|\leqslant C} 2^{jqs} \| f*\psi_v \|^{q}_{L^p}\right)^{\frac{1}{q}}\\
&\leqslant \left(\sum_{v\in\mathbf{Z}} (2^{vs} \| f_v \|_{p})^{q}\right)^{\frac{1}{q}}
\end{aligned}$$

第二步：不同小波基系数估计的不变性.

为了证明在任意正则小波基下估计的不变性，我们利用引理1给出的不同小

波基之间相差几乎对角化的矩阵这一性质.记

$$u_j=\Big(\sum_{\epsilon,k}|a^{\epsilon}_{j,k}|^p\Big)^{\frac{1}{p}}$$

为证明无关性,只需证明下面的估计

$$\begin{aligned}I&=\sum_j 2^{jq(s+\frac{n}{2}-\frac{n}{p})}\Big(\sum_{\epsilon,k}\Big|\sum_{\epsilon',j',k'}a^{\epsilon,\epsilon'}_{j,k,j',k'}a^{\epsilon'}_{j',k'}\Big|^p\Big)^{\frac{q}{p}}\\&\leqslant C_q\sum_{j'}2^{j'q(s+\frac{n}{2}-\frac{n}{p})}u^q_{j'}\end{aligned}$$

我们分 $0<p\leqslant 1$ 和 $p>1$ 两种情况考虑.

当 $0<p\leqslant 1$ 时,有

$$I\leqslant\sum_j 2^{jq(s+\frac{n}{2}-\frac{n}{p})}\Big(\sum_{\epsilon',j',k'}\sum_{\epsilon,k}|a^{\epsilon,\epsilon'}_{j,k,j',k'}|^p|a^{\epsilon'}_{j',k'}|^p\Big)^{\frac{q}{p}}$$

对求和分成 $j'\leqslant j$ 和 $j'>j$ 两种情况,有

$$\begin{aligned}I\leqslant{}&C\sum_j 2^{jq(s+\frac{n}{2}-\frac{n}{p})}\Big(\sum_{j'\leqslant j}\sum_{\epsilon',k'}\sum_{\epsilon,k}|a^{\epsilon,\epsilon'}_{j,k,j',k'}|^p|a^{\epsilon'}_{j',k'}|^p\Big)^{\frac{q}{p}}+\\&C\sum_j 2^{jq(s+\frac{n}{2}-\frac{n}{p})}\Big(\sum_{j'>j}\sum_{\epsilon',k'}\sum_{\epsilon,k}|a^{\epsilon,\epsilon'}_{j,k,j',k'}|^p|a^{\epsilon'}_{j',k'}|^p\Big)^{\frac{q}{p}}\end{aligned}$$

代入引理 1 中给出的 $|a^{\epsilon,\epsilon'}_{j,k,j',k'}|$ 的估计,得到

$$\begin{aligned}I\leqslant{}&C\sum_j 2^{jq(s+\frac{n}{2}-\frac{n}{p})}\Big(\sum_{j'\leqslant j}2^{-(p\gamma+\frac{pn}{2}-n)(j-j')}u^p_{j'}\Big)^{\frac{q}{p}}+\\&C\sum_j 2^{jq(s+\frac{n}{2}-\frac{n}{p})}\Big(\sum_{j'>j}2^{-p(\gamma+\frac{n}{2})|j-j'|}u^p_{j'}\Big)^{\frac{q}{p}}\end{aligned}$$

根据 p 和 q 的大小,分成两种情况.如果 $q\leqslant p$,我们有

$$\begin{aligned}I\leqslant{}&C\sum_j 2^{jq(s+\frac{n}{2}-\frac{n}{p})}\sum_{j'\leqslant j}2^{-\frac{p}{q}(p\gamma+\frac{pn}{2}-n)(j-j')}u^p_{j'}+\\&C\sum_j 2^{jq(s+\frac{n}{2}-\frac{n}{p})}\sum_{j'>j}2^{-q(\gamma+\frac{n}{2})|j-j'|}u^p_{j'}\end{aligned}$$

交换求和顺序并整理和式,得到

$$\begin{aligned}I\leqslant{}&C\sum_{j'}2^{j'q(s+\frac{n}{2}-\frac{n}{p})}u^q_{j'}\sum_{j'\leqslant j}2^{q(s-\gamma)(j-j')}+\\&C\sum_{j'}2^{j'q(s+\frac{n}{2}-\frac{n}{p})}u^q_{j'}\sum_{j'>j}2^{-q(s+\gamma+n-\frac{n}{p})|j-j'|}\end{aligned}$$

注意到 $\left(\dfrac{1}{p}-1\right)n-\gamma<s<\gamma$,就得到 $q\leqslant p$ 时所要的估计.如果 $q>p$,选取 δ 为充分小的正数,有

$$\begin{aligned}I\leqslant{}&C\sum_j 2^{jq(s+\frac{n}{2}-\frac{n}{p})}\sum_{j'\leqslant j}2^{(\delta-\frac{q}{p}(p\gamma+\frac{pn}{2}-n))(j-j')}u^q_{j'}+\\&C\sum_j 2^{jq(s+\frac{n}{2}-\frac{n}{p})}\sum_{j'>j}2^{(\delta-q(\gamma+\frac{n}{2}))|j-j'|}u^q_{j'}\end{aligned}$$

交换求和顺序并整理和式,得到

$$\begin{aligned} I \leqslant & C\sum_{j'} 2^{j'q(s+\frac{n}{2}-\frac{n}{p})} u_{j'}^{q} \sum_{j'\leqslant j} 2^{(q(s-\gamma)-\delta)(j-j')} + \\ & C\sum_{j'} 2^{j'q(s+\frac{n}{2}-\frac{n}{p})} u_{j'}^{q} \sum_{j'>j} 2^{(\delta-q(s+\gamma+n-\frac{n}{p}))|j-j'|} \end{aligned}$$

注意到$\left(\dfrac{1}{p}-1\right)n-\gamma<s<\gamma$和$\delta$为充分小的正数,就得到$q>p$时所要的估计.

当$p>1$时,记$p'=\dfrac{p}{p-1}$,选取δ为充分小的正数和$0<u=\dfrac{p-1}{p}<1$,我们反复使用赫尔德不等式

$$\sum_{k} |a_{k}||b(k)| \leqslant \left(\sum |a_{k}|^{p}\right)^{\frac{1}{p}} \left(\sum |b_{k}|^{p'}\right)^{\frac{1}{p'}}$$

及和式$\sum\limits_{\epsilon,k} |a_{j,j',k,k'}^{\epsilon,\epsilon'}|^{s}$和$\sum\limits_{\epsilon',k'} |a_{j,j',k,k'}^{\epsilon,\epsilon'}|^{t}$的有界性,于是有

$$\begin{aligned} I \leqslant & C\sum_{j} 2^{jq(s+\frac{n}{2}-\frac{n}{p})} \Big(\sum_{\epsilon,k} \Big(\sum_{j'\geqslant j} \Big(\sum_{\epsilon',k'} |a_{j,k,j',k'}^{\epsilon,\epsilon'}|^{up'}\Big)^{\frac{1}{p'}} \cdot \\ & \Big(\sum_{\epsilon',k'} |a_{j,j',k,k'}^{\epsilon,\epsilon'}|^{(1-u)p} |a_{j',k'}^{\epsilon'}|^{p}\Big)^{\frac{1}{p}}\Big)^{p}\Big)^{\frac{q}{p}} + \\ & C\sum_{j} 2^{jq(s+\frac{n}{2}-\frac{n}{p})} \Big(\sum_{\epsilon,k} \Big(\sum_{j'<j} \Big(\sum_{\epsilon',k'} |a_{j,j',k,k'}^{\epsilon,\epsilon'}|^{up'}\Big)^{\frac{1}{p'}} \cdot \\ & \Big(\sum_{\epsilon',k'} |a_{j,j',k,k'}^{\epsilon,\epsilon'}|^{(1-u)p} |a_{j',k'}^{\epsilon'}|^{p}\Big)^{\frac{1}{p}}\Big)^{p}\Big)^{\frac{q}{p}} \\ \leqslant & C\sum_{j} 2^{jq(s+\frac{n}{2}-\frac{n}{p})} \Big(\sum_{\epsilon,k} \Big(\sum_{j'\geqslant j} 2^{\left(\frac{n(p-1)}{2}-u(\frac{n}{2}+\gamma)\right)(j'-j)} \cdot \\ & \Big(\sum_{\epsilon',k'} |a_{j,j',k,k'}^{\epsilon,\epsilon'}|^{(1-u)p} |a_{j',k'}^{\epsilon'}|^{p}\Big)^{\frac{1}{p}}\Big)^{p}\Big)^{\frac{q}{p}} + \\ & C\sum_{j} 2^{jq(s+\frac{n}{2}-\frac{n}{p})} \Big(\sum_{\epsilon,k} \Big(\sum_{j'<j} 2^{\left(u(\frac{n}{2}+\gamma)\right)(j'-j)} \cdot \\ & \Big(\sum_{\epsilon',k'} |a_{j,j',k,k'}^{\epsilon,\epsilon'}|^{(1-u)p} |a_{j',k'}^{\epsilon'}|^{p}\Big)^{\frac{1}{p}}\Big)^{p}\Big\}^{\frac{q}{p}} \end{aligned}$$

考虑到δ为任意小正常数,有

$$\begin{aligned} I \leqslant & C\sum_{j} 2^{jq(s+\frac{n}{2}-\frac{n}{p})} \Big(\sum_{\epsilon,k} \sum_{j'\geqslant j} 2^{(\frac{n(p-1)}{2}-u(\frac{n}{2}+\gamma)+\delta)(j'-j)p} \cdot \\ & \sum_{\epsilon',k'} |a_{j,j',k,k'}^{\epsilon,\epsilon'}|^{(1-u)p} |a_{j',k'}^{\epsilon'}|^{p}\Big)^{\frac{q}{p}} + \\ & C\sum_{j} 2^{jq(s+\frac{n}{2}-\frac{n}{p})} \Big(\sum_{\epsilon,k} \sum_{j'<j} 2^{(u(\frac{n}{2}+\gamma)-\delta)(j'-j)p} \cdot \\ & \sum_{\epsilon',k'} |a_{j,j',k,k'}^{\epsilon,\epsilon'}|^{(1-u)p} |a_{j',k'}^{\epsilon'}|^{p}\Big)^{\frac{q}{p}} \end{aligned}$$

$$\leqslant C\sum_{j}2^{jq(s+\frac{n}{2}-\frac{n}{p})}\Big(\sum_{j'\geqslant j}2^{-(p(\frac{n}{2}+\gamma)-(p-1)n-\delta)(j'-j)}u_{j'}^{p}\Big)^{\frac{q}{p}}+$$

$$C\sum_{j}2^{jq(s+\frac{n}{2}-\frac{n}{p})}\Big(\sum_{j'<j}2^{(p(\frac{n}{2}+\gamma)-n-\delta)(j'-j)}u_{j'}^{p}\Big)^{\frac{q}{p}}$$

根据 p 和 q 之间的关系分成两种情况考虑.如果 $q\leqslant p$,那么有

$$I\leqslant C\sum_{j}2^{jq(s+\frac{n}{2}-\frac{n}{p})}\sum_{j'\geqslant j}2^{-\frac{q}{p}(p(\frac{n}{2}+\gamma)-(p-1)n-\delta)(j'-j)}u_{j'}^{q}+$$

$$C\sum_{j}2^{jq(s+\frac{n}{2}-\frac{n}{p})}\sum_{j'<j}2^{\frac{q}{p}(p(\frac{n}{2}+\gamma)-n-\delta)(j'-j)}u_{j'}^{q}$$

$$\leqslant C\sum_{j'}2^{j'q(s+\frac{n}{2}-\frac{n}{p})}u_{j'}^{q}\sum_{j'\geqslant j}2^{q(s-\gamma+n-\frac{\delta}{p})(j-j')}+$$

$$C\sum_{j'}2^{j'q(s+\frac{n}{2}-\frac{n}{p})}u_{j'}^{q}\sum_{j'<j}2^{-q(s+\frac{\delta}{p}-\gamma)(j'-j)}$$

由于 $s<\gamma-n$ 和 δ 充分小,得到相应结论.如果 $q>p$,选取 δ' 为充分小的正常数,那么有

$$I\leqslant C\sum_{j}2^{jq(s+\frac{n}{2}-\frac{n}{p})}\sum_{j'\geqslant j}2^{-\frac{q}{p}(p(\frac{n}{2}+\gamma)-(p-1)(n-\delta-\delta'))(j'-j)}u_{j'}^{q}+$$

$$C\sum_{j}2^{jq(s+\frac{n}{2}-\frac{n}{p})}\sum_{j'<j}2^{\frac{q}{p}(p(\frac{n}{2}+\gamma)-n-\delta-\delta')(j'-j)}u_{j'}^{q}$$

$$\leqslant C\sum_{j'}2^{j'q(s+\frac{n}{2}-\frac{n}{p})}u_{j'}^{q}\sum_{j'\geqslant j}2^{q(s-\gamma+\eta-\frac{\delta+\delta'}{p})(j-j')}+$$

$$C\sum_{j'}2^{j'q(s+\frac{n}{2}-\frac{n}{p})}u_{j'}^{q}\sum_{j'<j}2^{-q(s+\frac{\delta+\delta'}{p}-\gamma)(j'-j)}$$

同样得到所要结论.

第 13 章　帕塞瓦尔等式与量子场论中广义函数的佩利—维纳定理

§1　佩利—维纳定理

我国数学家张文泉、吴卓人在 20 世纪中叶给出了一项前沿性工作，其中帕塞瓦尔等式起到了一定作用. 设 $\mathbf{R}^4$ 表示四维（时一空）空间，其中向量记作 $\boldsymbol{x}=(x_0, x_1, x_2, x_3)$，共轭空间中的向量记作 $\boldsymbol{k}=(k_0, k_1, k_2, k_3)$，以 $\vec{x}$ 表示 (x_1, x_2, x_3)，$\vec{k}=(k_1, k_2, k_3)$，而以

$$\boldsymbol{x}\cdot\boldsymbol{k}=x_0k_0-\vec{x}\cdot\vec{k}$$

$$\vec{x}\cdot\vec{k}=x_1k_1+x_2k_2+x_3k_3$$

表示数量积，记 $\boldsymbol{x}^2=x_0^2-\vec{x}^2$，$\vec{x}^2=x_1^2+x_2^2+x_3^2$. $x\lesssim 0$ 表示 $x_0<0$ 或 $x^2<0$，而 $x\gtrsim 0$ 表示 $x_0>0$ 或 $x^2>0$. 在量子场论中有一类特殊的广义函数 $f(x)$，由于它所描述的物理过程服从因果律，适合条件

$$f(x)=0, x\lesssim 0$$

（也有一类广义函数适合条件 $f(x)=0, x\gtrsim 0$，对这一类函数具有和上面一类函数完全类似的性质）. 我们要研究这种函数的傅里叶变换的性质，得到类似的佩利—维纳（Wiener）定理. 这里我们所讨论的广义函数是指 S 空间上的，而 S 空间为可列赋范空间：事实上，若 $C(l, m; 4)$ 表示满足条件

$$\|\varphi\|_{l,m}=\sup_{\substack{0\leqslant s_v\leqslant l\\ 0\leqslant r_v\leqslant m}}\left|x_0^{s_0}x_1^{s_1}x_2^{s_2}x_3^{s_3}\cdot\frac{\partial^{r_0+\cdots+r_3}\varphi}{\partial x_0^{r_0}\partial x_1^{r_1}\partial x_2^{r_2}\partial x_3^{r_3}}\right|$$

的具有 m 次连续导数的函数全体所构成的巴拿赫空间，则

$$S=\prod_{l,m=0}^{\infty}C(l, m; 4)$$

我们得到如下的结果：

定理 1　设 $f(x)$ 是 S 空间上的广义函数，则在 $t\lesssim 0$ 中 $f(t)=0$ 的充要条件是

存在函数 $\tilde{f}(p+\mathrm{i}q)$ 在 $q_0>|\vec{q}|$ 时为解析的，且对任一 $\varepsilon>0$，存在常数 c_s，m 使

$$|\tilde{f}(p+\mathrm{i}q)|\leqslant c_s\prod_{v=0}^{3}(1+|p_v|^m)(1+q_0)^m\frac{\mathrm{e}^{q_0\varepsilon}}{(q_0-|\vec{q}|)^l}$$

而且 $\tilde{f}(p+\mathrm{i}q)$ 在 $q_0\to 0$ 时是弱收敛于 $\tilde{f}(p)$ 的，其中 $\tilde{f}(p)$ 为 $f(x)$ 的傅里叶变换.

证明 必要性. 无限次可微函数(且其各阶导数均有界)，适合条件

$$h(t)=1\quad\left(\text{当 } t_0\geqslant|\vec{t}|-\frac{\varepsilon}{2}\text{ 时}\right)$$

$$h(t)=0\quad(\text{当 } t_0<|\vec{t}|-\varepsilon\text{ 时})$$

当 $q_0>|\vec{q}|$ 时，$h(t)\mathrm{e}^{\mathrm{i}(p+\mathrm{i}q)t}$ 为基本函数，事实上

$$\|h(t)\mathrm{e}^{\mathrm{i}(p+\mathrm{i}q)t}\|_{l,m}\leqslant c\sup_{t_0\geqslant|\vec{t}|-\frac{\varepsilon}{2}}(1+(t_0^2+\vec{t}^{\,2})^{\frac{l}{2}})\times(1+|p+\mathrm{i}q|)^m\mathrm{e}^{-qt}$$

当 $t_0+\varepsilon>|\vec{t}|$ 时，由于 $\vec{q}\cdot\vec{t}<|\vec{q}||\vec{t}|\leqslant q_0(t_0+\varepsilon)$，得到

$$\begin{aligned}-qt&=-q_0t_0+\vec{q}\cdot\vec{q}\leqslant-q_0t_0+|\vec{q}|(t_0+\varepsilon)\\&=q_0\varepsilon-t_0(q_0-|\vec{q}|)\end{aligned}$$

所以

$$\|h(t)\mathrm{e}^{\mathrm{i}(p+\mathrm{i}q)t}\|_{l,m}\leqslant c_\varepsilon\prod_{v=0}^{3}(1+|p_v|^m)(1+q_0{}^m)\frac{\mathrm{e}^{q_0s}}{(q_0-|\vec{q}|)^l}$$

因此

$$h(t)\mathrm{e}^{\mathrm{i}(p+\mathrm{i}q)t}\in C(l,m;4)\quad(l,m=0,1,2\cdots)$$

现在证明当 $q_0>|\vec{q}|$ 时，$\tilde{f}(z)=(f(t),h(t)\mathrm{e}^{\mathrm{i}zt})$ 对于 z 为解析的，其中 $z=p+iq$，$z_l=p_l+iq_i(i=0,1,2,3)$. 只要证明

$$\left(f(t),h(t)\left(\frac{\mathrm{e}^{\mathrm{i}(z+\Delta z)t}-\mathrm{e}^{\mathrm{i}zt}}{\Delta z_i}-\mathrm{i}t_i\mathrm{e}^{\mathrm{i}zt}\right)\right)$$

收敛于零即可. 容易验证，当 $\Delta z_i\to 0$ 时

$$\left\|h(t)\left(\frac{\mathrm{e}^{\mathrm{i}(z+\Delta z\mathrm{i})t}-\mathrm{e}^{\mathrm{i}zt}}{\Delta z_\mathrm{i}}-\mathrm{i}t_i\mathrm{e}^{\mathrm{i}zt}\right)\right\|_{l,m}$$

收敛于零，所以当 $q_0>|\vec{q}|$ 时，$\tilde{f}(p+\mathrm{i}q)$ 为解析的.

任取一 $\varphi\in S$，其傅里叶变换为

$$\tilde{\varphi}(p)=\int\varphi(x)\mathrm{e}^{\mathrm{i}px}\,\mathrm{d}x$$

则知 $\tilde{\varphi}(p)\in S$.

现证明

$$\int_{-\infty}^{+\infty}\tilde{f}(p+\mathrm{i}q)\tilde{\varphi}(p)\mathrm{d}p=\int_{-\infty}^{+\infty}f(t)\varphi(-t)h(t)\mathrm{e}^{-qt}\mathrm{d}t$$

事实上，由 $\tilde{\varphi}(p)$ 的逆变换就有

$$h(t)\int_{-\infty}^{+\infty}\mathrm{e}^{\mathrm{i}(p+\mathrm{i}q)t}\tilde{\varphi}(p)\mathrm{d}p=h(t)\mathrm{e}^{-qt}\varphi(-t)$$

$$\int_{-\infty}^{+\infty}\tilde{f}(p+\mathrm{i}q)\tilde{\varphi}(p)\mathrm{d}p=\int_{-\infty}^{+\infty}(f(t),h(t)\mathrm{e}^{\mathrm{i}(p+\mathrm{i}q)t}\tilde{\varphi}(p))\mathrm{d}p$$

设 $p_v(v=1,2,\cdots,m_n)$ 为 $[-n,n]$ 中的一列分点，$\Delta p_v=|p_v-p_{v-1}|$，则当 $\sup\Delta p_v=\sup\limits_{1\leqslant v\leqslant m_n}|p_v-p_{v-1}|\to 0$ 时，按照空间 S 的拓扑成立着

$$h(t)\sum\mathrm{e}^{\mathrm{i}(p_v+\mathrm{i}q)t}\tilde{\varphi}(p_v)\Delta p_v\overset{S}{\Rightarrow}h(t)\varphi(-t)\mathrm{e}^{-qt}$$

所以

$$\int_{-\infty}^{+\infty}\tilde{f}(p+iq)\tilde{\varphi}(p)\mathrm{d}p=(f(t),\varphi(-t)h(t)\mathrm{e}^{-qt})$$

又因为

$$\varphi(-t)h(t)\mathrm{e}^{-qt}\overset{S}{\Rightarrow}\varphi(-t)h(t)\quad(\text{当 } q_0\to 0 \text{ 时})$$

按 S 空间拓扑意义下成立，所以当 $q_0\to 0$ 时

$$(f(t),\varphi(-t)h(t)\mathrm{e}^{-qt})\xrightarrow{S'}(f(t),\varphi(-t)h(t))=(\tilde{f}(p),\tilde{\varphi}(p))$$

因而当 $q_0\to 0$ 时，$\tilde{f}(p+iq)$ 弱收敛于 $\tilde{f}(p)$.

因 f 必为 $C(l,m;4)$ 上的连续泛函，对于这个 l,m，当 $q_0{}'>|\vec{q}|$ 时，有

$$|\tilde{f}(p+iq)|\leqslant c_s\prod_{v=0}^{3}(1+|p_v|^m)(1-q_0^m)\frac{\mathrm{e}^{q_0 s}}{(q_0-|\vec{q}|)^l}\tag{1}$$

这是由于

$$\|h(t)\mathrm{e}^{\mathrm{i}(p+iq)t}\|_{l,m}\leqslant c_s\prod_{v=0}^{3}(1+|p_v|^m)(1-|q_0|^m)\frac{\mathrm{e}^{q_0 s}}{(q_0-|\vec{q}|)^l}$$

充分性. 由式(1) 我们作函数

$$\tilde{F}(p+iq)=\prod_{v=0}^{3}b_v^n\tilde{f}(p+iq)/\prod_{v=0}^{3}(b_v-(p_v+iq_v))^n$$

其中 $q_0>|\vec{q}|$，取 $\mathscr{J}\ b_v>q_v$，且取适当大的 n 使

$$\prod_{v=0}^{3}|(b_v-(p_v+iq_v))^n|$$

$$> \prod_{v=0}^{3} |(1+|p_v|^m)(1+|p_v|)\times(1+q_0^2)(1+q_0^m)|$$

因此

$$|\widetilde{F}(p+iq)| < c_\tau \frac{e^{q_0 s}}{\prod_{v=0}^{3}(1+|p_v|^2)(q_0-|\vec{q}|)^l}$$

由柯西积分定理

$$\int_{-\infty}^{+\infty}\widetilde{F}(p+iq)e^{-itp}\mathrm{d}p = e^{-qt}\int_{-\infty}^{+\infty}\widetilde{F}(p+iq)e^{-i(p+iq)t}\mathrm{d}p$$

$$= e^{-qt}F(t)$$

$$F(t) = \int_{-\infty}^{+\infty}\widetilde{F}(p+iq)e^{-i(p+iq)t}\mathrm{d}p$$

$$|F(t)| \leqslant \int_{-\infty}^{+\infty}\frac{e^{qt}e^{sq_0}}{(q_0-|\vec{q}|)^l\prod_{v=0}^{3}(1+|p_v|^2)}\mathrm{d}p$$

$$< \frac{Ce^{qt+sq_0}}{(q_0-|\vec{q}|)^l}$$

对任一 t 取 $\vec{q}$ 使 $\vec{q}\cdot\vec{t}=|\vec{q}||\vec{t}|$，当 $t_0<-2\varepsilon$ 时

$$q_0\varepsilon+qt=q_0(\varepsilon+t_0)-\vec{q}\cdot\vec{t}=-\varepsilon q_0-\vec{t}\cdot\vec{q}$$

所以当 $q_0\to\infty$ 时，$F(t)=0$. 若 $t_0>0$ 和 $|\vec{t}|>t_0+3\varepsilon$，取 $|\vec{q}|<q_0<|\vec{q}|+s$，则有

$$q_0\varepsilon+q_0t_0-|\vec{q}||\vec{t}| \leqslant q_0\varepsilon+q_0t-(q_0-s)(t_0+3\varepsilon)$$

$$=q_0\varepsilon+q_0t_0-q_0t_0+\varepsilon t_0-3q_0\varepsilon+3\varepsilon^2$$

$$=-2\varepsilon q_0+3\varepsilon^2+\varepsilon t_0$$

所以当 $q_0\to\infty$ 时，$F(t)=0$.

由上述内容有

$$(\widetilde{F}(p+iq),\widetilde{\varphi}(p)) = \left(\widetilde{f}(p+iq), \frac{\widetilde{\varphi}(p)\prod_{v=0}^{3}b_v^n}{\prod_{v=0}^{3}(b_v-(p_v+iq_v))^{(n)}}\right)$$

左边由帕塞瓦尔等式等于$(e^{-qt}F(t),\varphi(-t))$.

又因

$$\frac{\widetilde{\varphi}(p)\prod_{v=0}^{3}b_v^n}{\prod_{v=0}^{3}(b_v-(p_v+iq_v))^{(n)}} \overset{S}{\Rightarrow} \widetilde{\varphi}(p) \quad (\text{当 } |b|\to\infty \text{ 时})$$

因此 $\widetilde{F}(p+iq)$弱收敛于 $\widetilde{f}(p+iq)$. 记 $\widetilde{f}(p+iq)$的傅里叶逆变换为 $f(t,q)$，因 $\lim\limits_{\substack{q_0>|\vec{q}| \\ q_0\to 0}} f(t,q)=f(t)$，故 $F(t)$弱收敛于 $f(t)$.

由于 $F(t)$在 $t_0<-2\varepsilon, 0\leqslant t_0<|\vec{t}|-3\varepsilon$ 时为 0，故 $f(t)$在此范围内也为 0，令 $\varepsilon\to 0$，即得

$$f(t)=0, t\lesssim 0$$

证毕.

§2　小波变换与调和分析

小波从 20 世纪 80 年代形成理论体系以来，一路突飞猛进. 国内 20 世纪 90 年代初开始引进小波，经过数年时间在各大学从无到有，到今天各个重点大学不但在数学学科有很多小波方面的人才，在许多其他学科同样如此. 小波是近 30 年创造就业机会最多的学科.

小波是什么，小波好像离我们的生活很远. 但今天，早上去上班坐的公交车或者开的私家车，很可能就是卫星导航的，而这个导航系统很可能就是利用小波开发出来的；打开电视或者上网，里面的图像或者信号就是利用小波处理过的；就连我们随身携带的手机，它的制式也可能是利用小波制定的. 大家知道，为了避免假币，每种纸币都有水印；很多其他的防伪标志也使用水印，其中小波处理的合适的水印被众多企业所推崇. 不过水印的工艺过于复杂也会带来麻烦，前些年新版的美元就因为水印工艺过于复杂导致几百亿美元无法发行. 还有小波对手写文字识别的应用，如将一份手稿用扫描仪扫描一下，计算机就能八九不离十地识别这些文字和记号. 综上可以看出，几十年前与我们的生活几乎毫无关系的一门数学学科，今天几乎无时无刻不与我们每个人的生活直接或间接地相关.

从数学理论上来说，小波来源于调和分析，小波的发展又促进了调和分析的进一步发展. 新的学科要有老的知识才有基础，老的知识因为新的内容才有活力. 调和分析的合适的离散和精确化实方法是调和分析快速发展及在其他学科得到广泛应用的主要原因之一. 本节力图在新老学科之间架起一座桥，着重阐述小波如何适应这一特征. 可以说调和分析和小波均是由天才们创立的学科，1822 年傅里叶发表了他的名著《热的解析理论》，自此我们有了傅里叶级数、傅里叶积分等概念，总之有了调和分析. 在数学中调和分析一直充满活力地向前发展，对数学以及其他学

科产生了越来越大的影响，特别是近几十年来小波分析突飞猛进的发展吸引了不同学科的人对它的注意.

提到调和分析和小波，这里先简单介绍一下傅里叶和梅耶的一些情况.

傅里叶不是一位职业数学家，但物理学家麦克斯韦(Maxwell)称赞《傅里叶分析》是一部伟大的史诗.傅里叶生于1768年法国的欧塞尔市，9岁丧父，10岁丧母，但仍继续上学，并于1780年进入欧塞尔皇家军校学习.13岁时，他对数学十分着迷，常研究数学问题到深夜.法国大革命爆发后，他于1793年参加欧塞尔革命委员会，1795年先后两次被捕.法国大革命结束后，他先到巴黎教书，后随拿破仑(Napoleon)到埃及并成为埃及研究院长期负责人，著有一本关于埃及的书.1802年他回到法国，拿破仑任命他为巴黎警察局高级官员，任职长达14年，因其行政工作出色，在政界享有很高威望，但这并没有使他放弃研究数学的兴趣.早在1807年他就开始研究傅里叶分析的核心内容，1817年他被选入法国科学院.

梅耶生于1939年7月19日，1986年11月4日当选法国科学院通信院士，1993年11月15日当选院士.据他的博士生导师巴黎第十一大学前校长卡赫纳(J. P. Kahane)院士介绍，梅耶当初拜访他并想做他的博士生时，手里拿着一叠厚厚的论文，卡赫纳看过后，还将这一本厚厚的论文推荐到法国数学会的*Asterisque*上发表.后来，梅耶本想证明我们现在意义下的经典小波并不存在，但出乎意料地找到了许多源于李特尔伍德—佩利分析的小波，那是第一次小波被大量发现的时期.他和科伊夫曼(Coifman)教授长期对考尔德伦(Calderón)—济格蒙德算子的研究和其他研究者的工作为小波的发展准备了充分的理论基础.由于在数学理论和应用上的杰出成就，在2010年数学家大会上，梅耶获得了高斯奖.

现在来说说什么是小波.我们知道，在数学上小波不但革新了函数空间的研究，还可以计算矩阵.由于它很好地适应了分布与算子的特征，小波在数学的各个学科得到了广泛应用.不但学数学的人关注它，而且许多企业的知名人士和科研人员也对它高度重视.

1910年就出现了哈尔(Haar)小波，但小波这个词是一些做工程应用的科研人员在20世纪80年代后期命名的.不过，小波的严格数学基础却与梅耶和科伊夫曼长期对考尔德伦—济格蒙德算子的研究有关.做工程应用的科研人员采用了一些在计算机上很成功的算法，但他们只能每次在计算机上验证以后才知道他们的算法是否成功，在数学上根本无法站住脚，因此他们邀请梅耶等数学家合作，希望从数学理论上得到支持，以避免每次在判断数据时不得不在计算机上进行大量复杂的计算.生活中,石油与我们紧密地联系在一起,在寻找石油时会产生大量的钻探数据,面对大量的石油探测数据,到底哪些数据代表着有石油?有了从数学上提供的理论基础,问题就明朗化了.自小波这门学科出现以来,国内已有很多大学的很多院系招收小波方向的博士.有关小波的文献呈爆炸性增长,小波的各种新概念不断出现,小波的名字有一大串:哈尔小波,施特龙贝格(Strömberg)小波,道比姬丝(Daubechies)小波,梅耶小波,香农(Shannon)小波,莫莱(Morlet)小波,巴特勒—利莫利亚(Battle—Lemarié)小波,等等,它们的名字实在太多,这里我们无法一一列举.通常的平移展缩小波按性质不同可分为正交小波、样条小波、双正交小波、小波框架等;各种非平移展缩小波包括马尔瓦尔(Malvar)小波、小波包、脊波、曲波等;小波按进制的不同可分为二进小波、多小波等;我们不但可以考虑欧氏空间上的小波,还可以考虑群上的小波……

小波在数学上有广泛的应用,如在函数空间、算子理论、概率统计、微分方程以及分形等方面都有其应用,在量子力学、非线性问题方面也有其应用.最近我们还使用小波完全替代了容量的概念.

小波还广泛应用于数值计算中,如在地震预报、逼近论、微分方程的数值解等中的应用;在信号处理、图像处理、语音合成、文字识别、密码学、神经网络等方面也用到小波.在遥感影像方面,李德仁院士用小波建立的数字地球成为 2010 年武汉大学的十件大事之一.我们前面提到的数字水印,还有日常生活中遇到的股票和多媒体,甚至平时离不开的手机都可能涉及小波.

在具体介绍小波之前,要先学会如何离散化所研究的对象,穿插讲述这些离散化与小波之间的关系.我们试图将小波看成一种合理的离散化结构.有人感慨小波发展的黄金时代过去了,然而每年仍有无数小波方面的文章出现,关于小波的网站也数不清.小波现在在理论上回答一些新的离散化现象的进展还不够,但在纯数学方面,近几十年研究很热门的乘子空间、莫里(Morrey)空间、量子力学等,也在用小波进行很好的研究.

为什么需要小波?这里先简单介绍一下 20 世纪 90 年代前小波的一段发展历史.傅里叶分析的思想和方法不但催生了调和分析及相关数学理论,还一直是数学发展的主要力量之一,不但在数学上应用广泛,而且在物理和工程学科中应用也相当广泛,还被广泛应用于线性规划、大地测量、电话、收音机、X 射线等难以计数的科学计算和仪器中,是基础科学和应用科学研究开发的系统平台.不过,傅里叶变换反映的是全部时间下的整体频域特征,不能提供任何局部时间段上的频率信息.

傅里叶分析只有频率的局部性，时间没有空间位置的局部性，我们不知道瞬间的信息，它甚至不能保持 L^p 范数，这影响了它的应用. 这促使哈尔用后来称为哈尔小波的基来研究函数，经过哈尔小波变换后，能保持 L^p 范数，最近的研究成果表明还能保持许多其他函数空间的范数. 哈尔于 1910 年发现的这组基成了小波的第一个基，不过哈尔系缺乏正则性，在傅里叶变量上的局部化很差，没有引起足够的重视. 但是这方面的努力一直在继续. 1938 年，李特尔伍德—佩利对傅里叶级数建立了李特尔伍德—佩利分析，即按二进频率成分分组，但这种分组不是在固定的基上. 1946 年，伽伯(Gabor)提出了著名的伽伯变换，后又发展成短时傅里叶变换. 1965 年考尔德伦发现了再生公式，它的离散形式已接近小波展开，只是还无法得到正交系的结论. 在研究哈代(Hardy)空间的过程中，科伊夫曼和韦斯(G. Weiss)创立了原子和分子学说. 邓东皋教授说，科伊夫曼和梅耶持续对考尔德伦—济格蒙德算子的研究为后来小波的发展奠定了很好的数学理论基础.

1981 年，施特龙贝格对哈尔系进行了改进，使其具备正则性，施特龙贝格是构造出正则小波的第一人. 1982 年巴特勒在构造量子场论中采用了类似于考尔德伦再生公式的展开形式. 李纳(J. S. Liénard)和罗代(X. Rodet)在涉及声音信号(语音和音乐)的数值处理中也出现了小波的影子. 但小波这个词第一次出现是在 1984 年由地球物理学家莫莱提出的. 莫莱在分析地震数据时提出将地震波按一个确定函数的伸缩平移系展开. 随后他与格罗斯曼(A. Groossmann)共同研究，发展了连续小波变换的几何体系，由此做出可以将一个信号分解成对空间和尺度的贡献. 1985 年，梅耶和格罗斯曼与道比姬丝共同进行研究，选取连续小波空间的一个连续子集，得到了一组称为小波框架的离散小波基. 随后人们试图寻找一组离散的正交基，梅耶试图证明不存在时频域都具有一定正则性的正交小波基，但是 1986 年他在研究李特尔伍德—佩利分析时却发现了傅里叶变换具有紧支集的无穷光滑函数，正交小波第一次被成批构造出来. 后来利莫利亚和巴特勒又分别独立构造了具有指数衰减的小波.

但标志小波成为一个独立的理论的最重要概念之一是把理论和应用紧密结合起来的多分辨率分析. 1983 年，伯特(P. J. Burt)和阿德尔森(E. A. Adelson)在数值计算上提出了一个金字塔算法，但工程师们只知道在应用上很有效，不知道从理论上找到有效的原因. 梅耶和马拉特(Mallat)的算法做到了这一点，并且成为后来小波构造的理论基础. 马拉特曾是巴黎综合理工大学(Ecole Polytechnique)的学生，当时梅耶是该校数学教授. 后来马拉特成为圣约瑟夫大学(Philadelphia Pennsylvania)的博士研究生,研究计算机视觉.一次偶然的机会,年仅 23 岁的他从一个朋友那里得知梅耶关于小波分析的思想,尤其是正交小波基的工作,并阅读了梅耶的论文.当时马拉特认为梅耶的方法与他本人的方法有些相似,并可用于图像处理,但有些困难需要克服.1986 年秋,马拉特多次电话求见正在美国教授小波分析的梅耶.后来,梅耶和马拉特在美国芝加哥大学见面,两人充分交换了意见,共同研究了问题难点的关键所在.在三天时间里,他们解决了所有问题,宣告多分辨率分析正式形成.这一想法不但统一了较长时间的小波基的构造理论,并且把数学理论与数值应用联系起来.

无限长的小波在应用中相当不方便,为了克服此困难,道比姬丝院士利用多分辨率发现了紧支集的小波.道比姬丝是比利时人,从小就想成为一名数学物理学家,在法国读博士时与格罗斯曼共过事.道比姬丝小波不能用解析公式给出,是通过迭代方法产生的,但证明道比姬丝小波成为正交基运用的方法是利用多分辨率分析导致滤波函数.另外,崔锦泰、王建中等对小波框架的研究和在应用中广泛采用的样条小波的发现,以及科恩(A. Cohen)和道比姬丝提出的双正交小波的概念,均大大地推进了小波理论的发展.

20 世纪 80 年代后期和 90 年代,小波的各种概念如雨后春笋般地冒出来,小波分析是泛函分析、调和分析、时频分析、数值分析、逼近论和广义函数等完美结合的产物.各种不同问题的需要,使得尺度函数、镜像滤波器要求具有各种特殊的性质.通常小波具有各向同性,而多诺霍(Donoho)和科伊夫曼提出的脊波和曲波具有各向异性.这些催生了各种不同类型的算法.从小波的理论、算法和历史可以看到小波的发展是实际需要催生的.离散的方法涉及数学和应用的本质,几乎各学科都使用,小波独特的离散观点(消失矩、正则性、局部性等)提供的自由度为我们处理各种理论和应用的对象提供了许多选择.粗略地说,小波的局部性可以成为我们局部地研究对象,小波的消失矩性质可以让我们探测光滑性和奇异程度,小波的正则性则保证我们能从经过小波处理的数据回到原有的正则性.数据获取、预处理、特征提出和分类,小波的这些工作就像是翻译函数各种性质的字典.随着问题的需要,还会有新的各种观点出现.小波分析的出现是不同学科、不同领域的交流与学科交叉发展的结果.

小波理论发展之初,最好地针对了傅里叶变换环形结构特征,很好地解决了许多困扰人们的问题.在现实生活中对象的结构各种各样,如果小波的目的旨在提供与研究问题相适应的合理离散框架,那么小波无论在应用上还是在理论上都将取得越来越大的成功.

德克萨斯农工大学逼近论中心主任崔锦泰院士认为,小波是一种具有非常丰富的数学内容,且对应用有巨大潜力的多方面实用的工具.

第 14 章　帕塞瓦尔等式与小波变换

§1　小波变换简要回顾

小波变换是一种新的变换分析方法，它的主要特点是通过变换能够充分突出问题某些方面的特征. 因此，小波变换在许多领域都得到了成功的应用，特别是小波变换的离散数字算法已被广泛用于许多问题的变换研究中.

从小波变换的数字理论来说，它是继傅里叶变换之后纯粹数学和应用数学完美结合的又一光辉典范，享有"数学显微镜"的美称. 从纯粹数学的角度来说，小波变换是调和分析(包括函数空间、广义函数、傅里叶分析和抽象调和分析等)这一重要学科大半个世纪以来的工作结晶. 从应用科学和技术科学的角度来说，小波变换又是计算机应用、信号处理、图像分析、非线性科学和工程技术近几年来在方法上的重大突破. 实际上，由于小波变换在它的产生、发展、完善的应用的整个过程中都广泛受惠于计算机科学、信号和图像处理科学、应用数学和纯粹数学、物理科学和地球科学等众多科学研究领域和工程技术应用领域的专家、学者和工程师的共同努力，所以，现在它已经成为科学研究和工程技术应用中涉及面极其广泛的一个热门话题.

从小波变换的发展过程来说，大致可分成三个阶段.

(1)孤立应用时期. 主要特征是一些特殊构造的小波在某些专业领域的零散应用. 这个时期最典型的代表性工作是法国地质学家莫莱和格罗斯曼第一次把"小波"用于分析处理地质数据，引进了以他们的名字命名的时间一尺度小波，即格罗斯曼一莫莱小波. 这个时期的另一个代表性工作是 1981 年施特龙贝格与哈尔在 1910 年所给出的哈尔系标准正交小波产生的正交基的改进. 同时，著名的计算机视觉专家马尔(D. Marr)在他的"零交叉"理论中使用的可按"尺度大小"变化的滤波算子，现在称为"墨西哥帽"的小波也是这个时期有名的工作之一，这部分工作与后来成为马拉特的小波分析构造理论支柱的"多尺度分析"或"多分辨分析"有密切联系. 这个时期一个有趣的现象是各个领域的专家、学者和工程师在完全不了解别人的研究工作的状态下巧妙地、独立地构造自己需要的“小波”. 虽然如此，但通观全局可以发现，这些专家、学者和工程师所从事研究的领域广泛分布于科学和技术研究的许多方面，因此，这个现象从另一个侧面预示了小波分析热潮的到来，说明了小波理论产生的必然性.

(2)国际性研究热潮和统一构造时期. 真正的小波热潮开始于 1986 年，当时法国数学家梅耶成功地构造出了具有一定衰减性质的光滑函数 ψ，这个函数(算子)的二进尺度伸缩和二进整倍数平移产生的函数系构成著名的函数空间 $L^2(\mathbf{R})$ 的标准正交基. 这项成果标志“小波分析”新时期的到来. 在此之前，学术界普遍认为不会存在性质如此之好的函数. 实际上，不仅数学家这样，其他领域的学者也有此倾向，比如前述提到的那些科学家或者放弃进一步的研究或者放弃对小波性质的特殊要求. 比如道比姬丝、格罗斯曼、梅耶在此之前就是研究函数 ψ 和常数 a 与 b，使函数系

$$\{a^{-\frac{j}{2}}\psi(a^{-j}x-kb)\mid(j,k)\in\mathbf{Z}\}$$

构成函数空间 $L^2(\mathbf{R})$ 的框架. 进入这个时期之后，利莫利亚和巴特勒又分别独立地构造得到了这样“好的”小波. 之后梅耶和计算机科学家马拉特提出多分辨分析概念，成功地统一了此前施特龙贝格、梅耶、利莫利亚和巴特勒的小波构造方法. 同时，马拉特还简洁地得到了离散小波的数值算法即马拉特分解和合成算法，并且将此算法用于数字图像的分解与重构. 几乎同时，比利时数学家道比姬丝基于多项式方式构造出具有有限支集的正交小波基，崔锦泰和中国籍学者王建中基于样条函数构造出单正交小波函数，并讨论了具有最好局部化性质的尺度函数和小波函数的一般构造方法. 这个时期的结束标志之一是国际性综合杂志《信息论》(*IEEE Transaction on Information Theory*)在 1992 年 3 月份的《小波分析及其应用》的专刊上，比较全面地介绍了在此之前小波分析理论和应用在各个学科领域的发展.

(3)全面应用时期. 从 1992 年开始，小波分析方法进入全面应用阶段. 在前一段研究工作的基础上，特别是数字信号和数字图像的马拉特分解和重构算法的确定，使小波分析的应用迅速波及科学研究和工程技术应用研究的许多领域. 编辑部设在美国德克萨斯农工大学的国际杂志 *Applied and Computation Harmonic Analysis* 从 1993 年创刊之日起就把小波分析的理论和应用研究作为其主要内容，编辑部的三位主编崔锦泰、科伊夫曼与道比姬丝都在小波分析的研究和应用中有独到的贡献. 时至今日，小波分析的应用范围还在不断扩大，许多科技期刊都刊载与小波分析相关的文章，各个学科领域的地区性和国际性学术会议都有涉及小波

分析的各种类型的论文、报告，同时，在国际互联网上，与小波有关的书籍、论文、报告、软件随时随地都可以找到并可以免费下载，甚至颇有国际影响的软件公司像 MathWorks 在它的“科学研究和工程应用”软件 MATLAB 中，特意把小波分析作为其“ToolBox”的单独一个工具箱. 这样的局面使得任何人都不可能完全了解小波分析全面的研究和应用情况，而只能选择其中相关的内容进行跟踪、消化和展开深入研究.

随着小波变换理论研究的不断深入和实际应用的日益广泛，小波分析的各种优势也在不断明确，但同时，一些常用的小波包括其相应的算法在某些特殊应用上的局限性也渐渐为人们所认识. 比如，在小波变换用于信号分离时经常出现的频率混叠现象给信号分析带来了麻烦.

§2　傅里叶变换和分数傅里叶变换

傅里叶变换是一个十分重要的工具，无论是在一般的科学研究中，还是在工程技术的应用研究中，它都发挥着基本工具的作用. 从历史发展的角度来看，自从法国科学家傅里叶在 1807 年为了得到热传导方程简便解法而首次提出著名的傅里叶分析技术以来，傅里叶变换首先在电气工程领域得到了成功应用，之后，傅里叶变换迅速得到了越来越广泛的应用，而且，理论上也得到了深入研究，特别是进入 20 世纪 40 年代之后，由于计算机技术的产生和迅速发展，以离散傅里叶变换形式出现的 FFT 以频域分析、谱分析和频谱分析的形式在极短的时间内迅速渗透到现代科学技术的几乎所有领域，无人不知无人不晓！ 时至今日，甚至发展到：在理论研究和应用技术研究中，分别把傅里叶变换和 FFT 当作最基本的有效的经典工具来使用和看待. 正是这些深入的研究和广泛的应用，逐渐暴露了傅里叶变换在研究某些问题时的局限性以及 FFT 在处理一些特殊数据时的局限性. 因为各种科学问题研究的特殊需要，对傅里叶变换的改进也选择了完全不同的方向.

伽伯在 1946 年给出的如今以他的名字命名的伽伯变换代表了改进傅里叶变换的一个方向，即信号加窗或基函数加窗，有时也称为窗口傅里叶变换. 这是一种信号局部分析的新思想，这个方向的深入研究最终导致小波分析的出现.

纳米亚斯(V. Namias)在 1980 年首先进行研究的分数傅里叶变换(Fractional Fourier Transformation 即 FRFT)是改进傅里叶变换的另一个方向. 当时他的问题是，要求出在量子力学研究中出现的一个特殊偏微分方程的解析解. 抽象地说，他是把分数傅里叶变换作为傅里叶变换算子的非整数次幂运算结果来引进的.基本的想法是把经典傅里叶变换的特征值作为一般的复数进行幂次运算,将所得结果作为一个新变换的特征值并利用傅里叶变换的特征函数二者合一,从而构造得到与前述幂次相同的分数傅里叶变换.因此,纳米亚斯研究的分数傅里叶变换是经典傅里叶变换在分数级次上的推广,它同伽伯变换和小波变换一样,都是把研究对象变换成维数更高的新对象来进行处理.因此从一般的科学研究方法来看,小波变换和分数傅里叶变换都是升维方法.

1987 年,麦克布赖德(A. C. Mcbride)和克尔(F. H. Kerr)用积分形式从数学上严格定义了分数傅里叶变换.1993 年,光学专家洛曼(A. W. Lohmann)利用傅里叶变换相当于在威格纳(Wigner)分布函数相空间中角度为$\frac{\pi}{2}$的旋转这一性质,阐释了分数傅里叶变换的物理意义,即幂次 α 的分数傅里叶变换相当于威格纳分布函数相空间中角度是$\frac{\alpha\pi}{2}$的旋转,这里 α 是分数傅里叶变换的幂次.从此,因为洛曼的杰出工作使分数傅里叶变换的研究首次在光学领域得到了应用,特别是在傅里叶光学及相关领域的研究中吸引了各国学者的注意.在 1993 年底,D. Mendlovic 和 H. M. Ozaktas 首次利用负二次型渐变折射率介质(GRIN)来实现光学分数傅里叶变换,他们的工作还包括利用分数傅里叶变换进行分数傅里叶变换域滤波以及分数傅里叶变换的计算机仿真方法和计算结果.到 1994 年初,D. Mendlovic,H. M. Ozaktas 和洛曼三人联合研究了分数傅里叶变换和自傅里叶变换函数的关系,明确了自傅里叶变换函数的分数傅里叶变换仍是自傅里叶变换函数的事实,并给出了自分数傅里叶变换的定义,在随后他们又给出了自分数傅里叶变换的几种可能应用.1994 年 3 月,莉埃芙(T. A. Lieva)等人将光线传播和分数傅里叶变换联系起来,指出可利用分数傅里叶变换来研究光线传播问题.1994 年 6 月,洛曼研究了分数傅里叶变换和拉东(Radon)—威格纳函数的关系,并证明了用 GRIN 介质实现的光学分数傅里叶变换和威格纳分布函数相空间旋转定义的光学分数傅里叶变换是完全等价的,同时提出可利用透镜和自由空间组合来实现光学分数傅里叶变换,并且给出了两个简单的结构.分数傅里叶变换在光学研究中的实现给光学信息处理带来了新的活力.另外,针对分数傅里叶变换的积分定义,卡拉斯克(Y. B. Karasik)研究了分数傅里叶变换积分核的一些基本性质.

1994 年 8 月,在苏格兰爱丁堡(Edinburgh)举行的光计算国际会议上,H. M. Ozaktas 等人提出了可利用分数傅里叶变换进行分数傅里叶域的空间变化性滤波.

贝尔纳多(L. M. Brnardo)等人提出利用分数傅里叶变换制作光学相关器的构想. Soo—Young、李(Lee)等人将分数傅里叶变换同自适应神经网络模型进行类比，得到一种基于分数傅里叶变换的自适应神经网络模型结构. 这些可能的应用使人们对分数傅里叶变换有了更新的认识. 同时，G. S. Agarwal 和 R. Sinon 把分数傅里叶变换同谐振子的格林函数联系起来，并推出了分数傅里叶变换同菲涅尔(Fresnel)变换的关系. 同年9月，菲内特(Finet)利用代数法讨论了分数傅里叶变换同菲涅尔衍射的关系，给出了一种基于菲涅尔衍射的分数傅里叶变换结构. 贝尔纳多和苏亚雷斯(O. D. D. Soares)研究了分数傅里叶变换结构与成像的关系. 同年11月，雷内(Rainer)等人给出了利用分数傅里叶变换进行"Chirp"滤波的数值模拟结果和实验结论. H. M. Ozaktas 指出，分数傅里叶变换可用来研究光学传播及球面谐振腔成像问题. 洛曼将光学分数傅里叶变换应用于时间信号的变换与分析之中，提出可利用光电调制器和光纤来构造基于分数傅里叶变换的光学信息处理系统. 同时，L. B. Alnoida 研究了时间—频率表象同分数傅里叶变换的关系，指出一个信号的分数傅里叶变换可以表示为一系列"Chirp"信号的叠加. S. Abe 等人则从数学上研究了分数傅里叶变换在相空间的旋转特性，指出可以利用分数傅里叶变换进行波前的分析和校正.

1995年，D. Mendlovic，H. M. Ozaktas 和洛曼三人利用分数傅里叶变换的概念，提出了分数相关的定义，并给出了可能的实现结构和相应的数值模拟结果. 洛曼采用调焦透镜组合结构实现分数傅里叶变换和 Y. Bitran 等人提出的利用非对称结构实现分数傅里叶变换的构想，使分数傅里叶变换的实验实现更为方便. 刘树田和张岩等人研究了光学分数傅里叶变换级数的尺度问题，给出可实现光学分数傅里叶变换的推广结构. 同年4月，H. M. Ozaktas 和 D. Mendlovic 总结了光学分数傅里叶变换的发展过程，研究了菲涅尔衍射和光学分数傅里叶变换的关系. 与此同时，S. Abc 等人也提出了菲涅尔衍射和光学分数傅里叶变换的关系. 同年5月，D. F. Mcalister 等人运用相空间背投影(分数傅里叶变换的相空间旋转)得到光场的威格纳函数分布，并利用其研究光场的相干强度. R. G. Dorsch 提出了利用分数傅里叶变换指导透镜设计的构想. 施(C. C. Shih)利用矩阵光学分解的方法得到了复数级傅里叶变换的实现结果，并于当年8月提出了一种新的分数傅里叶变换的定义形式，即态函数叠加的方法. D. Mendlovic 和洛曼等人报道了利用透镜组合分数傅里叶变换结构和计算全息方法实现分数相关的实验结果，指出分数相关可解决平移变化的模式识别问题. 同年9月，S. Granier 将光学分数傅里叶变换研究同自成像现象联系起来,指出可利用它来定义光学分数傅里叶变换.同年10月,O. Aytur和Ozaktas研究了量子光学相空间非正交区域变换和分数傅里叶变换的关系,并且给出了相空间各种变换的具体形式.A. Sahin则提出在两个正交轴上分别实现不同级次的分数傅里叶变换以增加信息通道的构想.11月,D. Mendlovic等人给出了基于分数傅里叶变换的新表象——线性空间表象,在另一篇文章中,他们报道了两正交轴实现不同级次分数傅里叶变换的实验结果.基于分数傅里叶变换的思想,沙米尔(J. Shamir)和N. Cohon提出在光学中实现开放和乘幂运算的设想,并指出这些操作可用于光学设计、光学信息处理和光计算机的研究等领域.同年12月,蒋志平利用分数傅里叶变换的尺度性质提出单一结构实现不同级次分数傅里叶变换的构想,并给出了结构参数.

1995年8月,施提出了一种新的分数傅里叶变换的定义形式——态函数叠加的方法,利用经典傅里叶变换整数幂运算的四周期性质将新的分数傅里叶变换定义成四个态函数的线性组合,其组合系数是分数傅里叶变换幂次的函数.从此,一些新的问题产生了,比如各种分数傅里叶变换定义之间的关系是什么,分数傅里叶变换的多样性,分数傅里叶变换的数学描述,分数傅里叶变换与傅里叶变换的关系.考虑到实际应用和数值计算的需要,还有一些问题比如分数傅里叶变换的离散采样算法,离散分数傅里叶变换如何定义,离散分数傅里叶变换能否利用离散傅里叶变换的快速算法(比如FFT)实现快速数值计算等.

1996年2月,洛曼利用分数傅里叶变换的思想,将光学希尔伯特变换分数化,并给出了相应的模拟结果和基于分数傅里叶变换结构的实现结构.

§3 小波变换与分数傅里叶变换的相似性

小波变换和分数傅里叶变换都是从经典傅里叶变换发展起来的,它们是从不同的角度改进了傅里叶变换.另外,从数字信号处理、数字图像处理的时—频分析和空—频分析的角度来看,小波变换和分数傅里叶变换都是一种特定的时—频分析或空—频分析方法.

1. 小波变换与傅里叶变换

实际上,经典傅里叶变换是定义在函数空间或信号空间$L^2(\mathbf{R})$上的连续线性算子.具体地说,对于空间$L^2(\mathbf{R})$中的任何信号或函数$f(t)$,它的傅里叶变换定义为

$$F(v)=\int_{-\infty}^{+\infty} f(t)\exp(-\mathrm{i}vt)\mathrm{d}t \tag{1}$$

有时也称傅里叶变换 $F(v)$ 为 $f(t)$ 的谱. 从傅里叶变换发展到小波变换的中间阶段是伽伯变换或称为窗口傅里叶变换，其伽伯变换定义的基本形式是

$$G_f(b,v)=\int_{-\infty}^{+\infty} f(t)g_a(t-b)\exp(-\mathrm{i}vt)\mathrm{d}t$$

其中 $g_a(t)=\exp(-t^2/4a)/(2\sqrt{a\pi})$ 是高斯函数（$a>0$ 是常数），称为“窗口函数”. 对任何 $a>0$，伽伯变换可以理解为 $f(t)$“在时间点 $t=b$ 处，频率为 v 的频率成分”，就是说，在时间点 $t=b$ 处附近一定窗口范围内用傅里叶变换（谱）进行分析处理. 体现了窗口傅里叶变换的时一频分析特点. 小波变换也是定义在函数空间或信号空间 $L^2(\mathbf{R})$ 上，但小波变换的变换因子不再是窗口傅里叶变换的积分因子 $g_a(t-b)\exp(-\mathrm{i}vt)$，而是如下的连续小波函数

$$\psi_{a,b}(t)=\frac{1}{\sqrt{|a|}}\psi\left(\frac{t-b}{a}\right)$$

如果

$$C_\psi=\int_{\mathbf{R}^*}\frac{|\Psi(v)|^2}{|v|}\mathrm{d}v<+\infty \tag{2}$$

其中 $\Psi(v)=\int_{-\infty}^{+\infty}\psi(t)\exp(-\mathrm{i}vt)\mathrm{d}t$ 是 $\psi(t)$ 的傅里叶变换，那么称 $\psi(t)$ 为允许小波或小波母函数. 小波变换的定义是

$$W_f(a,b)=\frac{1}{\sqrt{|a|}}\int_{\mathbf{R}} f(t)\overline{\psi}\left(\frac{t-b}{a}\right)\mathrm{d}t \tag{3}$$

由此看出，任意信号或函数 $f(t)$ 的小波变换 $W_f(a,b)$ 是一个二元形式的信号，这是和傅里叶变换很不相同的地方. 如果小波函数 $\psi(t)$ 的傅里叶变换 $\Psi(v)$ 在原点 $v=0$ 是连续的，那么 $\Psi(0)=0$，即 $\psi(t)$ 的积分等于 0. 这说明函数有“波动”的特点. 因为 $\psi(t)$ 是 $L^2(\mathbf{R})$ 的，它只在原点附近才会存在明显的起伏，在远离原点的地方函数值将迅速“衰减”为零，这是称它为“小波”的基本原因. 同样，$\psi_{(a,b)}(t)$ 将在 $x=b$ 的附近才存在明显不为 0 的数值，而这个“附近”范围的大小正比于参数 a. 因此，虽然形式上小波变换和窗口傅里叶变换完全不同，但从“在指定时间（空间）点附近，研究信号的波动变化情况”这个意义来看，它们实际上是极其相似的，体现的都是同时考虑时间（空间）和频率的研究思想. 一般称之为时（空）一频分析方法.

2. 分数傅里叶变换(A)

现在回顾一下分数傅里叶变换的定义. 为了后续部分使用的方便,此处将纳米亚在 1980 年所给的定义重新整理并按严格的形式复述.

相当于非负整数 $m=0,1,2\cdots$,将傅里叶变换对应的特征值写成

$$\lambda_m=\exp\left(-\frac{\mathrm{i}m\pi}{2}\right) \tag{4}$$

同时,相应的标准化特征函数可以写成

$$\phi_m(t)=\frac{1}{\sqrt{2^m m!\sqrt{\pi}}}H_m(t)\exp\left(-\frac{t^2}{2}\right) \tag{5}$$

也就是说,$\phi_m(t)$的傅里叶变换恰好等于它自己与复数 λ_m 的乘积,标准化的含义是 $\phi_m(t)$的 L^2—范数等于 1. 在上述公式中出现的记号 $H_m(t)$表示第 m 个埃尔米特(Hermite)多项式,它随着 m 的递推关系是

$$\begin{cases}H_0(t)=1, H_1(t)=2t\\ H_{m+1}(t)=2tH_m(t)-2mH_{m-1}(t)\quad(m=1,2,3,\cdots)\end{cases} \tag{6}$$

利用这些记号,纳米亚的分数傅里叶变换$(F^a f)(t)$可以表示成傅里叶变换标准化特征函数 $\phi_m(t)$的无穷级数和的形式

$$(F^a f)(t)=\sum_m h_m\lambda_m(a)\phi_m(t) \tag{7}$$

其中,$\lambda_m(a)=\exp\dfrac{-mia\pi}{2}(m=0,1,2,\cdots)$是傅里叶变换的特征值,组合系数 $h_m=\int_{\mathbf{R}} f(t)\overline{\phi}_m(t)\mathrm{d}t$ 是原始信号在傅里叶变换的各个规范化特征函数上的正交投影. 因此,分数傅里叶变换与傅里叶变换具有完全相同的特征函数,而它们的特征值之间是幂次关系,所以,分数傅里叶变换是完全不同于傅里叶变换的一种新的变换类,只有幂次取一些特殊数值(比如 5,9)时,分数傅里叶变换才返回到经典的傅里叶变换. 这就是纳米亚的分数傅里叶变换的定义.

麦克布赖德和克尔在 1987 年给出了纳米亚的分数傅里叶变换的积分形式. 具体地说,对信号空间$L^2(\mathbf{R})$中的任何信号 $f(t)$,它的分数傅里叶变换$(F^a f)(t)$可以写成积分形式

$$(F^a f)(v)=\int_{\mathbf{R}} f(t)k(a;v,t)\mathrm{d}t \tag{8}$$

其积分核是

$$k(a;v,t)=\begin{cases}c(a)\exp(\mathrm{i}(v^2\cot(\phi_a)-2vt\csc(\phi_a)+t^2\cot(\phi_a))) & (a\neq 2n)\\ \delta(v-(-1)^n t) & (a=2n)\end{cases}$$

公式中各记号的含义是

$$c(a)=\sqrt{\frac{1-\mathrm{i}\cot(\phi_a)}{2\pi}},\phi_a=\frac{a\pi}{2}$$

其中，n 是整数，a 是分数傅里叶变换的幂次，可取任何实数.

洛曼在 1993 年利用傅里叶变换相当于在威格纳分布函数相空间中角度为$\frac{\pi}{2}$的旋转这一性质，说明分数傅里叶变换在威格纳分布函数之相空间中相当于角度是$\frac{\alpha\pi}{2}$的旋转，这里，α 是分数傅里叶变换的幂次. 具体地说，根据威格纳分布函数的定义

$$W_f\begin{pmatrix}x\\v\end{pmatrix}=\int_{\mathbf{R}} f\left(x+\frac{t}{2}\right)\overline{f}\left(x-\frac{t}{2}\right)\exp(-2\pi tv\mathrm{i})\mathrm{d}t$$

可以直接验证

$$W_{\hat{f}}\begin{pmatrix}x\\v\end{pmatrix}=W_f\begin{pmatrix}-v\\x\end{pmatrix}=W_f\left(\begin{pmatrix}0&-1\\1&0\end{pmatrix}\begin{pmatrix}x\\v\end{pmatrix}\right)$$

这里 $\hat{f}$ 表示函数 $f(x)$ 的傅里叶变换，即

$$\hat{f}(v)=(Ff)(v)=\int_{\mathbf{R}} f(x)\exp(-\mathrm{i}vx)\mathrm{d}x$$

因此，洛曼定义幂次是 α 的分数傅里叶变换 $(F^\alpha f)(x)$ 为

$$W_{(F^\alpha f)}\begin{pmatrix}x\\v\end{pmatrix}=W_f\left(\boldsymbol{R}(\alpha)\begin{pmatrix}x\\v\end{pmatrix}\right)$$

其中，矩阵 $\boldsymbol{R}(\alpha)$ 是时一频相平面 $x-v$ 上角度为$\frac{\alpha\pi}{2}$的旋转矩阵

$$\boldsymbol{R}(\alpha)=\begin{pmatrix}\cos\left(\frac{\alpha\pi}{2}\right) & -\sin\left(\frac{\alpha\pi}{2}\right)\\ \sin\left(\frac{\alpha\pi}{2}\right) & \cos\left(\frac{\alpha\pi}{2}\right)\end{pmatrix}$$

实际上，分数傅里叶变换的这三种定义在数学上是等价的. 当分数傅里叶变换的幂次 a 从 0 连续增长到达 1 时，分数傅里叶变换的结果相应地从原始信号的纯时间（空间）形式开始逐渐变化成为它的纯频域（谱）形式，幂次 a 在 0 到 1 之间的任何时刻对应的分数傅里叶变换采取了介乎于时（空）域和频域之间的一个过渡域

的形式，形成一个既包含时(空)域信息同时也包含频(谱)域信息的混合信号.因此，这样定义的分数傅里叶变换确实是一种时(空)一频描述和分析工具.

3. 分数傅里叶变换(B)

1995 年 8 月，施提出了一种新的分数傅里叶变换的定义形式，即态函数叠加的方法，利用经典傅里叶变换整数幂运算的四周期性质，将新的分数傅里叶变换定义成四个态函数的线性组合，其组合系数是分数傅里叶变换幂次的函数.具体地说，对 $L^2(\mathbf{R})$ 中的任意信号 $f(t)$，由傅里叶变换的运算性质可得

$$(F^{4m+l}f)(t)=(F^{l}f)(t)$$

对于任意的整数 m 和 $l=0,1,2,3$ 都是成立的，其中 F 表示傅里叶变换，当 n 是自然数时，$(F^n f)(t)$ 表示对信号 $f(t)$ 连续进行 n 次傅里叶变换；当 n 是负整数时，$(F^n f)(t)$ 表示对信号 $f(t)$ 连续进行 $|n|$ 次傅里叶逆变换；当 $n=0$ 时，$(F^0 f)(t)=f(t)$ 就是不对信号进行变换.因此，引入记号

$$f_0(t)=f(t),\ f_1(t)=(Ff_0)(t)$$

$$f_2(t)=(Ff_1)(t),\ f_3(t)=(Ff_2)(t)$$

这样，施的分数傅里叶变换 $(F_s^a f)(t)$ 定义为如下的线性组合

$$(F_s^a f)(t)=A_0(a)f_0(t)+A_1(a)f_1(t)+A_2(a)f_2(t)+A_3(a)f_3(t)$$

其中系数 $A_j(a)(j=0,1,2,3)$ 是幂次 a 的连续函数，使分数傅里叶变换 $(F_s^a f)(t)$ 满足下面的运算公理：

①连续性公理：$F_s^a: L^2(\mathbf{R})\to L^2(\mathbf{R})$ 是连续的.

②边界性公理：当 a 是整数时，F_s^a 退化为 F^a.

③可加性公理：对任意的 a 和 b，分数傅里叶变换 F_s^a 具有可加性

$$F_s^a F_s^b=F_s^b F_s^a=F_s^{a+b} \tag{9}$$

利用前述组合形式和组合系数满足的三个公理，可以唯一确定出组合系数的解析表达式.实际上，分数傅里叶变换应满足的可加性公理③完全相当于要求组合系数满足函数方程组

$$\begin{cases}A_0(a+b)=A_0(a)A_0(b)+A_1(a)A_3(b)+A_2(a)A_2(b)+A_3(a)A_1(b)\\A_1(a+b)=A_0(a)A_1(b)+A_1(a)A_0(b)+A_2(a)A_3(b)+A_3(a)A_2(b)\\A_2(a+b)=A_0(a)A_2(b)+A_1(a)A_1(b)+A_2(a)A_0(b)+A_3(a)A_3(b)\\A_3(a+b)=A_0(a)A_3(b)+A_1(a)A_2(b)+A_2(a)A_1(b)+A_3(a)A_0(b)\end{cases} \tag{10}$$

边界性公理②相当于要求组合系数满足边界条件

$$A_j(4m+l)=\delta(j-l)=\begin{cases}1 & (j=l)\\ 0 & (j\neq l)\end{cases} \tag{11}$$

其中，m 是任意整数，$l=0,1,2,3$，$j=0,1,2,3$. 再结合连续性公理就可以求得组合系数的解析表达式

$$A_j(a)=\cos\left(\frac{(a-j)\pi}{4}\right)\cos\left(\frac{2(a-j)\pi}{4}\right)\exp\left(-\frac{3(a-j)\mathrm{i}\pi}{4}\right) \tag{12}$$

其中 $j=0,1,2,3$. 因此，对于任何实数 a，幂次是 a 的分数傅里叶变换可具体写成如下的线性组合

$$(F_s^a f)(t)=\sum_{j=0}^{3}\cos\left(\frac{(a-j)\pi}{4}\right)\cos\left(\frac{2(a-j)\pi}{4}\right)\exp\left(-\frac{3(a-j)\mathrm{i}\pi}{4}\right)f_j(t) \tag{13}$$

从而容易看出，施所定义的分数傅里叶变换与前述纳米亚和麦克布赖德、克尔所描述的分数傅里叶变换是完全不同的，只有当幂次是整数时它们才是相同的.

再回过来看施的分数傅里叶变换的时一频性质. 利用组合系数的解析表达式(12)易知，当分数傅里叶变换的幂次 $a=0$ 时，分数傅里叶变换的结果就是原始信号的纯时间(空间)形式；当幂次 $a=1$ 时，变换的结果达到它的纯频域(谱)形式；当幂次 a 在 0 到 1 之间的任何时刻，因为

$$f_2(t)=(Ff_1)(t)=(F^2 f)(t)=f(-t)\text{(时域反射)}$$

$$f_3(t)=(Ff_2)(t)=(F^3 f)(t)=f_1(-t)\text{(频域反射)}$$

所以分数傅里叶变换直接表现为时(空)域信息和频域信息的线性加权，从整体上体现了时(空)一频综合的特征. 因此，这样定义的分数傅里叶变换确实也是一种时(空)一频描述和分析的工具.

施的分数傅里叶变换概念和自傅里叶变换函数及自分数傅里叶变换函数有一定的联系. 实际上，自傅里叶变换函数定义为在傅里叶变换下不变的函数，某幂次下的自分数傅里叶变换函数定义为在该幂次下的分数傅里叶变换下不变的函数. 所以，容易得到自傅里叶变换函数的构造形式，即任何自傅里叶变换函数的充分必要条件是它可以写成四部分的叠加，而这四部分分别是同一函数及其一次、二次和三次傅里叶变换结果. 显然，对于任何函数或信号 $f(t)$ 及其一次、二次和三次傅里叶变换之和

$$m(t)=f_0(t)+f_1(t)+f_2(t)+f_3(t)$$

其傅里叶变换必然是它本身，即自傅里叶变换函数. 反过来，如果函数或信号 $m(t)$ 是自傅里叶变换函数，那么，只要取 $f(t)=m(t)/4$，则 $f(t)$ 及其一次、二次和三次

傅里叶变换之和正好是 $m(t)$，因为，这时 $f(t)$ 及其一次、二次和三次傅里叶变换相同，都是 $f(t)$ 本身. 令人惊奇的是，每一个自傅里叶变换函数的任何幂次的分数傅里叶变换仍然是自傅里叶变换函数，同时，某一幂次下的自分数傅里叶变换函数的傅里叶变换仍然是这一幂次下的自分数傅里叶变换函数. 相仿地，对于周期为自然数 M 的周期分数傅里叶变换，它对应的自分数傅里叶变换函数的充分必要条件是它可以写成某一函数及其一次、二次、……、$M-1$ 次分数傅里叶变换的叠加. 显然，这种叠加具有一些特别的性质. 当带有不同的系数时，这种叠加将具有另一些特殊的性质，特别是不同的变换性质. 这就导致了施的分数傅里叶变换概念，同时在这种分数傅里叶变换下的自傅里叶变换函数和自分数傅里叶变换函数的前述结论仍然成立.

4. 小波变换与分数傅里叶变换

前述分析清楚表明，改进傅里叶变换产生了小波变换和分数傅里叶变换这两种变换分析方法，因此由于共同的出发点都是经典的傅里叶变换，所以虽然它们是两种不同的时(空)一频描述和处理方法，但完全可以相信这两者无论在理论上还是在算法上都应该具有一定的联系和相似性.

那么，这两者到底具有什么样的联系和相似性呢？可以肯定，这些问题的研究将有助于小波变换和分数傅里叶变换的理论研究和促进它们的进一步应用. 特别是因为小波变换在理论、方法、算法和应用等多方面都已经取得了很大的成就，所以了解小波变换和分数傅里叶变换之间的相互关系将会极大地促进分数傅里叶变换理论、方法和算法的研究以及应用，同时，利用分数傅里叶变换在物理特别是傅里叶光学领域中的成果和应用，可以推动小波变换的进一步研究和应用，至少可以帮助小波变换在光学研究中的进一步应用. 另外，由于小波变换在计算机技术直接应用的许多方面已经得到的研究和实际使用，通过研究小波变换和分数傅里叶变换之间的联系以及相似之处，将会缩短分数傅里叶变换在这些领域之间的距离并尽快获得相应的实际应用.

考虑到基于分数傅里叶变换的思想，沙米尔和 N. Cohon 已经提出在光学中实现开方和乘幂运算的设想并同时指出了这些操作可用于光学设计、光学信息处理、光计算和光计算机的研究等领域，再考虑到在计算机技术应用和算法两方面的需要，这两种变换的离散数值算法以及快速数值算法的研究，特别是分数傅里叶变换的快速数字算法的研究，显然具有重要的理论意义和实际应用价值. 正交小波变换对应的离散数值算法实质上是有限维实的(或者复的)向量空间上的正交线性变换,变换矩阵是正交矩阵;一般的归一化离散小波变换算法是有限维向量空间上的线性仿射变换,变换矩阵是可逆矩阵,这个可逆矩阵的模是 1,那么,对于分数傅里叶变换来说,有限数字算法是向量空间上的线性变换吗?是正交变换吗?变换矩阵具有什么性质?

小波变换是一种新的变换分析方法,它的主要特点是通过变换能够充分突出问题某些方面的特征,因此,小波变换在许多领域都得到了成功的应用,特别是小波变换的离散数字算法已被广泛用于许多问题的变换研究中. 为了便于理解和使用,下面我们从小波变换与傅里叶变换的定义形式的角度大致说明积分连续小波变换、二进小波变换、正交小波变换的基本概念以及与傅里叶变换的简单比较.

§1　小波和小波变换

为了行文方便,我们约定,一般用小写字母,比如 $f(x)$ 表示时间信号或函数,其中括号里的小写英文字母 x 表示时间域自变量,对应的大写字母,这里的就是 $F(\omega)$ 表示相应函数或信号的傅里叶变换,其中的小写希腊字母 ω 表示频域自变量. 尺度函数总是写成 $\phi(x)$(时间域)和 $\Phi(\omega)$(频率域),小波函数总是写成 $\psi(x)$(时间域)和 $\Psi(\omega)$(频率域).

下面考虑函数空间 $L^2(\mathbf{R})$,它是定义在整个实数轴 $\mathbf{R}$ 上的满足要求

$$\int_{-\infty}^{+\infty} |f(x)|^2 \mathrm{d}x < +\infty$$

的可测函数 $f(x)$ 的全体组成的集合,并带有相应的函数运算和内积. 工程上常常说成是能量有限的全体信号的空间. 直观地说,就是在远离原点的地方衰减得比较快的那些函数或者信号构成的空间.

1. 小波(Wavelet)

小波是函数空间 $L^2(\mathbf{R})$ 中满足下述条件的一个函数或者信号 $\psi(x)$

$$C_\psi = \int_{\mathbf{R}^*} \frac{|\Psi(\omega)|^2}{|\omega|} \mathrm{d}\omega < \infty$$

这里,$\mathbf{R}^* = \mathbf{R} - \{0\}$ 表示非零实数全体. 有时,$\psi(x)$ 也称为小波母函数,前述条件称为“容许性条件”. 对于任意的实数对 (a,b),其中参数 a 必须为非零实数,称如下形式的函数

$$\psi_{(a,b)}(x) = \frac{1}{\sqrt{|a|}} \psi\left(\frac{x-b}{a}\right)$$

为由小波母函数 $\psi(x)$ 生成的依赖于参数 (a,b) 的连续小波函数，简称为小波.

注 (1)如果小波母函数 $\psi(x)$ 的傅里叶变换 $\Psi(x)$ 在原点 $\omega=0$ 是连续的，那么，容许性条件保证 $\Psi(0)=0$，即 $\int_{\mathbf{R}}\psi(x)\mathrm{d}x=0$. 这说明函数 $\psi(x)$ 有“波动”的特点，另外，函数空间本身的要求又说明小波函数 $\psi(x)$ 只有在原点附近的波动才会明显偏离水平轴，在远离原点的地方函数值将迅速“衰减”为零，整个波动趋于平静. 这是称函数 $\psi(x)$ 为“小波”函数的基本原因.

(2)对于任意的参数对 (a,b)，显然，$\int_{\mathbf{R}}\psi_{(a,b)}(x)\mathrm{d}x=0$，但是，这时 $\psi_{(a,b)}(x)$ 却是在 $x=b$ 的附近存在明显的波动，而且，明显波动的范围的大小完全依赖于参数 a 的变化. 当 $a=1$ 时，这个范围和原来的小波函数 $\psi(x)$ 的范围是一致的；当 $a>1$ 时，这个范围比原来的小波函数 $\psi(x)$ 的范围要大一些，小波的波形变矮变胖，而且，当 a 变得越来越大时，小波的波形变得越来越胖、越来越矮，整个函数的形状表现出来的变化越来越缓慢；当 $0<a<1$ 时，$\psi_{(a,b)}(x)$ 在 $x=b$ 的附近存在明显波动的范围比原来的小波母函数 $\psi(x)$ 的要小，小波的波形变得尖锐而消瘦，当 $a>0$ 且越来越小时，小波的波形渐渐地接近于脉冲函数，整个函数的形状表现出来的变化越来越快，颇有瞬息万变之态. 小波函数 $\psi_{(a,b)}(x)$ 随参数对 (a,b) 中的参数 a 的这种变化规律，决定了小波变换能够对函数和信号进行任意指定点处的任意精细结构的分析，同时，这也决定了小波变换在对非平稳信号进行时一频分析时具有的时一频同时局部化的能力以及二进小波变换和正交小波变换对频域的巧妙的二进频带分割能力.

2. 小波变换

对于任意的函数或者信号 $f(x)$，其小波变换定义为

$$\begin{aligned}W_f(a,b)&=\int_{\mathbf{R}}f(x)\overline{\psi}_{(a,b)}(x)\mathrm{d}x\\&=\frac{1}{\sqrt{|a|}}\int_{\mathbf{R}}f(x)\overline{\psi}\left(\frac{x-b}{a}\right)\mathrm{d}x\end{aligned}$$

因此，对任意的函数 $f(x)$，它的小波变换是一个二元函数. 这是小波变换和傅里叶变换很不相同的地方. 另外，因为小波母函数 $\psi(x)$ 只有在原点的附近才会有明显偏离水平轴的波动，在远离原点的地方函数值将迅速衰减为零，所以，对于任意的参数对 (a,b)，小波函数 $\psi_{(a,b)}(x)$ 在点 $x=b$ 的附近存在明显的波动，在远离原点的地方函数值将迅速衰减为零，所以，对于任意的参数对 (a,b)，小波函数 $\psi_{(a,b)}(x)$ 在

点 $x=b$ 的附近存在明显的波动，远离点 $x=b$ 的地方将迅速地衰减到 0，因而，从形式上可以看出，函数的小波变换 $W_f(a,b)$ 数值表明的本质是原来的函数或者信号 $f(x)$ 在点 $x=b$ 附近按 $\psi_{(a,b)}(x)$ 进行加权的平均，体现的是以 $\psi_{(a,b)}(x)$ 为标准快慢的 $f(x)$ 的变化情况，这样，参数 b 表示分析的时间中心或时间点，而参数 a 体现的是以点 $x=b$ 为中心的附近范围的大小，所以，一般称参数 a 为尺度参数，而参数 b 为时间中心参数. 因此，当时间中心参数 b 固定不变时，小波变换 $W_f(a,b)$ 体现的是原来的函数或信号 $f(x)$ 在点 $x=b$ 附近随着分析和观察的范围逐渐变化时表现出来的变化情况.

§5　小波变换的性质

按照上述方式定义小波变换之后，很自然就会关心这样的问题，即它具有什么性质，同时，作为一种变换工具，小波变换能否像傅里叶变换那样可以在变换域对信号进行有效的分析，说得具体一些，利用函数或信号的小波变换 $W_f(a,b)$ 进行分析所得到的结果，对于原来的信号 $f(x)$ 来说是否是有效的？ 这一节将说明这些问题.

1. 小波变换的帕塞瓦尔恒等式

$$C_\psi\int_{\mathbf{R}} f(x)\bar{g}(x)\,\mathrm{d}x=\iint_{\mathbf{R}^2} W_f(a,b)\overline{W}_g(a,b)\,\frac{\mathrm{d}a\mathrm{d}b}{a^2}$$

对空间 $L^2(\mathbf{R})$ 中的任意的函数 $f(x)$ 和 $g(x)$ 都成立. 这说明，小波变换和傅里叶变换一样，在变换域保持信号的内积不变，或者说，保持相关特性不变(至多相差一个常数倍)，只不过，小波变换在变换域的测度应该取为 $\frac{\mathrm{d}a\mathrm{d}b}{a^2}$，而不像傅里叶变换那样取的是众所周知的勒贝格测度，小波变换的这个特点将要影响它的离散化方式，同时，决定离散小波变换的特殊形式.

2. 小波变换的反演公式

利用小波变换的帕塞瓦尔恒等式，容易证明，在空间 $L^2(\mathbf{R})$ 中小波变换有反演公式

$$f(x)=\frac{1}{C_\psi}\iint_{\mathbf{R}\times\mathbf{R}^*} W_f(a,b)\psi_{(a,b)}(x)\,\frac{\mathrm{d}a\mathrm{d}b}{a^2}$$

特别是，如果函数 $f(x)$ 在点 $x=x_0$ 处连续，那么小波变换有如下的定点反演公式

$$f(x_0)=\frac{1}{C_\psi}\iint_{\mathbf{R}\times\mathbf{R}^*} W_f(a,b)\psi_{(a,b)}(x_0)\,\frac{\mathrm{d}a\mathrm{d}b}{a^2}$$

这些说明，小波变换作为信号变换和信号分析的工具在变换过程中是没有信息损失的. 这一点保证了小波变换在变换域对信号进行分析的有效性. 特别注意，反演公式的测度不是勒贝格测度，对于尺度参数 a，它是带有平方伸缩的勒贝格测度 $\frac{\mathrm{d}a}{a^2}$.

3. 吸收公式

当吸收条件

$$\int_0^{+\infty}\frac{|\Psi(\omega)|^2}{\omega}\mathrm{d}\omega=\int_0^{+\infty}\frac{|\Psi(-\omega)|^2}{\omega}\mathrm{d}\omega$$

成立时，可得到如下的吸收帕塞瓦尔恒等式

$$\frac{1}{2}C_\psi\int_{-\infty}^{+\infty}f(x)\bar{g}(x)\mathrm{d}x=\int_0^{+\infty}\left(\int_{-\infty}^{+\infty}W_f(a,b)\overline{W_g}(a,b)\mathrm{d}b\right)\frac{\mathrm{d}a}{a^2}$$

4. 吸收反演公式

当前述吸收条件成立时，可得相应的吸收逆变换公式

$$f(x)=\frac{2}{C_\psi}\int_0^{+\infty}\left(\int_{-\infty}^{+\infty}W_f(a,b)\bar{\psi}_{(a,b)}(x)\mathrm{d}b\right)\frac{\mathrm{d}a}{a^2}$$

这时，对于空间 $L^2(\mathbf{R})$中的任何函数 $f(x)$，它所包含的信息完全被由 $a>0$ 所决定的变换域上的小波变换$\{W_f(a,b);a>0,b\in\mathbf{R}\}$所记忆. 这一特点是傅里叶变换所不具备的.

§6 离散小波和离散小波变换

无论是出于数值计算的实际可行性考虑，还是为了理论分析的简便，对小波变换进行离散化处理都是必要的. 对于小波变换而言，将它的参数对(a,b)离散化，分成两步实现，并采用特殊的形式，即先将尺度参数 a 按二进的方式离散化，得到著名的二进小波和二进小波变换，之后，再将时间中心参数 b 按二进整倍数的方式离散化，最后得到出人意料的正交小波和函数的小波级数表达式，真正实现小波变换的连续形式和离散形式在普通函数的形式上的完全统一，对于傅里叶变换的两部分即傅里叶级数和傅里叶变换来说，这是无法想象的. 这一节，介绍二进小波和正交小波，下一节再去对比小波变换和傅里叶变换.

1. 二进小波和二进小波变换

若小波函数 $\psi(x)$满足稳定性条件

$$A \leqslant \sum_{j=-\infty}^{+\infty} |\psi(\omega)|^2 \leqslant B, \text{a. e. } \omega \in \mathbf{R}$$

则称 $\psi(x)$ 为二进小波，对于任意的整数 k，记

$$\psi_{(2^{-k},b)}(x) = 2^{\frac{k}{2}}\psi(2^k(x-b))$$

它是连续小波 $\psi_{(a,b)}(x)$ 的尺度参数 a 取二进离散数值$a_k=2^{-k}$. 函数 $f(x)$ 的二进离散小波变换记为$W_f^k(b)$，定义如下

$$W_f^k(b) = W_f(2^{-k},b) = \int_{\mathbf{R}} f(x)\bar{\psi}_{(2^{-k},b)}(x)\mathrm{d}x$$

这相当于尺度参数 a 取二进离散数值 $a_k=2^{-k}$ 时连续小波变换 $W_f(a,b)$ 的取值. 这时，二进小波变换的反演公式是

$$f(x) = \sum_{k=-\infty}^{+\infty} 2^k \int_{\mathbf{R}} W_f^k(b) \times t_{(2^{-k},b)}(x)\mathrm{d}b$$

其中，函数 $t(x)$ 满足

$$\sum_{k=-\infty}^{+\infty} \Psi(2^k\omega)T(2^k\omega) = 1, \text{a. e. } \omega \in \mathbf{R}$$

称为二进小波 $\psi(x)$ 的重构小波. 这里，如前述约定，记号 $\Psi(\omega)$，$T(\omega)$ 分别表示函数 $\psi(x)$ 和 $t(x)$ 的傅里叶变换. 重构小波总是存在的，比如可取

$$T(\omega) = \overline{\Psi}(\omega) \Big/ \sum_{k=-\infty}^{+\infty} |\Psi(2^k\omega)|^2$$

当然，重构小波一般是不唯一的，但容易证明，重构小波一定是二进小波.

由上述这些分析可知，二进小波是连续小波的尺度参数 a 按二进方式 $a_k=2^{-k}$ 的离散化，函数或信号的二进小波变换就是连续小波变换在尺度参数 a 只取二进离散数值 $a_k=2^{-k}$ 时的取值. 无论是数值计算的需要，还是为了理论分析的方便，同时将尺度参数和时间中心参数离散化是很有必要的，正交小波变换恰好满足了这些要求.

2. 正交小波和小波级数

设小波为 $\psi(x)$，若函数族

$$\{\psi_{k,j}(x) = 2^{\frac{k}{2}}\psi(2^kx-j) \mid (k,j) \in \mathbf{Z}\times\mathbf{Z}\}$$

构成空间 $L^2(\mathbf{R})$ 的标准正交基，即满足下述条件的基

$$\langle \psi_{k,j}, \psi_{l,n} \rangle = \int_{\mathbf{R}} \psi_{k,j}(x)\overline{\psi}_{l,n}(x)\mathrm{d}x = \delta(k-l)\delta(j-n)$$

则称 $\psi(x)$ 是正交小波，其中符号 $\delta(m)$ 的定义是

$$\delta(m)=\begin{cases}1 & (m=0)\\ 0 & (m\neq 0)\end{cases}$$

称为克罗内克(Kronecker)函数.这时,对任何函数或信号 $f(x)$,都有如下的小波级数展开

$$f(x)=\sum_{k=-\infty}^{+\infty}\sum_{j=-\infty}^{+\infty}A_{k,j}\psi_{k,j}(x)$$

其中的系数 $A_{k,j}$ 由公式

$$A_{k,j}=\int_{\mathbf{R}}f(x)\overline{\psi}_{k,j}(x)\mathrm{d}x$$

给出,称为小波系数.容易看出,小波系数 $A_{k,j}$ 正好是信号 $f(x)$ 的连续小波变换 $W_f(a,b)$ 在尺度参数 a 的二进离散点 $a_k=2^{-k}$ 和时间中心参数 b 的二进整倍数的离散点 $b_j=2^{-k}j$ 所构成的点 $(2^{-k},2^{-k}j)$ 上的取值,因此,小波系数 $A_{k,j}$ 实际是信号 $f(x)$ 的离散小波变换.也就是说,在对小波添加一定的限制之下,连续小波变换和离散小波变换在形式上简单明了地统一起来了,而且,连续小波变换和离散小波变换都适合空间 $L^2(\mathbf{R})$ 上的全体信号.确实,这也正是小波变换迷人的风采之一.

正交小波的简单例子就是有名的哈尔小波.哈尔小波是法国数学家哈尔在 20 世纪 30 年代给出的,具体定义是

$$h(x)=\begin{cases}1 & (0\leqslant x\leqslant 0.5)\\ -1 & (0.5\leqslant x\leqslant 1)\\ 0 & (x\notin(0,1))\end{cases}$$

这时,函数族

$$\{h_{j,k}(x)=2^{\frac{j}{2}}h(2^jx-k);(j,k)\in\mathbf{Z}\times\mathbf{Z}\}$$

构成函数空间 $L^2(\mathbf{R})$ 的标准正交基,因此,哈尔函数 $h(x)$ 是正交小波,称为哈尔小波.验证是比较容易的,只要注意到

$$h_{j,k}(x)=\begin{cases}\sqrt{2^j} & (2^{-j}k\leqslant x\leqslant 2^{-j}k+2^{-(j+1)})\\ -\sqrt{2^j} & (2^{-j}k+2^{-(j+1)}\leqslant x\leqslant 2^{-j}(k+1))\\ 0 & (x\notin(2^{-j}k,2^{-j}(k+1)))\end{cases}$$

的图形随 (j,k) 变化的特点即可.详细的过程留给读者自己完成.

当然,不是每一个小波都像哈尔小波这么简单.实际上,在关于小波构造中,我们将会发现,除此之外其他的正交小波都比较复杂.

§7　傅里叶变换和小波变换

在科学研究和工程技术应用研究中，傅里叶变换是最有用的工具，它无论是对数学家来说，还是对其他研究领域的专家以及工程师来说都是相当重要的. 具体地说，傅里叶变换通常是指傅里叶变换和傅里叶级数两种分析技术. 这里，就沿着这个线索与小波变换进行比较.

1. 傅里叶级数

现在，考虑定义在$(0,2\pi)$上的满足如下条件的可测函数或信号 $f(x)$

$$\int_0^{2\pi} |f(x)|^2 \mathrm{d}x < +\infty$$

这种函数全体构成的集合，按照通常的函数运算和 L^2 范数生成经典的函数空间 $L^2(0,2\pi)$. 由傅里叶变换知，$L^2(0,2\pi)$中任何一个信号 $f(x)$都具有一个傅里叶级数表达式

$$f(x) = \sum_{n=-\infty}^{+\infty} c_n \mathrm{e}^{\mathrm{i}nx}$$

其中，级数的系数 c_n 定义为

$$c_n = \frac{1}{2\pi}\int_0^{2\pi} f(x)\mathrm{e}^{-\mathrm{i}nx}\,\mathrm{d}x$$

称之为 $f(x)$的傅里叶系数. 特别需要说明的是，傅里叶级数收敛的意思是

$$\lim_{N\to\infty, M\to\infty}\int_0^{2\pi}\left| f(x) - \sum_{n=-N}^{M} c_n \mathrm{e}^{\mathrm{i}nx}\right|^2 \mathrm{d}x = 0$$

即在函数空间 $L^2(0,2\pi)$中，傅里叶级数总是成立的. 但是，在空间 $L^2(0,2\pi)$中，两个函数或者信号相等的意思是几乎处处相等，直观地说，它们可以在许多点上都不相等，只要这样的点不是“太多”，就可以视之相等. 实际上，对于用计算机实现的数值计算来说，可以真正计算的点恰恰就不是“太多”. 这似乎给我们留下这样的印象，虽然傅里叶级数在空间 $L^2(0,2\pi)$中总是成立的，但对于数值计算来说，它并不能告诉我们级数两端的数值是否相等或者它们有没有别的什么关系. 所幸的是，傅里叶级数作为数值等式，在函数或者信号的连续点上是成立的. 这对于平常的数值计算来说，除极少数例外，已经完全能够满足应用的需要.

对傅里叶级数表达式，下面两点是值得注意的.

(1) 任何信号或者函数 $f(x)$都是分解成无穷多个固定的相互正交的量 $g_n(x) = \mathrm{e}^{\mathrm{i}nx}$

的线性组合，这里所谓的正交，意思是

$$\langle g_m, g_n\rangle = \delta(m-n)$$

“内积”是常规的定义

$$\langle g_m, g_n\rangle = \frac{1}{2\pi}\int_0^{2\pi} g_m(x)\overline{g}_n(x)\mathrm{d}x$$

由此说明函数族

$$\{g_n(x)=\mathrm{e}^{\mathrm{i}nx} \mid n\in \mathbf{Z}\}$$

是 $L^2(0,2\pi)$ 的标准正交基.

(2)$L^2(0,2\pi)$ 的前述标准正交基 $\{g_n(x) \mid n\in \mathbf{Z}\}$ 可由一个固定的函数

$$g(x)=\mathrm{e}^{\mathrm{i}x}$$

的所有“整数膨胀”构成，这就是说，对所有的整数 n，$g_n(x)=g(nx)$. 因为 $L^2(0,2\pi)$ 中的函数都可以延拓成实直线 $\mathbf{R}$ 上的以 2π 为周期的函数，即 $f(x)=f(x-2\pi)$，$x\in\mathbf{R}$，所以 $L^2(0,2\pi)$ 有时也称为 2π 周期的能量有限信号（或者函数）空间. 函数

$$g(x)=\mathrm{e}^{\mathrm{i}x}=\cos x+\mathrm{i}\sin x$$

在物理或者工程领域一般称为一个“基波”，它的频率为 1，而函数

$$g_n(x)=g(nx)=\mathrm{e}^{\mathrm{i}nx}=\cos(nx)+\mathrm{i}\sin(nx)$$

称为具有频率 n 的“谐波”. 前述的标准正交基 $\{g_n(x)=\mathrm{e}^{\mathrm{i}nx} \mid n\in \mathbf{Z}\}$ 使傅里叶级数表达式在 $L^2(0,2\pi)$ 空间中拥有一种工程的或物理的解释，即每个能量有限的“振动”都可以分解成各种频率的谐波的叠加. 同时，函数的傅里叶变换系数序列 $\{c_n \mid n\in \mathbf{Z}\}$ 和原来的函数 $f(x)$ 之间有完全对等的关系，而且，从内积或范数来看，著名的帕塞瓦尔恒等式

$$\frac{1}{2\pi}\int_0^{2\pi} |f(x)|^2\mathrm{d}x = \sum_{n=-\infty}^{+\infty} |c_n|^2$$

成立. 因此，傅里叶级数方法为周期信号的分析提供了一种简明的工具，即频点分析或谱线分析.

另外，傅里叶级数表达式在理论上给出函数空间 $L^2(0,2\pi)$ 的一个极为优美的表达，即仅凭一个函数 $g(x)$ 就可以生成整个空间 $L^2(0,2\pi)$，而且，可以将空间 $L^2(0,2\pi)$ 等同于序列空间

$$l^2(\mathbf{Z})=\left\{\{c_n \mid n\in\mathbf{Z}\} \mid \sum_{n\in\mathbf{Z}} |c_n|^2 < +\infty\right\}$$

即前述由函数 $g(x)$ 经过膨胀生成的基将函数空间 $L^2(0,2\pi)$“序列化”了. 但是，作

为傅里叶变换的另一部分，傅里叶变换却没有保持傅里叶级数的这些优良性质.

2. 傅里叶变换和小波变换

现在，考虑函数空间 $L^2(\mathbf{R})$ 上的傅里叶变换. 对于空间 $L^2(\mathbf{R})$ 中的任何函数 $f(x)$，它的傅里叶变换定义是

$$F(\omega)=\int_{-\infty}^{+\infty} f(x)\mathrm{e}^{-\mathrm{i}\omega x}\,\mathrm{d}x$$

这时，傅里叶变换的反演公式是

$$f(x)=\frac{1}{2\pi}\int_{-\infty}^{+\infty} F(\omega)\mathrm{e}^{-\mathrm{i}\omega x}\,\mathrm{d}\omega$$

直观地看，函数 $\mathrm{e}^{-\mathrm{i}\omega x}$ 好像是空间 $L^2(\mathbf{R})$ 的基，而且，当频率 ω 取整数离散数值 $\omega=n$ 时，它就变成了傅里叶级数中的基函数 $\mathrm{e}^{\mathrm{i}nx}$，因此，可以把 $\mathrm{e}^{\mathrm{i}\omega x}$ 看作函数 $\mathrm{e}^{\mathrm{i}nx}$ 按频率意义的连续形式，而 $\mathrm{c}^{\mathrm{i}nx}$ 则是函数 $\mathrm{e}^{\mathrm{i}\omega x}$ 的整数离散形式. 但是，这两者显然有很大差异：首先，函数空间 $L^2(\mathbf{R})$ 和 $L^2(0,2\pi)$ 是完全不同的；其次，因为 $L^2(\mathbf{R})$ 中的每个函数在无穷远处必须“衰减”到零，所以，$\mathrm{e}^{\mathrm{i}\omega x}$ 不在信号空间 $L^2(\mathbf{R})$ 中，特别是各种整数频率的“波”$g_n(x)=\mathrm{e}^{\mathrm{i}nx}$ 肯定不在 $L^2(\mathbf{R})$ 中. 因此，虽然 $\{\mathrm{e}^{\mathrm{i}nx}\mid n\in\mathbf{Z}\}$ 构成 $L^2(0,2\pi)$ 的正交基，但是，无论如何 $\mathrm{e}^{\mathrm{i}\omega x}$ 也无法生成 $L^2(\mathbf{R})$ 的像 $L^2(0,2\pi)$ 的调和基 $\{\mathrm{e}^{\mathrm{i}nx}\mid n\in\mathbf{Z}\}$ 那样的基.

与傅里叶级数的比较：

(1) 信号的傅里叶变换 $F(\omega)$ 相应于傅里叶级数中的傅里叶系数，积分从全实数轴变为有限的闭区间.

(2) 傅里叶级数相当于傅里叶变换的反演公式，离散的级数求和变成了全实数轴上的积分. 因此，这两者不能像小波变换的连续形式和离散形式那样用一个统一的形式进行描述，而且，傅里叶变换的离散形式

$$F(n\Delta)=\int_{-\infty}^{+\infty} f(x)\mathrm{e}^{-\mathrm{i}n\Delta x}\,\mathrm{d}x$$

所产生的离散数字序列 $\{F(n\Delta)\mid n\in\mathbf{Z}\}$ 按照傅里叶基函数 $\mathrm{e}^{\mathrm{i}nx}$ 的离散形式 $\{\mathrm{e}^{\mathrm{i}n\Delta x}\mid n\in\mathbf{Z}\}$ 用傅里叶级数的方式去试图表示原来的函数或信号时，$\sum\limits_{n=\mathbf{Z}} F(n\nabla)\mathrm{e}^{\mathrm{i}n\nabla x}$ 是一个周期为 $\dfrac{2\pi}{\Delta}$ 的函数，它肯定不在 $L^2(\mathbf{R})$ 中. 因此，傅里叶变换的两部分，即傅里叶级数和傅里叶变换，基本是不相关的，而且后者丧失了前者在空间 $L^2(0,2\pi)$ 中的各种简明性质.

像在 $L^2(0,2\pi)$ 中那样，寻找 $L^2(\mathbf{R})$ 的“波”生成整个的空间 $L^2(\mathbf{R})$，那么这个

波在无穷远处必须“衰减”到零.因为这些波都很快衰减到零,它怎么才能覆盖整个实直线 $\mathbf{R}$ 呢?显然,最好的办法是保持这些波形并沿 $\mathbf{R}$ 移动它们的位置.如前述将 $L^2(\mathbf{R})$ 中的这种“波”称为“小波”,我们的愿望是小波的“伸缩”和“平移”可以生成空间 $L^2(\mathbf{R})$.当然,小波的“伸缩”将不再具有简单的“频率点”的含义,而更像“频带”,在讨论小波的时一频分析时,将详细说明这些内容.这里,应该特别强调的是,在一定的条件限制之下,小波的“伸缩”按二进的方式离散化,它的“平移”按二进整倍数的方式离散化,由此所得的离散小波函数族可以构成空间 $L^2(\mathbf{R})$ 的标准正交基,同时,连续小波变换和离散小波变换有相同的形式,而且它们所能分析的对象都是整个的空间 $L^2(\mathbf{R})$(这是傅里叶变换所没有的特性),这是小波变换独特的风采之一.

第15章 二维二进小波帕塞瓦尔等式及推广

小波变换及其帕塞瓦尔等式是小波分析中的重要结论，它们的出现对于小波分析中的数学及物理意义非常重大，一方面，它们有助于新的数学公式及相关计算的推导；另一方面，它们本身所代表的能量意义对小波自身有重要的物理作用，因此一直是许多科研者研究的热点. 随着新形式小波的不断问世，在其基础上产生众多的帕塞瓦尔等式形式，它们在形式上各有差别，本身意义却相同，对于相关理论的研究有着重大作用.

帕塞瓦尔等式又叫能量守恒等式，最早给出在泛函分析中以 $\|x\|^2=\sum_k\langle x,e_k\rangle^2$ 的形式，其中 $e_k(k=1,2,\cdots)$ 为内积空间中的一组正交规范基，而在傅里叶分析中也已做出其一维和二维的形式用于表示小波能量的守恒. 近年来由于各种小波研究和应用，特别是二进小波方面. 一维空间中，二进小波帕塞瓦尔等式已经出现. 在此基础上，陕西师范大学的邹贵龙硕士2010年5月在其导师李万社教授的指导下，推出了二维二进小波帕塞瓦尔等式及其变式.

定义1 二维内积空间中的内积

$$\langle f(\omega_x,\omega_y),g(\omega_x,\omega_y)\rangle=\iint_{\mathbf{R}^2}f(x,y)g(x,y)\mathrm{d}x\mathrm{d}y$$

我们定义二维平方可积空间 $L^2(\mathbf{R}^2)$ 为

$$L^2(\mathbf{R}^2)=\{f\mid\iint|f(x,y)|^2\mathrm{d}x\mathrm{d}y<+\infty\}$$

在 $L^2(\mathbf{R}^2)$ 中其范数为 $\|f(x,y)\|^2=\iint|f(x,y)|^2\mathrm{d}x\mathrm{d}y$，同时在下面给出在二维空间中傅里叶变换及其帕塞瓦尔等式：

定义2 二维空间中傅里叶变换为

$$f(\omega_x,\omega_y)=\iint f(x,y)\mathrm{e}^{-\mathrm{i}(\omega_x x+\omega_y y)}\mathrm{d}x\mathrm{d}y$$

其逆变换为

$$f(x,y)=\frac{1}{2\pi}\iint f(\omega_x,\omega_y)\mathrm{e}^{\mathrm{i}(\omega_x x+\omega_y y)}\mathrm{d}\omega_x\mathrm{d}\omega_y$$

那么其帕塞瓦尔等式为

$$\iint f(x,y)\overline{g(x,y)}\mathrm{d}x\mathrm{d}y=\frac{1}{4\pi^2}\iint f(\omega_x,\omega_y)\overline{g(\omega_x,\omega_y)}\mathrm{d}\omega_x\mathrm{d}\omega_y$$

当 $f=g$ 时,那么上式可化为

$$\iint|f(x,y)|^2\mathrm{d}x\mathrm{d}y=\frac{1}{4\pi^2}\iint|f(\omega_x,\omega_y)|^2\mathrm{d}\omega_x\mathrm{d}\omega_y$$

下面给出二维二进小波的定义.

定义 3 令 $\Psi=\Psi(\Psi^1,\Psi^2)\in L^2(\mathbf{R}^2)$,其中 $\Psi^1=\Psi^1\left(\frac{\omega_x}{2^m},\frac{\omega_y}{2^m}\right)$,$\Psi^2=\Psi^2\left(\frac{\omega_x}{2^m},\frac{\omega_y}{2^m}\right)$,$\Psi^1,\Psi^2\in L^2(\mathbf{R}^2)$,如果存在两个正数 A,B 使得

$$A\leqslant\sum\nolimits_m\left(\left|\Psi^1\left(\frac{\omega_x}{2^m},\frac{\omega_y}{2^m}\right)\right|^2+\left|\Psi^2\left(\frac{\omega_x}{2^m},\frac{\omega_y}{2^m}\right)\right|^2\right)\leqslant B\quad(\text{a. e.})$$

那么就称 Ψ 为二维二进小波.令 $\Psi_1=\Psi_1(\Psi_1^1,\Psi_1^2)$,$\Psi_2=\Psi_2(\Psi_2^1,\Psi_2^2)$,其中 Ψ_1^1,Ψ_1^2,$\Psi_2^1,\Psi_2^2\in L^2(\mathbf{R}^2)$,如果存在两个正数 A,B 满足

$$A\leqslant\sum\nolimits_m(|\overline{\Psi}_1^1\Psi_2^1+\overline{\Psi}_1^2\Psi_2^2|)\leqslant\sum\nolimits_m(|\overline{\Psi}_1^1\Psi_2^1|+|\overline{\Psi}_1^2\Psi_2^2|)\leqslant B\quad(\text{a. e.})$$

那么 Ψ_1,Ψ_2 就是一对二维二进小波对.

下面给出二维二进小波变换:

定义 4 令 $\omega f=(\omega^1f,\omega^2f)$,$\omega^Tf(x,y)=4^m\iint f(u,v)\Psi^T(2^m(u-x),2^m(v-y))\mathrm{d}u\mathrm{d}v$,$T=1,2$,其中 $\Psi^T,f\in L^2(\mathbf{R}^2)$.如果$(\Psi_1,\Psi_2)$是一对二维二进小波对,我们定义$(\Psi_1^*,\Psi_2^*)$满足如下形式

$$\Psi_1^*=\Psi_1^*(\Psi_1^{*1},\Psi_1^{*2}),\Psi_2^*=\Psi_2^*(\Psi_2^{*1},\Psi_2^{*2})$$

$$\Psi_1^{*1}=\frac{\Psi_2^1}{\sum_m(\overline{\Psi}_1^1\Psi_2^1+\overline{\Psi}_1^2\Psi_2^2)},\Psi_1^{*2}=\frac{\Psi_2^2}{\sum_m(\overline{\Psi}_1^1\Psi_2^1+\overline{\Psi}_1^2\Psi_2^2)}$$

$$\Psi_2^{*1}=\frac{\Psi_1^1}{\sum_m(\overline{\Psi}_1^1\Psi_2^1+\overline{\Psi}_1^2\Psi_2^2)},\Psi_2^{*2}=\frac{\Psi_1^2}{\sum_m(\overline{\Psi}_1^1\Psi_2^1+\overline{\Psi}_1^2\Psi_2^2)}$$

我们称(Ψ_1^*,Ψ_2^*)为(Ψ_1,Ψ_2)的对偶二进小波.

对于二维二进小波的内积我们给出如下定义

$$\langle\omega f,\omega^*f\rangle=\langle\omega^1f,\omega^{*1}f\rangle+\langle\omega^2f,\omega^{*2}f\rangle$$

定理 1 如果$(\Psi_1,\Psi_2)\in L^1(\mathbf{R}^2)\cap L^2(\mathbf{R}^2)$,并且$(\Psi_1,\Psi_2)$是一对二维二进小波对,同时$(\Psi_{*1},\Psi_{*2})$为其二重二进小波对,那么以下等式成立

$$\sum\nolimits_m\langle\omega_1f,\omega_{*1}f\rangle=\|f\|^2\tag{1}$$

$$\sum_m \langle \omega_2 f, \omega_{*2} f \rangle = \| f \|^2 \tag{2}$$

证明　由于两等式的证明类似，这里仅给出第一式的证明. 通过二维傅里叶变换，我们可知

$$\begin{aligned}
&\omega_1^1 f(x,y) \\
&= 4^m \iint f(u,v) \overline{\Psi_1^1(2^m(u-x), 2^m(v-y))} \mathrm{d}u\mathrm{d}v \\
&= 4^m \iint \frac{1}{4\pi^2}\left[\iint f(\omega_u,\omega_v) \mathrm{e}^{\mathrm{i}(\omega_u u+\omega_v v)} \mathrm{d}\omega_u \mathrm{d}\omega_v\right] \overline{\Psi_1^1(2^m(u-x), 2^m(v-y))} \mathrm{d}u\mathrm{d}v \\
&= \frac{4^m}{4\pi^2}\left[\iint f(\omega_u,\omega_v) \mathrm{d}\omega_u \mathrm{d}\omega_v\right] \iint \overline{\Psi_1^1(2^m(u-x), 2^m(v-y)) \mathrm{e}^{-\mathrm{i}(\omega_u u+\omega_v v)}} \mathrm{d}u\mathrm{d}v \\
&= \frac{4^m}{4\pi^2}\left[\iint f(\omega_u,\omega_v) \mathrm{d}\omega_u \mathrm{d}\omega_v\right] \iint \overline{\Psi_1^1(2^m(u-x), 2^m(v-y)) \mathrm{e}^{-\mathrm{i}(\omega_u(u-x)+\omega_v(v-y))-\mathrm{i}(\omega_u x+\omega_v y)}} \mathrm{d}u\mathrm{d}v \\
&= \frac{4^m}{4\pi^2}\left[\iint f(\omega_u,\omega_v) \mathrm{d}\omega_u \mathrm{d}\omega_v\right] \iint \overline{\Psi_1^1(2^m(u-x), 2^m(v-y)) \mathrm{e}^{-\mathrm{i}(2^m\frac{\omega_u}{2^m}(u-x)+2^m\frac{\omega_v}{2^m}(v-y))-\mathrm{i}(\omega_u x+\omega_v y)}} \mathrm{d}u\mathrm{d}v \\
&= \frac{1}{4\pi^2}\left[\iint f(\omega_u,\omega_v) \mathrm{d}\omega_u \mathrm{d}\omega_v\right] \cdot \\
&\overline{\iint \Psi_1^1(2^m(u-x), 2^m(v-y)) \mathrm{e}^{-\mathrm{i}(2^m\frac{\omega_u}{2^m}(u-x)+2^m\frac{\omega_v}{2^m}(v-y))} \mathrm{d}2^m(u-x)\mathrm{d}2^m(v-y) \mathrm{e}^{-\mathrm{i}(\omega_u x+\omega_v y)}} \\
&= \frac{1}{4\pi^2}\left[\iint f(\omega_u,\omega_v) \mathrm{d}\omega_u \mathrm{d}\omega_v\right] \overline{\Psi_1^1\left(\frac{\omega_u}{2^m}, \frac{\omega_v}{2^m}\right)}\ \overline{\mathrm{e}^{-\mathrm{i}(\omega_u x+\omega_v y)}}
\end{aligned}$$

令 $L_1^1(\omega_u,\omega_v) = \overline{f(\omega_u,\omega_v)} \Psi_1^1\left(\frac{\omega_u}{2^m}, \frac{\omega_v}{2^m}\right)$，那么上式可化为

$$\omega_1^1 f(x,y) = \frac{1}{4\pi^2} \overline{\iint L_1^1(\omega_u,\omega_v) \mathrm{e}^{-\mathrm{i}(\omega_u x+\omega_v y)} \mathrm{d}\omega_u \mathrm{d}\omega_v} = \frac{1}{4\pi^2} \overline{L_1^1}(x,y)$$

同理可得

$$\omega_1^2 f(x,y) = \frac{1}{4\pi^2} \overline{L_1^2}(x,y)$$

$$\omega_1^{*2} f(x,y) = \frac{1}{4\pi^2} \overline{L_1^{*2}}(x,y)$$

$$\omega_1^{*1} f(x,y) = \frac{1}{4\pi^2} \overline{L_1^{*1}}(x,y)$$

通过二维帕塞瓦尔等式，可以得到如下的变换

$$\begin{aligned}
\langle \omega_1^1 f, \omega_1^{*1} f \rangle &= \frac{1}{(4\pi^2)^2} \iint \overline{L_1^1(x,y)\ \overline{L_1^{*1}}(x,y)} \mathrm{d}x\mathrm{d}y \\
&= \frac{1}{(4\pi^2)^2} \iint \overline{L_1^1(x,y)} L_1^{*1}(x,y) \mathrm{d}x\mathrm{d}y
\end{aligned}$$

$$=\frac{1}{4\pi^2}\iint\overline{L_1^1(\omega_u,\omega_v)}L_1^{*1}(\omega_u,\omega_v)\mathrm{d}x\mathrm{d}y$$

同理可得

$$\langle\omega_1^2 f,\omega_1^{*2} f\rangle=\frac{1}{4\pi^2}\iint\overline{L_1^2(\omega_u,\omega_v)}L_1^{*2}(\omega_u,\omega_v)\mathrm{d}\omega_u\mathrm{d}\omega_v$$

根据以上证明，易得

$$\begin{aligned}\langle\omega_1 f,\omega_1^{*} f\rangle&=\langle\omega_1^1 f,\omega_1^{*1} f\rangle+\langle\omega_1^2 f,\omega_1^{*2} f\rangle\\&=\frac{1}{4\pi^2}\iint\overline{L_1^1(\omega_u,\omega_v)}L_1^{*1}(\omega_u,\omega_v)\mathrm{d}\omega_u\mathrm{d}\omega_v+\\&\quad\frac{1}{4\pi^2}\iint\overline{L_1^2(\omega_u,\omega_v)}L_1^{*2}(\omega_u,\omega_v)\mathrm{d}\omega_u\mathrm{d}\omega_v\\&=\frac{1}{4\pi^2}\iint|f(\omega_u,\omega_v)|^2\left[\overline{\Psi}_1^1\left(\frac{\omega_u}{2^m},\frac{\omega_v}{2^m}\right)\Psi_1^{*1}\left(\frac{\omega_u}{2^m},\frac{\omega_v}{2^m}\right)+\right.\\&\quad\left.\overline{\Psi}_1^2\left(\frac{\omega_u}{2^m},\frac{\omega_v}{2^m}\right)\Psi_1^{*2}\left(\frac{\omega_u}{2^m},\frac{\omega_v}{2^m}\right)\right]\mathrm{d}\omega_u\mathrm{d}\omega_v\end{aligned}$$

因为

$$\Psi_1^{*1}\overline{\Psi}_1^1=\frac{\Psi_2^1\overline{\Psi}_1^1}{\sum_m(\overline{\Psi}_1^1\Psi_2^1+\overline{\Psi}_1^2\Psi_2^2)},\Psi_1^{*2}\overline{\Psi}_1^2=\frac{\Psi_2^2\overline{\Psi}_1^2}{\sum_m(\overline{\Psi}_1^1\Psi_2^1+\overline{\Psi}_1^2\Psi_2^2)}$$

我们可以估计出下式的上界

$$\begin{aligned}&\sum_m|\Psi_1^{*1}\overline{\Psi}_1^1|+|\Psi_1^{*2}\overline{\Psi}_1^2|\\&=\sum_m\left(\frac{|\Psi_2^1\overline{\Psi}_1^1|}{|\sum_m(\overline{\Psi}_1^1\Psi_2^1+\overline{\Psi}_1^2\Psi_2^2)|}+\frac{|\Psi_2^2\overline{\Psi}_1^2|}{|\sum_m(\overline{\Psi}_1^1\Psi_2^1+\overline{\Psi}_1^2\Psi_2^2)|}\right)\\&=\sum_m\left(\frac{\Psi_2^1\overline{\Psi}_1^1+\Psi_2^2\overline{\Psi}_1^2}{\sum_m(\overline{\Psi}_1^1\Psi_2^1+\overline{\Psi}_1^2\Psi_2^2)}\right)\leqslant\frac{B}{A}\end{aligned}$$

我们再一次使用二维的帕塞瓦尔等式，得到下面的过程

$$\begin{aligned}&\sum_m|\langle\omega_1 f,\omega_1^{*} f\rangle|\\&=\sum_m|\langle\omega_1^1 f,\omega_1^{*1} f\rangle+\langle\omega_1^2 f,\omega_1^{*2} f\rangle|\\&=\sum_m\frac{1}{4\pi^2}\iint|f(\omega_u,\omega_v)|^2|\Psi_1^{*1}\overline{\Psi}_1^1+\Psi_1^{*2}\overline{\Psi}_1^2|\mathrm{d}\omega_u\mathrm{d}\omega_v\\&\leqslant\frac{B}{4A\pi^2}\iint|f(\omega_u,\omega_v)|^2\mathrm{d}\omega_u\mathrm{d}\omega_v\\&\leqslant\frac{B}{A}\|f\|^2\end{aligned}$$

其中容易证明 $\Psi_1^{*1}\overline{\Psi}_1^1+\Psi_1^{*2}\overline{\Psi}_1^2=1$，因此根据勒贝格定理我们可以知道

$$\sum_m\langle\omega_1 f,\omega_{*1} f\rangle=\| f\|^2$$

同理可得式(2).

定理 2　如果 $(\Psi_1,\Psi_2)\in L^1(\mathbf{R}^2)\cap L^2(\mathbf{R}^2)$，并且 (Ψ_1,Ψ_2) 是一对二维二进小波对，同时 (Ψ_{*1},Ψ_{*2}) 为其二重二进小波对，那么以下等式成立

$$\sum_m\langle\omega_1 f,\omega_{*1} g\rangle=\langle f,g\rangle \tag{3}$$

$$\sum_m\langle\omega_2 f,\omega_{*2} g\rangle=\langle f,g\rangle \tag{4}$$

证明　仿照定理 1 的证明，有

$$\begin{aligned}\sum_m|\langle\omega_1 f,\omega_{*1} g\rangle&=\sum_m|\langle\omega_1^1 f,\omega_1^{*1} g\rangle+\langle\omega_1^2 f,\omega_1^{*2} g\rangle|\\&=\frac{B}{4A\pi^2}\iint\langle f,g\rangle\mathrm{d}\omega_u\mathrm{d}\omega_v\\&\leqslant\frac{B}{A}\| f\|\,\| g\|\end{aligned}$$

则有

$$\sum_m\langle\omega_1 f,\omega_{*1} g\rangle=\langle f,g\rangle$$

同理可得式(4).

第16章 复合伸缩帕塞瓦尔框架小波[①]

§1 引 言

小波分析既保留了傅里叶分析的优点，又弥补了傅里叶分析的不足.它的产生受益于计算机科学、地质科学、量子场论等科学领域专家学者共同努力.反过来，小波变换又应用于信号处理、计算机视觉等领域，被誉为信号分析的数学显微镜.

对于一维的信号，小波能达到最优的非线性逼近阶.而在处理二维或者更高维含线奇异的信号时，高维小波基却不能达到最优逼近阶.这使得人们开始寻找比小波更稀疏的表示工具.近年来，人们已经发现了一些新的构造，这些构造包括方向小波、脊波和曲波等，它们能更有效地代表那些随机分布且不连续的多维信号.

在已有文献[②]中提出了复合伸缩小波系统的概念，定义如下

$$\Lambda_{AB}(\boldsymbol{\Psi})=\{D_A D_B T_k \boldsymbol{\Psi} \mid k\in \mathbf{Z}^n, B\in \mathbf{B}, A\in \mathbf{A}\} \tag{1}$$

其中 $\boldsymbol{\Psi}=(\psi_1,\cdots,\psi_l)\subseteq L^2(\mathbf{R}^n)$，$T_k$ 被定义为 $T_k f(x)=f(x-k)$，D_A 被定义为 $D_A f(x)=|\det A|^{\frac{1}{2}} f(Ax)$，集合 $\mathbf{A}$，$\mathbf{B}$ 是 $GL_n(\mathbf{R})$ 的子集，而且它们不一定能互相交换.复合伸缩小波的伸缩矩阵 $\mathbf{A}$ 在一个方向扩展或者收缩，而 $\boldsymbol{B}$ 则在垂线的方向上进行伸缩.因此，复合伸缩小波具有方向性、尺度性、拉长的形状以及波动性等特征，而这恰恰是图像处理时工程学家们所追求的目标.

基于复合伸缩小波的理论，G. Easley 等发展了 Shearlet 变换的理论，并利用复合伸缩小波对图像进行去噪，发现这类小波对应的滤波器支集比较短，因此能更加有效地逼近原来的图像，而且，复合伸缩小波能够更容易地实现从连续小波到离散小波的转换，有利于快速算法的实现.本章推广了 AB 一多尺度分析的概念，而且，复合伸缩帕塞瓦尔框架小波能被 AB 多尺度分析得到.接着给出了通过古典小

---

①赵涛，薛改仙.复合伸缩帕塞瓦尔框架小波.数学的实践与认识，2015，45(13)：226-232.

②GUO K, LIM W, LABATE D, WEISS G. WILSON E. Wavelets with composite dilations[J]. Electron. Res. Announc. Amer. Math. Soc., 2004, 10：78-87.

波构造复合伸缩帕塞瓦尔框架小波的方法.

§2　一些概念和已知结果

令 $GL_n(\mathbf{Z})$ 是所有由可逆的矩阵所组成的集合. 对于 $\boldsymbol{A} \in E_n^{(2)}$，我们定义 $\boldsymbol{A}$ 的转置 $\boldsymbol{B} = \boldsymbol{A}^{\mathrm{T}}$. 显然有 $\boldsymbol{B} \in E_n^{(2)}$. 对于 $f \in L^2(\mathbf{R}^n)$，定义它的傅里叶变换为 $\hat{f}(\omega) = \int_{\mathbf{R}^n} f(x) \mathrm{e}^{-2\pi \mathrm{i}\langle x, \omega\rangle} \mathrm{d}x$，这里 $\langle \cdot, \cdot \rangle$ 表示 $\mathbf{R}^n$ 中标准的内积. 由 $(T_k f)(x) = f(x-k)$ 所定义的平移算子 $T_k: L^2(\mathbf{R}^n) \to L^2(\mathbf{R}^n), k \in \mathbf{Z}^n$. 由 $(Df)(x) = \sqrt{2} f(Ax)$ 所定义的伸缩算子 $D_A: L^2(\mathbf{R}^n) \to L^2(\mathbf{R}^n)$，其中 $A \in GL_n(\mathbf{Z})$.

先给出将要用到的两个定义：

定义 1　假设 H 是一个可分离的希尔伯特空间，$\{f_j\}_{j \in J}$ 是其中的一个可数集，若对于任意的 $f \in H$，等式 $\| f \|^2 = \sum_{j \in J} | \langle f, f_j \rangle |^2$ 成立，则称 $\{f_j\}_{j \in J}$ 是 H 的帕塞瓦尔框架(PF).

定义 2　如果系统(1)是 $L^2(\mathbf{R}^n)$ 的一个帕塞瓦尔框架，那么，我们说 $\boldsymbol{\Psi}$ 是一个帕塞瓦尔框架 AB—多小波(缩写为 PF AB—多小波). 如果系统 $\boldsymbol{\Psi}$ 只由一个函数构成，那么这时我们称之为 AB—小波.

§3　广义的 AB—多尺度分析理论

在已有文献①中，定义了 AB—多尺度分析的概念，但是，因为他们定义的严格性，排除了一些具有很好性质的复合伸缩小波. 本章首先推广了 AB—多尺度分析的定义，并发展了相应的理论体系. 接着，具有较好几何性质的复合伸缩小波的例子被构造. 下面，先给出广义的 AB—多尺度分析的定义.

定义 3　假设 $A, B \in GL_n(\mathbf{Z})$. 一个 $L^2(\mathbf{R}^n)$ 的闭子空间序列 $\{V_j\}_{j \in \mathbf{Z}}$ 被称为 $L^2(\mathbf{R}^n)$ 中广义的 AB—多尺度分析(缩写为广义的 AB—MRA)，如果它满足下列条件：

(1) $V_j \subseteq V_{j+1}$，对于所有的 $j \in \mathbf{Z}$.

---

①GUO K, LABATE D, LIM W, WEISS G, WILSON E. Wavelets with composite dilations and their MRA properties[J]. Appl. Comput. Harmon. Anal., 2006, 20: 202-236.

(2) $f(x)\in V_j$ 当且仅当 $f(Ax)\in V_{j+1}$，对于所有的 $j\in \mathbf{Z}$.

(3) $\bigcap_{j\in \mathbf{Z}} V_j=\{0\}$ 和 $\overline{\bigcup_{j\in \mathbf{Z}} V_j}=L^2(\mathbf{R}^n)$.

(4) $D_B T_k V_0=V_0$，对于任意的 $k\in \mathbf{Z}^n$，$|\det \boldsymbol{B}|=1$.

(5) 存在一个函数 $\phi\in V_0$，使得 $\Phi_B=\{D_B^j T_k\phi : j\in \mathbf{Z}, k\in \mathbf{Z}^n\}$ 是 V_0 的一个帕塞瓦尔框架.

注 (1)与原始的定义相比较，前四个条件不变，这里的条件(5)代替了如下的假设：存在一个函数 $\phi\in V_0$，使得 $\Phi_B=\{D_B^j T_k\phi \mid j\in \mathbf{Z}, k\in \mathbf{Z}^n\}$ 是 V_0 的一个标准正交基. 显然，我们的定义要更加弱.

(2) 空间 V_0 被称为 AB—尺度函数空间，在小波的情形也有人把它叫作再生子空间.

假设 $\phi(x)$ 是再生子空间 V_0 的尺度函数，那么对于 $\forall f(x)\in V_j$，我们有 $D_A^{-j} f(x)\in V_0$，因此，我们得到 $D_A^{-j} f(x)=\sum_{l\in \mathbf{Z}}\sum_{k\in \mathbf{Z}^n}\langle D_A^{-j} f, D_B^l T_k\phi\rangle D_B^l T_k\phi(x)$，这就是说

$$
\begin{aligned}
f(x)&=\sum_{l\in \mathbf{Z}}\sum_{k\in \mathbf{Z}^n}\langle D_A^{-j} f, D_B^l T_k\phi\rangle D_A^j D_B^l T_k\phi \\
&=\sum_{l\in \mathbf{Z}}\sum_{k\in \mathbf{Z}^n}\langle f, D_A^j D_B^l T_k\phi\rangle D_A^j D_B^l T_k\phi
\end{aligned}
$$

因此有下面的定理.

定理 1 假设 ϕ 是一个广义的 AB—多尺度分析的尺度函数. 那么，系统 $\{D_A^j D_B^l T_k\phi \mid l\in \mathbf{Z}, k\in \mathbf{Z}^n\}(j\in \mathbf{Z})$ 是 V_j 的一个帕塞瓦尔框架.

令 W_0 是空间 V_1 中 V_0 的正交补，则 $V_1=V_0\oplus W_0$. 同样，定义 $W_j : W_j=V_{j+1}\cap (V_j)^{\perp}$，$j\in \mathbf{Z}$. 因此，我们得到 $L^2(\mathbf{R}^n)=\bigoplus_{j\in \mathbf{Z}} W_j$.

如果存在一个函数 $\varphi\in W_0$ 使得 $\{D_B^l T_k\varphi \mid l\in \mathbf{Z}, k\in \mathbf{Z}^n\}$ 是空间 W_0 的一个帕塞瓦尔框架，那么容易证明 $\{D_A^j D_B^l T_k\varphi \mid l\in \mathbf{Z}, k\in \mathbf{Z}^n\}(j\in \mathbf{Z})$ 是空间 W_j 的一个帕塞瓦尔框架. 因此 $\{D_A^j D_B^l T_k\varphi \mid j\in \mathbf{Z}, l\in \mathbf{Z}, k\in \mathbf{Z}^n\}$ 是 $L^2(\mathbf{R}^n)$ 的一个帕塞瓦尔框架.

注 众所周知，如果 $\{V_j\}_{j\in \mathbf{Z}}$ 是古典的多尺度分析，那么通过尺度函数，我们能够构造一个单小波. 然而，在 AB—多尺度分析的情形，即使尺度函数是正交的，也不一定有复合伸缩小波. 下面，我们将要给出一个反例来说明这个结论.

例 1 令 $\boldsymbol{A}=\begin{pmatrix}5 & 0\\ 0 & 1\end{pmatrix}$ 和 $\boldsymbol{B}=\begin{pmatrix}1 & 1\\ 0 & 1\end{pmatrix}$，显然，我们得到 $\boldsymbol{B}^j=\begin{pmatrix}1 & j\\ 0 & 1\end{pmatrix}$.

令 $S_0=\{\omega=(\omega_1,\omega_2)\in \mathbf{R}^2 \mid |\omega_1|\leqslant 1\}$，定义 $V_0=\{f\in L^2(\mathbf{R}^2) \mid \operatorname{supp}\hat{f}\subseteq S_0\}$. 既

然，对于所有的 $j\in\mathbf{Z},k\in\mathbf{Z}^2$ 和 $f\in S_0$，我们有($\widehat{D_B^jT_k\ f}$)$(\omega)=\mathrm{e}^{-2\pi\mathrm{i}B^j\omega k}\hat{f}(\boldsymbol{B}^j\omega)$ 和 $\boldsymbol{B}^j\omega=\boldsymbol{B}^j(\omega_1,\omega_2)=(\omega_1,\omega_2+j\omega_1)$，因此，$\boldsymbol{B}^j$ 把垂直带区域 S_0 映射到自身. 因此，我们已经得到定义 3 中的条件(4)，即：$\boldsymbol{B}^{\mathrm{T}}S_0=S_0$，而且，$\hat{V}_0=L^2(\mathbf{R}^2)\cdot\chi_{S_0}$，这里 $\hat{V}_0:=\{\hat{f}(\omega)\mid f\in V_0\}$.

令 $S_i=\boldsymbol{A}^iS_0=\{\omega=(\omega_1,\omega_2)\in\mathbf{R}^2\mid|\omega_1|\leqslant5^i\}$ 和 $V_i=\{f\in L^2(\mathbf{R}^2)\mid\operatorname{supp}\hat{f}\subseteq S_i\}$. 我们能看出 $\{V_i\}_{i\in\mathbf{Z}}$ 满足下面的性质：

(1) $V_i\subseteq V_{i+1}$，对于所有的 $i\in\mathbf{Z}$.

(2) $D_A^{-1}V_1=V_0$.

(3) $\bigcap\limits_{j\in\mathbf{Z}}V_j=\{0\}$.

(4) $\overline{\bigcup\limits_{j\in\mathbf{Z}}V_j}=L^2(\mathbf{R}^n)$.

令 $I=I^+\cup I^-$，这里 I^+ 是一个三角形，它的顶点坐标为(0,0)，(0,1)，(1,1)，$I^-=\{\omega\in\mathbf{R}^2\mid-\omega\in I^+\}$. 定义 ϕ 如下：$\hat{\phi}(\omega)=\chi_I(\omega)$. 经过简单的计算，我们可以得到：$I$ 是 S_0 的一个 B—铺盖集，即 S_0 是集合 $\boldsymbol{B}^jI(j\in\mathbf{Z})$ 的不相交的并. 因此，$\Phi_B=\{D_B^jT_k\phi\mid j\in\mathbf{Z},k\in\mathbf{Z}^n\}$ 是空间 V_0 的一个标准正交基，ϕ 是空间 V_0 的尺度函数.

我们知道 $\{D_A^iD_B^jT_k\phi\mid j\in\mathbf{Z},k\in\mathbf{Z}^n,i\in\mathbf{Z}\}$ 是空间 V_i 的一个帕塞瓦尔框架. 这就是说，$\{V_i\}_{i\in\mathbf{Z}}$ 是一个广义的 AB—多尺度分析，对应的尺度函数为 ϕ.

令 W_0 是空间 V_1 中 V_0 的正交补，$R_0:=S_1\backslash S_0=\{\omega=(\omega_1,\omega_2)\in\mathbf{R}^2\mid1\leqslant|\omega_1|\leqslant5\}$，那么，我们有 $W_0=\{f\in L^2(\mathbf{R}^2):\operatorname{supp}\hat{f}\subseteq R_0\}$.

下面，我们将要构造由 3 个函数生成的 AB—多小波. 为此，我们先定义 $R_0=S_1\backslash S_0$ 的子集

$$T_1=T_1^+\cup T_1^-,T_2=T_2^+\cup T_2^-,T_3=T_3^+\cup T_3^-$$

这里 $T_1^+=\{\omega=(\omega_1,\omega_2)\in\mathbf{R}^2\mid1<\omega_1\leqslant5,0\leqslant\omega_2<1\}$，$T_2^+=\{\omega=(\omega_1,\omega_2)\in\mathbf{R}^2\mid1<\omega_1\leqslant5,1\leqslant\omega_2<5\}$，$T_3^+=\{\omega=(\omega_1,\omega_2)\in\mathbf{R}^2\mid1<\omega_1\leqslant5,5\leqslant\omega_2<\omega_1\}$，$T_l^-=\{\omega=(\omega_1,\omega_2)\in\mathbf{R}^2\mid-\omega\in T_l^+,l=1,2,3\}$.

接着，我们定义 $\psi_l(l=1,2,3)$ 如下：$\hat{\psi}_l=\chi_{T_l}(l=1,2,3)$. 注意到函数 $\{\mathrm{e}^{2\pi\mathrm{i}\omega k}\mid k\in\mathbf{Z}^2\}$ 构成 $L^2(T_l)$ 的一个帕塞瓦尔框架. 因此，集合 $\{\mathrm{e}^{2\pi\mathrm{i}\omega k}\hat{\psi}_l(\omega)\mid k\in\mathbf{Z}^2\}$ 构成 $L^2(T_l)(l=1,2,3)$ 的一个标准正交基. 经过相似的计算，我们可以知道，集合 $\{\boldsymbol{B}^jT_l\mid j\in\mathbf{Z},l=1,2,3\}$ 是 R_0 的一个剖分，即 $R_0=\bigcup\limits_{l=1}^{3}\bigcup\limits_{j=Z}\boldsymbol{B}^jT_l$.

既然，对于每个固定的 $j\in\mathbf{Z}$，$\boldsymbol{B}^j$ 映射 $\mathbf{Z}^2$ 到它自身，集合 $\{e^{2\pi iB^j\omega k}\hat{\psi}_l(\boldsymbol{B}^j\omega)\mid k\in\mathbf{Z}^2\}$. 因此，集合 $\{e^{2\pi iB^j\omega k}\widehat{\psi_l}(\boldsymbol{B}^j w)\mid k\in\mathbf{Z}^2,j\in\mathbf{Z},l=1,2,3\}$ 是 $L^2(R_0)$ 的一个帕塞瓦尔框架. 因此，通过取逆傅里叶变换，我们得到，$\{D_B^jT_k\psi_1\mid j\in\mathbf{Z},k\in\mathbf{Z}^2,l=1,2,3\}$ 是 W_0 的一个帕塞瓦尔框架.

根据定理 1，我们知道 $\{D_A^iD_B^jT_k\psi_l\mid i\in\mathbf{Z},j\in\mathbf{Z},k\in\mathbf{Z}^2,l=1,2,3\}$ 是 $L^2(\mathbf{R}^2)$ 的一个帕塞瓦尔框架.

下面将要给出一个单的来源于一个广义的 AB—多尺度分析的复合伸缩小波的例子.

例 2 令 $U=U^+\cup U^-$，这里 U^+ 是一个梯形，它的顶点坐标为 $\left(\frac{1}{4},0\right)$，$\left(\frac{1}{4},\frac{1}{4}\right)$，$(1,1)$，$(1,0)$，$U^-=\{\omega=(\omega_1,\omega_2)\in\mathbf{R}^2\mid -\omega\in U^+\}$. 假设 S_i，$\boldsymbol{A}$ 和 $\boldsymbol{B}$ 如例 1 所定义，$P:=S_0\setminus S_{-1}=\{\omega=(\omega_1,\omega_2)\in\mathbf{R}^2\mid \frac{1}{4}<\omega_1\leqslant 1\}$. 经过简单的计算，我们可以得到：集合 $P=\bigcup_{j\in\mathbf{Z}}\boldsymbol{B}^jU$，这里，并是不相交的. 根据 Plancherel 定理和 U 被包含在一个基本集内的事实，函数 $\chi_U(\omega)$ 满足

$$\sum_{k\in\mathbf{Z}^2}\left|\langle\hat{f},e^{2\pi i(\cdot)k}\chi_U\rangle\right|^2=\|\hat{f}\|^2\quad(\forall f\in L^2(P))$$

因此，集合 $\{D_B^je^{2\pi i\omega k}\chi_U(\omega)\mid k\in\mathbf{Z}^2,j\in\mathbf{Z}\}$ 是 $L^2(P)$ 的一个帕塞瓦尔框架. 相似于例 1 的构造，我们有 $\mathbf{R}^2=\bigcup_{i\in\mathbf{Z}}\boldsymbol{A}^iP$，这里，并是不相交的.

定义 ψ 如下：$\hat{\psi}=\chi_U$. 因此，系统 $\{D_A^iD_B^jT_k\psi\mid i\in\mathbf{Z},j\in\mathbf{Z},k\in\mathbf{Z}^2\}$ 是 $L^2(\mathbf{R}^2)$ 的一个帕塞瓦尔框架. 这就是说，函数 ψ 为一个具有复合伸缩的帕塞瓦尔框架小波.

§4 一些复合伸缩帕塞瓦尔框架小波的构造

在已有文献①中通过 $L^2(\mathbf{R})$ 中两个古典小波构造了一个 $L^2(\mathbf{R}^2)$ 中复合伸缩小波的例子. 受这个方法启发，我们构造了两类 $L^2(\mathbf{R}^n)$ 中复合伸缩小波：一类是可变量分离的情形，另一类是部分不可变量分离的情形.

---

①GUO K, LABATE D, LIM W, WEISS G, WILSON E. Wavelets with composite dilations and their MRA properties[J]. Appl. Comput. Harmon. Anal., 2006, 20: 202-236.

情形 1　可变量分离的复合伸缩小波.

令 $\psi_1\in L^2(\mathbf{R})$是一个三进制带限帕塞瓦尔框架小波且满足 $\operatorname{supp}\hat{\psi}_1\subseteq[-\Omega,\Omega]$. 假设$\{\psi_2,\cdots,\psi_n\}\subseteq L^2(\mathbf{R})$是另外一些三进制带限古典小波且满足$\operatorname{supp}\hat{\psi}_l\subseteq[-1,1]$和

$$\sum_{k\in\mathbf{Z}}|\hat{\psi}_l(\omega+k)|^2=1,\text{对于 a. e. }\omega\in\mathbf{R},l=2,\cdots,n \tag{2}$$

对于任意的 $\omega=(\omega_1,\cdots,\omega_n)\in\mathbf{R}^n,\omega_1\neq0$,我们通过频域定义 $L^2(\mathbf{R}^n)$中的函数 ψ 如下

$$\hat{\psi}(\omega)=\hat{\psi}_1(3^s\omega_1)\hat{\psi}_2\left(\frac{\omega_2}{\omega_1}\right)\cdots\hat{\psi}_n\left(\frac{\omega_n}{\omega_1}\right) \tag{3}$$

其中 $s\in\mathbf{Z}$ 满足 $3^s\geqslant3\Omega$. 那么,我们有

定理 2　令 $\boldsymbol{A}=\left\{\boldsymbol{a}^i=\begin{pmatrix}3^i & 0\\ 0 & \boldsymbol{I}_{n-1}\end{pmatrix}\Big|\, i\in\mathbf{Z}\right\}$和 $\boldsymbol{B}=\left\{\boldsymbol{b}_j=\begin{pmatrix}1 & j\\ 0 & \boldsymbol{I}_{n-1}\end{pmatrix}\Big|\, i\in\mathbf{Z}^{n-1}\right\}$,这里 $\boldsymbol{I}_{n-1}$是$(n-1)\times(n-1)$阶单位矩阵. 若 $\psi\in L^2(\mathbf{R}^n)$被等式(3)所定义,则 ψ 是一个 PF 的 AB—小波.

证明　若$|\omega_1|\geqslant\dfrac{1}{3}$,则显然有$|3^s\omega_1|\geqslant3^{s-1}\geqslant\Omega$. 根据 ψ_1 和 ψ 的定义,当$|\omega_1|\geqslant\dfrac{1}{3}$时,我们有 $\hat{\psi}(\omega)=0$. 因此我们得到 $\operatorname{supp}\hat{\psi}\subseteq\left[-\dfrac{1}{3},\dfrac{1}{3}\right]^n$.

对于任意的 $i\in\mathbf{Z},j\in\mathbf{Z}^{n-1},k\in\mathbf{Z}^n$,令 $\psi_{i,j,k}=D_a^iD_{b_j}T_k\psi$,则对于每个 $f\in L^2(\mathbf{R}^n)$,我们有

$$\begin{aligned}\sum_{i\in\mathbf{Z}}\sum_{j\in\mathbf{Z}^{n-1}}\sum_{k\in\mathbf{Z}^n}|\langle f,\psi_{i,j,k}\rangle|^2&=\sum_{i\in\mathbf{Z}}\sum_{j\in\mathbf{Z}^{n-1}}\sum_{k\in\mathbf{Z}^n}\left|\int_{\mathbf{R}^n}|\det a|^{\frac{i}{2}}\hat{f}(\omega)\,\overline{\hat{\psi}(a^ib_j\omega)\mathrm{e}^{2\pi\mathrm{i}a^ib_j\omega k}}\right|^2\mathrm{d}\omega\\&=\sum_{i\in\mathbf{Z}}\sum_{j\in\mathbf{Z}^{n-1}}\int_{\mathbf{Q}}|3^{-\frac{i}{2}}\hat{f}(b_j^{-1}a^{-i}\eta)\,\overline{\hat{\psi}(\eta)}|^2\mathrm{d}\eta\\&=\int_{\mathbf{R}^n}|\hat{f}(\omega)|^2\sum_{i\in\mathbf{Z}}\sum_{j\in\mathbf{Z}^{n-1}}|\hat{\psi}(a^ib_j\omega)|^2\mathrm{d}\omega\end{aligned}$$

既然 $a^ib_j\omega=(3^i\omega_1,j_13^i\omega_1+\omega_2,\cdots,j_{n-1}3^i\omega_1+\omega_n)$,根据等式(2)和(3),我们有

$$\begin{aligned}\sum_{i\in\mathbf{Z}}\sum_{j\in\mathbf{Z}^{n-1}}|\hat{\psi}(a^ib_j\omega)|^2&=\sum_{i\in\mathbf{Z}}\sum_{j_1\in\mathbf{Z}}\cdot\cdots\cdot\sum_{j_{n-1}\in\mathbf{Z}}\left|\hat{\psi}_1(3^{s+i}\omega_1)\hat{\psi}_2\left(\frac{3^{-i}\omega_2}{\omega_1}+j_1\right)\cdot\cdots\cdot\right.\\&\qquad\left.\hat{\psi}_n\left(3^{-i}\frac{\omega_n}{\omega_1}+j_{n-1}\right)\right|^2\\&=\sum_{i\in\mathbf{Z}}|\hat{\psi}_1(3^{s+i}\omega_1)|^2\sum_{j_1\in\mathbf{Z}}\left|\hat{\psi}_2\left(\frac{3^{-i}\omega_2}{\omega_1}+j_1\right)\right|^2\cdot\cdots\cdot\end{aligned}$$

$$\sum_{j_{n-1}\in\mathbf{Z}}\left|\hat{\psi}_n\left(3^{-i}\frac{\omega_n}{\omega_1}+j_{n-1}\right)\right|^2$$
$$=1$$

最后,我们推导出

$$\sum_{i\in\mathbf{Z}}\sum_{j\in\mathbf{Z}^{n-1}}\sum_{k\in\mathbf{Z}^n}|\langle f,\psi_{i,j,k}\rangle|^2=\int_{\mathbf{R}^n}|\hat{f}(\omega)|^2\mathrm{d}\omega$$
$$=\|f\|^2$$

根据定义 2,函数 ψ 是一个 PF 的 AB—小波.

下面,我们将通过古典小波来构造几个 $L^2(\mathbf{R}^n)$ 中可变量分离的复合伸缩小波的例子.

例 3 通过频域定义函数 ψ_1 如下

$$\hat{\psi}_1(\omega)=\chi_{[-\pi,-\frac{\pi}{2})}+2\chi_{[-\frac{3\pi}{2},-\pi)}+\chi_{[\frac{\pi}{4},\frac{\pi}{2})}+2\chi_{[\frac{\pi}{2},\pi]}$$

根据已有文献①,函数 ψ_1 是一个帕塞瓦尔框架小波.

为了构造 ψ_2,令 ϕ 是紧支撑和 C^∞ 的钟形函数,而且满足 $\operatorname{supp}\phi\subseteq[-1,1]$,定义 ψ_2 的频域如下

$$\hat{\psi}_2(\omega)=\frac{\phi(\omega)}{\sqrt{\sum_{k\in\mathbf{Z}}|\phi(\omega+k)|^2}}$$

显然 ψ_2 满足等式(2),根据定理 2,等式(3)定义的 ψ_n 是一个 PF 的 AB—小波.

例 4 通过频域定义函数 ψ_1 如下

$$\hat{\psi}_1(\omega)=\cos\left(x-\frac{\pi}{4}\right)\left(x+\frac{13\pi}{8}\right)^2\left(x+\frac{3\pi}{8}\right)^4\mathrm{e}^x\chi_{E_1}+$$
$$\sin(x)\left(x-\frac{13\pi}{8}\right)^2\left(x-\frac{\pi}{5}\right)^4\mathrm{e}^{-x}\chi_{E_2}$$

其中 $E_1=\left[-\frac{13\pi}{8},-\frac{3\pi}{8}\right)$ 和 $E_2=\left[\frac{\pi}{5},\frac{13\pi}{8}\right)$. 那么,函数 ψ_1 是一个框架小波.

假设 ψ_2 如例 3 所定义,根据定理 2,通过等式(3),我们能构造 $L^2(\mathbf{R}^2)$ 中的 PF 的 AB—小波 ψ.

情形 2 部分不可变量分离的复合伸缩小波.

①DAI X, DIAO Y, GU Q. Subspaces with normalized tight frame wavelets in $L^2(\mathbf{R}^n)$[J]. Proc. AMS, 2002,130(6):1661-1667.

假设 $\psi_1 \in L^2(\mathbf{R})$ 是一个二进制带限帕塞瓦尔小波且满足 supp $\hat{\psi}_1 \subseteq [-\Omega, \Omega]$，$\hat{\psi}_2$ 是 $L^2(\mathbf{R}^{n-1})$ 中一个 PF 小波且满足 supp $\hat{\psi}_2 \subseteq [-1,1]^{n-1}$. 对于任意的 $\omega = (\omega_1, \cdots, \omega_n) \in \mathbf{R}^n$，$\omega_1 \neq 0$，定义 $\psi \in L^2(\mathbf{R}^n)$ 如下

$$\hat{\psi}(\omega) = \hat{\psi}_1(2^s \omega_1) \hat{\psi}_2\left(\frac{\omega_2}{\omega_1}, \cdots, \frac{\omega_n}{\omega_1}\right) \tag{4}$$

这里 $s \in \mathbf{Z}$，且满足 $3^s \geqslant 3\Omega$. 那么，我们有

定理 3　假设 $\boldsymbol{A}$ 和 $\boldsymbol{B}$ 如定理 2 中所定义，函数 $\psi \in L^2(\mathbf{R}^n)$ 在等式(4)中定义，而且 $Q = \left[-\frac{1}{3}, \frac{1}{3}\right]^n$. 那么，函数 ψ 是一个 PF 的 AB—小波.

证明　类似于定理 2 的证明，我们能够容易地推导出 supp $\hat{\psi} \subseteq \left[-\frac{1}{3}, \frac{1}{3}\right]^n$.

对于任意的 $i \in \mathbf{Z}$，$j = (j_1, j_2, \cdots, j_{n-1}) \in \mathbf{Z}^{n-1}$，$k \in \mathbf{Z}^n$ 和 $f \in L^2(\mathbf{R}^n)$，我们有

$$\begin{aligned} &\sum_{i \in \mathbf{Z}} \sum_{j \in \mathbf{Z}^{n-1}} \sum_{k \in \mathbf{Z}^n} |\langle f, \psi_{i,j,k} \rangle|^2 \\ &= \int_{\mathbf{R}^n} |\hat{f}(\omega)|^2 \sum_{i \in \mathbf{Z}} \sum_{j \in \mathbf{Z}^{n-1}} |\hat{\psi}(a^i b_j \omega)|^2 \mathrm{d}\omega \end{aligned}$$

既然 $a^i b_j \omega = (3^i \omega_1, j_1 3^i \omega_1 + \omega_2, \cdots, j_{n-1} 3^i \omega_1 + \omega_n)$，根据函数 ψ_1 和 ψ_2 是 PF 小波的事实，我们有

$$\begin{aligned} &\sum_{i \in \mathbf{Z}} \sum_{j \in \mathbf{Z}^{n-1}} |\hat{\psi}| (a^i b_j \omega)^2 \\ &= \sum_{i \in \mathbf{Z}} \sum_{j_1 \in \mathbf{Z}} \cdots \sum_{j_{n-1} \in \mathbf{Z}} \left| \hat{\psi}_1(3^{s+i}\omega_1) \hat{\psi}_2\left(\frac{3^{-i}\omega_2}{\omega_1} + j_1, \frac{3^{-i}\omega_3}{\omega_1} + j_2, \cdots, \frac{3^{-i}\omega_n}{\omega_1} + j_{n-1}\right) \right|^2 \\ &= \sum_{i \in \mathbf{Z}} |\hat{\psi}_1(3^{s+i}\omega_1)|^2 \sum_{(j_1, j_2, \cdots, j_{n-1}) \in \mathbf{Z}^{n-1}} \left| \hat{\psi}_2\left(\frac{3^{-i}\omega_2}{\omega_1} + j_1, \frac{3^{-i}\omega_3}{\omega_1} + j_2, \cdots, \frac{3^{-i}\omega_n}{\omega_1} + j_{n-1}\right) \right|^2 \\ &= 1 \end{aligned}$$

最后，我们推导出

$$\begin{aligned} \sum_{i \in \mathbf{Z}} \sum_{j \in \mathbf{Z}^{n-1}} \sum_{k \in \mathbf{Z}^n} |\langle f, \psi_{i,j,k} \rangle|^2 &= \int_{\mathbf{R}^n} |\hat{f}(\omega)|^2 \mathrm{d}\omega \\ &= \| f \|^2 \end{aligned}$$

那就是说，函数 ψ 是一个 PF 的 AB—小波. 证毕.

根据定理 3，下面将要构造一些部分不可变量分离的复合伸缩小波的例子.

例 5　对于梅花型矩阵 $\boldsymbol{Q} = \begin{pmatrix} 1 & -1 \\ 1 & 1 \end{pmatrix}$，我们有 $\boldsymbol{B} = \boldsymbol{Q}^{\mathrm{T}} = \begin{pmatrix} 1 & 1 \\ -1 & 1 \end{pmatrix}$. 进一步，我

们有 $\boldsymbol{B}^{-1}\boldsymbol{C}\subseteq\boldsymbol{C}$，这里 $\boldsymbol{C}$ 是 $\mathbf{R}^2$ 中标准的单位正方形 $\left[-\frac{1}{2},\frac{1}{2}\right]^2$. 周知，集合 $\{\boldsymbol{B}^j(\boldsymbol{C}\boldsymbol{B}^{-1}\boldsymbol{C})\mid j\in\mathbf{Z}\}$ 是 $\mathbf{R}^2$ 的一个剖分. 通过 $\hat{\psi}_2(\omega)=\chi_{BC\setminus C}$，我们能定义函数 $\hat{\psi}_2$. 因此我们得到一个 PF 小波，而且，它满足 $\operatorname{supp}\hat{\psi}_2\subseteq[-1,1]^2$. 因为它的维数函数 $D_\psi(\omega)=1$，a. e. ω，所以 $\psi(x)$ 是一个与 Q－FMRA 相联系的 PF 小波. 实际上，$\psi(x)$ 是一个与 Q－FMRA 相联系的标准正交基小波，它是香农小波的变形：$\hat{\psi}(\omega)=\chi_{2I\setminus I}$，这里 I 是标准的单位区间 $\left[-\frac{1}{2},\frac{1}{2}\right]$.

假设 $\hat{\psi}_1$ 是 $L^2(\mathbf{R})$ 中任何小波. 根据定理 3，通过等式(4)，我们能够得到函数 ψ 是一个 $L^2(\mathbf{R}^3)$ 中的 PF 的 AB－小波.

例 6 假设 $\boldsymbol{A}$ 是矩阵 $\begin{pmatrix}0 & 3\\ 1 & 1\end{pmatrix}$，则 $\boldsymbol{A}$ 是一个扩展矩阵且满足 $\det\boldsymbol{A}=-3$. 如果 F 是一个正方形，它的顶点坐标为 $(0,1)$，$(1,0)$，$(-1,0)$ 和 $(0,-1)$. 定义 $E=F\setminus(\boldsymbol{A}^{-1})F$，所以 E 是帕塞瓦尔框架小波集. 我们定义函数 $\hat{\psi}_2$ 如下：$\hat{\psi}_2(\omega)=\chi_E$，则我们得到一个 PF 小波，它满足 $\operatorname{supp}\hat{\psi}_2\subseteq[-1,1]^2$.

假设 $\hat{\psi}_1$ 是 $L^2(\mathbf{R})$ 中任何小波. 根据定理 3，通过等式(4)，我们能够得到函数 ψ 是一个 $L^2(\mathbf{R}^3)$ 中的 PF 复合伸缩小波.

第 17 章　希尔伯特空间中 g—帕塞瓦尔框架的一些性质①

厦门大学数学科学学院的肖祥春和福州大学数学与计算机科学学院的朱玉灿，以及厦门大学数学科学学院的曾晓明三位教授 2008 年在希尔伯特空间中讨论 g—帕塞瓦尔框架的一些性质，得到 g—帕塞瓦尔框架的一些恒等式和不等式.

§1　引　　言

希尔伯特空间中的框架最早是由 Duffin 和 Schaeffer 于 1952 年在研究非调和傅里叶级数时引入的概念，并对它的一些性质进行了初步的研究②. 直到 1986 年，Daubechies, Grossmann 和 Meyer 的突破性研究③，才使框架理论被人们广泛关注，国内外许多学者对它进行了一些深入的研究④，现在框架理论不仅是在理论上

---

①本章摘编自《数学学报》，2008 年第 51 卷第 6 期.

②DUFFIN R J, SCHAEFFER A C. A class of nonharmonic Fourier series[J]. Trans. Math. Soc.，1952，72：341-366.

③DAUBECHIES I, GROSSMANN A, MEYER Y. Painless nonorthogonal expansions[J]. J. Math. Phys.，1986，27：271-283.

④CASAZZA P G. The art of frame theory[J]. Taiwanese J. of Math.，2000，4(2)：129-201.

CHRISTENSEN O. An introduction to frames and Riesz bases[M]. Boston：Birkhäuser，2003.

YANG D Y, ZHOU X W, YUAN Z Z. Frame wavelets with compact supports for $L^2(\mathbf{R}^n)$[J]. Acta Mathematica Sinica, English Series，2007，23(2)：349-356.

ZHU Y C. q-Besselian frames in Banach spaces[J]. Acta Mathematica Sinica, English Series，2007，23(9)：1707-1718.

LI C Y, CAO H X. X_d frames and Riesz bases for a Banach space[J]. Acta Mathematica Sinica, Chinese Series，2006，49(6)：1361-1366.

还是在应用上都起着重要的作用，已经被广泛应用于信号处理、信号采样、系统模型、量子力学、图像处理、编码与信号传输等领域.

孙文昌在希尔伯特空间中提出了 g — 框架的概念，把希尔伯特空间中已有的几种框架的讨论进行了统一处理，得到了一些重要的研究成果①. 本章讨论希尔伯特空间中 g — 框架和 g — 帕塞瓦尔框架的一些性质.

设 U 和 V 是两个希尔伯特空间，其内积为 $\langle\cdot,\cdot\rangle$，范数为 $\|\cdot\|$，$\{V_j\}_{j\in J}$ 是 V 的闭子空间序列，其中 J 是整数集 $\mathbf{Z}$ 的子集，记 $L(U,V_j)$ 为从 U 到 V_j 的所有有界线性算子的集合.

定义 1② 一个序列 $\{\Lambda_j\in L(U,V_j)\mid j\in J\}$ 称为 U 关于 $\{V_j\mid j\in J\}$ 的 g — 框架，如果存在正数 A,B，使得

$$A\|f\|^2\leqslant\sum_{j\in J}\|\Lambda_j f\|^2\leqslant B\|f\|^2\quad(\forall f\in U)\tag{1}$$

分别称 A,B 为 g — 框架的上下界. 如果只有式(1)右边的不等式成立，那么称序列 $\{\Lambda_j\mid j\in J\}$ 为 g — 贝塞尔序列. 如果 $A=B=\lambda$，那么称为 $g-\lambda$ — 紧框架. 如果 $\lambda=1$，那么称 $\{\Lambda_j\mid j\in J\}$ 为 g — 帕塞瓦尔框架.

如果对任意的 $j\in J,V_j=C$，由里斯表示定理，对每个有界线性泛函 $\Lambda_j\in L(U,C)$，存在某个 $f_j\in U$，使得 $\Lambda_j f=\langle f,f_j\rangle,\forall f\in U$，由 g — 框架和框架定义得：$\{\Lambda_j\in L(U,V_j)\mid j\in J\}$ 是 U 关于 $\{V_j\mid j\in J\}$ 的 g — 框架当且仅当 $\{f_j\}_{j\in J}$ 是 U 的框架.

例 1 设 $\{e_j\}_{j=1}^{\infty}$ 为 U 的标准正交基，对任意的 $j=1,2,\cdots$，令 $V_j=\overline{\mathrm{span}}\{e_1,e_2,\cdots,e_j\}$，$\Lambda_j:U\to V_j$，$\Lambda_j f=\sum_{k=1}^{j}\langle f,\frac{e_j}{\sqrt{j}}\rangle e_k$，则对任意的 $f\in U$，有

$$\|\Lambda_j f\|^2\leqslant\sum_{k=1}^{j}|\langle f,\frac{e_j}{\sqrt{j}}\rangle|^2\|e_k\|^2=|\langle f,e_j\rangle|^2\leqslant\|f\|^2$$

从而

$$\sum_{j=1}^{+\infty}\|\Lambda_j f\|^2=\sum_{j=1}^{+\infty}|\langle f,e_j\rangle|^2=\|f\|^2$$

因此，$\{\Lambda_j\}_{j=1}^{+\infty}$ 为 U 的 g — 帕塞瓦尔框架.

设 $\{\Lambda_j\mid j\in J\}$ 是 U 关于 $\{\Lambda_j\mid j\in J\}$ 的 g — 框架，定义 g — 框架算子 S

①SUN W. g-Frames and g-Riesz bases[J]. J. Math. Anal. Appl. ,2006,322:437-452.

②SUN W. g-Frames and g-Riesz bases[J]. J. Math. Anal. Appl. ,2006,322:437-452.

$$Sf=\sum_{j\in J}\Lambda_j^*\Lambda_j f \quad (\forall f\in U)$$

这里 Λ_j^* 是 Λ_j 的共轭算子，且证明了 S 是可逆的、正的自共轭算子. 又因为

$$\langle Sf,f\rangle=\langle\sum_{j\in J}\Lambda_j^*\Lambda_j f,f\rangle=\sum_{j\in J}\langle\Lambda_j f,\Lambda_j f\rangle=\sum_{j\in J}\|\Lambda_j f\|^2$$

所以有 $A\|f\|^2\leqslant\langle Sf,f\rangle\leqslant B\|f\|^2$，且下面的重构式子成立

$$f=SS^{-1}f=S^{-1}Sf=\sum_{j\in J}\Lambda_j^*\Lambda_j S^{-1}f=\sum_{j\in J}S^{-1}\Lambda_j^*\Lambda_j f \quad (\forall f\in U) \tag{2}$$

记 $\widetilde{\Lambda}_j=\Lambda_j S^{-1}$，则上式变成

$$f=\sum_{j\in J}\Lambda_j^*\widetilde{\Lambda}_j f=\sum_{j\in J}\widetilde{\Lambda}_j\Lambda_j^* f$$

进而$\{\widetilde{\Lambda}_j\mid j\in J\}$仍为 U 关于$\{\Lambda_j\mid j\in J\}$的 g—框架①，并且称$\{\widetilde{\Lambda}_j\mid j\in J\}$为$\{\Lambda_j\mid j\in J\}$的对偶框架. 对任意 $K\subseteq J$，记 $K^c=J\backslash K$，我们定义线性算子

$$S_K f=\sum_{j\in K}\Lambda_j^*\Lambda_j f \quad (\forall f\in U)$$

定义 2② 一个序列$\{\Lambda_j\in L(U,V_j)\mid j\in J\}$称为 U 关于$\{\Lambda_j\mid j\in J\}$的 g—标准正交基，如果满足：

(1)$\langle\Lambda_i^* f_i,\Lambda_j^* f_j\rangle=\delta_{i,j}\langle f_i,f_j\rangle$，$\forall i,j\in J$，$f_i\in V_i$，$f_j\in V_j$.

(2)$\sum_{j\in J}\|\Lambda_j f\|^2=\|f\|^2$，$\forall f\in U$.

其中 Λ_j^* 为 Λ_j 的共轭算子.

Casazza 等人在研究希尔伯特空间中的帕塞瓦尔框架的最优分解时，发现了一些新的帕塞瓦尔框架恒等式，下面我们给出这些恒等式.

定理 1③ 设$\{f_i\}_{i\in I}\subseteq H$ 是 H 的框架，$\{\widetilde{f}_i\}_{i\in I}\subseteq H$，为其对偶框架，则对任意的 $K\subseteq I$，有

$$\sum_{j\in K}|\langle f,f_j\rangle|^2-\sum_{j\in I}|\langle S_K f,\widetilde{f}_j\rangle|^2=\sum_{j\in K^c}|\langle f,f_j\rangle|^2-\sum_{j\in I}|\langle S_{K^c}f,\widetilde{f}_j\rangle|^2$$

定理 2④(帕塞瓦尔框架恒等式) 设$\{f_i\}_{i\in I}\subseteq H$ 是 H 的帕塞瓦尔框架，对任

---

①SUN W. g-Frames and g-Riesz bases[J]. J. Math. Anal. Appl.,2006,322:437-452.

②SUN W. g-Frames and g-Riesz bases[J]. J. Math. Anal. Appl.,2006,322:437-452.

③BALAN R, CASAZZA P G, EDIDIN D, et al. A new identity for Parseval frames[J]. Proc. Amer. Math. Soc.,2007,135(4):1007-1015.

④BALAN R, CASAZZA P G, EDIDIN D, et al. A new identity for Parseval frames[J]. Proc. Amer. Math. Soc.,2007,135(4):1007-1015.

意的 $K\subseteq I$ 和 $f\in H$，有

$$\sum_{j\in K}|\langle f,f_j\rangle|^2-\left\|\sum_{j\in K}\langle f,f_j\rangle f_j\right\|^2=\sum_{j\in K^c}|\langle f,f_j\rangle|^2-\left\|\sum_{j\in K^c}\langle f,f_j\rangle f_j\right\|^2$$

注 1　定理 2 是定理 1 的特例，即取 $\{f_i\}_{i\in I}$ 为帕塞瓦尔框架.

推论 1①　设 $\{f_i\}_{i\in I}\subseteq H$ 是 H 的 λ — 紧框架，对任意的 $K\subseteq I$ 和 $f\in H$，有

$$\lambda\sum_{j\in K}|\langle f,f_j\rangle|^2-\left\|\sum_{j\in K}\langle f,f_j\rangle f_j\right\|^2=\lambda\sum_{j\in K^c}|\langle f,f_j\rangle|^2-\left\|\sum_{j\in K^c}\langle f,f_j\rangle f_j\right\|^2$$

§2　g — 帕塞瓦尔框架恒等式

为了证明结论，先给出几个引理.

引理 1　设 H 为希尔伯特空间，T 为自共轭有界线性算子，且满足对任意的 $f\in H$，有 $\langle Tf,f\rangle=0$，则 $T=0$.

证明　根据 T 为自共轭有界线性算子，直接验证得：对任意的 $f,g\in H$，有

$$\mathrm{Re}\langle Tf,g\rangle=\frac{1}{4}[\langle T(f+g,f+g)\rangle-\langle T(f-g,f-g)\rangle]=0$$

取 $g=Tf$ 得：对任意的 $f\in H$，有 $Tf=0$，即 $T=0$.

引理 2②　设 H 为希尔伯特空间. 如果 $U_1,V_1\in L(H)$ 是自共轭有界线性算子，满足 $U_1+V_1=I_H$，则对任意的 $f\in H$，有

$$\langle U_1f,f\rangle+\|V_1f\|^2=\langle V_1f,f\rangle+\|U_1f\|^2\geqslant\frac{3}{4}\|f\|^2$$

定理 3　设 $\{\Lambda_j\in L(U,V_j)\mid j\in J\}$ 是 U 关于 $\{V_j\mid j\in J\}$ 的 g — 框架，$\{\widetilde{\Lambda}_j\mid j\in J\}$ 为其对偶框架，对任意的 $K\subseteq J$ 和 $f\in U$，有

$$\sum_{j\in K}\|\Lambda_jf\|^2+\sum_{j\in J}\|\widetilde{\Lambda}_jS_{K^c}f\|^2=\sum_{j\in K^c}\|\Lambda_jf\|^2+\sum_{j\in J}\|\widetilde{\Lambda}_jS_Kf\|^2\geqslant\frac{3}{4}\sum_{j\in J}\|\Lambda_jf\|^2\tag{3}$$

证明　因为 S 是 U 上的可逆的、正的线性算子，所以 $S^{-1/2}$ 存在，且 $S_K+S_{K^c}=S$，因此

---

①BALAN R, CASAZZA P G, EDIDIN D, et al. A new identity for Parseval frames[J]. Proc. Amer. Math. Soc., 2007, 135(4): 1007-1015.

②GAVRUTA P. On some identities and inequalities for frames in Hilbert spaces[J]. J. Math. Anal. Appl., 2006, 321: 469-478.

$$S^{-1/2}S_KS^{-1/2}+S^{-1/2}S_{K^c}S^{-1/2}=I_U$$

令 $U_1=S^{-1/2}S_KS^{-1/2}$，$V_1=S^{-1/2}S_{K^c}S^{-1/2}$，则由引理 2，得

$$\begin{aligned}&\langle S^{-1/2}S_KS^{-1/2}f,f\rangle+\|S^{-1/2}S_{K^c}S^{-1/2}f\|^2\\=&\langle S^{-1/2}S_{K^c}S^{-1/2}f,f\rangle+\|S^{-1/2}S_KS^{-1/2}f\|^2\\\geqslant&\frac{3}{4}\|f\|^2\end{aligned}$$

用 $S^{\frac{1}{2}}f$ 代替 f，化简得

$$\langle S_Kf,f\rangle+\langle S^{-1}S_{K^c}f,S_{K^c}f\rangle=\langle S_{K^c}f,f\rangle+\langle S^{-1}S_Kf,S_Kf\rangle\geqslant\frac{3}{4}\langle Sf,f\rangle \tag{4}$$

又因为

$$\langle S_Kf,f\rangle=\langle\sum_{j\in K}\Lambda_j^*\Lambda_jf,f\rangle=\sum_{j\in K}\langle\Lambda_jf,\Lambda_jf\rangle=\sum_{j\in K}\|\Lambda_j\|^2 \tag{5}$$

且

$$\begin{aligned}\sum_{j\in J}\|\widetilde{\Lambda}_jf\|^2&=\sum_{j\in J}\|\Lambda_jS^{-1}f\|^2=\sum_{j\in J}\langle\Lambda_jS^{-1}f,\Lambda_jS^{-1}f\rangle\\&=\sum_{j\in J}\langle\Lambda_j^*S^{-1}f,S^{-1}f\rangle=\langle SS^{-1}f,S^{-1}f\rangle\\&=\langle f,S^{-1}f\rangle=\langle S^{-1}f,f\rangle\end{aligned} \tag{6}$$

将式(5)和式(6)代入式(4)即得到结论.

定理 4　设 $\{\Lambda_j\in L(U,V_j)\mid j\in J\}$ 是 U 关于 $\{V_j\mid j\in J\}$ 的 g—帕塞瓦尔框架，对任意的 $K\subseteq J$ 和 $f\in U$，有

$$\sum_{j\in K}\|\Lambda_jf\|^2+\left\|\sum_{j\in K^c}\Lambda_j^*\Lambda_jf\right\|^2=\sum_{j\in K^c}\|\Lambda_jf\|^2+\left\|\sum_{j\in K}\Lambda_j^*\Lambda_jf\right\|^2\geqslant\frac{3}{4}\|f\|^2 \tag{7}$$

证明　因为 $\{\Lambda_j\in L(U,V_j)\mid j\in J\}$ 是 U 关于 $\{V_j\mid j\in J\}$ 的 g—帕塞瓦尔框架，则对任意 $f\in U$，有

$$\sum_{j\in J}\|\Lambda_jf\|^2=\|f\|^2 \tag{8}$$

从而

$$\langle Sf,f\rangle=\langle\sum_{j\in J}\Lambda_j^*\Lambda_jf,f\rangle=\sum_{j\in J}\langle\Lambda_jf,\Lambda_jf\rangle=\sum_{j\in J}\|\Lambda_jf\|^2=\|f\|^2=\langle f,f\rangle$$

所以对任意 $f\in U$，有 $\langle(S-I)f,f\rangle=0$. 记 $T=S-I$，由于 S 是自共轭有界线性算子，故

$$T^*=(S-I)^*=S^*-I^*=S-I=T$$

即 T 也是自共轭有界线性算子，根据引理1知 $T=0$，即 $S=I$，从而 $\widetilde{\Lambda}_j=\Lambda_jS^{-1}=\Lambda_j$. 由式(8)得，对任意的 $K\subseteq J$ 和 $f\in U$，有

$$\sum_{j\in J}\|\widetilde{\Lambda}_jS_Kf\|^2=\sum_{j\in J}\|\Lambda_jS_Kf\|^2=\|S_Kf\|^2=\left\|\sum_{j\in K}\Lambda_j^*\Lambda_jf\right\|^2$$

和

$$\sum_{j\in J}\|\widetilde{\Lambda}_jS_{K^c}f\|^2=\sum_{j\in J}\|\Lambda_jS_{K^c}f\|^2=\|S_{K^c}f\|^2=\left\|\sum_{j\in K^c}\Lambda_j^*\Lambda_jf\right\|^2$$

再利用式(8)和定理3得式(7)成立.

推论1 设 $\{\Lambda_j\in L(U,V_j)\mid j\in J\}$ 是 U 关于 $\{V_j\mid j\in J\}$ 的 g—帕塞瓦尔框架，对任意的 $K\subseteq J$ 和 $f\in U$，有

$$\sum_{j\in K}\|\Lambda_jf\|^2-\left\|\sum_{j\in K}\Lambda_j^*\Lambda_jf\right\|^2=\sum_{j\in K^c}\|\Lambda_jf\|^2-\left\|\sum_{j\in K^c}\Lambda_j^*\Lambda_jf\right\|^2$$

推论2 设 $\{\Lambda_j\in L(U,V_j)\mid j\in J\}$ 是 U 关于 $\{V_j\mid j\in J\}$ 的 g—λ—紧框架，对任意的 $K\subseteq J$ 和 $f\in U$，有

$$\lambda\sum_{j\in K}\|\Lambda_jf\|^2-\left\|\sum_{j\in K}\Lambda_j^*\Lambda_jf\right\|^2=\lambda\sum_{j\in K^c}\|\Lambda_jf\|^2-\left\|\sum_{j\in K^c}\Lambda_j^*\Lambda_jf\right\|^2$$

证明 因为 $\{\Lambda_j\mid j\in J\}$ 是 g—λ—紧框架，所以 $\left\{\frac{1}{\sqrt{\lambda}}\Lambda_j\mid j\in J\right\}$ 是 g—帕塞瓦尔框架，再利用定理4即可得到结论.

注2 设 $\{f_j\}_{j\in J}$ 是希尔伯特空间 H 的框架或帕塞瓦尔框架，令 $\Lambda_jf=\langle f,f_j\rangle$，$V_j=C$，$j\in J$，则 $\{\Lambda_j\in L(H,V_j)\mid j\in J\}$ 是 H 关于 $\{V_j\mid j\in J\}$ 的 g—框架或 g—帕塞瓦尔框架.

§3 g—帕塞瓦尔框架恒等式的进一步讨论

本节对 g—帕塞瓦尔框架恒等式的性质进行进一步的讨论，为此需引入如下记号.

设 $F=\{\Lambda_j\in L(U,V_j)\mid j\in J\}$ 是 U 关于 $\{V_j\mid j\in J\}$ 的 g—框架，对任意的 $K\subseteq J$，令

$$v_-(F,K)=\sup_{f\neq 0}\frac{\sum_{j\in K^c}\|\Lambda_jf\|^2+\left\|\sum_{j\in K}\Lambda_j^*\Lambda_jf\right\|^2}{\|f\|^2}$$

$$v_+(F,K)=\sup_{f\neq 0}\frac{\sum_{j\in K^c}\|\Lambda_jf\|^2+\left\|\sum_{j\in K}\Lambda_j^*\Lambda_jf\right\|^2}{\|f\|^2}$$

定理 5　$v_-(F,K)$ 和 $v_+(F,K)$ 有如下的性质：

(1) $\frac{3}{4} \leqslant v_-(F,K) \leqslant v_+(F,K) \leqslant 1$.

(2) $v_-(F,K^c)=v_-(F,K)$, $v_+(F,K^c)=v_+(F,K)$.

(3) $v_-(F,J)=v_+(F,J)$, $v_-(F,\phi)=v_+(F,\phi)$.

(4) $\{\Lambda_j \in L(U,V_j) \mid j \in J\}$ 是 g—标准正交基 $\Rightarrow$ 对任意 $K \subseteq J$, $v_-(F,K)=v_+(F,K)=1$.

证明　由定理 4 可知道第一个不等式成立. 对第二个不等式，我们先证明：对任意的 $f \in U$，有

$$\left\| \sum_{j\in K} \Lambda_j^* \Lambda_j f \right\|^2 \leqslant \sum_{j\in K} \| \Lambda_j f \|^2$$

事实上，对任意的 $f \in U$，有

$$\begin{aligned}
\left\| \sum_{j\in K} \Lambda_j^* \Lambda_j f \right\|^2 &= \sup_{h\in U, \|h\|=1} \left| \langle \sum_{j\in K} \Lambda_j^* \Lambda_j f, h \rangle \right|^2 \\
&= \sup_{h\in U, \|h\|=1} \left| \sum_{j\in K} \langle \Lambda_j f, \Lambda_j h \rangle \right|^2 \\
&\leqslant \sup_{h\in U, \|h\|=1} \left(\sum_{j\in K} \| \Lambda_j f \| \cdot \| \Lambda_j h \|^2 \right) \\
&\leqslant \sup_{h\in U, \|h\|=1} \left(\sum_{j\in K} \| \Lambda_j f \|^2 \right) \left(\sum_{j\in K} \| \Lambda_j h \|^2 \right) \\
&= \sup_{h\in U, \|h\|=1} \left(\sum_{j\in K} \| \Lambda_j f \|^2 \right) \| h \|^2 \\
&\leqslant \sum_{j\in K} \| \Lambda_j f \|^2
\end{aligned}$$

因此，对任意的 $f \in U$，有

$$\sum_{j\in K^c} \| \Lambda_j f \|^2 + \left\| \sum_{j\in K} \Lambda_j^* \Lambda_j f \right\|^2 \leqslant \sum_{j\in K^c} \| \Lambda_j f \|^2 + \sum_{j\in K} \| \Lambda_j f \|^2 = \| f \|^2$$

第二个不等式得证.

(2) 和 (3) 可由定理 4 直接得到.

(4) $\{\Lambda_j \in L(U,V_j) \mid j \in J\}$ 是 g—标准正交基，由 g—标准正交基定义得，对任意的 $i,j \in J$, $f_i \in V_i$, $f_j \in V_j$，有

$$\{\Lambda_i^* f_i, \Lambda_j^* f_j\} = \delta_{i,j} \langle f_i, f_j \rangle = \begin{cases} 0 & (i \neq j) \\ \langle f_i, f_j \rangle & (i = j) \end{cases}$$

对任意的 $f \in U$, $j \in J$，有 $\Lambda_j f \in V_j$，则

$$\left\| \sum_{j\in K} \Lambda_j^* \Lambda_j f \right\|^2 = \langle \sum_{i\in K} \Lambda_i^* \Lambda_j f, \sum_{j\in K} \Lambda_j^* \Lambda_j f \rangle$$

$$=\sum_{i\in K}\sum_{j\in K}(\Lambda_i^*\Lambda_i f,\Lambda_j^*\Lambda_j f)$$
$$=\sum_{i\in K}\sum_{j\in K}\delta_{i,j}\langle\Lambda_i f,\Lambda_j f\rangle$$
$$=\sum_{j\in K}\langle\Lambda_j f,\Lambda_j f\rangle$$
$$=\sum_{j\in K}\|\Lambda_j\|^2$$

因而

$$\sum_{j\in K^c}\|\Lambda_j f\|^2+\left\|\sum_{j\in K}\Lambda_j^*\Lambda_j f\right\|^2=\sum_{j\in K^c}\|\Lambda_j f\|^2+\sum_{j\in K}\|\Lambda_j f\|^2=\|f\|^2$$

因此 $v_-(F,K)=v_+(F,K)=1$.

也许有人会问 $v_-(F,K)$,$v_+(F,K)$ 能取到最大值 1 吗？事实上,这样的例子是存在的.

例 1 设 U 是可分的希尔伯特空间,$\{f_j\mid j\in J\}$ 是 U 的标准正交基,定义

$$\Lambda_{f_j}:U\to C,\Lambda_{f_j}=\langle f,f_j\rangle\quad(\forall f\in U)$$

则对任意的 $c\in C$,$\Lambda_{f_j}^*c=cf_j$,因此

$$\langle\Lambda_{f_i}^*g_{f_i},\Lambda_{f_j}^*g_{f_j}\rangle=\langle g_{f_i}f_i,g_{f_j}f_j\rangle=\delta_{i,j}\langle g_{f_i},g_{f_j}\rangle$$

其中 $g_{f_i},g_{f_j}\in C,i,j\in J$. 又因为$\{f_j\mid j\in J\}$是 U 的标准正交基,所以

$$\sum_{j\in J}\|\Lambda_{f_j}f\|^2=\sum_{j\in J}|\langle f,f_j\rangle|^2=\|f\|^2\quad(\forall f\in U)$$

因此$\{\Lambda_{f_j}\mid j\in J\}$是 g－标准正交基,再根据定理 5 知:$v_-(F,K)$,$v_+(F,K)$ 能取到最大值 1.

定理 6 设 $F=\{\Lambda_j\in L(U,V_j)\mid j\in J\}$ 是 U 关于$\{V_j\mid j\in J\}$ 的 g－帕塞瓦尔框架,对任意的 $K\subseteq J$ 和 $f\in U$,下列条件等价：

(1)$v_-(F,K)=v_+(F,K)=1$.

(2)$\displaystyle\sum_{j\in K}\|\Lambda_j f\|^2=\left\|\sum_{j\in K}\Lambda_j^*\Lambda_j f\right\|^2$.

(3)$\displaystyle\sum_{j\in K^c}\|\Lambda_j f\|^2=\left\|\sum_{j\in K^c}\Lambda_j^*\Lambda_j f\right\|^2$.

(4)$S_K S_{K^c}f=0$.

证明 (1)⇒(2). 设 $v_-(F,K)=v_+(F,K)=1$. 因为 $F=\{\Lambda_j\in L(U,V_j)\mid j\in J\}$ 是 U 关于$\{V_j\mid j\in J\}$ 的 g－帕塞瓦尔框架,有

$$\|f\|^2=\sum_{j\in K^c}\|\Lambda_j f\|^2+\sum_{j\in K}\|\Lambda_j f\|^2$$

从而

$$\sum_{j\in K^c}\|\Lambda_j f\|^2+\left\|\sum_{j\in K}\Lambda_j^*\Lambda_j f\right\|^2=\|f\|^2=\sum_{j\in K^c}\|\Lambda_j f\|^2+\sum_{j\in K}\|\Lambda_j f\|^2$$

由此推出(2) 成立.

(2)⇒(1). 若(2) 成立，由于 $F=\{\Lambda_j\in L(U,V_j)\mid j\in J\}$ 是 U 关于$\{V_j\mid j\in J\}$ 的 g—帕塞瓦尔框架，则

$$\sum_{j\in K^c}\|\Lambda_j f\|^2+\left\|\sum_{j\in K}\Lambda_j^*\Lambda_j f\right\|^2=\sum_{j\in K^c}\|\Lambda_j f\|^2+\sum_{j\in K}\|\Lambda_j f\|^2=\|f\|^2$$

从而 $v_-(F,K)=v_+(F,K)=1$.

(2)⇔(3). 由定理 4 可立即得到(2) 与(3) 等价.

(2)⇔(4). 根据如下等式

$$\begin{aligned}\sum_{j\in K}\|\Lambda_j f\|^2-\left\|\sum_{j\in K}\Lambda_j^*\Lambda_j f\right\|^2&=\langle S_K f,f\rangle-\langle S_K f,S_K f\rangle=\langle (S_K-S_K^2)f,f\rangle\\&=\langle S_K(I-S_K)f,f\rangle=\langle S_K S_{K^c} f,f\rangle\end{aligned}$$

得到(2) 与(4) 等价.

第18章　帕塞瓦尔等式在依赖时间方程中的应用①

本章我们讨论求解依赖时间的微分方程近似解的各种方法，注意力集中在气象动力学和海洋学中见到的依赖时间方程的常用方法，所以我们讨论的重点是双曲型偏微分方程. 这些方法的发展一直与气象学和海洋学紧密相关. 探索这些问题的有效方法仍然是一个极为重要的问题. 这类研究课题在规模和复杂性方面在不断扩大和提高，同时，近年来数值模拟已经成为许多预报部门日常工作的工具. 因此处理更大规模的问题，并且更经济、更迅速地解决这类问题的必要性是空前迫切的.

从研究模型方程入手，我们引入了许多概念，进行了一系列分析，发现大多数计算上的困难是线性效应，但这些困难可以置于简单而有可能进行详细分析的情况下研究. 我们强调这种技巧的重要性. 对于大规模的非线性模型来说，实际上，通常不可能有一个充分而严密的分析. 计算上的困难易被错误地解释，因而容易产生一种影响很大的误解，这种误解能使未来的研究走向歧途. 这在过去确有许多先例. 这并不是说此种技巧没有固有的缺陷. 在选择模型方程和将结论推广到更复杂的情况时必须十分小心. 无论如何，对于孤立并分析现象来说，这是一种非常有价值的工具.

我们一直是并行地阐述微分方程及其逼近的理论. 这对发展逼近方程的有应用价值的理论是十分重要的. 不幸的是，许多需要从微分方程理论方面引用的结论至今仍很难论证，并且这种并行地发展这两方面理论的必要性常被人们所忽视.

对于大部分结果我们已经给出证明或证明的概要，但也放弃了一些结果的证明，因为它们需要冗长而复杂的论证.

---

①本章摘编自《依赖时间问题的近似解法》，H. 克拉斯，J. 奥立格著，高等教育出版社，1985.

§1　常微分方程的差分逼近

解偏微分方程初值问题的差分方法，可以看作用差分方法求常微分方程组的数值解问题. 这种方程的许多有关性质可以用下列常系数纯量方程表现出来

$$L_y \equiv \frac{\mathrm{d}y}{\mathrm{d}t} - \lambda y = a\mathrm{e}^{\alpha t}, y(0) = y_0 \tag{1}$$

为简明起见，我们只考虑非共振的情况 $\alpha \neq \lambda$. 于是方程(1)的解为

$$y(t) = y_I(t) + y_H(t) \tag{2}$$

其中

$$y_H(t) = (y_0 - a(\alpha - \lambda)^{-1})\mathrm{e}^{\lambda t}, y_I(t) = a(\alpha - \lambda)^{-1}\mathrm{e}^{\alpha t}$$

通常，我们称 $y_I(t)$ 为强迫解，$y_H(t)$ 为暂态解. 在我们所考虑的许多实际应用中，方程(1)的解关于时间始终是一致有界的. 因此，我们假设

$$\text{Real } \lambda \leqslant 0 \quad 和 \quad \text{Real } \alpha \leqslant 0 \tag{3}$$

我们打算用多步法解上述问题. 为此，引进一个时间步长 $k>0$ 并且定义格点 t_υ 和格点函数 v_υ，即

$$t_\upsilon = \upsilon k, v_\upsilon = v(t_\upsilon) \quad (\upsilon = 0, 1, 2, \cdots) \tag{4}$$

然后用下列方程逼近(1)

$$L_k v_\upsilon = \sum_{j=-1}^{p} \gamma_j v_{\upsilon-j} - \lambda k \sum_{j=-1}^{p} \beta_j v_{\upsilon-j} = k g_\upsilon \tag{5}$$

此处 γ_j 是常数，$\beta_j = \beta_j(k)$ 可以与 k 有关，g_υ 是 $a\mathrm{e}^{\alpha t_\upsilon}$ 的一种近似. 假定 $\gamma_{-1} \neq 0$，因此对充分小的 k，方程(5)可以写成下列形式

$$v_{\upsilon+1} = -(\gamma_{-1} - \lambda k \beta_{-1})^{-1}\left(\sum_{j=0}^{p} \gamma_j v_{\upsilon-j} - \lambda k \sum_{j=0}^{p} \beta_j v_{\upsilon-j} - k g_\upsilon\right)$$

这样，如果 $p+1$ 个初值

$$v_0, v_1, \cdots, v_p \tag{6}$$

已经给定，我们就能计算所有的 v_υ，$\upsilon \geqslant p+1$. 微分方程的初值 $y(0) = y_0$ 给了我们一个值，我们需要用特殊方法确定 $p>0$ 的其余的值. 对此大体上有两种办法：

(1) 利用一种特殊的单步方法($p=0$ 的方法)，从 $v_0 = y(0)$ 出发计算 $v_1, v_2, \cdots, v_p$. 此时，必须注意不要破坏精确度，我们将在以后讨论这一点.

(2) 从微分方程可知

$$\mathrm{d}y/\mathrm{d}t|_{t=0} = \lambda y(0) + a$$

$$d^2y/dt^2|_{t=0}=\lambda^2 y(0)+\lambda a+a\alpha,\cdots$$

于是用泰勒(Taylor)展开式

$$\begin{aligned}y(\delta)&=y(0)+\delta y_{(0)}^{(1)}+\frac{\delta^2}{2!}y_{(0)}^{(2)}+\cdots+\frac{\delta^r}{r!}y_{(0)}^{(r)}+O(\delta^{r+1})\\&=y(0)+\delta(\lambda y(0)+a)+\\&\quad\frac{\delta^2}{2!}(\lambda^2 y(0)+\lambda a+a\alpha)+\cdots+O(\delta^{r+1})\end{aligned}\tag{7}$$

只要选择 $\delta=jk(j=0,1,2,\cdots,p)$，以 v_j 代替 $y(\delta)$，并忽略 $O(\delta^{r+1})$ 项之后，我们就能计算 v_j. 当然我们亦能从式(7)出发构造一个特殊的单步法用以决定 $v_1,\cdots,v_p$. 为此我们只需以 k 代替 δ，以 $v_{\upsilon+1}$ 代替 $y(\delta)$，以 v_υ 代替 $y(0)$，以 $ae^{\alpha\upsilon k}$ 代替 a 并忽略 $O(\delta^{r+1})=O(k^{r+1})$ 项. 这样我们就有

$$v_{\upsilon+1}=v_\upsilon+k(\lambda v_\upsilon+ae^{\alpha\upsilon k})+\frac{k^2}{2}(\lambda^2 v_\upsilon+(\lambda+a\alpha)e^{\alpha\upsilon k})+\cdots\tag{8}$$

方程(7)和(8)具有同阶精度. 对这两种情况均有

$$|y(\upsilon k)-v_\upsilon|\leqslant ck^r\max_{0<t<\upsilon k}|d^{r+1}y/dt^{r+1}|+O(k^{r+1})$$

但对方程(8)最佳常数 c 通常要小些.

现在我们要给出差分逼近的稳定性定义. 为此考虑齐次差分方程(5)，即有

$$L_k\upsilon=\sum_{j=-1}^{p}\gamma_j v_{\upsilon-j}-\lambda k\sum_{j=-1}^{p}\beta_j v_{\upsilon-j}=0\tag{9}$$

以及任何初值 $v_0,v_1,\cdots,v_p$.

定义1 若存在与 k 和初值 $v_0,v_1,\cdots,v_p$ 无关的常数 σ 和 K，使得对方程(9)的解的估计

$$\|v_\upsilon\|\leqslant Ke^{\sigma\upsilon k}\|v_p\|,\|v_\upsilon\|^2=\sum_{j=0}^{p}|v_{\upsilon-j}|^2\tag{10}$$

对所有 $t=t_\upsilon\geqslant pk$ 和充分小的 k 成立，则称差分逼近(5)是稳定的.

设 $y(t)$ 是微分方程(1)的解，将它代入差分方程并考察截断误差 s_υ，得

$$L_ky_\upsilon-kg_\upsilon=\sum_{j=-1}^{p}\gamma_j y_{\upsilon-j}-\lambda k\sum_{j=-1}^{p}\beta_j y_{\upsilon-j}-kg_\upsilon=ks_\upsilon\tag{11}$$

定义2 若在任何有限时间区间上存在一个一致有界的函数 $d(t)$ 和常数 c_j，估计

$$|ks_\upsilon|=|L_ky_\upsilon-kg_\upsilon|\leqslant d(t_\upsilon)k^{q+1},t_\upsilon=\upsilon k\tag{12}$$

$$|y_j-v_j|\leqslant c_jk^a\quad(j=0,1,2,\cdots,p)\tag{13}$$

对一切 k 成立，则称逼近(5)具有 q 阶精度. 若$q>0$，则称逼近(5)是相容的.

现在我们来叙述差分逼近理论中的主要定理.

定理 1　设 y 是微分方程的解，对 y 估计式(12)成立；v 是差分逼近的解，对 v 不等式(10)和(13)成立，于是对所有 $t=t_v$ 有

$$\begin{aligned}&\| y(t)-v(t) \| \\ \leqslant\ & Kk^q\left(c\sqrt{(p+1)}\,\mathrm{e}^{\sigma(t-pk)}+\left|(\gamma_{-1}-\lambda k\beta_{-1})^{-1}\right|\cdot\max_{0\leqslant\tau\leqslant t} d(\tau)\cdot\psi(t,\sigma)\right)\end{aligned}\tag{14}$$

其中

$$\psi(t,\sigma)=\begin{cases}\dfrac{1}{\sigma}\mathrm{e}^{\sigma t} & (\sigma>0)\\ t & (\sigma=0)\\ \dfrac{k}{1-\mathrm{e}^{\sigma k}} & (\sigma<0)\end{cases}$$

$$c=\max_j|c_j|$$

由式(14)即可断言，在任何有限区间 t 上，稳定性和相容性蕴涵着收敛性. 注意，估计式(14)不仅对 $k\to0$，而且对每一固定的 k 均有效. 这是很重要的，因为在实际计算中，人们并不关心渐近的误差估计，而是关心对计算中所用 k 的估计.

现在我们对估计(14)进行深入讨论. 一般说来，决定截断误差是不困难的，至少当我们所要求的解是光滑的时候是这样. 为此，将 y_{v-j} 展成泰勒级数

$$y_{v-j}=y_v-jk\left.\frac{\mathrm{d}v}{\mathrm{d}t}\right|_{t=t_v}+\frac{(jk)^2}{2!}-\left.\frac{\mathrm{d}^2y}{\mathrm{d}t^2}\right|_{t=t_v}+\cdots$$

从上面式(11)的左端便展成 k 的幂级数. 若式(12)成立，则它将以 k^{q+1} 阶的项开头. 在我们所考虑的大部分应用中，微分方程的解及其导数始终保持一致有界，因此我们能用常数 d 代替式(14)中的$d(t)$. 此时，只有当 $\sigma<0$ 时对 $0\leqslant t<\infty$ 有一致收敛性，同时若是强的阻尼，即 $|\mathrm{Real}\,\lambda|$ 很大，则式中的常数是小的. 如果 $\sigma=0$，那么误差将随时间线性地增长，并经过足够长的时间后精度丧失殆尽. 当 $\sigma>0$ 时，逼近只在相对小的时间区间上有用，并且即使减小 k 也没有多大帮助，除非是$|\sigma|\leqslant \mathrm{const}\cdot k$. 如果 $\mathrm{Real}\,\lambda\leqslant0$，只有 $c\leqslant0$ 的那些差分逼近才有效. 初值误差的影响由 $Kk^qc\sqrt{(p+1)}\,\mathrm{e}^{\sigma(t-pk)}$ 所决定. 因此，有必要设计一种特殊的方法去计算初值，使其精度满足不等式(13)，更进一步 c 必须与 d 有相同量级. 这里有一种例外，如果我们对暂态解不感兴趣，并且 $\sigma<0$，那么初始误差的影响在充分长时间后将会消失.

因为方程(9)的解可以明显地表示为 $v_\upsilon=\sum_j \lambda_j x_j^\upsilon$，其中 x_j 是下列特征方程的根

$$\sum_{\upsilon=-1}^{p}(\gamma_\upsilon-\lambda k\beta_\upsilon)x^{p-\upsilon}=0$$

所以容易确定方程(9)的稳定性性质. 在下一节我们将给出这一过程的一些实例.

§2 常微分方程的一些简单的差分逼近

本节要讨论四种求解微分方程(1)的简单的差分逼近，即

$$v_{\upsilon+1}=(1+\lambda k)v_\upsilon+ka\mathrm{e}^{\alpha\upsilon k}\quad（欧拉法）\tag{15}$$

$$(1-\lambda k)v_{\upsilon+1}=v_\upsilon+ka\mathrm{e}^{\alpha\upsilon(k+1)}\quad（后差法）\tag{16}$$

$$\left(1-\frac{1}{2}\lambda k\right)v_{\upsilon+1}=\left(1+\frac{1}{2}\lambda k\right)v_\upsilon+ka\mathrm{e}^{\alpha\left(\upsilon+\frac{1}{2}\right)k}\quad（中点法）\tag{17}$$

$$v_{\upsilon+1}=v_{\upsilon-1}+2\lambda kv_\upsilon+2ka\mathrm{e}^{\alpha\upsilon k}\quad（蛙跃法）\tag{18}$$

方程(15)～(17)的解由初值

$$v_0=y_0\tag{19}$$

唯一地确定. 对方程(18)我们还需给出 v_1，可以用泰勒展开式获得

$$v_1=y_0+\left.\frac{k\mathrm{d}y}{\mathrm{d}t}\right|_{t=0}=(1+\lambda k)y_0+\alpha k\tag{20}$$

假定 $|\alpha k|\ll 1$，即强迫解是光滑的. 现在来分析几种常见情况：

(1)设 $|\lambda k|\ll 1$ 以及小积分区间的情况. 由定理 1 知这种情况是平凡的.

(2)设 $|\lambda k|\ll 1$ 以及大积分区间的情况. 此时阻尼($|\mathrm{Real}\ \lambda|$)的大小是十分重要的.

(3)设 $|\lambda k|\sim O(1)$，此时必须考虑两种情况：

(a)设 $-\mathrm{Real}\ \lambda\gg 1$，此时暂态解很快地衰减，而强迫解是我们所关心的. 这是典型的控制问题.

(b)设 $|\mathrm{Real}\,\lambda|\ll 1$(如 $\mathrm{Real}\ \lambda=0$，$|\mathrm{Im}\ \lambda k|\sim O(1)$)，此时暂态解 $y_H(t)$ 振动很剧烈. 而且，人们也不注意 $y_H(t)$，只是去计算强迫解.

现在从作用力函数为零(即 $a=0$)的情况开始直接求解差分方程. 齐次方程(15)～(18)的一般解是

$$v_\upsilon^{(1)}=\tau_1x_1^\upsilon,x_1=1+\lambda k=\mathrm{e}^{\lambda k-\frac{1}{2}\lambda^2k^2+\cdots}\tag{15a}$$

$$v_v^{(2)}=\tau_2 x_2^v, x_2=(1-\lambda k)^{-1}=\mathrm{e}^{\lambda k+\frac{1}{2}\lambda^2k^2+\cdots} \tag{16a}$$

$$v_v^{(3)}=\tau_3 x_3^v, x_3=\left(1+\frac{1}{2}\lambda k\right)\left(1-\frac{1}{2}\lambda k\right)^{-1}=\mathrm{e}^{\lambda k+\frac{1}{12}\lambda^3k^3\cdots} \tag{17a}$$

方程(18)是一个两步方法,因此其一般解可记为

$$v_v^{(4)}=\tau_4 x_4^v+\tau_{41}x_{41}^v \tag{18a}$$

其中 x_4 和 x_{41} 是特征方程

$$x^2-1-2\lambda kx=0$$

的根,即

$$x_4=\lambda k+\sqrt{1+\lambda^2k^2}=\mathrm{e}^{\lambda k-\frac{1}{6}\lambda^3k^3+\cdots}$$

$$x_{41}=\lambda k-\sqrt{1+\lambda^2k^2}=-\mathrm{e}^{-\lambda k+\frac{1}{6}\lambda^3k^3+\cdots}$$

现在我们必须确定常数 $\tau_j(j=1,2,3,4)$ 和 τ_{41} 使 $v_v^{(j)}$ 满足初始条件(19)和(20)(当 $j=4$). 由式(19),我们有

$$\tau_j=y_0\quad(j=1,2,3)$$

τ_4 和 τ_{41} 由

$$y_0=\tau_4+\tau_{41}, (1+\lambda k)y_0=\tau_4\kappa_4+\tau_{41}x_{41}$$

所决定,即

$$\tau_4=1-\frac{1}{2}\lambda^2k^2+\cdots\quad 和\quad \tau_{41}=\frac{1}{4}\lambda^2k^2+\cdots$$

求出这些差分方程的解后,我们要将它们与微分方程的解 $y(t)=y_0\mathrm{e}^{\lambda t}$ 进行比较.

情况 1. 对 $t=t_v$ 有

$$|\tau_j x_j^v-y_0\mathrm{e}^{\lambda t}|=|y_0|\cdot|\mathrm{e}^{\lambda t}|\cdot\begin{cases}|1-\mathrm{e}^{-\frac{1}{2}\lambda^2kt+O(k^2)t}| & (j=1)\\ |1-\mathrm{e}^{-\frac{1}{2}\lambda^2kt+O(k^2)t}| & (j=2)\\ |1-\mathrm{e}^{-\frac{1}{12}\lambda^3k^2t+O(k^4)t}| & (j=3)\\ \left|1-\left(1+\frac{1}{2}\lambda^2k^2+O(k^4)\right)\cdot\mathrm{e}^{-\frac{1}{6}\lambda^2k^2t+O(k^4)t}\right| & (j=4)\end{cases} \tag{21}$$

此外

$$|\tau_{41}x_{41}^v|=\left|-\frac{1}{2}\lambda^2k^2+O(k^4)\right|\cdot|\mathrm{e}^{-\lambda t+O(k^3)t}| \tag{22}$$

所有的方法都是收敛的. 对充分小的 k,用中点法得到的解收敛最快,其次是蛙跃法和改进的欧拉法. 这些是二阶方法,而其余的只是一阶方法.

情况 2. 微分方程的解是一致有界的，所以一个有用的方法决不能有指数增长的解. 式(22)意味着 $|x_{41}^{v}| \sim \mathrm{e}^{|\mathrm{Real}\,\lambda| t_v}$，于是，如果 Real $\lambda<0$，就不能用蛙跃格式. 后面我们还要说明如何改造这个方法，使其解不增长. 设 $\lambda=\lambda_1+\mathrm{i}\lambda_2$，$\lambda_j$ 是实数，$\lambda_1 \leqslant 0$. 对欧拉法我们有

$$|x_1|^2=1-2|\lambda_1|k+k^2\lambda_1^2+k^2\lambda_2^2$$

所以

$$|x_1| \leqslant 1\text{，当且仅当 } k \leqslant 2|\lambda_1|/(|\lambda_1|^2+|\lambda_2|^2)$$

而且当 $\lambda_1=0$ 或 $|\lambda_1| \ll |\lambda_2|^2$ 时此法是无用的. 对后差法和中点法都有

$$|x_j| \leqslant 1 \quad (j=2,3) \tag{23}$$

当 $t=t_v$ 时我们由式(21)得到

$$|\tau_2 x_2^v - y_0 \mathrm{e}^{\lambda t}| \sim |y_0| \mathrm{e}^{-|\lambda_1| t} |1-\mathrm{e}^{\frac{1}{2}\lambda^2 kt}|$$

$$|\tau_3 x_3^v - y_0 \mathrm{e}^{\lambda t}| \sim |y_0| \mathrm{e}^{-|\lambda_1| t} |1-\mathrm{e}^{-\frac{1}{12}\lambda^3 k^2 t}|$$

若 $\lambda_1=0$，则误差起始时线性地增长并且达到其极大值

$$|\tau_2 x_2^v - y_0 \mathrm{e}^{\lambda t}|=|y_0|, |\tau_3 x_3^v - y_0 \mathrm{e}^{\lambda t}|=2|y_0|$$

情况 3. 对 $k\lambda_1<-2$ 或 $|k\lambda_2|>1$ 欧拉法肯定不能用，因为 $|x_1|>1$. 同样道理，对 $|k\lambda|>1$ 蛙跃法无用. 对后差法我们总有

$$|x_2|<1 \quad \text{且} \quad \lim_{|k\lambda| \to \infty} |x_2|=0 \tag{24}$$

因此 $v^{(2)}$ 衰减极快，此法可用. 由于它只是一阶方法，因此只应用于短时间区间，此后应转而用(至少)二阶精确的方法. 对中点法我们有

$$|x_3| \begin{cases} <1\text{，若 Real } \lambda<0 \\ =1\text{，若 Real } \lambda=0 \end{cases} \quad \text{但} \quad \lim_{|k\lambda| \to \infty} x_3=-1 \tag{25}$$

于是 $v^{(3)}$ 可能衰减极慢. 以后我们将讨论克服这个困难的方法.

这就结束了对齐次方程(15)～(18)的讨论. 设 $a \neq 0$，我们确定下面形式的强迫解

$$w_v^{(j)}=\rho_j \mathrm{e}^{\alpha v k} \quad (v=0,1,2,\cdots;j=1,2,3,4) \tag{26}$$

将式(26)代入差分方程(15)～(18)后得

$$\rho_1=\frac{ka}{\mathrm{e}^{\alpha k}-(1+\lambda k)}=\frac{a}{\alpha-\lambda}\left(1-\frac{\alpha^2}{2(\alpha-\lambda)}k+\cdots\right) \tag{15b}$$

$$\rho_2=\frac{ka\mathrm{e}^{\alpha k}}{(1-k\lambda)\mathrm{e}^{\alpha k}-1}=\frac{a}{\alpha-\lambda}\left(1-\frac{\alpha^2}{2(\alpha-\lambda)}k+\cdots\right) \tag{16b}$$

$$\rho_3=\frac{ka\mathrm{e}^{\frac{1}{2}\alpha k}}{\left(1-\frac{1}{2}k\lambda\right)\mathrm{e}^{\alpha k}-\left(1+\frac{1}{2}k\lambda\right)}$$

$$=\frac{a}{\alpha-\lambda}\left(1-\frac{\alpha^3k^2}{8}\left(\frac{\frac{1}{3}\alpha-\lambda}{\alpha-\lambda}+\cdots\right)\right)\tag{17b}$$

$$\rho_4=\frac{2ka\mathrm{e}^{\alpha k}}{\mathrm{e}^{2\alpha k}-2\lambda k\mathrm{e}^{\alpha k}-1}=\frac{2ka}{\mathrm{e}^{\alpha k}-2\lambda k-\mathrm{e}^{-\alpha k}}$$

$$=\frac{a}{\alpha-\lambda}\left(1-\frac{\alpha^3}{\alpha-\lambda}\frac{k^2}{6}+\cdots\right)\tag{18b}$$

显然对四种情况都有

$$\lim_{k\to 0}\sup_{0\leqslant\upsilon<\infty}|y_I(t_\upsilon)-w_\upsilon^{(j)}|=\lim_{k\to 0}\left|\frac{a}{\alpha-\lambda}-\rho_j\right|=0$$

因而有关于时间的一致收敛性. 若我们除去共振频率 $\alpha=\lambda$ 的一个邻域($|\alpha-\lambda|\geqslant\delta>0$),则其收敛性与 λ 无关,而仅依赖于 αk. 正如人们所期望的那样,后两种情况的收敛性($O(k^2)$)要比前两种情况($O(k)$)快得多.

我们的问题对前三种方法的完整解是形式

$$v_\upsilon=\tau_j x_j^\upsilon+\rho_j\mathrm{e}^{\alpha\upsilon k}\quad(j=1,2,3)$$

而对蛙跃法是

$$v_\upsilon=\tau_4 x_4^\upsilon+\tau_{41}x_{41}^\upsilon+\rho_4\mathrm{e}^{\alpha\upsilon k}$$

系数由 v_υ 所满足的初始条件(19)和(20)所确定. 这就得到下列方程

$$\tau_j=y_0-\rho_j\quad(j=1,2,3)$$

$$\tau_4+\tau_{41}=y_0-\rho_4$$

$$\tau_4x_4+\tau_{41}x_{41}=(1+\lambda k)y_0+ak-\rho_4\mathrm{e}^{\alpha k}$$

所以

$$\tau_j=y_0-\frac{a}{\alpha-\lambda}+O(k)\quad(j=1,2)$$

$$\tau_j=y_0-\frac{a}{\alpha-\lambda}+O(k^2)\quad(j=3,4)$$

$$\tau_{41}=O(k^2)$$

因为 $\lim\limits_{k\to 0}\rho_j=\frac{a}{\alpha-\lambda}$ 和当 $|\alpha-\lambda|>\delta$ 时关于 λ 一致的收敛性,所以以上四种方法的收敛性态为 $a=0$ 的情况完全地刻画出来了,从中我们得到最重要的结论是:

(1)若 Real $\lambda<0$,则我们有关于时间的一致收敛性.

(2)若 Real $\lambda=0$,则暂态解非但关于时间不一致收敛,而且其精确度将被完全毁掉.

(3)强迫解总是一致收敛的.

§3 截断误差和稳定性定义对误差估计的重要性

在§1中我们推导了一种误差估计.人们可能认为这个误差估计只有理论的意义.但实际上,当$|\text{Real }\lambda k|\ll 1$且我们着重于暂态解时,不等式(14)能用来相当正确地描述§2中的误差性态,而当$|\text{Real }\lambda k|=O(1)$且我们着重于强迫解时(用某种方式来抑制暂态解),我们通常得到一个误差的过高估计.在任何情况下,为了比较各种方法的截断误差和稳定性,常数 k,σ 都是最重要的参数.我们将通过推导后差方法和中点法在 Real $\lambda=0$ 的情况来说明此点.截断误差可表示为

$$y_{v+1}-y_v-\lambda k y_{v+1}-ka\mathrm{e}^{\alpha vk}=\frac{k^2}{2}\left(\frac{\mathrm{d}^2 y_v}{\mathrm{d}t^2}-2\lambda\frac{\mathrm{d}y_v}{\mathrm{d}t}\right)+O(k^3)$$

$$=\frac{k^2}{2}\left(-\frac{\mathrm{d}^2 y_v}{\mathrm{d}t^2}+a\alpha\mathrm{e}^{\alpha t_v}\right)+O(k^3) \tag{27}$$

和

$$y_{v+1}-y_v-\frac{1}{2}\lambda k(y_{v+1}+y_v)-k\mathrm{e}^{\alpha(v+\frac{1}{2})k}=\frac{k^3}{24}\frac{\mathrm{d}^3 y_{v+1/2}}{\mathrm{d}t^3}-\frac{\lambda k^3}{8}\frac{\mathrm{d}^2 y_{v+1/2}}{\mathrm{d}t^2}+O(k^4)$$

$$=\frac{k^3}{12}\left(-\frac{\mathrm{d}^3 y_{v+1/2}^3}{\mathrm{d}t}+\frac{3}{2}a\alpha^2\mathrm{e}^{\alpha t_{v+1/2}}\right)+O(k^4) \tag{28}$$

由式(16a)和(17a)得$|x_2|\leqslant 1$和$|x_3|=1$.因此我们能取$k=1$和$\sigma=0$.而且它们都是单步法,且$v_0=y_0$.因而在式(14)中$c_j=0$.先考虑$a=0$的情况.此时$\left|\frac{\mathrm{d}^2 y_v}{\mathrm{d}t^2}\right|\leqslant|\lambda|^2$,我们从式(14)得

$$|y(t)-v_v|\leqslant\frac{k}{2}|\lambda^2|t+O(k^2)t,t=t_v\quad(\text{后差方法}) \tag{29}$$

$$|y(t)-v_v|\leqslant\frac{k}{12}|\lambda^3|t+O(k^3)t,t=t_v\quad(\text{中点法}) \tag{30}$$

这些估计和式(21)一样精确.

现在设 $a\neq 0$,并且我们只对强迫解感兴趣,即我们或恰当地选择初始值,或靠

其他方法来消除暂态部分. 当 $t=t_v$ 时,代替式(29)和(30)我们将有

$$|y(t)-v_v|\leqslant\frac{k}{2}\left|\frac{a}{\alpha-\lambda}\right|\cdot|\alpha\lambda|t+O(k^2)t \tag{29a}$$

和

$$|y(t)-v_v|\leqslant\frac{k^2}{12}\left|\frac{a}{\alpha-\lambda}\right|\alpha^2\left|\frac{1}{2}\alpha-\frac{3}{2}\lambda\right|t+O(k^3)t \tag{30a}$$

若 α 和 λ 不太大,或 $\lambda<\alpha$,则在短时间范围内估计(29a)和(30a)与(17b)和(18b)相当一致. 如果 λ 或 t 大的话,那么式(29a)和(30a)就很不好了,中点法仍然明显地比欧拉法精确得多.

§4　关于差分方法及其步长选择的若干注记

考虑 $\lambda=2\pi\mathrm{i}$, $y_0=1$ 和 $a=0$ 的齐次微分方程(1). 设 $k=1/N$, N 是自然数,即每一波长有 N 个点. 我们要计算这样的 N,使得在时间 $t=j$(在给定点处经过了 j 个解的波长之后)的幅度或相位的误差至多为 $p\%$,即 $|c_{jN}-\mathrm{e}^{2\pi\mathrm{i}j}|\leqslant\frac{p}{100}$. 对于后差方法从式(21)得到

$$\frac{p}{100}=|x_2^{jN}-\mathrm{e}^{2\pi\mathrm{i}j}|\approx\frac{2\pi^2 j}{N}$$

即

$$N\approx\frac{100}{p}\cdot 2\pi^2 j\approx\frac{2\ 000}{p}j$$

因此,如果允许误差至多为 10%的话,每波长需要 $200j$ 个点. 这对大多数地球物理的应用来说是不能忍受的. 实际上所有一阶方法具有相似的性质.

对于中点法我们有

$$\frac{p}{100}=|x_3^{jN}-\mathrm{e}^{2\pi\mathrm{i}j}|\approx\frac{\frac{1}{12}(2\pi)^3 j}{N^2}$$

即

$$N=\sqrt{(2\pi)^3\,\frac{100}{p\cdot 12}\,j}$$

同时对于蛙跃格式有

$$\frac{p}{100}=|x_4^{jN}-e^{2\pi ij}|\approx\frac{\frac{1}{6}(2\pi)^3 j}{N^2}$$

即

$$N=\sqrt{(2\pi)^3\ \frac{100}{p\cdot 6}\ j}$$

如果允许误差至多为 10% 的话，每个波长必须分别用 $15\sqrt{j}$ 个点和 $21\sqrt{j}$ 个点. 如果把误差减小至 1%，那么为得到相应的估计必须将上述数乘 $\sqrt{10}$.

这些值通常是令人满意的. 但人们能很容易地设计出用点少得多的方法，若我们用辛普森(Simpson)公式

$$v_{\upsilon+1}=v_{\upsilon-1}+\frac{\lambda k}{3}(v_{\upsilon-1}+4v_{\upsilon}+v_{\upsilon+1}) \tag{31}$$

则其截断误差为

$$\begin{aligned}&y_{\upsilon+1}-y_{\upsilon-1}-\frac{\lambda k}{3}(y_{\upsilon-1}+4y_{\upsilon}+y_{\upsilon+1})\\=&-\frac{k^5}{90}\ \frac{d^5 y_{\upsilon}}{dt^5}+O(k^6)\end{aligned}$$

对于 $\lambda=2\pi$，则有

$$\frac{p}{100}=|v_{jN}-y(j)|=\frac{j}{N^4\cdot 180}(2\pi)^5$$

即

$$N=2\pi j^{\frac{1}{4}}\left(\frac{2\pi}{p}\cdot\frac{5}{9}\right)^{\frac{1}{4}}$$

因此，若允许误差不超过 10%，则每波长需要约 $4.5j^{\frac{1}{4}}$ 个点. 注意，每一步计算中辛普森法并不比中点法需要更多的工作量，它只要多储存一层.

另一种隐式方法是

$$\left(1-\frac{1}{2}\lambda k+\frac{1}{12}(\lambda k)^2\right)v_{\upsilon+2}=\left(1+\frac{1}{2}\lambda k+\frac{1}{12}(\lambda k)^2\right)v_{\upsilon} \tag{32}$$

此时若允许误差不超过 10%，则每波长需要 $3.3j^{\frac{1}{4}}$ 个点. 它每步需要的工作量约是辛普森法的 2 倍. 因此这个方法的好处并不显然. 然而对任何 λk，我们有 $|y_{\upsilon+1}|\leqslant|y_{\upsilon}|$，即此法是无条件稳定的. 而辛普森方法不是这样.

我们亦能构造较为有效的显式方法，例如

$$v_{\upsilon+1}=v_{\upsilon-1}+2\left(\lambda k+\frac{(\lambda k)^3}{3!}\right)v_{\upsilon} \tag{33}$$

它亦可改写成一个三步公式

$$\begin{cases} v_v^{(1)}=v_v+\dfrac{1}{\sqrt{6}}\lambda k v_v \\ v_v^{(2)}=\left(1-\dfrac{\lambda k}{\sqrt{6}}\right)v_v+\dfrac{\lambda k}{\sqrt{6}}v_v^{(1)} \\ v_{v+1}=v_{v-1}+2\lambda k v_v{}^{(2)} \end{cases} \tag{34}$$

若允许误差不超过 10%，此时每个波长需要 $5.3j^{\frac{1}{4}}$ 个点. 式(33)每一步需要的工作量是蛙跃法的 3 倍. 若允许误差不超过 1%，则其优越性就更大，因为所需点数只是原来的 $\sqrt[4]{10}$ 倍，而不是 $\sqrt[2]{10}$ 倍.

当然人们能构造一些更为精确的方法，但我们以后将见到所得的好处不多了. 我们已经讨论过的四阶方法也很可能不如用小步长的二阶方法. 这是由于它们或是隐式的或者需要计算一些复杂算子的高次幂. 另一选择是利用高阶非中心对称公式如阿达姆方法. 由于这类方法不是中心对称的，其截断误差不理想，而且必须存储更多层的数据. 例如我们考虑显示四阶精度的阿达姆方法，此时若允许误差不超过 10%，则每波长需要点数为 $4j^{\frac{1}{4}}$.

提高精确度的另一种方法是用理查森(Richardson)外推. 该问题将在 §10 中讨论. 我们将看到在 10%误差的要求下，此法没有什么可取之处，但在误差不超过 1%的要求下，的确有其优点.

§5　蛙跃格式

在本节中我们要详细讨论蛙跃格式的性质. 我们再考虑微分方程

$$\frac{dy}{dt}=\lambda y,\ y(0)=y_0,\ \lambda=\lambda_1+i\lambda_2\quad(\lambda_1,\lambda_2\text{ 是实数}) \tag{35}$$

其逼近方程为

$$v_{v+1}=v_{v-1}+2k\lambda v_v,\ v_0=y_0,\ v_1=\frac{1+\dfrac{1}{2}\lambda k}{1-\dfrac{1}{2}\lambda k}y_0 \tag{36}$$

我们知道，方程(36)的解可表示为形式

$$v_v=\tau_4 x_4^v+\tau_{41}x_{41}^v \tag{37}$$

其中

$$x_4=\lambda k+\sqrt{1+\lambda^2k^2}=\mathrm{e}^{(\lambda k-\frac{1}{6}\lambda^3k^3+\cdots)}$$

$$x_{41}=\lambda k-\sqrt{1+\lambda^2k^2}=-\mathrm{e}^{-(\lambda k-\frac{1}{6}\lambda^3k^3+\cdots)}$$

$$\tau_4=y_0(1+O(k^2)),\tau_{41}=O(k^3)$$

假设我们要在一个长的时间区间上积分(37),并且 λ 是中等程度的大小,即 $|\lambda k|\ll 1$,进一步我们假设 $\lambda_1=\mathrm{Real}\ \lambda<0$,则 $|x_{41}|>1$,并且我们不能直接利用蛙跃格式.设 $\gamma=-\lambda_1+\mathrm{i}\gamma_2$ 为常数,λ_1 和 γ_2 为实数,于是将新变量 $\tilde{y}=\mathrm{e}^{\gamma t}y$ 代入方程(35),则 $\tilde{y}$ 是下列方程的解

$$\frac{\mathrm{d}\tilde{y}}{\mathrm{d}t}=\mathrm{i}(\lambda_2+\gamma_2)\tilde{y}$$

其逼近方程为

$$\tilde{v}_{v+1}=\tilde{v}_{v-1}+2k\mathrm{i}(\lambda_2+\gamma_2)\tilde{v}_v$$

令 $\tilde{v}_v=\mathrm{e}^{\gamma t}v_v$,我们得到方程(35)的一个逼近

$$\mathrm{e}^{\gamma k}v_{v+1}=\mathrm{e}^{-\gamma k}v_{v-1}+2k\mathrm{i}(\lambda_2+\gamma_2)v_v \tag{38}$$

现在用 $1\pm\gamma k$ 代替 $\mathrm{e}^{\pm\gamma k}$ 就有

$$(1+\gamma k)v_{v+1}=(1-\gamma k)v_{v-1}+2k\mathrm{i}(\lambda_2+\gamma_2)v_v \tag{39}$$

它是二阶精度的.其通解也是(37)的形式,但现在

$$|x_4|^2=\mathrm{e}^{-2\lambda_1k(1+O(k^2))},|x_{41}|^2=\mathrm{e}^{-2\lambda_1k(1+O(k^2))}$$

为了说明这一点只需将

$$v_v=\left(\frac{1-\gamma k}{1+\gamma k}\right)^{\frac{v}{2}}\omega_v$$

代入式(39)而得到

$$w_{v+1}=w_{v-1}+\frac{2k\mathrm{i}(\lambda_2+\gamma_2)}{\sqrt{1-\gamma^2k^2}}\omega_v$$

同样的方法可以应用于逼近(33)而得

$$\mathrm{e}^{\gamma k}v_{v+1}=(\mathrm{e}^{-\gamma k})v_{v-1}+2\mathrm{i}(\lambda_2+\gamma_2)k\left(1-\frac{(\lambda_2+\gamma_2)^2k^2}{6}\right)v_v$$

再以 $1\pm\gamma k$ 代替 $\mathrm{e}^{\pm\gamma k}$ 而得到

$$(1+\gamma k)v_{v+1}=(1-\gamma k)v_{v-1}+2\mathrm{i}(\lambda_2+\gamma_2)k\left(1-\frac{(\lambda_2+\gamma_2)^2k^2}{6}\right)v_v$$

虽然这只是二阶逼近,当 $\gamma\ll\lambda$ 时是很有用的.一个四阶精度的逼近可表示为

$$\left(1+\gamma k+\frac{\gamma^2k^2}{2!}+\frac{\gamma^3k^3}{3!}\right)v_{v+1}=\left(1-\gamma k+\frac{\gamma^2k^2}{2!}-\frac{\gamma^3k^3}{3!}\right)v_{v-1}+$$

$$2\mathrm{i}(\lambda_2+\gamma_2)k\left(1-\frac{(\lambda_2+\gamma_2)^2k^2}{6}\right)v_v$$

§6　记号和基本定理

若 x 是实数,记其绝对值为 $|x|$. 若 $x=a+\mathrm{i}b$ 是复数,a 和 b 是实数,$\mathrm{i}^2=-1$ 是复数,记其复共轭为 $\overline{x}=a-\mathrm{i}b$,其绝对值为 $|x|=(a^2+b^2)^{\frac{1}{2}}$.

现在考虑向量

$$\boldsymbol{u}=\begin{pmatrix}u_1\\ \vdots\\ u_n\end{pmatrix},\boldsymbol{v}=\begin{pmatrix}v_1\\ \vdots\\ v_n\end{pmatrix}$$

其中 u_j, v_j 是复数,$j=1,2,\cdots,n$. 数量积 $\langle\boldsymbol{u},\boldsymbol{v}\rangle$ 和模 $|\boldsymbol{u}|$(向量的长度)定义为

$$\langle\boldsymbol{u},\boldsymbol{v}\rangle=\sum_{j=1}^{n}\overline{u}_jv_j,\ |\boldsymbol{u}|=\langle\boldsymbol{u},\boldsymbol{u}\rangle^{\frac{1}{2}}\geqslant 0$$

注意记号 $|\cdot|$ 的三种不同用法. 这些用法不至于引起任何混乱,因为从所涉及的内容来看,用法的正确解释是清楚的. 下列结果是众所周知的

$$\begin{cases}|x\boldsymbol{u}|\leqslant|x|\cdot|\boldsymbol{u}| & (x\text{ 为复数},\boldsymbol{u}\text{ 为向量})\\ |\boldsymbol{u}+\boldsymbol{v}|\leqslant|\boldsymbol{u}|+|\boldsymbol{v}| & (\text{三角不等式})\\ |\langle\boldsymbol{u},\boldsymbol{v}\rangle|\leqslant|\boldsymbol{u}|\cdot|\boldsymbol{v}| & (\text{柯西一施瓦兹不等式})\end{cases}\tag{40}$$

若 $\boldsymbol{A}=(a_{ij})$ 是 $n\times n$ 阶矩阵

$$\boldsymbol{A}=\begin{pmatrix}a_{11} & \cdots & a_{1n}\\ a_{21} & \cdots & a_{2n}\\ \vdots & & \vdots\\ a_{n1} & \cdots & a_{nn}\end{pmatrix}$$

则其共轭矩阵 $\boldsymbol{A}^*$ 是

$$\boldsymbol{A}^*=\begin{pmatrix}\overline{a}_{11} & \overline{a}_{21} & \cdots & \overline{a}_{n1}\\ \overline{a}_{12} & \overline{a}_{22} & \cdots & \overline{a}_{n2}\\ \vdots & \vdots & & \vdots\\ \overline{a}_{1n} & \overline{a}_{2n} & \cdots & \overline{a}_{nn}\end{pmatrix}$$

若 $\boldsymbol{A}=\boldsymbol{A}^*$,则称 $\boldsymbol{A}$ 为埃尔米特矩阵. 若 $\boldsymbol{A}\boldsymbol{A}^*=\boldsymbol{A}^*\boldsymbol{A}=\boldsymbol{I}$ 则称 $\boldsymbol{A}$ 为酉矩阵. 这里 $\boldsymbol{I}$ 为单位矩阵

$$\boldsymbol{I}=\begin{pmatrix}1 & 0 & \cdots & 0\\ 0 & 1 & \cdots & 0\\ \vdots & \vdots & & \vdots\\ 0 & 0 & \cdots & 1\end{pmatrix}$$

矩阵的特征值 λ 和特征向量 $\boldsymbol{u}$ 是下列方程的非平凡解

$$\boldsymbol{Au}=\lambda\boldsymbol{u}$$

矩阵 $\boldsymbol{A}$ 的模定义为

$$|\boldsymbol{A}|=\sup_{\boldsymbol{u}\neq\boldsymbol{0}}\frac{|\boldsymbol{Au}|}{|\boldsymbol{u}|}=\sup_{|\boldsymbol{u}|=1}|\boldsymbol{Au}|$$

对矩阵 $\boldsymbol{A},\boldsymbol{B}$ 和向量 $\boldsymbol{u},\boldsymbol{v}$，下列结果是众所周知的

$$\begin{cases}(\boldsymbol{AB})^*=\boldsymbol{B}^*\boldsymbol{A}^*\\ \langle\boldsymbol{u},\boldsymbol{Av}\rangle=\langle\boldsymbol{A}^*\boldsymbol{u},\boldsymbol{v}\rangle\\ |\langle\boldsymbol{u},\boldsymbol{Av}\rangle|\leqslant|\boldsymbol{A}|\cdot|\boldsymbol{u}|\cdot|\boldsymbol{v}|\end{cases}\tag{41}$$

设 $\boldsymbol{A}$ 是埃尔米特矩阵，其特征值是实数，并且存在一个酉阵 $\boldsymbol{u}$ 使 $\boldsymbol{A}$ 化为对角型

$$\boldsymbol{u}^*\boldsymbol{Au}=\begin{pmatrix}\lambda_1 & & 0\\ & \ddots & \\ 0 & & \lambda_n\end{pmatrix}$$

其中 λ_j 是 $\boldsymbol{A}$ 的特征值并且 $\boldsymbol{u}$ 的列向量是特征向量. 对任何矩阵 $\boldsymbol{A},\boldsymbol{B}$ 和向量 $\boldsymbol{u}$ 有

$$\begin{cases}|\boldsymbol{Au}|\leqslant|\boldsymbol{A}|\cdot|\boldsymbol{u}|\\ |(\boldsymbol{A}+\boldsymbol{B})\boldsymbol{u}|\leqslant(|\boldsymbol{A}|+|\boldsymbol{B}|)|\boldsymbol{u}|\\ |\boldsymbol{ABu}|\leqslant|\boldsymbol{A}||\boldsymbol{B}||\boldsymbol{u}|\end{cases}\tag{42}$$

并且可以证明

$$|\boldsymbol{A}|^2=\boldsymbol{AA}^*\text{ 的最大特征值}$$

因此，若 $\boldsymbol{A}$ 是酉阵，则 $|\boldsymbol{A}|=1$.

若 $\boldsymbol{u},\boldsymbol{v}$ 是依赖于 $x_1,\cdots,x_s$ 的向量函数，则我们定义 L_2 纯量积 $(\boldsymbol{u},\boldsymbol{v})$ 的模 $\|\boldsymbol{u}\|$ 分别为

$$(\boldsymbol{u},\boldsymbol{v})=\int_{-\infty}^{+\infty}\cdots\int_{-\infty}^{+\infty}\boldsymbol{u}^*\boldsymbol{v}\mathrm{d}x_1\cdots\mathrm{d}x_2,\ \|\boldsymbol{u}\|=(\boldsymbol{u},\boldsymbol{u})^{\frac{1}{2}}$$

下列关系式是众所周知的

$$\begin{cases}(\boldsymbol{u},\boldsymbol{v})=\overline{(\boldsymbol{v},\boldsymbol{u})}\\(\boldsymbol{u},\boldsymbol{A}\boldsymbol{v})=(\boldsymbol{A}^{*}\boldsymbol{u},\boldsymbol{v})\\|(\boldsymbol{u},\boldsymbol{v})|\leqslant|\boldsymbol{u}|\cdot|\boldsymbol{v}|\\(\boldsymbol{u},\dfrac{\partial\boldsymbol{v}}{\partial x_j})=-(\dfrac{\partial\boldsymbol{u}}{\partial x_j},\boldsymbol{v})\end{cases}\tag{43}$$

设 $\boldsymbol{u}$ 是一充分光滑的函数. $\boldsymbol{u}$ 的傅里叶变换 $\hat{\boldsymbol{u}}$ 为

$$\hat{\boldsymbol{u}}(w)=(2\pi)^{-\frac{s}{2}}\int_{-\infty}^{+\infty}\mathrm{e}^{-\mathrm{i}\langle w,x\rangle}\boldsymbol{u}(x)\mathrm{d}x=F\boldsymbol{u}$$

其中 $\boldsymbol{w}=(w_1,\cdots,w_s)$表示 x 的(实的)对偶变量,而$\mathrm{d}x=\mathrm{d}x_1\cdots\mathrm{d}x_2$.

下面的著名结果是重要的.

定理 2(傅里叶递变定理)　若 $\hat{\boldsymbol{u}}=F\boldsymbol{u}$,则

$$\boldsymbol{u}(x)=(2\pi)^{-\frac{s}{2}}\int_{-\infty}^{+\infty}\mathrm{e}^{\mathrm{i}\langle w,x\rangle}\hat{\boldsymbol{u}}(w)\mathrm{d}w=F^{-1}\hat{\boldsymbol{u}}$$

定理 3(帕塞瓦尔关系)　若 $\hat{\boldsymbol{u}}=F\boldsymbol{u}$,则

$$\begin{aligned}\|\boldsymbol{u}(x)\|^2&=\int_{-\infty}^{+\infty}|\boldsymbol{u}(x)|^2\mathrm{d}x\\&=\int_{-\infty}^{+\infty}|\hat{\boldsymbol{u}}(w)|^2\mathrm{d}w\\&=\|\hat{\boldsymbol{u}}(w)\|^2\end{aligned}$$

定理 4(乘法定理)　若 $\hat{\boldsymbol{u}}=F\boldsymbol{u}$,则

$$\mathrm{i}w_j\hat{\boldsymbol{u}}=F\left(\frac{\partial\boldsymbol{u}}{\partial x_j}\right)$$

我们现在定义几个差分算子. 定义位移算子

$$E_j(h)\quad(h>0)$$

$$E_j\boldsymbol{u}(x)=\boldsymbol{u}(x_1,\cdots,x_{j-1},x_j+h,x_{j+1},\cdots,x_n)\quad(j=1,2,\cdots,n)$$

位移算子有下述性质

$$(\boldsymbol{E}_i\boldsymbol{E}_j)\boldsymbol{u}(x)=\boldsymbol{E}_i(\boldsymbol{E}_j\boldsymbol{u}(x))$$

于是

$$\boldsymbol{E}_1^{\alpha_1}\cdots\boldsymbol{E}_n^{\alpha_n}\boldsymbol{u}(x)=\boldsymbol{u}(x_1+\alpha_1h,\cdots,x_n+\alpha_nh)$$

现在定义

$$\boldsymbol{D}_{+j}=\boldsymbol{D}_{+j}(h)=\frac{1}{h}(\boldsymbol{E}_j-\boldsymbol{I})$$

$$\boldsymbol{D}_{-j}=\boldsymbol{D}_{-j}(h)=\frac{1}{h}(\boldsymbol{I}-\boldsymbol{E}_j^{-1})$$

$$\boldsymbol{D}_{0j}=\boldsymbol{D}_{0j}(h)=(2h)^{-1}(\boldsymbol{E}_j-\boldsymbol{E}_j^{-1})=\frac{1}{2}(\boldsymbol{D}_{+j}+\boldsymbol{D}_{-j})$$

其中 $\boldsymbol{I}=\boldsymbol{E}_j^0$ 是么算子.

§7 适定的柯西问题

考虑线性偏微分方程组的柯西问题

$$\frac{\partial \boldsymbol{u}}{\partial t}=P\left(x,\frac{\partial}{\partial x}\right)\boldsymbol{u} \tag{44}$$

$$\boldsymbol{u}(x,0)=f \quad (-\infty<x_j<+\infty,j=1,2,\cdots,s) \tag{45}$$

其中

$$\boldsymbol{u}=\boldsymbol{u}(x,t)=\begin{pmatrix}u^{(1)}(x,t)\\ \vdots \\ u^{(n)}(x,t)\end{pmatrix},f=f(x)=\begin{pmatrix}f^{(1)}(x)\\ \vdots \\ f^{(n)}(x)\end{pmatrix}$$

是依赖于 $x=(x_1,\cdots,x_s)$ 和 t 的向量函数. 设 $\boldsymbol{v}=(v_1,\cdots,v_s)$, v_j 为自然数, $|\boldsymbol{v}|=\sum v_j$.

$$P\left(x,\frac{\partial}{\partial x}\right)=\sum_{j=0}^{m}P_j\left(x,\frac{\partial}{\partial x}\right)$$

$$P_j\left(x,\frac{\partial}{\partial x}\right)=\sum_{|\boldsymbol{v}|=j}A_{\boldsymbol{v}}(x)\ \frac{\partial\ |\ \boldsymbol{v}\ |}{\partial x_1^{v_1}\cdots\partial x_s^{v_s}}$$

是具有光滑系数矩阵的微分算子.

式(44)和(45)并不总是符合物理过程的. 例如,考虑方程组

$$\frac{\partial}{\partial t}\boldsymbol{u}=\begin{pmatrix}0 & 1\\ -1 & 0\end{pmatrix}\frac{\partial}{\partial x}\boldsymbol{u} \tag{46}$$

及初始条件

$$\boldsymbol{u}(x,0)=(2\pi)^{-\frac{1}{2}}\int_{-R}^{+R}\mathrm{e}^{\mathrm{i}\omega x}\hat{f}(\omega)\mathrm{d}\omega \tag{47}$$

其中 R 为某常数. 于是式(46) 和(47) 的解可表示为

$$\boldsymbol{u}(x,t)=(2\pi)^{-\frac{1}{2}}\int_{-R}^{+R}\mathrm{e}^{\mathrm{i}\omega x}\hat{\boldsymbol{u}}(\omega,t)\mathrm{d}\omega \tag{48}$$

将式(48)代入式(46)后对每一频率 ω 得

$$\frac{\mathrm{d}\hat{\boldsymbol{u}}(\omega,t)}{\mathrm{d}t}=\mathrm{i}\omega\begin{pmatrix}0 & 1\\ -1 & 0\end{pmatrix}\hat{\boldsymbol{u}}(\omega,t),\hat{\boldsymbol{u}}(\omega,0)=\hat{f}(\omega) \tag{49}$$

方程(49)的解是

$$\hat{\boldsymbol{u}}(\omega,t)=\lambda_1\begin{pmatrix}1\\ -\mathrm{i}\end{pmatrix}\mathrm{e}^{\omega t}+\lambda_2\begin{pmatrix}1\\ \mathrm{i}\end{pmatrix}\mathrm{e}^{-\omega t} \tag{50}$$

其中常数 $\lambda_j=\lambda_j(\omega)$ 由方程

$$\lambda_1\begin{pmatrix}1\\ -\mathrm{i}\end{pmatrix}+\lambda_2\begin{pmatrix}1\\ \mathrm{i}\end{pmatrix}=\hat{\boldsymbol{f}}(\omega)=\begin{pmatrix}\hat{f}^{(1)}(\omega)\\ \hat{f}^{(2)}(\omega)\end{pmatrix} \tag{51}$$

决定. 式(50)表明式(46)和(47)的解可能如 e^{Rt} 那样增长. R 是任意的，所以柯西问题(46)具有增长得任意快的解. 这就表明式(46)和(47)不像任何物理过程. 转而考虑

$$\frac{\partial}{\partial t}\boldsymbol{u}=\begin{pmatrix}0 & 1\\ 1 & 0\end{pmatrix}\frac{\partial \boldsymbol{u}}{\partial x} \tag{52}$$

及同式(47)一样的初值，其解仍可表示为式(48)的形式，其中

$$\hat{\boldsymbol{u}}(\omega,t)=\lambda_1\begin{pmatrix}1\\ 1\end{pmatrix}\mathrm{e}^{\mathrm{i}\omega t}+\lambda_2\begin{pmatrix}1\\ -1\end{pmatrix}\mathrm{e}^{-\mathrm{i}\omega t}$$

$$\lambda_1\begin{pmatrix}1\\ 1\end{pmatrix}+\lambda_2\begin{pmatrix}1\\ -1\end{pmatrix}=\hat{\boldsymbol{f}}(\omega)$$

即

$$\hat{\boldsymbol{u}}(\omega,t)=\frac{1}{2}(\hat{\boldsymbol{f}}^{(1)}+\hat{\boldsymbol{f}}^{(2)})\begin{pmatrix}1\\ 1\end{pmatrix}\mathrm{e}^{\mathrm{i}\omega t}+\frac{1}{2}(\hat{\boldsymbol{f}}^{(1)}-\hat{\boldsymbol{f}}^{(2)})\begin{pmatrix}1\\ -1\end{pmatrix}\mathrm{e}^{-\mathrm{i}\omega t}$$

并且有

$$\begin{aligned}|\hat{\boldsymbol{u}}(\omega,t)|^2&=|\hat{\boldsymbol{u}}^{(1)}(\omega,t)|^2+|\hat{\boldsymbol{u}}^{(2)}(\omega,t)|^2\\&=|\hat{\boldsymbol{f}}^{(1)}(\omega)|^2+|\hat{\boldsymbol{f}}^{(2)}\omega|^2\\&=|\hat{\boldsymbol{f}}(\omega)|^2\end{aligned}$$

对任何固定的 t 由帕塞瓦尔关系得到

$$\begin{aligned}\|\boldsymbol{u}(x,t)\|^2&=\int_{-\infty}^{+\infty}|\boldsymbol{u}(x,t)|^2\mathrm{d}x\\&=\int_{-R}^{R}|\hat{\boldsymbol{u}}(\omega,t)|^2\mathrm{d}\omega\\&=\int_{-R}^{R}|\hat{\boldsymbol{f}}(\omega)|^2\mathrm{d}\omega\end{aligned}$$

$$=\int_{-\infty}^{+\infty}|\boldsymbol{u}(x,0)|^2\mathrm{d}x$$

$$=\|\boldsymbol{u}(x,0)\|^2$$

在这种情况 L_2 模是常数，即若初值是微小的，则其解始终是微小的. 这就是我们对一个物理系统所期望的性态.

定义 3 对所有初值 $\boldsymbol{f}$ 考虑问题(44)(45)，其中 $\|\boldsymbol{f}\|<\infty$. 问题称为适定的，是指存在常数 K,α(与 f 无关)对任何解和时间 t 下列估计成立

$$\|\boldsymbol{u}(x,t)\|\leqslant K\mathrm{e}^{\alpha t}\|\boldsymbol{u}(x,0)\| \tag{53}$$

我们的第一个例子不满足条件(53)，因为我们不能找到这样的 α 使条件(53)对任何解一致成立. 第二个例子是适定的，因为对 $K=1,a=0$，式(53)成立.

现在考虑常系数方程组的柯西问题

$$\frac{\partial\boldsymbol{u}}{\partial t}=\boldsymbol{P}\left(\frac{\partial}{\partial x}\right)\boldsymbol{u}=\sum_{j=0}^{m}\boldsymbol{P}_j\left(\frac{\partial}{\partial x}\right)\boldsymbol{u} \tag{54}$$

容易推导此问题适定的代数条件. 设

$$\boldsymbol{u}(x,0)=(2\pi)^{-\frac{s}{2}}\int_{-\infty}^{+\infty}\mathrm{e}^{\mathrm{i}\langle\omega,x\rangle}\hat{\boldsymbol{f}}(\omega)\mathrm{d}\omega \tag{55}$$

其解是如下形式

$$\boldsymbol{u}(x,t)=(2\pi)^{-\frac{s}{2}}\int_{-\infty}^{+\infty}\mathrm{e}^{\mathrm{i}\langle\omega,x\rangle}\hat{\boldsymbol{u}}(\omega,t)\mathrm{d}\omega \tag{56}$$

将式(56) 代入式(54) 对每一频率得

$$\frac{\mathrm{d}\hat{\boldsymbol{u}}(\omega,t)}{\mathrm{d}t}=\boldsymbol{P}(\mathrm{i}\omega)\hat{\boldsymbol{u}}(\omega,t),\hat{\boldsymbol{u}}(\omega,0)=\hat{f}(\omega) \tag{57}$$

由定理 4 得

$$\boldsymbol{P}(\mathrm{i}\omega)=\sum_{|\boldsymbol{v}|=m}A_{\boldsymbol{v}}(\mathrm{i}\omega_1)^{v_1}\cdots(\mathrm{i}\omega_s)^{v_s}$$

方程(57) 的解可表示为

$$\hat{\boldsymbol{u}}(\omega,t)=\mathrm{e}^{P(\mathrm{i}\omega)t}\hat{\boldsymbol{f}}(\omega)$$

于是由定理 2 得

$$\boldsymbol{u}(x,t)=(2\pi)^{-s/2}\int_{-\infty}^{+\infty}\mathrm{e}^{\mathrm{i}\langle\omega,x\rangle}\mathrm{e}^{P(\mathrm{i}\omega)t}\hat{\boldsymbol{f}}(\omega)\mathrm{d}\omega$$

帕塞瓦尔关系意味着

$$\|\boldsymbol{u}(x,t)\|^2=\int_{-\infty}^{+\infty}|\mathrm{e}^{P(\mathrm{i}\omega)t}\hat{\boldsymbol{f}}(\omega)|^2\mathrm{d}\omega$$

$$
\begin{aligned}
&\leqslant \max_{\omega} | e^{P(i\omega)t} |^2 \int_{-\infty}^{+\infty} | \hat{\boldsymbol{f}}(\omega) |^2 d\omega \\
&= \max_{\omega} | e^{P(i\omega)t} |^2 \cdot \| \boldsymbol{f}(x) \|^2 \\
&= \max_{\omega} | e^{P(i\omega)t} |^2 \cdot \| \boldsymbol{u}(x,0) \|^2
\end{aligned} \tag{58}
$$

于是有下面的定理.

定理 5　方程组(54)的柯西问题适定的充要条件是存在常数 K 和 α 使得

$$\max_{\omega} | e^{P(i\omega)t} | \leqslant K e^{\alpha t} \tag{59}$$

证明　若式(59)成立,则由式(58)推得式(53)成立,亦即式(59)是适定的充分条件. 我们将不证明式(59)亦是必要的.

我们现在讨论双曲型方程组.

定义 4　方程组(54)是双曲型的,是指$m=1$并且对每一 ω 存在非奇异矩阵 $\boldsymbol{T}$ 使得

$$\boldsymbol{T}(\omega)\boldsymbol{P}_1(i\omega)\boldsymbol{T}^{-1}(\omega) = i\boldsymbol{\Lambda} = i\begin{pmatrix} \lambda_1 & & 0 \\ & \ddots & \\ 0 & & \lambda_n \end{pmatrix}$$

其中 λ_j 为实数,并且

$$\sup_{\omega} \max\{ |\boldsymbol{T}(\omega)|, |\boldsymbol{T}^{-1}(\omega)| \} = K_1 < \infty$$

方程(51)是双曲型方程的一个例子,因为

$$\boldsymbol{P}(i\omega) = \boldsymbol{P}_1(i\omega) = i\omega \begin{pmatrix} 0 & 1 \\ 1 & 0 \end{pmatrix}$$

的特征值是 $\lambda_1 = i\omega, \lambda_2 = -i\omega$,并且 $\boldsymbol{P}(i\omega)$ 可经酉变换$|\boldsymbol{T}| = |\boldsymbol{T}^{-1}| = 1$ 变成对角形.

线性化的方程是另一个例子

$$-\frac{\partial}{\partial t}\begin{pmatrix} u \\ v \\ \phi \end{pmatrix} = \begin{pmatrix} U & 0 & 1 \\ 0 & U & 0 \\ \Phi & 0 & U \end{pmatrix} \frac{\partial}{\partial x}\begin{pmatrix} u \\ v \\ \phi \end{pmatrix} + \begin{pmatrix} V & 0 & 0 \\ 0 & V & 1 \\ 0 & \Phi & V \end{pmatrix} \frac{\partial}{\partial y}\begin{pmatrix} u \\ v \\ \phi \end{pmatrix} + \begin{pmatrix} 0 & -f & 0 \\ f & 0 & 0 \\ 0 & 0 & 0 \end{pmatrix} \begin{pmatrix} u \\ v \\ \phi \end{pmatrix}$$

进行新的变量代换,很容易将上述方程变为对称方程组

$$\begin{pmatrix} u' \\ v' \\ \phi' \end{pmatrix} = \begin{pmatrix} \Phi^{\frac{1}{2}} & 0 & 0 \\ 0 & \Phi^{\frac{1}{2}} & 0 \\ 0 & 0 & 1 \end{pmatrix} \begin{pmatrix} u \\ v \\ \phi \end{pmatrix}$$

于是我们得到

$$-\frac{\partial}{\partial t}\begin{pmatrix}u'\\v'\\\phi'\end{pmatrix}=\begin{pmatrix}U&0&\Phi^{\frac{1}{2}}\\0&U&0\\\Phi^{\frac{1}{2}}&0&U\end{pmatrix}\frac{\partial}{\partial x}\begin{pmatrix}u'\\v'\\\phi'\end{pmatrix}+\begin{pmatrix}V&0&0\\0&V&\Phi^{\frac{1}{2}}\\0&\Phi^{\frac{1}{2}}&V\end{pmatrix}\frac{\partial}{\partial y}\begin{pmatrix}u'\\v'\\\phi'\end{pmatrix}+\begin{pmatrix}0&-f&0\\f&0&0\\0&0&0\end{pmatrix}\begin{pmatrix}u'\\v'\\\phi'\end{pmatrix}$$

对上面的方程我们有 $\boldsymbol{P}(\mathrm{i}\omega)=\mathrm{i}\boldsymbol{S}(\omega)$，其中 $\boldsymbol{S}(\omega)$ 是对称矩阵. 于是可利用酉变换将 $\boldsymbol{P}(\mathrm{i}\omega)$ 变为对角形，同时 $\boldsymbol{P}(\mathrm{i}\omega)$ 的特征值是纯虚数，亦即此方程组为双曲型的.

我们现在证明下面的定理.

定理 6 若方程组(54)是双曲型的，则柯西问题是适定的.

证明 考虑方程组(57). 设 $\boldsymbol{T}$ 是定义 4 中的变换，引进新变量

$$\hat{\boldsymbol{v}}=\boldsymbol{T}\hat{\boldsymbol{u}}$$

于是我们得到

$$\frac{\mathrm{d}\hat{v}}{\mathrm{d}t}=\mathrm{i}\boldsymbol{\Lambda}\hat{\boldsymbol{v}}+\boldsymbol{T}\boldsymbol{P}_0\boldsymbol{T}^{-1}\hat{\boldsymbol{v}}$$

并且

$$\begin{aligned}\frac{\mathrm{d}}{\mathrm{d}t}|\hat{\boldsymbol{v}}|^2&=\frac{\mathrm{d}}{\mathrm{d}t}\langle\hat{\boldsymbol{v}},\hat{\boldsymbol{v}}\rangle=\langle\frac{\mathrm{d}\hat{\boldsymbol{v}}}{\mathrm{d}t},\hat{\boldsymbol{v}}\rangle+\langle\hat{\boldsymbol{v}},\frac{\mathrm{d}\hat{\boldsymbol{v}}}{\mathrm{d}t}\rangle\\&=\langle\mathrm{i}\boldsymbol{\Lambda}\hat{\boldsymbol{v}},\hat{\boldsymbol{v}}\rangle+\langle\hat{\boldsymbol{v}},\mathrm{i}\boldsymbol{\Lambda}\hat{\boldsymbol{v}}\rangle+\langle\boldsymbol{T}\boldsymbol{P}_0\boldsymbol{T}^{-1}\hat{\boldsymbol{v}},\hat{\boldsymbol{v}}\rangle+\langle\hat{\boldsymbol{v}},\boldsymbol{T}\boldsymbol{P}_0\boldsymbol{T}^{-1}\hat{\boldsymbol{v}}\rangle\end{aligned}\tag{60}$$

利用关系(41)有

$$\langle\mathrm{i}\boldsymbol{\Lambda}\hat{\boldsymbol{v}},\hat{\boldsymbol{v}}\rangle+\langle\hat{\boldsymbol{v}},\mathrm{i}\boldsymbol{\Lambda}\hat{\boldsymbol{v}}\rangle=0$$

$$|\langle\boldsymbol{T}\boldsymbol{P}_0\boldsymbol{T}^{-1}\hat{\boldsymbol{v}},\hat{\boldsymbol{v}}\rangle+\langle\hat{\boldsymbol{v}},\boldsymbol{T}\boldsymbol{P}_0\boldsymbol{T}^{-1}\hat{\boldsymbol{v}}\rangle|$$

$$\leqslant 2|\boldsymbol{T}|\cdot|\boldsymbol{T}^{-1}|\cdot|\boldsymbol{P}_0|\cdot|\hat{\boldsymbol{v}}|^2$$

式(60)和定义 4 意味着

$$|\hat{\boldsymbol{v}}(\omega,t)|\leqslant \mathrm{e}^{\alpha t}|\hat{\boldsymbol{v}}(\omega,0)|,\alpha=K_1^2|\boldsymbol{P}_0|$$

所以

$$\begin{aligned}|\hat{\boldsymbol{u}}(\omega,t)|&=|\boldsymbol{T}^{-1}\boldsymbol{T}\hat{\boldsymbol{u}}(\omega,t)|\leqslant|\boldsymbol{T}^{-1}|\cdot|\hat{\boldsymbol{v}}(\omega,t)|\\&\leqslant|\boldsymbol{T}^{-1}|\mathrm{e}^{\alpha t}|\hat{\boldsymbol{v}}(\omega,0)|\leqslant K_1^2\mathrm{e}^{\alpha t}|\hat{\boldsymbol{u}}(\omega,0)|\end{aligned}$$

这个不等式意味着

$$|\mathrm{e}^{P(\mathrm{i}\omega)t}|\leqslant K_1^2\mathrm{e}^{\alpha t}$$

定理得证.

我们现在简单地讨论抛物型方程.

定义 5　方程组(54)是抛物型的，是指$m=2p$是一个偶整数，并且存在常数$\delta>0$，对$\boldsymbol{P}_m(\mathrm{i}\omega)$的特征值$x_j^{(m)}$满足不等式

$$\mathrm{Real}\ x_j^{(m)}\leqslant-\delta\omega^{2p} \tag{61}$$

最简单的抛物型方程的例子是热传导方程

$$\frac{\partial\boldsymbol{u}}{\partial t}=\frac{\partial^2\boldsymbol{u}}{\partial x^2}$$

此时$\boldsymbol{P}(\mathrm{i}\omega)=\boldsymbol{P}_2(\mathrm{i}\omega)=-\omega^2$，并且$|\mathrm{e}^{P(\mathrm{i}\omega)t}|=\mathrm{e}^{-\omega^2t}\leqslant1$，所以柯西问题是适定的. 对附有低阶项的方程结论一样成立. 我们考虑$\dfrac{\partial\boldsymbol{u}}{\partial t}=\dfrac{\partial^2\boldsymbol{u}}{\partial x^2}+a\dfrac{\partial\boldsymbol{u}}{\partial x}+b\boldsymbol{u}$，$a$，$b$为复数. 此时

$$\boldsymbol{P}(\mathrm{i}\omega)=-\omega^2+a\mathrm{i}\omega+b$$

并且

$$\begin{aligned}|\mathrm{e}^{\boldsymbol{P}(\mathrm{i}\omega)t}|&=\mathrm{e}^{-\omega^2t-\frac{1}{2}(a-\bar{a})\omega t+\frac{1}{2}(b+\bar{b})t}\\&\leqslant\mathrm{e}^{\left(-\frac{1}{16}|a-\bar{a}|^2+\frac{1}{2}(b+\bar{b})\right)t}\end{aligned}$$

柯西问题仍然是适定的. 事实上，对抛物型方程组此结论总是对的. 我们不加证明地叙述下面的定理.

定理 7　对抛物型方程组(54)柯西问题总是适定的.

最后，我们叙述一个常用的反面结果.

定理 8　假设$\boldsymbol{P}_m(\mathrm{i}\omega)$有一个特征值$x_j^{(m)}$，对某些频率$\omega$满足

$$\mathrm{Real}\ x_j^{(m)}>0 \tag{62}$$

则式(54)的柯西问题是不适定的.

我们用方程(46)作例子. 此时

$$\boldsymbol{P}(\mathrm{i}\omega)=\boldsymbol{P}_1(\mathrm{i}\omega)=\mathrm{i}\omega\begin{pmatrix}0&1\\-1&0\end{pmatrix}$$

其特征值可表示为

$$\lambda_1=\omega,\lambda_2=-\omega$$

因此，由定理 8 问题是不适定的.

至此我们仅讨论了常系数方程. 现在考虑变系数方程(44). 用冻结系数的办法我们得到一族常系数方程，即对每一固定的x_0有

$$\frac{\partial\boldsymbol{u}}{\partial t}=\boldsymbol{P}_0\left(x_0,\frac{\partial}{\partial x}\right)\boldsymbol{u} \tag{63}$$

方程组(63)的性态基本上刻画了方程(44)的性态. 确切地说，我们有下面的定理.

定理 9　若存在一个x_0使式(62)成立，则式(44)的柯西问题是不适定的.

定理 10 若式(63)中所有的方程组都是抛物型的，并且式(61)中的常数 δ 与 x 无关，则式(44)的柯西问题是适定的.

定理 11 若式(63)中所有的方程组都是双曲型的，并且定义 4 中的矩阵 $\boldsymbol{T}(\omega, x_0)$ 是 ω 和 x_0 的光滑函数，则式(44)的柯西问题是适定的.

若式(44)的系数亦是 t 的光滑函数，则类似的结果成立.

应该指出，对非双曲型或抛物型方程，这种简化为常系数方程的情况常常不能确保产生所期望的结论. 例如考虑方程

$$\frac{\partial \boldsymbol{u}}{\partial t}=\mathrm{i}a(x)\boldsymbol{u}_{xx}+\mathrm{i}\left(\frac{\mathrm{d}a}{\mathrm{d}x}\right)\boldsymbol{u}_x, a(x)\geqslant a_0>0$$

其柯西问题是适定的，因为

$$\frac{\partial}{\partial t}(\boldsymbol{u},\boldsymbol{u})=(\mathrm{i}(a\boldsymbol{u}_x)_x,\boldsymbol{u})+(\boldsymbol{u},\mathrm{i}(a\boldsymbol{u}_x)_x)=0$$

若我们冻结系数，即考虑

$$\frac{\partial \boldsymbol{u}}{\partial t}=\mathrm{i}a(x_0)\boldsymbol{u}_{xx}+\mathrm{i}\left(\frac{\mathrm{d}a(x_0)}{\mathrm{d}x}\right)\boldsymbol{u}_x$$

则

$$\boldsymbol{P}(\mathrm{i}\omega, x_0)=-\mathrm{i}a(x_0)\omega^2-\left(\frac{\mathrm{d}a(x_0)}{\mathrm{d}x}\right)\omega$$

若 $\frac{\mathrm{d}a(x_0)}{\mathrm{d}x}\neq 0$，则 $\mathrm{e}^{\boldsymbol{P}(\mathrm{i}\omega, x_0)t}$ 显然是无界的. 因此，若 $a(x)\neq \mathrm{const}$，则不是所有柯西问题的关联族的成员是适定的.

人们也可构造这样的例子，即柯西问题的关联族是适定的，但其变系数问题是不适定的.

对非线性方程尚无一般全局性结果，我们仅叙述下面的定理.

定理 12 考虑方程组

$$\frac{\partial \boldsymbol{u}}{\partial t}=\sum_{j=0}^{s}\boldsymbol{A}_j(x,t,u)\frac{\partial \boldsymbol{u}}{\partial x_j}+\boldsymbol{B}(x,t,u) \tag{64}$$

其中 $\boldsymbol{A}_j(x,t,u)$ 是光滑地依赖 x,t 和 u 的对称矩阵，则在一个依赖于 $\boldsymbol{u}$ 的光滑性质的充分小区间 $0\leqslant t\leqslant T$ 上，柯西问题是适定的.

对特殊的方程有些较好的结果，参看拉得德任斯卡娅(O. Ladyzhenskaya)关于纳维一斯托克斯方程及爱洛生(Aronson)和叙林(Serrin)关于抛物型方程的结果.

对许多问题估计(53)可直接地推得. 我们从下面引理出发.

引理 1　设 $\boldsymbol{A}(x,t)$是一矩阵,则

$$-\left(u,\boldsymbol{A}\frac{\partial \boldsymbol{v}}{\partial x_j}\right)=\left(\frac{\partial \boldsymbol{u}}{\partial x_j},\boldsymbol{A}\boldsymbol{v}\right)+\left(\boldsymbol{u},\frac{\partial \boldsymbol{A}}{\partial x_j \boldsymbol{v}}\right) \tag{65}$$

证明　分部积分得

$$\begin{aligned}\int_{-\infty}^{+\infty}\boldsymbol{u}^*\boldsymbol{A}\frac{\partial \boldsymbol{v}}{\partial x_j}\mathrm{d}x&=\int_{-\infty}^{+\infty}(\boldsymbol{A}^*\boldsymbol{u})^*\ \frac{\partial \boldsymbol{v}}{\partial x_j}\mathrm{d}x\\&=-\int_{-\infty}^{+\infty}\frac{\partial(\boldsymbol{A}^*\boldsymbol{u})^*}{\partial x_j \boldsymbol{v}}\mathrm{d}x\\&=-\int_{-\infty}^{+\infty}\frac{\partial \boldsymbol{u}^*}{\partial x_j \boldsymbol{A}\boldsymbol{v}}\mathrm{d}x-\int_{-\infty}^{+\infty}\boldsymbol{u}^*\ \frac{\partial \boldsymbol{A}}{\partial x_j \boldsymbol{v}}\mathrm{d}x\end{aligned}$$

由此容易推得式(65).

我们现在引进下列概念.

定义 6　微分算子 $\boldsymbol{P}\left(x,t,\frac{\partial}{\partial x}\right)$是半有界的,是指存在一个常数 α,使得对所有 t 和充分光滑的函数 $\boldsymbol{w}$,有

$$\left(\boldsymbol{w},\boldsymbol{P}\left(x,t,\frac{\partial}{\partial x}\right)\boldsymbol{w}\right)+\left(\boldsymbol{P}\left(x,t,\frac{\partial}{\partial x}\right)\boldsymbol{w},\boldsymbol{w}\right)\leqslant 2\alpha(\boldsymbol{w},\boldsymbol{w})$$

定理 13　若微分算子 $\boldsymbol{P}$ 是半有界的,则对于相应的柯西问题的解,我们有估计

$$\|\boldsymbol{u}(x,t)\|\leqslant \mathrm{e}^{\alpha t}\|\boldsymbol{u}(x,0)\|$$

证明

$$\begin{aligned}\frac{\partial}{\partial t}\|\boldsymbol{u}\|^2&=\left(\frac{\partial \boldsymbol{u}}{\partial t},\boldsymbol{u}\right)+\left(\boldsymbol{u},\frac{\partial \boldsymbol{u}}{\partial t}\right)\\&=(\boldsymbol{P}\boldsymbol{u},\boldsymbol{u})+(\boldsymbol{u},\boldsymbol{P}\boldsymbol{u})\\&\leqslant 2a\|\boldsymbol{u}\|^2\end{aligned}$$

即

$$\|\boldsymbol{u}(x,t)\|^2\leqslant \mathrm{e}^{2\alpha t}\|\boldsymbol{u}(x,0)\|^2$$

定理得证.

例 1　设

$$\boldsymbol{P}\left(x,t,\frac{\partial}{\partial x}\right)=\boldsymbol{A}(x,t)\frac{\partial}{\partial x}+\boldsymbol{B}(x,t)\frac{\partial}{\partial y}+\boldsymbol{C} \tag{66}$$

其中 $\boldsymbol{A}=\boldsymbol{A}^*$,$\boldsymbol{B}=\boldsymbol{B}^*$ 是光滑的对称矩阵,从引理 1 可以直接推得算子 $\boldsymbol{P}$ 是半有界的.

设

$$\boldsymbol{P}\left(x,t,\frac{\partial}{\partial x}\right)=\boldsymbol{A}(x,t)\frac{\partial^2}{\partial x^2}+\boldsymbol{B}\frac{\partial}{\partial x}+\boldsymbol{C}$$

其中 $\boldsymbol{A}$ 是正定的，即存在常数 $\delta>0$ 使得

$$(\boldsymbol{v},(\boldsymbol{A}+\boldsymbol{A}^*)\boldsymbol{v})\geqslant 2\delta\|\boldsymbol{v}\|^2$$

则 $\boldsymbol{P}$ 是半有界的. 由引理 1 知

$$\begin{aligned}\left(\boldsymbol{w},\boldsymbol{A}\frac{\partial^2\boldsymbol{w}}{\partial x^2}\right)+\left(\boldsymbol{A}\frac{\partial^2\boldsymbol{w}}{\partial x^2},\boldsymbol{w}\right)&=-\left(\frac{\partial\boldsymbol{w}}{\partial x},(\boldsymbol{A}+\boldsymbol{A}^*)\frac{\partial\boldsymbol{w}}{\partial x}\right)-\left(\boldsymbol{w},\frac{\partial\boldsymbol{A}}{\partial x}\frac{\partial\boldsymbol{w}}{\partial x}\right)-\left(\frac{\partial\boldsymbol{A}}{\partial x}\frac{\partial\boldsymbol{w}}{\partial x},\boldsymbol{w}\right)\\&\leqslant-2\delta\left\|\frac{\partial\boldsymbol{w}}{\partial x}\right\|^2+2\left\|\frac{\partial\boldsymbol{A}}{\partial x}\right\|\cdot\|\boldsymbol{w}\|\cdot\left\|\frac{\partial\boldsymbol{w}}{\partial x}\right\|\\&\leqslant-\delta\left\|\frac{\partial\boldsymbol{w}}{\partial x}\right\|^2+\delta^{-1}\left\|\frac{\partial\boldsymbol{A}}{\partial x}\right\|^2\cdot\|\boldsymbol{w}\|^2\end{aligned}$$

所以

$$\begin{aligned}(\boldsymbol{w},\boldsymbol{P}\boldsymbol{w})+(\boldsymbol{P}\boldsymbol{w},\boldsymbol{w})&\leqslant-\delta\left\|\frac{\partial\boldsymbol{w}}{\partial x}\right\|^2+2\|\boldsymbol{B}\|\cdot\|\boldsymbol{w}\|\cdot\left\|\frac{\partial\boldsymbol{w}}{\partial x}\right\|+\\&\quad(2\|\boldsymbol{C}\|+\delta^{-1}\left\|\frac{\partial\boldsymbol{A}}{\partial x}\right\|^2)\|\boldsymbol{w}\|^2\\&\leqslant(2\|\boldsymbol{C}\|+\delta^{-1}(\left\|\frac{\partial\boldsymbol{A}}{\partial x}\right\|^2+\|\boldsymbol{B}\|^2))\|\boldsymbol{w}\|^2\end{aligned}$$

现在假定下面方程组的柯西问题是适定的

$$\frac{\partial\boldsymbol{u}}{\partial t}=\boldsymbol{P}\left(x,t,\frac{\partial}{\partial u}\right)\boldsymbol{u}$$

则只要 $\boldsymbol{u}(x,t_1)$ 给定，我们能对任何时间区间 $t_1\leqslant t\leqslant t_2$ 求解. 我们可记

$$\boldsymbol{u}(x,t_2)=\boldsymbol{S}(t_2,t_1)\boldsymbol{u}(x,t_1)$$

解算子 $\boldsymbol{S}$ 具有下列性质

$$\boldsymbol{S}(t,t)=\boldsymbol{I},\boldsymbol{S}(t_3,t_1)=\boldsymbol{S}(t_3,t_2)\boldsymbol{S}(t_2,t_1)\quad(t_3\geqslant t_2\geqslant t_1)$$

$$\|\boldsymbol{S}(t_2,t_1)\|\leqslant K\mathrm{e}^{\alpha(t_2-t_1)}\tag{67}$$

这些都是适定性的显然的推论.

考虑非齐次问题

$$\frac{\partial\boldsymbol{v}}{\partial t}=\boldsymbol{P}\boldsymbol{v}+\boldsymbol{F}(x,t)\tag{68}$$

$$\boldsymbol{v}(x,0)=\boldsymbol{f}(x)$$

我们要用解算子 $\boldsymbol{S}$ 表示它的解.

定理 14 式(68)的解能表示为

$$\boldsymbol{v}(x,t)=\boldsymbol{S}(t,0)\boldsymbol{f}(x)+\int_0^t\boldsymbol{S}(t,\tau)\boldsymbol{F}(x,\tau)\mathrm{d}\tau\tag{69}$$

并且有下列估计

$$\| \boldsymbol{v}(x,t) \| \leqslant K\mathrm{e}^{\alpha t} \| \boldsymbol{f} \| + K\max_{0\leqslant\tau\leqslant t} \| \boldsymbol{F}(x,\tau) \| \frac{\mathrm{e}^{\alpha t}-1}{\alpha}$$

证明　设 $\boldsymbol{v}$ 由式(69)定义，那么 $\boldsymbol{v}(x,0)=\boldsymbol{f}(x)$，并且我们要证明 $\boldsymbol{v}$ 满足式(68). 从(67)形式地推得

$$\begin{aligned}\frac{\partial \boldsymbol{S}(t,\tau)}{\partial t} &= \lim_{\Delta t\to 0}\frac{\boldsymbol{S}(t+\Delta t,\tau)-\boldsymbol{S}(t,\tau)}{\Delta t} \\ &= \lim_{\Delta t\to 0}\frac{\boldsymbol{S}(t+\Delta t,t)-\boldsymbol{I}}{\Delta t}S(t,\tau) \\ &= \boldsymbol{P}\left(x,t,\frac{\partial}{\partial x}\right)\boldsymbol{S}(t,\tau)\end{aligned}$$

所以

$$\begin{aligned}\frac{\partial \boldsymbol{v}}{\partial t} &= \boldsymbol{P}\left(x,t,\frac{\partial}{\partial x}\right)\cdot\left(\boldsymbol{S}(t,0)\boldsymbol{f}(x)+\int_0^t \boldsymbol{S}(t,\tau)\boldsymbol{F}(x,\tau)\mathrm{d}\tau\right)+\boldsymbol{F}(x,t) \\ &= \boldsymbol{P}\left(x,t,\frac{\partial}{\partial x}\right)\boldsymbol{v}+\boldsymbol{F}(x,t)\end{aligned} \tag{70}$$

从式(69)和(67)推出估计(70).

§8　柯西问题的稳定的差分逼近

在本节中我们要讲述柯西问题的差分逼近理论. 首先从下面的简单例子开始

$$\frac{\partial \boldsymbol{u}}{\partial t}=\frac{\partial \boldsymbol{u}}{\partial x}\quad(-\infty<x<+\infty) \tag{71}$$

$$\boldsymbol{u}(x,0)=\boldsymbol{f}(x)$$

若

$$\boldsymbol{f}(x)=(2\pi)^{-\frac{1}{2}}\int_{-\infty}^{+\infty}\mathrm{e}^{\mathrm{i}\omega x}\hat{\boldsymbol{f}}(\omega)\mathrm{d}\omega \tag{72}$$

则显然式(71) 的解可表示为

$$\boldsymbol{u}(x,t)=(2\pi)^{-\frac{1}{2}}\int_{-\infty}^{+\infty}\mathrm{e}^{\mathrm{i}\omega(x+t)}\hat{\boldsymbol{f}}(\omega)\mathrm{d}\omega=\boldsymbol{f}(x+t)$$

现在我们用一差分方程逼近(71). 为此引进时间步长 $k>0$ 和网格步长 $h>0$. 然后在 $x=x_\upsilon=\upsilon h,\upsilon=0,\pm1,\pm2,\cdots,t=t_\mu=\mu k,\mu=0,1,2,\cdots$ 处用下列方程逼近式(71)得

$$\frac{\boldsymbol{v}(x,t+k)-\boldsymbol{v}(x,t)}{k}=\frac{\boldsymbol{v}(x+h,t)-\boldsymbol{v}(x-h,t)}{2h} \tag{73}$$

$$\boldsymbol{v}(x,0)=\boldsymbol{f}(x)$$

将上式改写为

$$\boldsymbol{v}(x,t+k)=(\boldsymbol{I}+k\boldsymbol{D}_0)\boldsymbol{v}(x,t),\boldsymbol{v}(x,0)=\boldsymbol{f}(x) \tag{74}$$

对所有的 $x=x_\nu,t=t_\mu$，我们可以用式(73)计算 $\boldsymbol{v}(x,t)$，并希望 $\boldsymbol{v}$ 收敛于 $\boldsymbol{u}$. 让我们来计算式(73)的显式解. 从式(72)推得

$$\boldsymbol{v}(x,t)=(2\pi)^{-\frac{1}{2}}\int_{-\infty}^{+\infty}\mathrm{e}^{\mathrm{i}\omega x}\hat{\boldsymbol{v}}(\omega,t)\mathrm{d}\omega,\hat{\boldsymbol{v}}(\omega,0)=\hat{\boldsymbol{f}}(\omega) \tag{75}$$

注意到

$$D_0\mathrm{e}^{\mathrm{i}\omega x}=\frac{\mathrm{i}\sin\omega h}{h}\mathrm{e}^{\mathrm{i}\omega x}$$

将式(75)代入式(74)得到

$$\hat{\boldsymbol{v}}(\omega,t+k)=(1+\mathrm{i}\lambda\sin\omega h)\hat{\boldsymbol{v}}(\omega,t),\lambda=\frac{k}{h}$$

亦即

$$\hat{\boldsymbol{v}}(\omega,t)=(1+\mathrm{i}\lambda\sin\omega h)^{\frac{t}{k}}\hat{\boldsymbol{f}}(\omega)$$

所以

$$\boldsymbol{v}(x,t)=(2\pi)^{\frac{1}{2}}\int_{-\infty}^{+\infty}(1+\mathrm{i}\lambda\sin\omega h)^{\frac{t}{k}}\mathrm{e}^{\mathrm{i}\omega x}\hat{\boldsymbol{f}}(\omega)\mathrm{d}\omega \tag{76}$$

于是

$$\boldsymbol{u}(x,t)-\boldsymbol{v}(x,t)=(2\pi)^{-\frac{1}{2}}\int_{-\infty}^{+\infty}((1+\mathrm{i}\lambda\sin\omega h)^{\frac{t}{k}}-\mathrm{e}^{\mathrm{i}\omega t})\mathrm{e}^{\mathrm{i}\omega x}\hat{\boldsymbol{f}}(\omega)\mathrm{d}\omega$$

根据帕塞瓦尔关系

$$\|\boldsymbol{u}(x,t)-\boldsymbol{v}(x,t)\|^2=\int_{-\infty}^{+\infty}|(1+\mathrm{i}\lambda\sin\omega h)^{\frac{t}{k}}-\mathrm{e}^{\mathrm{i}\omega t}|^2|\hat{f}(\omega)|^2\mathrm{d}\omega$$

假定 ω 是一个固定的频率，则

$$\begin{aligned}(1+\mathrm{i}\lambda\sin\omega h)^{\frac{t}{k}}&=(1+\mathrm{i}k\omega+O(\omega^3kh^2))^{\frac{t}{k}}\\&=\mathrm{e}^{t(\mathrm{i}\omega+O(\omega^3kh^2))}\end{aligned}$$

因此 $(1+\mathrm{i}\lambda\sin\omega h)^{\frac{t}{k}}$ 对每一固定的 ω 收敛于 $\mathrm{e}^{\mathrm{i}\omega t}$.

大多数物理过程能用有限个频率来描述，甚至更好地能用这样的初值 $f(x)$ 来描述：当 $|\omega|>R$ 时，有 $\hat{\boldsymbol{f}}(\omega)\equiv0$（这里 R 是个定数）. 于是

$$\|\boldsymbol{u}(x,t)-\boldsymbol{v}(x,t)\|^2=\int_{-R}^{+R}|(1+\mathrm{i}\lambda\sin\omega h)^{\frac{t}{k}}-\mathrm{e}^{\mathrm{i}\omega t}|^2|\hat{\boldsymbol{f}}(\omega)|^2\mathrm{d}\omega$$

并且当 $h\to0,k\to0$ 时收敛. 因此，在应用式(73)时显然没什么困难. 然而我们不可

能在计算时不产生误差，而舍入误差将导致高频成分. 例如，当 $k=20h$ 且 $\boldsymbol{f}\equiv\mathbf{0}$ 时考虑式(74)，则

$$\boldsymbol{v}(x,t+k)=\boldsymbol{v}(x,t)+10(\boldsymbol{v}(x+h,t)-\boldsymbol{v}(x-h,t))$$
$$\boldsymbol{v}(x,0)=0$$

对此有 $\boldsymbol{v}(x,t)\equiv 0$. 假设在 $x=0$ 处有一舍入误差 E，即以

$$\boldsymbol{v}(x,0)\equiv\begin{cases}0 & (\text{当 } x\neq 0)\\ E & (\text{当 } x=0)\end{cases}$$

代替初值 $\boldsymbol{v}(x,0)\equiv 0$. 这个舍入误差的严重影响能从下面看出

$$\begin{array}{ccccccccc}
\cdot & 10^3E & \cdot & \cdot & \cdot & \cdot & \cdot & -10^3E & \cdot \\
\cdot & \cdot & 10^2E & \cdot & \cdot & \cdot & 10^2E & \cdot & \cdot \\
0 & 0 & 10E & E & -10E & 0 & 0 & 0 & \\
\hline
0 & 0 & 0 & E & 0 & 0 & 0 & 0 &
\end{array}$$

这种现象的起因是这个误差导致了高频成分，而其振幅的增长非常快. 例如，当 $\omega h=\dfrac{\pi}{2}$ 时，我们有

$$\hat{\boldsymbol{v}}(\omega,t)=(1+\mathrm{i}20)^{\frac{t}{k}}\hat{\boldsymbol{f}}(\omega)$$

因此关于很高的高频成分不出现的假定是不现实的. 我们必须考虑一般的初值，并且就数值计算而言只有那种能保证对所有初值都收敛的方法才是有用的.

其充分必要条件是对低频成分有收敛性，而对高频成分则基本不放大. 例如，当用下式代替式(74)时这个目的可以达到

$$\boldsymbol{v}(x,t+k)=\frac{1}{2}(\boldsymbol{v}(x+h,t)+\boldsymbol{v}(x-h,t))+k\boldsymbol{D}_0\boldsymbol{v}(x,t)$$

这里我们考虑

$$0<\lambda_0\leqslant\lambda=k/h\leqslant 1$$

其中 λ_0 是某常数. 于是

$$\hat{\boldsymbol{v}}(\omega,t)=(\cos\omega h+\mathrm{i}\lambda\sin\omega h)^{\frac{t}{k}}\hat{\boldsymbol{f}}(\omega)$$

显然

$$|(\cos\omega h+\mathrm{i}\lambda\sin\omega h)^{\frac{t}{k}}|\leqslant 1$$

并且对每一固定频率 ω 有

$$\lim_{k\to 0}(\cos\omega h+\mathrm{i}\lambda\sin\omega h)^{\frac{t}{k}}=(1+\mathrm{i}k\omega+O(\omega^2h^2))^{\frac{t}{k}}\sim\mathrm{e}^{\mathrm{i}\omega t}+\frac{\omega^2h^2t}{k}$$

因此对每一 R 有

$$\| \boldsymbol{u}(x,t)-\boldsymbol{v}(x,t)\|^2=\int_{-R}^{+R}|(\cos\omega h+\mathrm{i}\lambda\sin\omega h)^{\frac{t}{k}}-\mathrm{e}^{\mathrm{i}\omega t}|^2|\hat{\boldsymbol{f}}(\omega)|^2\mathrm{d}\omega+\int_{|\omega|\geqslant R}|(\cos\omega h+\mathrm{i}\lambda\sin\omega h)^{\frac{t}{k}}-\mathrm{e}^{\mathrm{i}\omega h}|^2|\hat{\boldsymbol{f}}(\omega)|^2\mathrm{d}\omega$$

$$\leqslant \mathrm{const}\left(\frac{R^2ht}{\lambda}\int_{-R}^{+R}|\hat{\boldsymbol{f}}(\omega)|^2\mathrm{d}\omega+\int_{|\omega|\geqslant R}|\hat{\boldsymbol{f}}(\omega)|^2\mathrm{d}\omega\right)$$

其收敛性是显然的.

为使前面论证精确起见,我们引入稳定性和相容性的概念.最一般的齐次差分方程为如下形式

$$Q_{-1}\boldsymbol{v}(x,t+k)=\sum_{j=0}^{p}Q_j\boldsymbol{v}(x,t-jk) \tag{77}$$

这里 $Q_\mu=Q_\mu(x,t,h,k)$, $\mu=-1,0,1,\cdots,p$ 是差分算子

$$Q_\mu=\sum A_{\boldsymbol{v}}(x,t,h,k)E_1^{v_1}\cdots E_s^{v_s},\boldsymbol{v}=(v_1,\cdots,v_s)$$

其中 $A_v(x,t,h,k)$ 为充分光滑地依赖于 x,t,h,k 的.矩阵 $\boldsymbol{E}_j$ 是位移算子

$$\boldsymbol{E}_j\varphi(x_1,\cdots,x_j,\cdots,x_s)=\varphi(x_1,\cdots,x_j+h,\cdots,x_s)$$

我们始终假定 Q_{-1}^{-1} 对所有 t 存在并是有界算子.于是只要我们已知 $\boldsymbol{v}(x,t)$ 在 t_0, $t_0-k,\cdots,t_0-pk$ 处的值,就能计算以后任何时间 $t=t_0+vk(v=1,2,\cdots)$ 的值.引入向量

$$\tilde{\boldsymbol{v}}(x,t)=(\boldsymbol{v}(x,t),\boldsymbol{v}(x,t-k),\cdots,\boldsymbol{v}(x,t-pk))'$$

和范数

$$\|\tilde{\boldsymbol{v}}\|^2=\sum_{j=0}^{P}\|\boldsymbol{v}(x,t-jk)\|^2$$

我们能找到一个这样的解算子

$$\tilde{\boldsymbol{v}}(x,t)=\boldsymbol{S}(t,t_0)\tilde{\boldsymbol{v}}(x,t_0)$$

这里 $\boldsymbol{S}(t,t_0)$ 有下面的性质

$$\boldsymbol{S}(t_0,t_0)=\boldsymbol{I},\boldsymbol{S}(t_2,t_0)=\boldsymbol{S}(t_2,t_1)\boldsymbol{S}(t_1,t_0)\quad(t_2\geqslant t_1\geqslant t_0)$$

定义 7 对序列 $k\to0,h\to0$ 差分逼近(77)是稳定的,是借存在常数 α_s,K_s 使对所有满足 $t\geqslant t_0$ 的 t_0,t 和所有 $\tilde{\boldsymbol{v}}(x,t_0)$ 估计

$$\|\tilde{\boldsymbol{v}}(x,t)\|=\|\boldsymbol{S}(t,t_0)\tilde{\boldsymbol{v}}(x,t_0)\|\leqslant K_s\mathrm{e}^{\alpha_s(t-t_0)}\|\tilde{\boldsymbol{v}}(x,t_0)\| \tag{78}$$

成立.

现在考虑下面微分方程组的柯西问题

$$\frac{\partial \boldsymbol{u}}{\partial t}=P\left(x,t,\frac{\partial}{\partial u}\right)\boldsymbol{u}+\boldsymbol{g}$$

$$\boldsymbol{u}(x,0)=\boldsymbol{g} \tag{79}$$

用下面的方程和初值逼近它

$$Q_{-1}\boldsymbol{w}(x,t+k)=\sum_{j=0}^{p}Q_j\boldsymbol{w}(x,t-jk)+k\boldsymbol{F}(x,t) \tag{79a}$$

$$\boldsymbol{w}(x,pk)=\boldsymbol{f}_p(x),\cdots,\boldsymbol{w}(x,0)=\boldsymbol{f}_0(x) \tag{79b}$$

定义 8　差分格式(79a)(79b)对其特解 $\boldsymbol{u}(x,t)$ 是 (q_1,q_2) 阶精度的，是指存在常数 $c_j\geqslant 0$ 和函数 $c(t)$，它在每一个有限区间 $[0,T]$ 上有界，使对任何充分小的 k，h，有

$$\left\| Q_{-1}\boldsymbol{u}(x,t+k)-\sum_{j=0}^{p}Q_j\boldsymbol{u}(x,t-jk)-k\boldsymbol{F}\right\| \leqslant kc(t)(h^{q_1}+k^{q_2})$$

$$\|\boldsymbol{f}_j(x)-\boldsymbol{u}(x,jk)\| \leqslant c_j(h^{q_1}+k^{q_2}) \tag{80}$$

若式(80)对任何充分光滑的解成立，则我们称此逼近是 (q_1,q_2) 阶精度的，而不涉及其特解.

决定一给定的差分逼近的精度是十分简单的，至少当解是充分光滑时是这样的. 我们只需将 $\boldsymbol{u}(x,t)$ 展成泰勒级数，进而函数 $c(t)$ 一般代表 $\boldsymbol{u}$ 的充分高阶导数的某个界. 必须指出，像在常微分方程中已见到的那样，为正确估计一个给定的方法，计算 $c(t)$ 也是必要的.

为了推导误差估计，我们需要下述引理.

引理 2　对固定的 k，h 考虑(79)，并假定不等式(78)成立，则

$$\|\widetilde{\boldsymbol{w}}(x,t)\| \leqslant K_s e^{\alpha_s t}\left(\sum_{j=0}^{p}\|\boldsymbol{f}_j\|^2\right)^{\frac{1}{2}}+K_s\sup_{0\leqslant\tau\leqslant t}\|Q_{-1}^{-1}\|\cdot \sup_{0\leqslant\tau\leqslant t}\|\boldsymbol{F}\|\cdot l(t,\alpha_s) \tag{81}$$

其中

$$l(t,\alpha_s)=\begin{cases}\dfrac{k(1-e^{\alpha_s t})}{1-e^{\alpha_s k}} & (\text{当 } \alpha_s\neq 0 \text{ 时})\\ t & (\text{当 } \alpha_s=0 \text{ 时})\end{cases}$$

证明　易知我们能将方程(79)的解表示为形式

$$\widetilde{\boldsymbol{w}}(x,nk)=\boldsymbol{S}(nk,t_p)\widetilde{\boldsymbol{w}}(x,t_p)+k\sum_{\upsilon=p}^{n-1}\boldsymbol{S}(nk,\upsilon k)Q_{-1}^{-1}\widetilde{G}(x,\upsilon k) \tag{82}$$

其中 $\widetilde{G}(x,\upsilon k)=(\boldsymbol{F}(x,\upsilon k),0,\cdots,0)'$（式(82)只不过是杜哈梅尔(Duhamel)公式的

差分类似). 于是估计式(81)不难从式(78)推得. 从引理 2 我们立刻得到下面的定理.

定理 15 假定对固定的 k 和 h 估计(78)和(80)成立,则对任何 $t=\upsilon k\geqslant pk$,我们有

$$\|\widetilde{\boldsymbol{u}}(x,t)-\widetilde{\boldsymbol{w}}(x,t)\|\leqslant K_s\mathrm{e}^{\alpha_s t}(h^{q_1}+k^{q_2})\left(\sum_{j=0}^{p}c_j^2\right)^{\frac{1}{2}}+K_s\sup_{0\leqslant\tau\leqslant t}\|Q_{-1}^{-1}\|\cdot$$
$$\sup_{0\leqslant\tau\leqslant t}(c(\tau)\cdot(h^{q_1}+k^{q_2})l(t,\alpha_s))$$

于是,若对序列 $k\to 0,h\to 0$ 估计式(78)成立,并且 Q_{-1}^{-1} 也一致有界,则 $\boldsymbol{w}(x,t)$ 收敛于 $\boldsymbol{u}(x,t)$.

证明 从式(80)推出

$$Q_{-1}\boldsymbol{u}(x,t+k)=\sum_{j=0}^{p}Q_j\boldsymbol{u}(x,t-jk)+k\boldsymbol{F}+kh(x,t)\tag{83}$$

其中对截断误差 $\boldsymbol{H}$ 有估计

$$\|\boldsymbol{H}\|\leqslant c(t)(h^{q_1}+k^{q_2})$$

从式(83)中减去式(79a)得到关于 $\boldsymbol{v}=\boldsymbol{u}-\boldsymbol{w}$ 的差分方程,并且从引理 2 推得此估计.

对常微分方程我们已经见到,截断误差和以 α_s 和 K_s 为代表的稳定性的性质决定着收敛的速度.

现在我们再考虑

$$\frac{\partial u}{\partial t}=P\left(x,t,\frac{\partial}{\partial u}\right)u$$
$$u(x,0)=f$$

并假定它是适定的,即存在常数 α 和 K 使得

$$\|\boldsymbol{u}(x,t)\|\leqslant K\mathrm{e}^{\alpha(t-t_0)}\|\boldsymbol{u}(x,t_0)\|$$

假设 α 尽可能地小. 如果我们在一个长的时间范围内积分此微分方程,那么自然期望 $\alpha_s\leqslant\alpha$. 因此,我们约定:

定义 9 若估计式(78)对 $\alpha_s\leqslant\alpha$ 成立,则差分逼近是严格稳定的.

我们将对严格稳定的方法先予以重视.

§9 双曲型方程组的差分逼近

考虑常系数双曲型方程组的柯西问题

$$\frac{\partial\boldsymbol{u}}{\partial t}=P(\frac{\partial}{\partial x})\boldsymbol{u}=\sum A_j\frac{\partial\boldsymbol{u}}{\partial x_j}$$

$$\boldsymbol{u}(x,0)=\boldsymbol{f}(x) \tag{84}$$

从§7 知道它的解满足估计

$$\|\boldsymbol{u}(x,t)\|\leqslant K\|\boldsymbol{u}(x,0)\| \quad (0<t<+\infty)$$

所以式(84)的解一致有界. 用下面的差分格式逼近式(84)

$$\boldsymbol{Q}_{-1}\boldsymbol{v}(x,t+k)=\sum_{j=0}^{p}\boldsymbol{Q}_j\boldsymbol{v}(x,t-jk) \tag{85}$$

$$\boldsymbol{v}(x,t)=x^{\frac{t}{k}}\mathrm{e}^{\mathrm{i}\omega x}\boldsymbol{\phi}(\omega)\not\equiv 0 \tag{86}$$

只要式(86) 中 $\boldsymbol{\phi}$, x 满足特征方程

$$\left(\hat{\boldsymbol{Q}}_{-1}x^{p+1}-\sum_{j=0}^{p}\hat{\boldsymbol{Q}}_j x^j\right)\boldsymbol{\phi}=0 \tag{87}$$

$\boldsymbol{v}(x,t)$ 便是方程(85) 的一个解,这里

$$\hat{\boldsymbol{Q}}_\mu=\sum A_{v\mu}\mathrm{e}^{\mathrm{i}v_1\omega_1 h}\cdots\mathrm{e}^{\mathrm{i}v_s\omega_s h}=\hat{\boldsymbol{Q}}_\mu(\boldsymbol{\xi}),\boldsymbol{\xi}_j=\omega_j h$$

从方程(87) 我们立即得到下面的定理.

定理 16(冯·诺曼条件)　差分逼近式(85)无指数型增长解的必要条件是方程

$$\mathrm{Det}\left|\hat{\boldsymbol{Q}}_{-1}x^{p+1}-\sum_{j=0}^{p}\hat{\boldsymbol{Q}}_j x^j\right|=0 \tag{88}$$

的解 x_j 满足不等式

$$|x_j|\leqslant 1$$

此条件不是充分的. 例如,考察微分方程

$$\frac{\partial}{\partial t}\begin{pmatrix}u_1\\u_2\end{pmatrix}=0$$

并且用下列方程逼近它

$$\boldsymbol{v}(x,t+k)=\left[\boldsymbol{I}+\begin{pmatrix}0&1\\0&0\end{pmatrix}(\boldsymbol{E}-2\boldsymbol{I}+\boldsymbol{E}^{-1})\right]\boldsymbol{v}(x,t)$$

设 $k=h$,并且

$$\boldsymbol{v}(x,t)=\mathrm{e}^{\mathrm{i}\omega x}\hat{\boldsymbol{v}}(\omega,t)\not\equiv 0$$

其中 $\hat{\boldsymbol{v}}(\omega,t)$是方程

$$\hat{\boldsymbol{v}}(\omega,t+k)=\left[\boldsymbol{I}+4\sin^2\frac{\omega h}{2}\begin{pmatrix}0&1\\0&0\end{pmatrix}\right]\hat{\boldsymbol{v}}(\omega,t)$$

的解,即

$$\hat{\boldsymbol{v}}(x,t)=\left[\boldsymbol{I}-4\sin^2\frac{\omega h}{2}\begin{pmatrix}0&1\\0&0\end{pmatrix}\right]^{\frac{t}{k}}\hat{\boldsymbol{v}}(\omega,0)$$

$$=\left(\boldsymbol{I}-\frac{4t}{k}\sin^2\frac{\omega h}{2}\begin{pmatrix}0&1\\0&0\end{pmatrix}\right)^{\frac{t}{k}}\hat{\boldsymbol{v}}(\omega,0)$$

显然这些解对整个时间过程而言是无界的.

关于一个差分逼近无增长型解的一般的充要条件是十分复杂的.但是有一类差分逼近,它们的这些条件却相当简单,这就是耗散型逼近,即对方程(88)的解 x_j 有估计

$$|x_j|\leqslant 1-\delta|\omega h|^{2r}\quad(\text{当 }0\leqslant|\omega h|\leqslant\pi\text{ 时})$$

这里 $\delta>0$ 是某一常数,而 $2r,r$ 是自然数,称为耗散阶.

我们来考察一些实例.

例 2　考虑双曲型方程组

$$\frac{\partial \boldsymbol{u}}{\partial t}=\boldsymbol{A}\frac{\partial \boldsymbol{u}}{\partial x}\tag{89}$$

其中 $\boldsymbol{A}$ 是常数对称矩阵,用下列方程逼近它

$$\begin{aligned}\boldsymbol{v}(x,t+k)&=(\boldsymbol{I}(1+kh\sigma\boldsymbol{D}_+\boldsymbol{D}_-)+k\boldsymbol{A}\boldsymbol{D}_0)\boldsymbol{v}(x,t)\\&=\boldsymbol{Q}_0\boldsymbol{v}(x,t)\end{aligned}\tag{90}$$

其中 $\sigma>0$ 是常数.

因为矩阵 $\boldsymbol{A}$ 是对称的,所以存在酉矩阵 $\boldsymbol{U}$ 使得

$$\boldsymbol{U}^*\boldsymbol{A}\boldsymbol{U}=\begin{pmatrix}\mu_1&0&\cdots&0\\0&\mu_2&\cdots&0\\\vdots&\vdots&&\vdots\\0&0&\cdots&\mu_n\end{pmatrix},\boldsymbol{U}^*\boldsymbol{U}=\boldsymbol{I}\quad(\mu_j\text{ 是实数})$$

因此特征方程(87)

$$x\boldsymbol{I}\phi=\hat{\boldsymbol{Q}}_0\phi=(\boldsymbol{I}(1-4\sigma\lambda\sin^2\frac{\xi}{2})+\mathrm{i}\lambda\boldsymbol{A}\sin\xi)\phi$$

$$\xi=\omega h,\lambda=\frac{k}{h}$$

的解可表示为

$$x_j=1-4\lambda\sigma\sin^2\frac{\xi}{2}+\mathrm{i}\lambda\mu_j\sin\xi$$

若我们这样选 $\lambda=\dfrac{k}{h}$ 和 σ

$$1>2\sigma\lambda\geqslant\lambda|\mu_j|>\lambda^2|\mu_j|^2\quad(j=1,2,\cdots,n)$$

则存在一常数 $\delta>0$ 使得

$$|x_j| \leqslant 1-\delta|\xi|^2, \text{对} |\xi| \leqslant \pi$$

其逼近是 2 阶耗散型的.

例 3(拉克斯—温特洛夫(Lax—Wendroff)方法)　式(90)的精度一般只是(1,1).我们要推出一个较高精度的方法.对任一充分光滑的微分方程的解,我们有

$$\begin{aligned}\boldsymbol{u}(x,t+k) &= \boldsymbol{u}(x,t)+k\,\frac{\partial \boldsymbol{u}(x,t)}{\partial t}+\left(\frac{k^2}{2}\right)\frac{\partial^2 \boldsymbol{u}(x,t)}{\partial t^2}+O(k^3)\\ &= \boldsymbol{u}(x,t)+kA\,\frac{\partial \boldsymbol{u}(x,t)}{\partial x}+\left(\frac{k^2}{2}\right)\boldsymbol{A}^2\,\frac{\partial^2 \boldsymbol{u}(x,t)}{\partial x^2}+O(k^2)\\ &= \boldsymbol{u}(x,t)+k\boldsymbol{A}\boldsymbol{D}_0\boldsymbol{u}(x,t)+\left(\frac{k^2}{2}\right)\boldsymbol{A}^2\boldsymbol{D}_+\boldsymbol{D}_-\boldsymbol{u}(x,t)+\\ &\quad O(k^3+kh^2+k^2h)\end{aligned}$$

$$\boldsymbol{v}(x,t+k)=\left(\boldsymbol{I}+k\boldsymbol{A}\boldsymbol{D}_0+\left(\frac{k^2}{2}\right)\boldsymbol{A}^2\boldsymbol{D}_+\boldsymbol{D}_-\right)v(x,t)$$

自然是(2,2)阶精度的.此时

$$x_j=1+\mathrm{i}\lambda\mu_j\sin\xi-2\lambda^2\mu_j^2\sin^2\left(\frac{\xi}{2}\right)$$

若 $\boldsymbol{A}$ 为非奇异,则

$$|x_j| \leqslant 1-\delta|\xi|^4 \quad (\text{当 } \lambda\max_j|\mu_j|<1 \text{ 时})$$

此逼近的精度是(2,2)阶,并且是 4 阶耗散型的.

例 4(蛙跃格式)　我们用下列方程逼近式(89)

$$\boldsymbol{v}(x,t+k)=\boldsymbol{v}(x,t-k)+2k\boldsymbol{A}\boldsymbol{D}_0\boldsymbol{v}(x,t) \tag{91}$$

它是(2,2)阶精度的,其特征方程为

$$\boldsymbol{I}(x^2-1)-2x\lambda\mathrm{i}\boldsymbol{A}\sin\xi=0$$

所以

$$(x^2-1)-2\mathrm{i}x\lambda\mu_j\sin\xi=0$$

并且

$$x_j=\mathrm{i}\lambda\mu_j\sin\xi\pm\sqrt{1-\lambda^2\mu_j^2\sin^2\xi}$$

同时

$$|x_j|=1 \quad (\text{当 } \lambda\max_j|\mu_j| \leqslant 1 \text{ 时})$$

此逼近是非耗散的.我们容易改变式(91)为耗散型的

$$\boldsymbol{v}(x,t+k)=\left(\boldsymbol{I}-\varepsilon\,\frac{h^4}{16}\boldsymbol{D}_+^2\boldsymbol{D}_-^2\right)\boldsymbol{v}(x,t-k)+2k\boldsymbol{A}\boldsymbol{D}_0\boldsymbol{v}(x,t) \tag{92}$$

于是

$$|x_j|=1-\varepsilon\sin^4\frac{\xi}{2}\quad(\text{当}|\lambda|\leqslant 1-\varepsilon,\varepsilon<1\text{ 时})$$

此逼近为四阶耗散型，而仍然为(2,2)阶精度.

应该指出有许多方法使逼近称为耗散型的. 例如，我们以下列方程代替式(91)

$$\left(\boldsymbol{I}+\frac{\varepsilon}{32}h^4\boldsymbol{D}_+^2\boldsymbol{D}_-^2\right)\boldsymbol{v}(x,t+k)=\left(\boldsymbol{I}-\frac{\varepsilon}{32}h^4\boldsymbol{D}_+^2\boldsymbol{D}_-^2\right)\boldsymbol{v}(x,t-k)+2k\boldsymbol{A}\boldsymbol{D}_0v(x,t)\tag{92a}$$

于是此逼近对所有 $\varepsilon>0$ 都是耗散的.

例 5 用

$$\boldsymbol{v}(x,t+k)=\boldsymbol{v}(x,t-k)+2k\boldsymbol{A}\left(\frac{4}{3}\boldsymbol{D}_0(h)-\frac{1}{3}\boldsymbol{D}_0(2h)\right)\boldsymbol{v}(x,t)\tag{93}$$

来逼近式(89)，其精度为(4,2)阶，而对充分小的 λ，我们有 $|x_j|=1$，因而此逼近不是耗散的，代之以考察

$$\boldsymbol{v}(x,t+k)=\left(\boldsymbol{I}+E\frac{h^6}{64}\boldsymbol{D}_+^3\boldsymbol{D}_-^3\right)\boldsymbol{v}(x,t-k)+2k\boldsymbol{A}\left(\frac{4}{3}\boldsymbol{D}_0(h)-\frac{1}{3}\boldsymbol{D}_0(2h)\right)\boldsymbol{v}(x,t)\tag{94}$$

其逼近精度为(4,2)阶，而耗散阶为 6.

拉克斯—温特洛夫格式是耗散的，而耗散的量仅能为网格步长 h 所控制，这是不易实施的办法. 一般更好的办法是将一耗散项加到非耗散格式中去，此时耗散量能被控制.

耗散性的重要性在于：

定理 17 设式(85)是 $2m-2$ 阶或 $2m-1$ 阶精度的和 $2m$ 阶耗散型的逼近，则它是严格稳定的.

类似的结果对变系数方程也有效.

在多数应用中，人们能用另一种方法证明差分逼近的稳定性，这种方法称为能量法. 现在我们证明一个关于下列格式的较为一般的逼近的稳定性结果

$$(\boldsymbol{I}-k\boldsymbol{Q}_1)\boldsymbol{v}(t+k)=2k\boldsymbol{Q}_0\boldsymbol{v}(t)+(\boldsymbol{I}+k\boldsymbol{Q}_1)\boldsymbol{v}(t-k)\tag{95}$$

定理 18 若存在常数 η 使对所有 $\boldsymbol{v},\boldsymbol{w}$ 有

$$(\boldsymbol{v},\boldsymbol{Q}_0\boldsymbol{w})=-(\boldsymbol{Q}_0\boldsymbol{v},\boldsymbol{w}),k\|\boldsymbol{Q}_0\|<1-\eta\tag{96}$$

$$\mathrm{Real}(\boldsymbol{v},\boldsymbol{Q}_1\boldsymbol{v})\leqslant 0\tag{97}$$

则逼近式(95)是稳定的.

证明　将式(95)写为

$$\boldsymbol{v}(t+k)-\boldsymbol{v}(t-k)=2k\boldsymbol{Q}_0\boldsymbol{v}(t)+k\boldsymbol{Q}_1(\boldsymbol{v}(t+k)+\boldsymbol{v}(t-k))$$

乘以 $\boldsymbol{v}(t+k)+\boldsymbol{v}(t)$,我们从式(97)得

$$\|\boldsymbol{v}(t+k)\|^2-\|\boldsymbol{v}(t-k)\|^2\leqslant 2k\mathrm{Real}\{(\boldsymbol{v}(t+k),\boldsymbol{Q}_0\boldsymbol{v}(t))+(\boldsymbol{v}(t-k),\boldsymbol{Q}_0\boldsymbol{v}(t))\}$$

式(96)意味着

$$\begin{aligned}L(t+k)&=\|\boldsymbol{v}(t+k)\|^2+\|\boldsymbol{v}(t)\|^2-2k\mathrm{Real}(\boldsymbol{v}(t+k),\boldsymbol{Q}_0\boldsymbol{v}(t))\\&\leqslant\|\boldsymbol{v}(t)\|^2+\|\boldsymbol{v}(t-k)\|^2-2k\mathrm{Real}(\boldsymbol{v}(t),\boldsymbol{Q}_0\boldsymbol{v}(t-k))\\&=L(t)\end{aligned}$$

并且

$$\eta(\|\boldsymbol{v}(t+k)\|^2+\|\boldsymbol{v}(t)\|^2)\leqslant L(t)\leqslant 2(\|\boldsymbol{v}(t+k)\|^2+\|\boldsymbol{v}(t)\|^2)$$

所以逼近是稳定的.

许多常用的差分方法可写成式(95)的形式.为了说明这一技巧我们再证明式(92a)逼近的稳定性.首先有

引理 3　因为

$$(\boldsymbol{u},\boldsymbol{E}_j\boldsymbol{v})=(\boldsymbol{E}_j^{-1}\boldsymbol{u},\boldsymbol{v})$$

$$\begin{aligned}\boldsymbol{E}_j\boldsymbol{u}(x_1,\cdots,x_j,\cdots,x_n)&=\boldsymbol{u}(x_1,\cdots,x_j+h,\cdots,x_n)\\&=\boldsymbol{u}(x+he_j)\end{aligned}$$

所以

$$(\boldsymbol{u},\boldsymbol{D}_{0j}\boldsymbol{v})=-(\boldsymbol{D}_{0j}\boldsymbol{u},\boldsymbol{v}),(\boldsymbol{u},\boldsymbol{D}_{+j}\boldsymbol{v})=-(\boldsymbol{D}_{-j}\boldsymbol{u},\boldsymbol{v})$$

证明　利用分部积分得到

$$\begin{aligned}(\boldsymbol{u},\boldsymbol{E}_j\boldsymbol{v})&=\int_{-\infty}^{+\infty}\boldsymbol{u}(x)\boldsymbol{v}(x+he_j)\mathrm{d}x\\&=\int_{-\infty}^{+\infty}\boldsymbol{u}(x'-he_j)\boldsymbol{v}(x')\mathrm{d}x'\\&=(\boldsymbol{E}_j^{-1}\boldsymbol{u},\boldsymbol{v})\end{aligned}$$

其第二个结论从下列关系推得

$$2h\boldsymbol{D}_{0j}=\boldsymbol{E}_j-\boldsymbol{E}_j^{-1}\quad 和\quad h\boldsymbol{D}_{+j}=\boldsymbol{E}_j-\boldsymbol{I}$$

对式(92a),我们有

$$\boldsymbol{Q}_1=-\frac{\varepsilon}{32}h^4\boldsymbol{D}_+^2\boldsymbol{D}_-^2,\boldsymbol{Q}_0=\boldsymbol{A}\boldsymbol{D}_0$$

由引理 3 得

$$(\boldsymbol{v},\boldsymbol{Q}_1\boldsymbol{v})=-\frac{\varepsilon}{32}h^4\|\boldsymbol{D}_+^2\boldsymbol{v}\|^2\leqslant 0$$

$$\begin{aligned}(\boldsymbol{v},\boldsymbol{Q}_0\boldsymbol{w})&=(\boldsymbol{v},\boldsymbol{AD}_0\boldsymbol{w})=(\boldsymbol{Av},\boldsymbol{D}_0\boldsymbol{w})=-(\boldsymbol{AD}_0\boldsymbol{v},\boldsymbol{w})\\&=-(\boldsymbol{Q}_0\boldsymbol{v},\boldsymbol{w})\end{aligned}$$

进一步得到

$$\begin{aligned}k\|\boldsymbol{Q}_0\|&=\max_{\|v\|=1}k\|\boldsymbol{AD}_0\boldsymbol{v}\|\\&\leqslant\max_{\|v\|=1}\frac{k\|\boldsymbol{A}\|}{2h}\|\boldsymbol{v}(x+h)-\boldsymbol{v}(x-h)\|\\&\leqslant\frac{k}{h}|\boldsymbol{A}|\leqslant\frac{k}{h}\max_j|\mu_j|\end{aligned}$$

因此逼近稳定的条件为

$$\frac{k}{h}\max_j|\mu_j|<1$$

§10 关于差分格式的选择

在本节,我们要讨论求解下列纯量方程的各种方法

$$\frac{\partial\boldsymbol{u}}{\partial t}=-c\frac{\partial\boldsymbol{u}}{\partial x},\boldsymbol{u}(x,0)=\mathrm{e}^{2\pi\mathrm{i}\omega x}\tag{98}$$

其解为

$$\boldsymbol{u}(x,t)=\mathrm{e}^{2\pi\mathrm{i}\omega(x-ct)}$$

我们不考虑时间离散化的误差,即考虑微分一差分方程

$$\frac{\partial\boldsymbol{v}}{\partial t}=-c\boldsymbol{D}_0(h)\boldsymbol{v}(x,t)\tag{99}$$

其局部截断误差为 $O(h^2)$.

若 $\boldsymbol{v}(x,0)=\mathrm{e}^{2\pi\mathrm{i}\omega x}$,则方程(99)的解为

$$\boldsymbol{v}(x,t)=\mathrm{e}^{2\pi\mathrm{i}\omega(x-c_1(\omega)t)}\tag{100}$$

其中

$$c_1(\omega)=\frac{c\sin 2\pi\omega h}{2\pi\omega h}\tag{101}$$

相位误差 e_1 是

$$e_1(\omega)=2\pi\omega t(c-c_1(\omega))\tag{102}$$

一种四阶逼近是

$$\frac{\partial \boldsymbol{v}}{\partial t}=-c\left(\frac{4}{3}\boldsymbol{D}_0(h)-\frac{1}{3}\boldsymbol{D}_0(2h)\right)\boldsymbol{v}(x,t) \tag{103}$$

像上面那样,若 $\boldsymbol{v}(x,0)=\mathrm{e}^{2\pi i\omega x}$,则方程(103)的解为

$$\boldsymbol{v}(x,t)=\mathrm{e}^{2\pi i\omega(x-c_2(\omega)t)} \tag{104}$$

其中

$$c_2(\omega)=c\left(\frac{8\sin 2\pi\omega h-\sin 4\pi\omega h}{12\pi\omega h}\right) \tag{105}$$

相位误差 e_2 是

$$e_2(\omega)=2\pi\omega t(c-c_2(\omega)) \tag{106}$$

现在我们寻找一些条件,使式(100)和(104)的解对 $0\leqslant e_i\leqslant\frac{1}{2}$ 和 $0\leqslant t\leqslant\frac{j}{\omega c}$(这里 j 为进行计算的时间的周期数)满足

$$e_1(\omega)\leqslant e \tag{107}$$

$$e_2(\omega)\leqslant e \tag{108}$$

从(101)(102)(105)和(106)各式容易看出,e_1 和 e_2 是时间 t 的增函数.因此,若取 $N=(\omega h)^{-1}$ 使

$$e_1(\omega,j)=2\pi j\left(1-\frac{\sin\frac{2\pi}{N}}{\frac{2\pi}{N}}\right)=e \tag{109}$$

和

$$e_2(\omega,j)=2\pi j\left(1-\frac{8\sin\frac{2\pi}{N}-\sin\frac{4\pi}{N}}{\frac{12\pi}{N}}\right)=e \tag{110}$$

则条件(107)和(108)对 $0\leqslant t\leqslant\frac{j}{\omega c}$ 均满足,其中 N 表示每波长的网点数.

将式(109)和(110)的左端展成 $\frac{2\pi}{N}$ 的幂级数且仅保留最低阶项,则我们有

$$e_1(j,N_1)\sim\frac{(2\pi)^3}{6}jN_1^{-2} \tag{111}$$

和

$$e_2(j,N_2)\sim\frac{(2\pi)^5}{30}jN_2^{-4} \tag{112}$$

视 N_1 和 N_2 为 j 的函数.设 e 为允许的最大相位误差.用(111)和(112)两式,

我们推得

$$N_1(j) \sim 2\pi\left(\frac{2\pi}{6e}\right)^{\frac{1}{2}} j^{\frac{1}{2}} \tag{113}$$

和

$$N_2(j) \sim 2\pi\left(\frac{2\pi}{30e}\right)^{\frac{1}{4}} j^{\frac{1}{4}} \tag{114}$$

对六阶格式

$$v_t = -c\left(\frac{3}{2}D_0(h) - \frac{3}{5}D_0(2h) + \frac{1}{10}D_0(3h)\right)v(t) \tag{115}$$

的类似的计算得出

$$N_3(j) \sim 2\pi\left(\frac{72\pi}{7!\,e}\right)^{\frac{1}{6}} j^{\frac{1}{6}} \tag{116}$$

若 $e=0.1$，则

$$N_1(j) \sim 20 j^{\frac{1}{2}}$$

$$N_2(j) \sim 7 j^{\frac{1}{4}}$$

$$N_3(j) \sim 5 j^{\frac{1}{6}}$$

若 $e=0.01$，则

$$N_1(j) \sim 64 j^{\frac{1}{2}}$$

$$N_2(j) \sim 13 j^{\frac{1}{4}}$$

$$N_3(j) \sim 8 j^{\frac{1}{6}}$$

注意，六阶方法的运算量约为四阶方法的 $\frac{3}{2}$ 倍. 四阶方法的运算量则为二阶方法的 2 倍. 上面清楚地说明四阶方法和六阶方法比二阶方法优越. 误差越小其优越性越显著. 然而考虑到六阶方法比四阶方法需要额外的工作，上面说明如若我们允许误差为 1%，并且不是在太长的时间区间上求积分，这在许多气象计算中是自然的，则用六阶方法几乎没有什么好处. 在计算要延伸很长的时间时，由于 N_1 的增长如同 $j^{\frac{1}{2}}$，N_2 的增长如同 $j^{\frac{1}{4}}$，N_3 的增长如同 $j^{\frac{1}{6}}$，高阶方法的优越性就更大. 于是对长的求积过程来说，六阶方法较为经济，但节约是小的.

现在我们考虑对微分算子更高阶的逼近，设用下列方程逼近式(98)可得

$$\frac{\partial \boldsymbol{v}}{\partial t} = -c\boldsymbol{D}^{[2m]}(h)v, \boldsymbol{v}(x,0) = \mathrm{e}^{2\pi i\omega x}$$

其中

$$\boldsymbol{D}^{[2m]}(h)=\sum_{\upsilon=1}^{m}\lambda_{\upsilon}\boldsymbol{D}_0(\upsilon h),\lambda_{\upsilon}=\frac{-2(-1)^{\upsilon}(m!)^2}{(m+\upsilon)!(m-\upsilon)!}$$

当 $m=1,2,3$ 时,我们有前面讨论过的二、四、六阶格式.像前面那样,设 $N_{2m}=(\omega h)^{-1}$ 表示每一波长的网点数,而 $j=c\omega t$ 是要计算的周期数.此时能证明,当 $2m\to\infty$ 时,有 $N_{2m}(j)\to 2$,所以每波长都至少要有两个网点.

注意,上面 $2m$ 阶方法的工作量约为二阶方法的 m 倍.由式(115)中可见到,对气象计算来说高于六阶的差分方法很难说有任何实际的优越性.

有另一种提高精度阶的方法,称为理查森外推法,其根据是方程(99)的解能被展开成级数

$$\boldsymbol{v}(x,t)=\boldsymbol{v}(x,t,h)=\boldsymbol{u}(x,t)+h^2\boldsymbol{w}_1(x,t)+h^4\boldsymbol{w}_2(x,t)+h^6\boldsymbol{w}_3(x,t)+\cdots \tag{117}$$

这里 $\boldsymbol{w}_j(x,t)$ 是某些非齐次方程的解

$$\frac{\partial \boldsymbol{w}_j}{\partial t}=-c\frac{\partial \boldsymbol{w}_j}{\partial x}+\gamma_j(x),\boldsymbol{w}_j(x,0)=0$$

我们来确定 $\boldsymbol{w}_j$.将式(117)代入式(99)得

$$\frac{\partial \boldsymbol{u}}{\partial t}+h^2\frac{\partial \boldsymbol{w}_1}{\partial t}+h^4\frac{\partial \boldsymbol{w}_2}{\partial t}+\cdots=-c(\boldsymbol{D}_0\boldsymbol{u}+h^2\boldsymbol{D}_0\boldsymbol{w}_1+h^4\boldsymbol{D}_0\boldsymbol{w}_2+\cdots) \tag{118}$$

$$\boldsymbol{D}_0\boldsymbol{u}=\frac{\partial \boldsymbol{u}}{\partial x}+\frac{h^2}{3!}\frac{\partial^3 \boldsymbol{u}}{\partial x^3}+\frac{h^4}{5!}\frac{\partial^5 \boldsymbol{u}}{\partial x^5}+\cdots$$

对 $\boldsymbol{w}_j(x,t)$ 相应的展开式也成立.将这些表达式代入式(118)并合并 h 的同幂次项后得

$$\frac{\partial \boldsymbol{w}_1}{\partial t}=-c\frac{\partial \boldsymbol{w}_1}{\partial x}-\frac{c}{3!}\frac{\partial^3 \boldsymbol{u}}{\partial x^3}$$

$$\frac{\partial \boldsymbol{w}_2}{\partial t}=-c\frac{\partial \boldsymbol{w}_2}{\partial x}-\frac{c}{5!}\frac{\partial^5 \boldsymbol{u}}{\partial x^5}-\frac{c}{3!}\frac{\partial^3 \boldsymbol{w}_1}{\partial x^3}$$

$$\frac{\partial \boldsymbol{w}_3}{\partial t}=-c\frac{\partial \boldsymbol{w}_3}{\partial x}-\frac{c}{7!}\frac{\partial^7 \boldsymbol{u}}{\partial x^7}-\frac{c}{5!}\frac{\partial^5 \boldsymbol{w}_1}{\partial x^5}-\frac{c}{3!}\frac{\partial^3 \boldsymbol{w}_2}{\partial x^3}$$

……

其中 $\boldsymbol{u}=\mathrm{e}^{2\pi\mathrm{i}\omega(x-ct)}$,所以 $\boldsymbol{w}_1$ 是下列方程之解

$$\frac{\partial \boldsymbol{w}_1}{\partial t}=-c\frac{\partial \boldsymbol{w}_1}{\partial x}-\frac{c(2\pi\mathrm{i}\omega)^3}{3!}\mathrm{e}^{2\pi\mathrm{i}\omega(x-ct)}$$

$$\boldsymbol{w}_1(x,0)=0$$

亦即

$$\boldsymbol{w}_1(x,t)=-\frac{c(2\pi i\omega)^3}{3!}\cdot t\cdot e^{2\pi i\omega(x-ct)}$$

相应地,我们有

$$\boldsymbol{w}_2(x,t)=-\frac{c(2\pi i\omega)^5}{5!}\cdot t\cdot e^{2\pi i\omega(x-ct)}+\frac{(2\pi i\omega)^6\cdot c^2\cdot t^2}{3!\cdot 3!\cdot 2}e^{2\pi i\omega(x-ct)}$$

$$\boldsymbol{w}_3(x,t)=\left(-\frac{c}{7!}(2\pi i\omega)^7\cdot t+\frac{c^2(2\pi i\omega)^8\cdot t^2}{3!\cdot 5!}-\frac{c^3(2\pi i\omega)^9\cdot t^3}{3!\cdot 3!\cdot 3!\cdot 3!}e^{2\pi i\omega(x-ct)}\right)$$

$$\vdots$$

设我们对一具体的 h_0 计算 $\boldsymbol{v}(x,t)$,然后对 $2h_0$ 也进行计算.我们得到

$$\boldsymbol{v}(x,t,2h_0)=\boldsymbol{u}(x,t)+4h_0^2\boldsymbol{w}_1(x,t)+16h_0^4\boldsymbol{w}_2(x,t)+\cdots$$

因此

$$\boldsymbol{u}(x,t)=\frac{1}{3}(4\boldsymbol{v}(x,t,h_0)-\boldsymbol{v}(x,t,2h_0))+4h_0^4\boldsymbol{w}_2(x,t)+\cdots$$

若忽略高阶项,则在 j 个时间周期之后

$$\left|\boldsymbol{u}(x,t)-\frac{1}{3}(4\boldsymbol{v}(x,t,h_0)-\boldsymbol{v}(x,t,2h_0))\right|$$

$$\cong 4h^4|\boldsymbol{w}_2(x,t)|\cong 4\left(\frac{2\pi}{N}\right)^4\cdot\frac{(2\pi)^2\cdot j^2}{48}$$

其中 N 如前所定义.对应于方程(114),我们有

$$N=2\pi\cdot(2\pi)^{\frac{1}{2}}\cdot\left(\frac{1}{12}e\right)^{\frac{1}{4}}\cdot j^{\frac{1}{4}}$$

$$=\begin{cases}15j^{\frac{1}{2}} & (\text{当 } e=0.1 \text{ 时})\\ 26.8j^{\frac{1}{2}} & (\text{当 } e=0.01 \text{ 时})\end{cases}$$

因此,此改进对照原来的蛙跃法(参见方程(113)),当误差限为10%时并不显著,但当误差限为1%时是实在的.无论哪种情况四阶方法都是比较好的.

当然还可以计算 $\boldsymbol{v}(x,t,h)$ 在 $h=3h_0$ 时的值,于是我们能消去方程(117)中 h^4 的项得到

$$N=\begin{cases}12.9j^{\frac{1}{2}} & (\text{当 } e=0.1 \text{ 时})\\ 19.0j^{\frac{1}{2}} & (\text{当 } e=0.01 \text{ 时})\end{cases}$$

因此也没有多少好处.四阶方法仍然较好.

§11　三角插值

设 N 是自然数，$h=(2N+1)^{-1}$，而 $x_\upsilon=\upsilon h,\upsilon=0,\pm1,\pm2,\cdots$. 考虑周期为 1 的函数 $\boldsymbol{v}(x),\boldsymbol{v}(x)=\boldsymbol{v}(x+1)$，已知其在网点 x_υ 的值 $v_\upsilon=\boldsymbol{v}(x_\upsilon)$. 我们要用三角插值多项式

$$\boldsymbol{w}(x)=\sum_{\omega=-N}^{N}a(\omega)\mathrm{e}^{2\pi\mathrm{i}\omega x}\tag{119}$$

来逼近 $\boldsymbol{v}(x)$ 使得

$$\boldsymbol{w}(x_\upsilon)=\boldsymbol{v}(x_\upsilon)\quad(\upsilon=0,1,2,\cdots,2N)\tag{120}$$

我们要证明此插值问题有唯一解. 下面先定义离散的数量积和模

$$(\boldsymbol{u}(x),\boldsymbol{v}(x))_h=\sum_{\upsilon=0}^{2N}\boldsymbol{u}(x_\upsilon)\cdot\boldsymbol{v}(x_\upsilon)h$$

$$\|\boldsymbol{u}\|_h^2=(\boldsymbol{u},\boldsymbol{u})_h$$

我们有下面的引理.

引理 4

$$(\mathrm{e}^{2\pi\mathrm{i}nx},\mathrm{e}^{2\pi\mathrm{i}mx})_h=\begin{cases}0 & (\text{当 } 0<|m-n|\leqslant 2N \text{ 时})\\ 1 & (\text{当 } m=n \text{ 时})\end{cases}$$

证明　若 $m=n$，则引理是显然的. 否则

$$(\mathrm{e}^{2\pi\mathrm{i}nx},\mathrm{e}^{2\pi\mathrm{i}mx})_h=\sum_{\upsilon=0}^{2N}\mathrm{e}^{2\pi\mathrm{i}(m-n)\upsilon h}h=\frac{h(1-\mathrm{e}^{2\pi\mathrm{i}(m-n)})}{1-\mathrm{e}^{2\pi\mathrm{i}(m-n)h}}=0$$

由此引理我们有下面的定理.

定理 19　插值问题(119)(120) 有唯一解. 其系数可表示为

$$a(\mu)=\sum_{\upsilon=0}^{2v}\boldsymbol{v}(x_\upsilon)\mathrm{e}^{-2\pi\mathrm{i}\mu x_\upsilon}h=(\mathrm{e}^{2\pi\mathrm{i}\mu x},\boldsymbol{v}(x))_h\tag{121}$$

证明　若我们作 $\mathrm{e}^{2\pi\mathrm{i}\mu x}$ 和式(120) 的数量积，则利用引理 4 得

$$(\mathrm{e}^{2\pi\mathrm{i}\mu x},\boldsymbol{w}(x))_h=\sum_{\omega=-N}^{N}a(\omega)(\mathrm{e}^{2\pi\mathrm{i}\mu x},\mathrm{e}^{2\pi\mathrm{i}\omega x})_h=a(\mu)$$

若我们将此方程左端展开并利用条件(120) 便得式(121). 若将式(121) 代入式(119)，并用引理 4 便说明式(120) 成立. 式(120) 是关于 $2N+1$ 个未知数 $a(\omega)$ 的 $2N+1$ 个线性方程的方程组. 唯一性从这样的事实推得，即对任何 $\boldsymbol{v}(x_\upsilon)(\upsilon=0,\cdots,2N)$，式(121) 给出一个解，这意味着矩阵是可逆的.

三角插值之所以有用，是因为保持了函数的光滑性质和对充分光滑的函数的快速收敛性. 定义 L_2 数量积及模如下

$$(\boldsymbol{u},\boldsymbol{v})=\int_0^1 \overline{u}\,v\,\mathrm{d}x,\ \|\boldsymbol{u}\|^2=(\boldsymbol{u},\boldsymbol{u})$$

我们有下面的定理.

定理 20(光滑性质)

$$\|\boldsymbol{w}(x)\|^2=\|\boldsymbol{v}(x)\|_h^2=\sum_{\omega=-N}^{N}|a(\omega)|^2 \tag{122}$$

$$\left\|\frac{\mathrm{d}^j\boldsymbol{w}}{\mathrm{d}x^j}\right\|^2\leqslant\left(\frac{\pi}{2}\right)^{2j}\|\boldsymbol{D}_+^j\boldsymbol{v}\|_h^2=\sum_{\upsilon=0}^{2N}|D_+^j v(x_\upsilon)|^2h \tag{123}$$

注 $\boldsymbol{v}$ 是周期为 1 的函数是式(123) 成立的关键. 若 $\boldsymbol{v}(x)$ 仅定义在 $0\leqslant x<1$ 上，只有当我们能将它延拓为周期为 1 的函数时式(123) 才正确. 若此延拓是不连续的，则 $\|\boldsymbol{D}_+^j\boldsymbol{v}\|_h=O(h^{-j})$.

证明 式(122) 可由引理 4 和帕塞瓦尔关系直接推得. 于是

$$\left\|\frac{\mathrm{d}^j\boldsymbol{w}}{\mathrm{d}x^j}\right\|^2=\sum_{\omega=-N}^{N}(2\pi\omega)^{2j}|a(\omega)|^2$$

和

$$\begin{aligned}
\|\boldsymbol{D}_+^j\boldsymbol{v}\|_h^2&=\left\|\sum_{\omega=-N}^{N}a(\omega)\left(\frac{\mathrm{e}^{2\pi\mathrm{i}\omega h}-1}{h}\right)^j\mathrm{e}^{2\pi\mathrm{i}\omega x}\right\|_h^2\\
&=\sum_{\omega=-N}^{N}|a(\omega)|^2\cdot\left|\frac{\mathrm{e}^{2\pi\mathrm{i}\omega h}-1}{h}\right|^{2j}\\
&=\sum_{\omega=-N}^{N}|a(\omega)|^2\cdot\left|\frac{2\sin\pi\omega h}{h}\right|^{2j}\\
&\geqslant\left(\frac{2}{\pi}\right)^{2j}\cdot\sum_{\omega=-N}^{N}(2\pi\omega)^{2j}|a(\omega)|^2\\
&=\left(\frac{2}{\pi}\right)^{2j}\cdot\left\|\frac{\mathrm{d}^j w}{\mathrm{d}x^j}\right\|^2
\end{aligned}$$

证明完毕.

设 $P(\alpha,M)$ 是这样的函数类，其中任何成员 $\boldsymbol{v}(x)$ 能被展成傅里叶级数

$$\boldsymbol{v}(x)=\sum_{\omega=-\infty}^{\infty}\hat{\boldsymbol{v}}(\omega)\mathrm{e}^{2\pi\mathrm{i}\omega x} \tag{124}$$

并且

$$|\hat{\boldsymbol{v}}(\omega)|\leqslant\frac{M}{|2\pi\omega|^{\alpha+1}} \tag{125}$$

下面的引理是众所周知的.

引理 5　若 $\boldsymbol{v}(x)$是一个周期为 1 的函数,并且 $\boldsymbol{v}(x)\in C^{\alpha}$,$C^{\alpha}$ 为在 $-\infty<x<+\infty$ 上具有 α 阶连续导数的函数类,则 $\boldsymbol{v}\in P(\alpha,M)$,而 $M=\| \mathrm{d}^{\alpha}\boldsymbol{v}/\mathrm{d}x^{\alpha} \|$.

若 $\boldsymbol{v}(x)$是一个周期为 1 的屋顶形函数,则 $\boldsymbol{v}(x)\in P(2,M)$,其中 M 为某一值.
设

$$\boldsymbol{v}(x)=\sum_{\omega=-\infty}^{+\infty}\hat{\boldsymbol{v}}(\omega)\mathrm{e}^{2\pi\mathrm{i}\omega x} \tag{126}$$

是一个周期为 1 的函数,并用函数

$$\omega(x)=\sum_{\omega=-N}^{N}a(\omega)\mathrm{e}^{2\pi\mathrm{i}\omega x} \tag{127}$$

来插值使(120) 成立. 我们要用 $\hat{\boldsymbol{v}}(\omega)$ 表示 $a(\omega)$.

引理 6　对(126) 和(127) 两式的系数,我们有关系

$$a(\mu)=\sum_{j=-\infty}^{+\infty}\hat{\boldsymbol{v}}(\mu+j(2N+1)),\ |\ \mu\ |\leqslant N \tag{128}$$

证明　任何整数 ω 能表示为

$$\omega=[\omega]+j(2N+1)$$

其中$[\omega]$是一个整数,满足$-N\leqslant[\omega]\leqslant N$,而 j 是另一个整数. 从(121) 和(126) 两式得

$$\begin{aligned}a(\mu)&=\sum_{\omega=0}^{2N}\Big(\sum_{\omega=-\infty}^{+\infty}\hat{\boldsymbol{v}}(\omega)\mathrm{e}^{2\pi\mathrm{i}\omega x_{\upsilon}}\Big)\mathrm{e}^{-2\pi\mathrm{i}\mu x_{\upsilon}}h\\&=\sum_{\omega=-\infty}^{+\infty}\hat{\boldsymbol{v}}(\omega)(\mathrm{e}^{2\pi\mathrm{i}\omega x},\mathrm{e}^{2\pi\mathrm{i}\mu x})_{h}\end{aligned} \tag{129}$$

因为

$$\mathrm{e}^{2\pi\mathrm{i}\omega x_{\upsilon}}=\mathrm{e}^{2\pi\mathrm{i}[\omega]x_{\upsilon}}$$

所以

$$(\mathrm{e}^{2\pi\mathrm{i}\omega x},\mathrm{e}^{2\pi\mathrm{i}\mu x})_{h}=(\mathrm{e}^{2\pi\mathrm{i}[\omega]x},\mathrm{e}^{2\pi\mathrm{i}\mu x})_{h}=\begin{cases}0 & (\text{当}[\omega]\neq\mu\ \text{时})\\1 & (\text{当}[\omega]=\mu\ \text{时})\end{cases}$$

从式(129)推出式(128).

我们现在能研究插值多项式对实际函数收敛的速率.

定理 21　设 $\boldsymbol{v}(x)\in P(\alpha,M)$,且 $\alpha>1$,则

$$|\ \boldsymbol{w}(x)-\boldsymbol{v}(x)\ |\leqslant\frac{6M\cdot N^{-\alpha+1}}{(2\pi)^{\alpha}}\Big(\frac{1}{\alpha-1}+\sum_{j=1}^{\infty}\frac{1}{(2j-1)^{\alpha}}\Big) \tag{130}$$

证明 记级数(124)为

$$\boldsymbol{v}(x)=\boldsymbol{v}_N(x)+\boldsymbol{v}_R(x)$$

其中

$$\boldsymbol{v}_N(x)=\sum_{\omega=-N}^{N}\hat{\boldsymbol{v}}(\omega)\mathrm{e}^{2\pi\mathrm{i}\omega x},\boldsymbol{v}_R(x)=\sum_{|\omega|>N}\hat{\boldsymbol{v}}(\omega)\mathrm{e}^{2\pi\mathrm{i}\omega x}$$

亦将 $\boldsymbol{w}(x)$ 记为

$$\boldsymbol{w}(x)=\boldsymbol{w}_N(x)+\boldsymbol{w}_R(x)$$

其中

$$\boldsymbol{w}_N(x)=\sum_{\omega=-N}^{N}a^{(N)}(\omega)\mathrm{e}^{2\pi\mathrm{i}\omega x},a^{(N)}(\omega)=(\mathrm{e}^{2\pi\mathrm{i}\omega x},v_N(x))_h$$

$$\boldsymbol{w}_R(x)=\sum_{\omega=-N}^{N}a^{(R)}(\omega)\mathrm{e}^{2\pi\mathrm{i}\omega x},a^{(R)}(\omega)=(\mathrm{e}^{2\pi\mathrm{i}\omega x},\boldsymbol{v}_R(x))_h$$

$\boldsymbol{w}_N(x)$ 是 $\boldsymbol{v}_N(x)$ 的简单的插值,因此由定理 4 知

$$\boldsymbol{w}_N(x)=\boldsymbol{v}_N(x)$$

$\boldsymbol{w}_R(x)$ 代表 $\boldsymbol{v}_R(x)$ 的插值,因此由引理 6 知

$$a^{(R)}(\omega)=\sum_{j=-\infty,j\neq 0}^{\infty}\hat{\boldsymbol{v}}(\omega+j(2N+1)),\ |\omega|\leqslant N$$

从式(125) 我们得到估计

$$|\boldsymbol{v}_R(x)|\leqslant\frac{2M}{(2\pi)^{\alpha}}\sum_{\omega=-\alpha+1}^{\infty}\frac{1}{\omega^{\alpha}}\leqslant\frac{2M}{(\alpha-1)(2\pi)^{\alpha}}\cdot N^{-\alpha+1}$$

同时

$$|a^{(R)}(\omega)|\leqslant\frac{2M\cdot N^{-\alpha}}{(2\pi)^{\alpha}}\cdot\sum_{j=1}^{\infty}\frac{1}{(2j-1)^{\alpha}}$$

因此

$$|\boldsymbol{w}_R(x)|\leqslant\frac{6M\cdot N^{-\alpha+1}}{(2\pi)^{\alpha}}\cdot\sum_{j=1}^{\infty}\frac{1}{(2j-1)^{\alpha}}$$

最后式(130)可从下式推得

$$|\boldsymbol{v}(x)-\boldsymbol{w}(x)|\leqslant|\boldsymbol{v}_R(x)|+|\boldsymbol{w}_R(x)|$$

若 $\alpha>1$,则定理 21 证明了一致收敛性.此定理可应用于屋顶型函数及类似的逐段光滑函数.对多维的情况有类似的收敛性定理.

第 19 章　帕塞瓦尔关系在依赖时间问题的傅里叶方法中的应用

设 N 是一自然数，$h=\dfrac{1}{2N+1}$，而 $x_\upsilon=\upsilon h(\upsilon=0,1,\cdots,2N)$，考虑周期为 1 的函数 $\boldsymbol{v}(x)$，即 $\boldsymbol{v}(x)=\boldsymbol{v}(x+1)$，已知其在网点 x_υ 上的值 $v_\upsilon=\boldsymbol{v}(x_\upsilon)$. 逼近 $\dfrac{\mathrm{d}\boldsymbol{v}(x_\upsilon)}{\mathrm{d}x}$ 的一个非常精确的方法是用三角多项式

$$\begin{cases}\boldsymbol{v}(x)=\displaystyle\sum_{|\omega|\leqslant N}\hat{\boldsymbol{v}}(\omega)\mathrm{e}^{2\pi\mathrm{i}\omega x},x=x_\upsilon \\ \hat{\boldsymbol{v}}(\omega)=\displaystyle\sum_{\upsilon=0}^{2N}\boldsymbol{v}(x_\upsilon)\mathrm{e}^{-2\pi\mathrm{i}\omega x_\upsilon}\end{cases} \tag{1}$$

对函数值 $\boldsymbol{v}(x_\upsilon)$ 进行插值，并对此多项式进行微分得

$$\left.\frac{\mathrm{d}\boldsymbol{v}(x)}{\mathrm{d}x}\right|_{x=x_\upsilon}=\sum_{|\omega|\leqslant N}2\pi\mathrm{i}\omega\hat{\boldsymbol{v}}(\omega)\mathrm{e}^{2\pi\mathrm{i}\omega x_\upsilon} \tag{2}$$

对此可用两个快速傅里叶变换和 N 个复数乘法来完成. 若我们引进向量 $\tilde{\boldsymbol{v}}=(v_0,\cdots,v_{2N})^{\mathrm{T}}$ 和 $\tilde{\boldsymbol{w}}=\left(\dfrac{\mathrm{d}v_0}{\mathrm{d}x},\cdots,\dfrac{\mathrm{d}v_{2N}}{\mathrm{d}x}\right)^{\mathrm{T}}$，则能将上述过程写成算子的形式

$$\tilde{\boldsymbol{w}}=\boldsymbol{S}\tilde{\boldsymbol{v}}$$

其中 $\boldsymbol{S}$ 是 $(2N+1)\times(2N+1)$ 矩阵. 设纯量积和模定义为

$$(\tilde{\boldsymbol{v}},\tilde{\boldsymbol{u}})_N=\sum_{j=0}^{2N}\tilde{v}_j u_j,\ \|\tilde{\boldsymbol{v}}\|_N^2=(\tilde{v},\tilde{v})$$

这里 $\tilde{v}_j$ 表示 v_j 的复共轭. 我们有下面的引理.

引理 1　$\boldsymbol{S}$ 是反埃尔米特矩阵，并且 $\|\boldsymbol{S}\|_N=2\pi N$.

证明　设 $\tilde{\boldsymbol{e}}_\omega=(1,\mathrm{e}^{2\pi\mathrm{i}\omega h},\cdots,\mathrm{e}^{2\pi\mathrm{i}\omega(2Nh)})^{\mathrm{T}},\omega=0,\pm1,\cdots,\pm N$. 显然

$$\boldsymbol{S}\tilde{\boldsymbol{e}}_\omega=2\pi\mathrm{i}\omega\tilde{\boldsymbol{e}}_\omega \tag{3}$$

即 $2\pi\mathrm{i}\omega$ 和 $\tilde{\boldsymbol{e}}_\omega$ 分别是 $\boldsymbol{S}$ 的特征值和特征函数. 还有

$$(\tilde{\boldsymbol{e}}_j,\tilde{\boldsymbol{e}}_k)=\sum_{\upsilon=0}^{2N}\mathrm{e}^{2\pi\mathrm{i}(k-j)\upsilon h}=\begin{cases}1 & (\text{当 } k=j \text{ 时})\\ 0 & (\text{当 } k\neq j \text{ 时})\end{cases}$$

所以特征函数构成一个正交差. 注意，特征值是纯虚数，且其绝对值以 $2\pi N$ 为界，于是引理得证.

现在我们以常微分方程组

$$\begin{cases}\dfrac{\mathrm{d}\tilde{\boldsymbol{v}}}{\mathrm{d}t}=-c\boldsymbol{S}\tilde{\boldsymbol{v}}\\ \tilde{\boldsymbol{v}}(0)=\tilde{\boldsymbol{g}}\end{cases}\tag{4}$$

(其中 $\tilde{\boldsymbol{g}}$ 定义为 $\boldsymbol{g}_v=\boldsymbol{g}(x_v)=\sum_{|\omega|\leqslant N}\hat{\boldsymbol{f}}(\omega)\mathrm{e}^{2\pi\mathrm{i}\omega x_v}$) 代替微分方程

$$\frac{\partial\boldsymbol{u}}{\partial t}=-\frac{c\partial\boldsymbol{u}}{\partial x}$$

$$\boldsymbol{u}(x,0)=\boldsymbol{f}(x),\boldsymbol{u}(0,t)=\boldsymbol{u}(1,t)\tag{5}$$

$$\boldsymbol{f}(x)=\sum_{\omega}\hat{\boldsymbol{f}}(\omega)\mathrm{e}^{2\pi\mathrm{i}\omega x}$$

从方程(3) 推得方程(4) 的解为

$$\boldsymbol{v}_v(t)=\sum_{|\omega|\leqslant N}\hat{\boldsymbol{f}}\omega\,\mathrm{e}^{2\pi\mathrm{i}\omega(x_v-ct)}$$

于是其前 $2N+1$ 频率成分($|\omega|\leqslant N$)被完全精确地表出.

因此，用这个方法，每波长只需两个网点就精确地表示了这个波，相比之下，对四阶方法当允许误差为 10%时要 7 个网点，当允许误差为 1%时要 13 个网点.

现在我们用蛙跃格式来逼近式(5)得

$$\tilde{\boldsymbol{v}}(t+k)=\tilde{\boldsymbol{v}}(t-k)-2ck\boldsymbol{S}\,\tilde{\boldsymbol{v}}(t)\tag{6}$$

从引理 1 知，当 $|2\pi Nck|<1$ 时，逼近式(6)是稳定的.

由于在 $2N+1$ 个点上的每一 FFT 需要约 $N\log_2(2N)$ 次复数乘法和 $2N\log_2(2N)$ 次复数加法，时间每进一步，式(6)需要的运算量约为

$$8N\log_2(2N)\text{次实数乘法和 }8N\log_2(2N)\text{次实数加法}\tag{7}$$

而四阶格式需要 $4N$ 次实数乘法和 $6N$ 次实数加法，对四阶格式我们需 4～7 倍的网点数. 因此我们必须把式(7)与下式相比

$$16N-28N\text{ 次实数乘法和 }24N-42N\text{ 次实数加法}$$

在这种情况下，只要我们的计算不多于 16 个波数，傅里叶方法至少与四阶格式一样经济. 而当长时间积分时，傅里叶方法的优点更显著. 另外，对每一维空间的存储量减少了 4～7 倍，并且用傅里叶方法处理耗散量和滤波问题要容易得多.

当对变系数方程应用此法时，出现一些其他的困难. 例如考虑方程

$$\frac{\partial\boldsymbol{u}}{\partial t}=c(x,t)\frac{\partial\boldsymbol{u}}{\partial x}=\boldsymbol{T}\boldsymbol{u}\tag{8}$$

设 L_2 纯量积和模定义为

$$(\boldsymbol{u},\boldsymbol{v})=\int_0^1 \overline{\boldsymbol{u}}\boldsymbol{v}\,\mathrm{d}x,\ \|\boldsymbol{u}\|^2=(\boldsymbol{u},\boldsymbol{u}) \tag{9}$$

则方程(8)意味着

$$\begin{aligned}\frac{\partial}{\partial t}\|\boldsymbol{u}\|^2&=(\boldsymbol{u},\boldsymbol{T}\boldsymbol{u})+(\boldsymbol{T}\boldsymbol{u},\boldsymbol{u})=((\boldsymbol{T}+\boldsymbol{T}^{\#})\boldsymbol{u},\boldsymbol{u})\\&=-\left(\tilde{\boldsymbol{v}},\frac{\partial c}{\partial x}\tilde{\boldsymbol{v}}\right)\end{aligned} \tag{10}$$

其中 $\boldsymbol{T}^{\#}\boldsymbol{u}=-\frac{\partial}{\partial x}c\boldsymbol{u}$ 是 $\boldsymbol{T}$ 的共轭算子，故 $(\boldsymbol{T}+\boldsymbol{T}^{\#})\boldsymbol{u}=-\left(\frac{\mathrm{d}c}{\mathrm{d}x}\right)\boldsymbol{u}$ 是一个有界算子. 这正好就是问题适定的原因.

我们用

$$\frac{\mathrm{d}\tilde{\boldsymbol{v}}}{\mathrm{d}t}=\boldsymbol{C}\boldsymbol{S}\,\tilde{\boldsymbol{v}} \tag{11}$$

逼近方程(8)，其中

$$\boldsymbol{C}=\begin{pmatrix}c(x_0,t) & 0 & \cdots & 0\\ 0 & c(x_1,t) & \cdots & 0\\ \vdots & \vdots & & \vdots\\ 0 & \cdots & 0 & c(x_{2N},t)\end{pmatrix}$$

则

$$\begin{aligned}\frac{\mathrm{d}}{\mathrm{d}t}\|\tilde{\boldsymbol{v}}\|_N^2&=(\boldsymbol{C}\boldsymbol{S}\,\tilde{\boldsymbol{v}},\tilde{\boldsymbol{v}})_N+(\tilde{\boldsymbol{v}},\boldsymbol{C}\boldsymbol{S}\,\tilde{\boldsymbol{v}})_N\\&=((\boldsymbol{C}\boldsymbol{S}-\boldsymbol{S}\boldsymbol{C})\tilde{\boldsymbol{v}},\tilde{\boldsymbol{v}})_N\end{aligned}$$

因为一般 $\boldsymbol{C}\boldsymbol{S}-\boldsymbol{S}\boldsymbol{C}$ 关于 N 不是有界的，所以我们不能用式(10)，这个困难是容易避免的. 将方程(8)写成形式

$$\frac{\partial\boldsymbol{u}}{\partial t}=\frac{1}{2}\left(c\frac{\partial\boldsymbol{u}}{\partial x}+\frac{\partial}{\partial x}(c\boldsymbol{u})\right)-\frac{1}{2}\frac{\mathrm{d}c}{\mathrm{d}x}\boldsymbol{u} \tag{12}$$

并用

$$\frac{\mathrm{d}\tilde{\boldsymbol{v}}}{\mathrm{d}t}=\frac{1}{2}(\boldsymbol{C}\boldsymbol{S}+\boldsymbol{S}\boldsymbol{C})\tilde{\boldsymbol{v}}-\frac{1}{2}\tilde{\boldsymbol{v}}\frac{\mathrm{d}\boldsymbol{C}}{\mathrm{d}x} \tag{13}$$

逼近它. 因为 $\boldsymbol{C}\boldsymbol{S}+\boldsymbol{S}\boldsymbol{C}$ 是反埃尔米特矩阵，所以

$$\frac{\mathrm{d}}{\mathrm{d}t}\|\tilde{\boldsymbol{v}}\|_N^2=-\left(\tilde{\boldsymbol{v}},\frac{\mathrm{d}c}{\mathrm{d}x}\tilde{\boldsymbol{v}}\right)$$

它是和式(10)一样的等式.

目前还不清楚对变系数方程傅里叶方法的精确度是什么，特别当出现间断系数时的情况. 一些基础性计算表明，若解是不连续的，则所需的频率数必须有相当大的增加. 一种粗略的基本估计是，为了达到相同的精确度需要用处理常系数方程时两倍那样多个谐波.

我们现在要对傅里叶方法推出误差估计. 正如我们已经见到的，对常系数方程的情况是非常好的，其误差绝不大于用截断的 $2N+1$ 项傅里叶级数来逼近初始函数时所产生的误差. 其原因在于函数 $e^{2\pi i\omega x}$ 是该问题的特征函数. 对变系数方程，情况并非如此有利. 此时误差亦依赖于我们用截断的傅里叶级数逼近一阶导数是否好的问题.

考虑微分方程(12)，其初值为

$$\boldsymbol{f}(x)=\sum_{\omega=-N}^{N}\hat{\boldsymbol{f}}(\omega)e^{2\pi i\omega x}$$

对每一 t，其解能展成傅里叶级数

$$\begin{aligned}\boldsymbol{u}(x,t)&=\sum_{\omega}\hat{\boldsymbol{u}}(\omega,t)e^{2\pi i\omega x}\\&=\sum_{|\omega|\leqslant N}\hat{\boldsymbol{u}}(\omega,t)e^{2\pi i\omega x}+\sum_{|\omega|>N}\hat{\boldsymbol{u}}(\omega,t)e^{2\pi i\omega x}\\&=\boldsymbol{u}_N(x,t)+\boldsymbol{u}_R(x,t)\end{aligned}$$

用同样的方式，有

$$\begin{aligned}d(x,t)=c(x)u_N(x,t)&=\sum_{\omega}\hat{d}(\omega)e^{2\pi i\omega x}\\&=d_N(x,t)+d_R(x,t)\\&=(c\boldsymbol{u}_N)_N(x,t)+(c\boldsymbol{u}_N)_R(x,t)\end{aligned}$$

现在我们能将式(12)写成

$$\frac{\partial\boldsymbol{u}_N}{\partial t}=\frac{1}{2}\left(c\frac{\partial\boldsymbol{u}_N}{\partial x}+\frac{\partial}{\partial x}(c\boldsymbol{u}_N)_N\right)-\frac{1}{2}\frac{\partial c}{\partial x}\boldsymbol{u}_N+\boldsymbol{G}\tag{14}$$

其中

$$\boldsymbol{G}=\frac{1}{2}\left(c\frac{\partial\boldsymbol{u}_R}{\partial x}+\frac{\partial}{\partial x}(c\boldsymbol{u}_R)_N+\frac{\partial}{\partial x}(c\boldsymbol{u})_R-\frac{\partial c}{\partial x}\boldsymbol{u}_R-2\frac{\partial\boldsymbol{u}_R}{\partial t}\right)$$

现在我们将 $2N+1$ 个网点 $x_v=vh(v=0,1,2,\cdots,2N)$ 上的方程(14)表示为

$$\frac{d\tilde{\boldsymbol{u}}_N}{dt}=\frac{1}{2}(\boldsymbol{CS}\tilde{\boldsymbol{u}}_N+\boldsymbol{S}(\boldsymbol{C}\tilde{\boldsymbol{u}})_N)-\frac{1}{2}\frac{d\boldsymbol{C}}{dx}\tilde{\boldsymbol{u}}_N+\tilde{\boldsymbol{G}}\tag{15}$$

其中 $\boldsymbol{C}$ 如式(11)所定义，而

$$\widetilde{\boldsymbol{u}}_N=\begin{pmatrix} u_N(0,t)\\ \vdots\\ \vdots\\ u_N(2Nh,t)\end{pmatrix},\widetilde{\boldsymbol{G}}=\begin{pmatrix} G(0,t)\\ \vdots\\ \vdots\\ G(2Nh,t)\end{pmatrix}$$

$$\frac{\mathrm{d}\boldsymbol{C}}{\mathrm{d}x}=\begin{pmatrix} c'(0) & 0 & \cdots & 0\\ 0 & c'(h) & \cdots & 0\\ \vdots & \vdots & & \vdots\\ \sigma & 0 & \cdots & c'(2Nh)\end{pmatrix}$$

设 $\widetilde{\boldsymbol{v}}$ 是方程(13)的解，并取初值

$$\widetilde{\boldsymbol{v}}(0)=\widetilde{\boldsymbol{u}}_N(0)$$

则 $\widetilde{\boldsymbol{w}}=\widetilde{\boldsymbol{u}}_N-\widetilde{\boldsymbol{v}}$ 是下列方程的解

$$\frac{\mathrm{d}\widetilde{\boldsymbol{w}}}{\mathrm{d}t}=\frac{1}{2}(\boldsymbol{CS}\,\widetilde{\boldsymbol{w}}+\boldsymbol{S}(\boldsymbol{C}\,\widetilde{\boldsymbol{w}}))-\frac{1}{2}\frac{\mathrm{d}\boldsymbol{C}}{\mathrm{d}x}\widetilde{\boldsymbol{w}}+\widetilde{\boldsymbol{G}},\widetilde{\boldsymbol{w}}(0)=0$$

进行论证后得到下面的定理.

定理 1　设 $\dfrac{\mathrm{d}\boldsymbol{C}}{\mathrm{d}x}+\left(\dfrac{\mathrm{d}\boldsymbol{C}}{\mathrm{d}x}\right)^*\leqslant 2\alpha$，则

$$\begin{aligned}\|\widetilde{\boldsymbol{w}}(t)\|_N&=\|\widetilde{\boldsymbol{u}}_N(t)-\widetilde{\boldsymbol{v}}(t)\|_N\\&\leqslant \mathrm{e}^{\alpha t}\|\widetilde{\boldsymbol{w}}(0)\|\\&=\sup_{0\leqslant\tau\leqslant t}\left(\|\widetilde{\boldsymbol{G}}(\tau)\|_N\cdot 1-\frac{\mathrm{e}^{\alpha t}}{\alpha}\right)\end{aligned}\tag{16}$$

若 $\boldsymbol{v}(x,t)$ 是以网点上取值 $\boldsymbol{v}(\upsilon h,t)$ 的三角插值多项式，则由帕塞瓦尔关系，有

$$\|\boldsymbol{u}_N(x,t)-\boldsymbol{v}(x,t)\|=\|\widetilde{\boldsymbol{u}}_N(t)-\widetilde{\boldsymbol{v}}(t)\|_N$$

因此式(16)给我们一个关于 $\boldsymbol{v}(x,t)$ 逼近于 $\boldsymbol{u}(x,t)$ 前 $2N+1$ 种波型好坏的估计. 对 $\widetilde{G}$ 我们有

$$2\|\widetilde{\boldsymbol{G}}\|_N\leqslant\max_x|\boldsymbol{C}|\cdot\left\|\frac{\partial(\boldsymbol{u}-\boldsymbol{u}_N)}{\partial x}\right\|_N+\left\|\frac{\partial((c\boldsymbol{u})-(c\boldsymbol{u})_N)}{\partial x}\right\|_N+\max_x\frac{\partial c}{\partial x}\cdot\|(\boldsymbol{u}-\boldsymbol{u}_N)\|_N+\left\|\frac{\partial(c\boldsymbol{u}_R)_N}{\partial x}\right\|_N$$

但

$$\begin{aligned}\left\|\frac{\partial(c\boldsymbol{u}_R)_N}{\partial x}\right\|&=\left\|\frac{\partial(c\boldsymbol{u}_R)_N}{\partial x}\right\|\leqslant\left\|\frac{\partial(c\boldsymbol{u}_R)}{\partial x}\right\|\\&\leqslant\max_x|\boldsymbol{C}|\cdot\left\|\frac{\partial(\boldsymbol{u}-\boldsymbol{u}_N)}{\partial x}\right\|+\max_x\frac{\partial c}{\partial x}\cdot\|\boldsymbol{u}-\boldsymbol{u}_N\|\end{aligned}$$

因此 $\|\tilde{G}\|_N$ 能用 $\boldsymbol{u},\frac{\partial \boldsymbol{u}}{\partial x},\frac{\partial(c\boldsymbol{u})}{\partial x},\frac{\partial \boldsymbol{u}}{\partial x}$ 以及对应的逼近 $\boldsymbol{u}_N,\frac{\partial \boldsymbol{u}_N}{\partial x},\frac{\partial(c\boldsymbol{u})_N}{\partial x}$ 和 $\frac{\partial \boldsymbol{u}_N}{\partial t}$ 来估计.

还有另一种途径去构造傅里叶方法,即加略尔金方法. 设 $\phi_{-N}(x),\cdots,\phi_0(x),\cdots,\phi_N(x)$ 是一线性无关函数组. 我们用表达式

$$\boldsymbol{v}(x,t)=\sum_{j=-N}^{N}\boldsymbol{e}_j(t)\phi_j(x) \tag{17}$$

逼近方程

$$\frac{\partial \boldsymbol{u}}{\partial t}=\boldsymbol{P}\left(x,t,\frac{\partial}{\partial x}\right)\boldsymbol{u},\boldsymbol{u}(x,0)=\boldsymbol{f}(x)=\sum_{j=-N}^{N}\hat{\boldsymbol{f}}_j\phi_j \tag{18}$$

的解,其中 $\boldsymbol{e}_j(0)=\hat{\boldsymbol{f}}_j$,加略尔金方法要求

$$\left(\frac{\partial \boldsymbol{v}}{\partial t}-\boldsymbol{P}\left(x,t,\frac{\partial}{\partial x}\right)\boldsymbol{v},\phi_\upsilon(x)\right)=0\quad(\upsilon=0,\pm1,\cdots) \tag{19}$$

即

$$\begin{gathered}\sum_{j=-N}^{+N}\frac{\mathrm{d}\boldsymbol{e}_j(t)}{\mathrm{d}t}(\phi_j(x),\phi_\upsilon(x))\\=\sum_{j=-N}^{+N}\boldsymbol{e}_j(t)\left(\boldsymbol{P}\left(x,t,\frac{\partial}{\partial x}\right)\phi_j,\phi_\upsilon\right)\\(\upsilon=0,\pm1,\cdots,\pm N)\end{gathered}$$

式(19)是一常微分方程组,由它确定 $\boldsymbol{e}_j(t)$. 我们可将它改写为

$$\boldsymbol{A}\frac{\mathrm{d}\tilde{\boldsymbol{e}}}{\mathrm{d}t}=\boldsymbol{B}(t)\tilde{\boldsymbol{e}},\tilde{\boldsymbol{e}}=\begin{pmatrix}e_{-N}\\\vdots\\e_N\end{pmatrix}$$

这里

$$\boldsymbol{A}=\begin{pmatrix}(\phi_{-N},\phi_{-N}) & \cdots & (\phi_N,\phi_{-N})\\\vdots & & \vdots\\(\phi_{-N},\phi_N) & \cdots & (\phi_N,\phi_N)\end{pmatrix}$$

$$\boldsymbol{B}=\begin{pmatrix}(P\phi_{-N},\phi_{-N}) & \cdots & (P\phi_N,\phi_{-N})\\\vdots & & \vdots\\(P\phi_{-N},\phi_N) & \cdots & (P\phi_N,\phi_N)\end{pmatrix}$$

一般情况 $\boldsymbol{A}$ 是稠密矩阵,并可能是病态的. 若 $\phi_j(x)(j=0,\pm1,\cdots,\pm N)$ 是正交的,即

$$(\phi_j,\phi_k)=\begin{cases}1 & (\text{当 } j=k \text{ 时})\\0 & (\text{当 } j\neq k \text{ 时})\end{cases}$$

则 $\boldsymbol{A}=\boldsymbol{I}$，并且(19)具有形式

$$\frac{\mathrm{d}\tilde{\boldsymbol{e}}}{\mathrm{d}t}=\boldsymbol{B}\,\tilde{\boldsymbol{e}} \tag{20}$$

若算子 $P\left(x,t,\frac{\partial}{\partial x}\right)$ 是半有界的，则加略尔金方法的优越性在于它产生的方法是稳定的，即对任何线性组合(18)有

$$(\boldsymbol{Pv},\boldsymbol{v})+(\boldsymbol{v},\boldsymbol{Pv})\leqslant 2\alpha\,\|\,\boldsymbol{v}\,\|^2 \tag{21}$$

定理 2　当 $\boldsymbol{P}$ 满足式(21)时，方程(19)的解有估计

$$\|\,\boldsymbol{v}(x,t)\,\|\leqslant \mathrm{e}^{\alpha t}\,\|\,\boldsymbol{v}(x,0)\,\| \tag{22}$$

证明　设式(18)是式(19)的解. 以 $\boldsymbol{e}_\upsilon(t)$ 乘方程组(19)的每一个，并将所得方程加起来. 则

$$\left(\frac{\partial \boldsymbol{v}}{\partial t}-\boldsymbol{P}\left(x,t,\frac{\partial}{\partial x}\right)\boldsymbol{v},\boldsymbol{v}\right)+\left(\boldsymbol{v},\frac{\partial \boldsymbol{v}}{\partial t}-\boldsymbol{P}\left(x,t,\frac{\partial}{\partial x}\right)\boldsymbol{v}\right)=0 \tag{23}$$

而式(21)意味着

$$\frac{\partial}{\partial t}\,\|\,\boldsymbol{v}\,\|^2\leqslant 2\alpha\,\|\,\boldsymbol{v}\,\|^2$$

于是，立即推得式(22).

设 $\boldsymbol{u}_N(x,t)$ 是 $\boldsymbol{u}(x,t)$ 形如式(18)的最佳逼近，并定义

$$\boldsymbol{u}_R(x,t)=\boldsymbol{u}(x,t)-\boldsymbol{u}_N(x,t)$$

现在我们能将方程(23)写为

$$\frac{\partial \boldsymbol{u}_N}{\partial t}-\boldsymbol{P}\left(x,t,\frac{\partial}{\partial x}\right)\boldsymbol{u}_N=\boldsymbol{R}_N,\boldsymbol{R}_N=-\frac{\partial \boldsymbol{u}_R}{\partial t}+\boldsymbol{Pu}_R$$

$$\boldsymbol{u}_N(x,0)=\boldsymbol{f}_N(x)$$

于是

$$\left(\frac{\partial \boldsymbol{u}_N}{\partial t}-\boldsymbol{Pu}_N,\boldsymbol{\phi}_\upsilon\right)=(\boldsymbol{R}_N,\boldsymbol{\phi}_\upsilon)$$

设 $\boldsymbol{v}(x,t)$ 是方程(19)的解，具有初值

$$\boldsymbol{v}(x,0)=\boldsymbol{f}_N(x)$$

则 $\boldsymbol{w}=\boldsymbol{u}_N(x,t)-\boldsymbol{v}(x,t)$ 满足

$$\left(\frac{\partial \boldsymbol{w}}{\partial t}-\boldsymbol{Pw},\boldsymbol{\phi}_\upsilon\right)=(\boldsymbol{R}_N,\boldsymbol{\phi}_\upsilon)$$

所以

$$\left(\frac{\partial \boldsymbol{w}}{\partial t}-\boldsymbol{Pw},\boldsymbol{w}\right)=(\boldsymbol{R}_N,\boldsymbol{w})$$

若 $\boldsymbol{P}$ 是半有界的，则我们得

$$\frac{\mathrm{d}}{\mathrm{d}t}\|\boldsymbol{w}\|^2\leqslant 2\alpha\|\boldsymbol{w}\|^2+2\|\boldsymbol{R}_N\|\cdot\|\boldsymbol{w}\|$$

$$\|\boldsymbol{w}(0)\|=0$$

最后得到估计

$$\|\boldsymbol{w}(t)\|\leqslant\sup_{0\leqslant\tau\leqslant t}\|\boldsymbol{R}(\tau)\|\cdot\frac{\mathrm{e}^{\alpha t}-1}{\alpha}$$

现在我们有下面的定理.

定理 3　若算子 $\boldsymbol{P}$ 是半有界的，则我们有估计

$$\|\boldsymbol{v}(x,t)-\boldsymbol{u}_N(x,t)\|\leqslant\frac{\mathrm{e}^{\alpha t}-1}{\alpha}\cdot\sup_{0\leqslant\tau\leqslant t}\left\|\left(-\frac{\partial}{\partial t}+\boldsymbol{P}\left(x,\tau,\frac{\partial}{\partial x}\right)\right)(\boldsymbol{u}-\boldsymbol{u}_N)\right\|\quad(24)$$

实质上，方程(24)和(16)是同样形式的. 设 $\boldsymbol{P}$ 是一 m 阶微分算子，则 $\boldsymbol{v}(x,t)$ 作为加略尔金方法的解，当 $\boldsymbol{u}-\boldsymbol{u}_N$，$\frac{\partial}{\partial t}(\boldsymbol{u}-\boldsymbol{u}_N)$ 和 $\boldsymbol{u}-\boldsymbol{u}_N$ 的前 m 阶空间导数很小时，就能很好地逼近微分方程的解

$$\boldsymbol{u}(x,t)=\boldsymbol{u}_N(x,t)+\boldsymbol{u}_R(x,t)$$

作为一个例子，我们考察方程(8)并取

$$\phi_j(x)=\mathrm{e}^{2\pi\mathrm{i}jx}$$

则加略尔金方程(19)是(20)型的，并且

$$B=(b_{j\nu}),b_{j\nu}=-2\pi\mathrm{i}j\int_0^1 c(x,t)\mathrm{e}^{2\pi\mathrm{i}(\nu-j)x}\mathrm{d}x$$

若 $c(x,t)=c_0=\text{const}$，则积分能显式地计算. 事实上，所产生的方程组正是我们先前所推导出的方程(5). 因此，先前对此法和差分方法的对比在此仍有效.

现在我们考虑更一般的情况，即 c 是 x,t 的函数，当用加略尔金法去解方程(20)时，在每一时间段上必须计算 $b_{j\nu}$. 这可用数值积分来完成，所得的方法可以理解为差分方法，因而没有什么有利之处. 另外我们能将 $c(x,t)$ 展成傅里叶级数

$$c(x,t)=\sum_{\mu}\hat{c}(t)\mathrm{e}^{2\pi\mathrm{i}\mu x}$$

并用 FFT 技术计算积分. 对此方法奥萨格(Orszag)进行了广泛研究. 他指出 $b_{j\nu}$ 能用六个复 FFT 在 $2N$ 个点上进行计算. 因此我们讨论过的傅里叶方法由于它只需四个 FFT 而效率高了 50%. 此优越性对方程组的情况更显著. 另外，它不必把微分算子写成反自共轭的形式，只是需要加上适当的耗散处理，因此第一种方法应该更快.

我们再来考察微分方程

$$u_t = u_x - \alpha l + \beta e^{2\pi i\rho x} \tag{25}$$

和初值

$$\boldsymbol{u}(x,0) = e^{2\pi i\sigma x} \tag{26}$$

其中 $\alpha \geqslant 0$，β 是实数，ρ 和 σ 是自然数. 上述问题的解是

$$\boldsymbol{u}(x,t) = \frac{\beta e^{2\pi i\rho x}}{\alpha - 2\pi i\rho}(1 - e^{-\alpha t + 2\pi i\rho t}) + e^{2\pi i\sigma(x+t) - \alpha t} \tag{27}$$

考虑两种差分逼近

$$(1+\alpha k)v_\upsilon(t+k) = (1-\alpha k)v_\upsilon(t-k) + 2kD_0 v_\upsilon(t) + 2k\beta e^{2\pi i\rho\upsilon h}$$

$$v_\upsilon(0) = e^{2\pi i\sigma\upsilon h} \tag{28}$$

及

$$\left(1+\frac{\alpha k}{2}-\frac{1}{2}kD_0\right)v_\upsilon(t+k) = \left(1-\frac{\alpha k}{2}+\frac{1}{2}kD_0\right)v_\upsilon(t) + k\beta e^{2\pi i\rho\upsilon h}$$

$$v_\upsilon(0) = e^{2\pi i\sigma\upsilon h} \tag{29}$$

设 $\alpha=\beta=0$，则 $\boldsymbol{u}(x,t) = e^{2\pi i\sigma(x+t)}$，并且解沿 t 方向和沿 x 方向振动得一样快. 于是空间的和时间的图像应具同样的尺寸，即 $\frac{k}{h} \sim 1$. 因此对式(28)稳定性要求，$\frac{k}{h} \leqslant 1$. 在这种情况下没有必要用方法(29)，该方法是无条件稳定的.

现在设 $\alpha > 0$，则当 $t \to \infty$ 时 $\boldsymbol{u}(x,t)$ 收敛于定态解 $\frac{\beta e^{2\pi i\rho x}}{\alpha - 2\pi i\rho}$. 于是，当 t 很大时 $\boldsymbol{u}(x,t)$ 沿 t 方向的振动远比沿 x 方向的振动缓慢. 此时只要关于 $v_\upsilon(t+k)$ 的方程组能容易地求解，方法(29)可能是有利的. 解此方程组有两类方法：迭代法和直接法. 因为对一些线性方程组而言，迭代法比不上直接法，所以我们只考虑直接法.

设 $h = N^{-1}$，N 为自然数，则 $\boldsymbol{v}_{\upsilon+N}(t) = \boldsymbol{v}_\upsilon(t)$，并且对 $\boldsymbol{v} = 0, 1, \cdots, N-1$ 考虑方程(29). 设

$$\tilde{\boldsymbol{v}} = \begin{pmatrix} v_0 \\ \vdots \\ v_{N-1} \end{pmatrix}, \tilde{\boldsymbol{F}} = \begin{pmatrix} F_0 \\ \vdots \\ F_{N-1} \end{pmatrix}$$

$$\boldsymbol{F}_\upsilon = \left(1-\frac{\alpha k}{2}+\frac{1}{2}kD_0\right)\boldsymbol{v}_\upsilon(t) + k\beta e^{2\pi i\rho\upsilon h}$$

式(29)能写为

$$\boldsymbol{A}\widetilde{\boldsymbol{v}}=\begin{pmatrix} 1+\frac{\alpha k}{2} & -\frac{k}{4h} & 0 & & \frac{k}{4h} \\ & & \ddots & \ddots & \\ \frac{k}{4h} & 1+\frac{\alpha k}{2} & & \ddots & 0 \\ 0 & \ddots & & \ddots & -\frac{k}{4h} \\ \ddots & & & & \\ -\frac{k}{4h} & 0 & \frac{k}{4h} & & 1+\frac{\alpha k}{2} \end{pmatrix}\widetilde{v}=\widetilde{F}$$

因为矩阵是带状结构的,所以容易用高斯消去法求解.

如前所述,通常在 x 方向用四阶方法更好些,此时对应矩阵是带宽为 5 的带状矩阵.

现在让我们来考虑具有带状矩阵的线性方程组求解的一般问题.设

$$\boldsymbol{A}=\begin{pmatrix} a_{11} & a_{1\alpha} & 0 \\ & \ddots & \\ a_{\alpha 1} & \ddots & a_{n-\alpha,n} \\ \ddots & & \\ 0 & a_{n,n-\alpha} & a_{nn} \end{pmatrix} \tag{30}$$

是带宽为 $2\alpha-1$ 的 $n\times n$ 矩阵,则方程 $\boldsymbol{A}x=b$ 的解需要不多于 $n(\alpha^2+\alpha-1)$ 次乘法和 $n((\alpha-1)^2+2(\alpha-1))$ 次加法.在周期函数的情况

$$\boldsymbol{A}_1=\boldsymbol{A}+\begin{pmatrix} 0 & a_{1,n-\alpha+2} & a_{1n} \\ & \ddots & \\ a_{n+2-\alpha,1} & \ddots & a_{\alpha-1,n} \\ \ddots & & \\ a_{n1} & a_{n,\alpha-1} & 0 \end{pmatrix} \tag{31}$$

以 2α 代替 α 后,上述公式仍适用.

现在我们考虑柯西问题

$$\frac{\partial \boldsymbol{u}}{\partial t}=\begin{pmatrix} 1 & 0 \\ 0 & 0 \end{pmatrix}\frac{\partial \boldsymbol{u}}{\partial x}+10\begin{pmatrix} 0 & 0 \\ 0 & 1 \end{pmatrix}\frac{\partial \boldsymbol{u}}{\partial x},\boldsymbol{u}=\begin{pmatrix} u^{(1)} \\ u^{(2)} \end{pmatrix} \tag{32}$$

和初值

$$\boldsymbol{u}^{(1)}(x,0)=\mathrm{e}^{2\pi i\omega x},\boldsymbol{u}^{(2)}(x,0)=\mathrm{e}^{\frac{1}{5}\pi i\omega x}$$

其解可表示为

$$\boldsymbol{u}^{(1)}(x,t)=e^{2\pi i\omega x}\cdot e^{2\pi i\omega t},\boldsymbol{u}^{(2)}(x,t)=e^{\frac{1}{5}\pi i\omega x}\cdot e^{2\pi i\omega t}$$

所以 $\boldsymbol{u}^{(1)}$ 和 $\boldsymbol{u}^{(2)}$ 在时间方向性态相同. 我们用蛙跃格式

$$\boldsymbol{v}_\nu(t+k)=\boldsymbol{v}_\nu(t-k)+2k\begin{pmatrix}1 & 0\\0 & 0\end{pmatrix}D_0\boldsymbol{v}_\nu(t)+20k\begin{pmatrix}0 & 0\\0 & 1\end{pmatrix}D_0\boldsymbol{v}_\nu(t) \tag{33}$$

来逼近方程(32). 假设我们希望按 1% 的误差来逼近方程(32)的解, 则我们必须取 $h=\frac{1}{64\omega}$. 对方程(33)的稳定性条件为 $k=\frac{1}{640w}$, 这是一个令人失望的情况, 有两条途径来改善这种情况, 我们先考虑

$$\left(\boldsymbol{I}-10k\begin{pmatrix}0 & 0\\0 & 1\end{pmatrix}D_0\right)v_\nu(t+k)=\left(\boldsymbol{I}+10k\begin{pmatrix}0 & 0\\0 & 1\end{pmatrix}D_0\right)v_\nu(t-k)+2k\begin{pmatrix}1 & 0\\0 & 0\end{pmatrix}D_0v_\nu(t) \tag{34}$$

式(34)的稳定性条件是 $k\leqslant h=\frac{1}{64w}$. 由于隐式地处理了

$$9\begin{pmatrix}0 & 0\\0 & 1\end{pmatrix}\frac{\partial u}{\partial x}$$

即使我们取 k 大到 $k=h-\delta(0<\delta\ll 1)$, 只要初值 $\boldsymbol{u}^{(2)}(x,0)$ 的振动速度不比 $\boldsymbol{u}^{(1)}(x,0)$ 的振动速度的 $\frac{1}{10}$ 快, 就不会破坏精确度. 如果 $\boldsymbol{u}^{(2)}(x,0)=e^{2\pi i\omega x}$, 那么该逼近的相位误差约为 50%. 若初值为形式

$$\boldsymbol{u}^{(1)}(x,0)=e^{2\pi i\omega x},\boldsymbol{u}^{(2)}(x,0)=e^{2\pi i\omega x}+\varepsilon e^{2\pi i\omega x}\quad(|\varepsilon|\ll 1)$$

则 $\varepsilon e^{2\pi i\omega x}$ 项对方程组造成了快速振荡的永不耗散的噪声. 这对非线性方程来说可能是致命的.

另一途径是用方程(33), 但将

$$20k\begin{pmatrix}0 & 0\\0 & 1\end{pmatrix}D_0v_\nu(t)$$

代之以

$$20k\cdot\boldsymbol{C}\begin{pmatrix}0 & 0\\0 & 1\end{pmatrix}D_0v_\nu(t)$$

其中 $\boldsymbol{C}$ 是一平滑化算子, 它使高频成分的振幅衰减. 作为这种技巧的一例, 我们考虑

$$\boldsymbol{C}=(\boldsymbol{I}+\sigma h^4\boldsymbol{D}_+^2\boldsymbol{D}_-^2)^{-1} \tag{35}$$

则当 $\frac{k}{h}\leqslant 1$, 并且

$$\frac{k}{h}\cdot\frac{10\sin 2\pi wh}{1+16\sin^4\pi wh}\leqslant 1$$

逼近(33)是稳定的. 若 $h=\frac{1}{64w}$,且

$$16\sigma\sin^4\frac{\pi wh}{10}\sim\frac{16\sigma}{10^4}\cdot\left(\frac{\pi}{64}\right)^4=10^{-2}$$

即 $\sigma\sim 10^6$,则精确度不受影响. 若 $\sigma\geqslant 6^4$,则方程(35)对所有 $\frac{k}{h}\leqslant 1$ 成立.

现在考虑方程

$$\frac{\partial \boldsymbol{u}}{\partial x}=a\boldsymbol{u}_x+b\boldsymbol{u}_y \tag{36}$$

和初值

$$\boldsymbol{u}(x,y,0)=\mathrm{e}^{2\pi\mathrm{i}(w_1x+w_2y)}$$

一个无条件稳定的差分逼近是

$$\begin{aligned}&\left(\boldsymbol{I}-\frac{k}{2}(a\boldsymbol{D}_{0x}+b\boldsymbol{D}_{0y})\right)\boldsymbol{v}(t+k)\\&=\left(\boldsymbol{I}+\frac{k}{2}(a\boldsymbol{D}_{0x}+b\boldsymbol{D}_{0y})\right)\boldsymbol{v}(t)\end{aligned}\tag{37}$$

这里 $\boldsymbol{D}_{0x},\boldsymbol{D}_{0y}$ 分别表示 x 和 y 方向的中心差分算子. 此种逼近的困难在于 $I-\frac{k}{2}(a\boldsymbol{D}_{0x}+b\boldsymbol{D}_{0y})$ 的求逆. 用如下面形式的逼近更简捷

$$\begin{aligned}&\left(\boldsymbol{I}-\frac{k}{2}a\boldsymbol{D}_{0x}\right)\left(I-\frac{k}{2}b\boldsymbol{D}_{0y}\right)\boldsymbol{v}(t+k)\\&=\left(\boldsymbol{I}+\frac{k}{2}a\boldsymbol{D}_{0x}\right)\left(\boldsymbol{I}+\frac{k}{2}b\boldsymbol{D}_{0y}\right)\boldsymbol{v}(t)\end{aligned}\tag{38}$$

它仍是无条件稳定的. 为解方程

$$\left(\boldsymbol{I}-\frac{k}{2}a\boldsymbol{D}_{0x}\right)\left(\boldsymbol{I}-\frac{k}{2}b\boldsymbol{D}_{0y}\right)\boldsymbol{v}(t+k)=\boldsymbol{F}$$

我们引进

$$\left(\boldsymbol{I}-\frac{k}{2}b\boldsymbol{D}_{0y}\right)\boldsymbol{v}(t+k)=\boldsymbol{w}(t+k) \tag{39}$$

作为辅助变量,则

$$\left(\boldsymbol{I}-\frac{k}{2}a\boldsymbol{D}_{0x}\right)\boldsymbol{w}(t+k)=\boldsymbol{F} \tag{40}$$

在每一直线 $y=\text{const}$ 上是一形如方程(31)和 $\alpha=2$ 的三对角线性方程组. 同样道

理，在每一直线 $x=\text{const}$ 上，方程(39)也是(31)型的. 以 $2N$ 个简单的带状矩阵求逆就能解方程(40). 另外，逼近(37)需要对一个分块三对角线性矩阵求逆，这是十分费时的. 然而两者的截断误差均为 $O(k^2+h^2)$. 式(38)是分裂法的一个例子. 我们能证明下面的一般定理：

定理 4 设 $\boldsymbol{Q}_1,\boldsymbol{Q}_2$ 是有界算子，并且

$$\text{Real}(\boldsymbol{v},\boldsymbol{Q}_j\boldsymbol{v})=(\boldsymbol{Q}_j\boldsymbol{v},\boldsymbol{v})+(\boldsymbol{v},\boldsymbol{Q}_j\boldsymbol{v})\leqslant 0\quad (j=1,2)$$

则逼近

$$(\boldsymbol{I}-\boldsymbol{Q}_1)(\boldsymbol{I}-\boldsymbol{Q}_2)\boldsymbol{v}(t+k)=(\boldsymbol{I}+\boldsymbol{Q}_1)(\boldsymbol{I}+\boldsymbol{Q}_2)\boldsymbol{v}_2(t) \tag{41}$$

是稳定的.

证明 设

$$(\boldsymbol{I}-\boldsymbol{Q}_2)\boldsymbol{v}(t+k)=\boldsymbol{z},\ (\boldsymbol{I}+\boldsymbol{Q}_3)\boldsymbol{v}(t)=\boldsymbol{y}$$

则式(41)能写成

$$\boldsymbol{z}-\boldsymbol{y}=\boldsymbol{Q}_1(\boldsymbol{z}+\boldsymbol{y})$$

所以

$$\begin{aligned}\|\boldsymbol{z}\|^2-\|\boldsymbol{y}\|^2&=\text{Real}(\boldsymbol{z}+\boldsymbol{y},\boldsymbol{z}-\boldsymbol{y})\\&=\text{Real}(\boldsymbol{z}+\boldsymbol{y},\boldsymbol{Q}_1(\boldsymbol{z}+\boldsymbol{y}))\leqslant 0\end{aligned}$$

于是

$$\begin{aligned}&\|\boldsymbol{v}(t+k)\|^2+\|\boldsymbol{Q}_2\boldsymbol{v}(t+k)\|^2\\&\leqslant\|\boldsymbol{z}\|^2\leqslant\|\boldsymbol{y}\|^2\leqslant\|\boldsymbol{v}(t)\|^2+\|\boldsymbol{Q}_2\boldsymbol{v}(t)\|^2\end{aligned}$$

此逼近是稳定的.

另一个具有截断误差 $O(h^4+k^2)$ 逼近于式(36)的例子如下. 我们简单地取

$$\boldsymbol{Q}_1=\frac{k}{6}a(4\boldsymbol{D}_{0x}(h)-\boldsymbol{D}_{0x}(2h))$$

$$\boldsymbol{Q}_2=\frac{k}{6}b(4\boldsymbol{D}_{0y}(h)-\boldsymbol{D}_{0y}(2h))$$

如果我们考虑非线性方程，此时情况是十分复杂的. 如

$$\boldsymbol{u}_t=(1+\boldsymbol{u})\boldsymbol{u}_x \tag{42}$$

我们考察逼近

$$\begin{aligned}&\left(\boldsymbol{I}-\frac{k}{2}(1+\boldsymbol{v}(t))\boldsymbol{D}_0\right)\boldsymbol{v}(t+k)\\&=\left(\boldsymbol{I}+\frac{k}{2}(1+\boldsymbol{v}(t))\boldsymbol{D}_0\right)\boldsymbol{v}(t)\end{aligned} \tag{43}$$

$$\left(\boldsymbol{I}-\frac{k}{2}(1+\boldsymbol{v}(t+k))\boldsymbol{D}_0\right)\boldsymbol{v}(t+k)$$

$$=\left(\boldsymbol{I}+\frac{k}{2}(1+\boldsymbol{v}(t))\boldsymbol{D}_0\right)\boldsymbol{v}(t) \tag{44}$$

$$(\boldsymbol{I}-k\boldsymbol{D}_0)\boldsymbol{v}(t+k)=(\boldsymbol{I}+k\boldsymbol{D}_0)\boldsymbol{v}(t-k)+2k\boldsymbol{v}(t)\boldsymbol{D}_0\boldsymbol{v}(t) \tag{45}$$

式(43)的截断误差为 $O(k+h^2)$，而式(44)和(45)则为 $O(k^2+h^2)$. 式(43)和(44)是无条件线性地稳定的，而式(45)只当 $vk/h\leqslant 1$ 时才线性地稳定. 应该指出，式(45)要求附加一时间层的存储量. 式(43)和(45)的隐式部分都是线性的，并且可用高斯消去法来解其方程组. 式(44)要求解一非线性方程组

$$(\boldsymbol{I}+\boldsymbol{A}(\boldsymbol{y}))\boldsymbol{y}=\boldsymbol{F} \tag{46}$$

其中 $\boldsymbol{y}=(y_1,\cdots,y_N)^{\mathrm{T}}$，$\boldsymbol{A}$ 是依赖于 $\boldsymbol{y}$ 的 $N\times N$ 矩阵. 最基本的求解方程(46)的方法是下列迭代程序

$$\boldsymbol{y}^{(n+1)}=-\boldsymbol{A}(\boldsymbol{y}^{(n)})\boldsymbol{y}^{(n)}+\boldsymbol{F},\boldsymbol{y}^{(0)}=\boldsymbol{v}(t) \tag{47}$$

一般来说，此法只对充分小的 $\dfrac{k}{h}$ 收敛，而且可能收敛是慢的. 比较好的是用牛顿法：假设我们已计算出近似解 $\boldsymbol{y}^{(n)}$，然后将方程(46)的解表示为

$$\boldsymbol{y}=\boldsymbol{y}^{(n)}+\boldsymbol{\delta}$$

将此代入式(46)，有

$$(\boldsymbol{I}+\boldsymbol{A}(\boldsymbol{y}^{(n)}+\boldsymbol{\delta}))(\boldsymbol{y}^{(n)}+\boldsymbol{\delta})=\boldsymbol{F}$$

现在有

$$\boldsymbol{A}(\boldsymbol{y}^{(n)}+\boldsymbol{\delta})=\boldsymbol{A}(\boldsymbol{y}^{(n)})+\boldsymbol{B}(\boldsymbol{\delta})$$

其中 $\boldsymbol{B}(\boldsymbol{\delta})$ 是一个线性地依赖于 $\boldsymbol{\delta}$ 的矩阵. 于是忽略 $\boldsymbol{O}(\boldsymbol{\delta}^2)$ 阶的项后便得一关于 $\boldsymbol{\delta}$ 的线性方程组

$$\boldsymbol{C}(\boldsymbol{y}^{(n)})\boldsymbol{\delta}=\boldsymbol{B}(\boldsymbol{\delta})\boldsymbol{y}^{(n)}+(\boldsymbol{I}+\boldsymbol{A}(\boldsymbol{y}^{(n)}))\boldsymbol{\delta}$$

$$=\boldsymbol{F}-(\boldsymbol{I}+\boldsymbol{A}(\boldsymbol{y}^{(n)}))\boldsymbol{y}^{(n)} \tag{48}$$

由于 $\boldsymbol{C}$ 仍是带状矩阵，关于 $\boldsymbol{\delta}$ 的方程组是容易求解的. 令 $\boldsymbol{y}^{(n+1)}=\boldsymbol{y}^{(n)}+\boldsymbol{\delta}$，这就完成了全部算法的描述.

若矩阵 $\boldsymbol{C}$ 随 n 变化缓慢，则我们能用 $\boldsymbol{C}(\boldsymbol{y}^{(0)})=\boldsymbol{C}(\boldsymbol{v}(t))$ 代替 $\boldsymbol{C}(\boldsymbol{y}^{(n)})$. 若 $\boldsymbol{C}$ 作为 t 的函数变化缓慢，则我们能用 $\boldsymbol{C}(\boldsymbol{y}^{(0)})=\boldsymbol{C}(\boldsymbol{v}(t))$ 代替 $\boldsymbol{C}(\boldsymbol{y}^{(n)})$. 若 $\boldsymbol{C}$ 作为 t 的函数变化缓慢，则人们可以固定 $\boldsymbol{C}=\boldsymbol{C}(\boldsymbol{v}(t))$ 若干步，并且存储 $\boldsymbol{C}=\boldsymbol{L}\boldsymbol{U}$，其中 $\boldsymbol{L}$ 是下三角矩阵，而 $\boldsymbol{U}$ 是上三角矩阵. 此时方程(48)的求解是十分简捷的.

第 20 章　帕塞瓦尔等式在线性积分方程中的应用

在这一章中，我们研究形如

$$\lambda f(x)=\int_0^1 K(x,y)f(y)\mathrm{d}y$$

的方程，其中 $K(x,y)$ 是一个连续的对称核，可以展为傅里叶级数. 这个方程等价于一个二阶线性微分方程，由于边界条件，它的解属于一个完全确定的函数向量空间.

与此相关，我们将给出帕塞瓦尔公式的一些应用，并用希尔伯特空间 L^2 中的模与数量积来解释它.

问题　设 $K(x,y)$ 是在正方形 $0\leqslant x\leqslant 1,0\leqslant y\leqslant 1$ 中定义的函数，它等于

$$x(1-y)\quad(0\leqslant x\leqslant y\leqslant 1)$$

$$y(1-x)\quad(0\leqslant y\leqslant x\leqslant 1)$$

(1) 证明

$$K(x,y)=\frac{2}{\pi^2}\sum_{n=1}^{\infty}\frac{\sin n\pi x\sin n\pi y}{n^2}$$

(2) 证明 $f(x)$ 是一个实变量 x 的实函数，f 在区间 $0\leqslant x\leqslant 1$ 上是连续的. 我们定义

$$g(x)=\int_0^1 K(x,y)f(y)\mathrm{d}y$$

试证明：$g(x)$ 在 $x=0,x=1$ 时为零，它有二阶导数，且等于 $-f(x)$.

(3) 设

$$C_n=\sqrt{2}\int_0^1 f(x)\sin n\pi x\mathrm{d}x$$

利用帕塞瓦尔等式证明

$$\int_0^1[g(x)]^2\mathrm{d}x=\frac{1}{\pi^4}\sum_{n=1}^{\infty}\frac{c_n^2}{n^4}$$

由此推导不等式

$$\int_0^1 [g(x)]^2 \mathrm{d}x \leqslant \frac{1}{\pi^4}\int_0^1 [f(x)]^2 \mathrm{d}x$$

$$\iint K(x,y)f(x)f(y)\mathrm{d}x\mathrm{d}y \leqslant \frac{1}{\pi^2}\int_0^1 [f(x)]^2 \mathrm{d}x$$

这里二重积分是在正方形 $0 \leqslant x \leqslant 1, 0 \leqslant y \leqslant 1$ 上取的. 对什么样的函数 $f(x)$ 等式成立? 在区间[0,1]上一切平方可积的函数所构成的 L^2 空间中,引进模与数量积,用以解释这些不等式.

(4) 考虑积分方程

$$\lambda f(x) = \int_0^1 K(x,y)f(y)\mathrm{d}y$$

这里 λ 是实非零参数. 证明存在 λ 的值,使这个方程有非零解. 求出这些值和它们相应的解来.

解 (1) 将 $K(x,y)$ 表示成级数的形式. 函数 $K(x,y)$ 关于 x 与 y 是对称的

$$K(x,y) = K(y,x)$$

若我们固定 y,把 K 看作 x 的函数,则除 $x=0, x=1, x=y$ 之外,它在[0,1]上是连续可微的. 因此,我们可以把它展为傅里叶正弦级数. 把若尔当定理应用于正弦级数,即可知这个级数在[0,1]上收敛到 $K(x,y)$.

傅里叶系数是

$$\begin{aligned} k_n(y) &= 2\int_0^1 K(t,y)\sin n\pi t \mathrm{d}t \\ &= 2\int_0^y t(1-y)\sin n\pi t\mathrm{d}t + 2\int_y^1 y(1-t)\sin n\pi t\mathrm{d}t \end{aligned}$$

分部积分可得

$$\begin{aligned} k_n(y) = &-2\,\frac{y(1-y)}{n\pi}\cos n\pi y + \frac{2(1-y)}{n^2\pi^2}\sin n\pi y + \\ &2\,\frac{y(1-y)}{n\pi}\cos n\pi y + \frac{2y}{n^2\pi^2}\sin n\pi y \\ = &\frac{2}{n^2\pi^2}\sin n\pi y \end{aligned}$$

因此,对每一个 y 的值,有

$$K(x,y) = \frac{2}{\pi^2}\sum_{n=1}^{\infty} \frac{\sin n\pi y \sin n\pi x}{n^2} \tag{1}$$

注意,这个表达式实际上关于 x, y 是对称的.

(2) 函数 $f(x)$ 与 $g(x)$ 之间的关系. 由 $K(x,y)$ 的定义可得

$$g(x)=(1-x)\int_0^x yf(y)\mathrm{d}y+x\int_x^1(1-y)f(y)\mathrm{d}y \tag{2}$$

函数 $g(x)$ 是可微的，它的导数由下式给出

$$\begin{aligned}\frac{\mathrm{d}g}{\mathrm{d}x}&=-\int_0^x yf(y)\mathrm{d}y+(1-x)xf(x)+\int_x^1(1-y)f(y)\mathrm{d}y-x(1-x)f(x)\\&=-\int_0^x yf(y)\mathrm{d}y+\int_x^1 f(y)\mathrm{d}y-\int_x^1 yf(y)\mathrm{d}y\\&=\int_x^1 f(y)\mathrm{d}y-\int_0^1 yf(y)\mathrm{d}y\end{aligned} \tag{3}$$

右端的最后一项是一个常数. 若再对 x 求微商，则得

$$\frac{\mathrm{d}^2 g}{\mathrm{d}x^2}=-f(x) \tag{4}$$

从表达式(2) 我们可看出

$$g(0)=g(1)=0 \tag{5}$$

因此，函数 $g(x)$ 是微分方程

$$g''(x)=-f(x) \tag{6}$$

的解，它在 $x=0$，$x=1$ 处取值 0.

(3) 含有 $f(x)$ 与 $g(x)$ 的不等式. 函数 $f(x)$ 在[0,1]上是连续的. 因此，它的绝对值以某一个数 M 为上界. 级数

$$\sum_{n=1}^{\infty}\frac{2\sin n\pi x\sin n\pi y}{\pi^2 n^2}f(y)$$

关于 y 在[0,1] 上是一致收敛的. 因此，对它可以逐项积分

$$\int_0^1 K(x,y)f(y)\mathrm{d}y=\sum_{n=1}^{\infty}\int_0^1\frac{2\sin n\pi x\sin n\pi y}{\pi^2 n^2}f(y)\mathrm{d}y$$

由此可得

$$g(x)=\sum_{n=1}^{\infty}\frac{\sqrt{2}}{\pi^2}\cdot\frac{c_n}{n^2}\sin n\pi x \tag{7}$$

因为

$$|c_n|\leqslant\sqrt{2}\int_0^1|f(y)|\mathrm{d}y\leqslant\sqrt{2}M$$

所以正弦级数(7) 一致收敛到以 2 为周期的奇函数，它在区间[0,1] 上与 $g(x)$ 重合. 我们可以对它应用帕塞瓦尔公式

$$2\int_0^1|g(x)|^2\mathrm{d}x=\frac{2}{\pi^4}\sum_{n=1}^{\infty}\frac{c_n^2}{n^4} \tag{8}$$

另外，我们可以把函数 $f(x)$ 展开为正弦级数.它的傅里叶系数是

$$a_n=2\int_0^1 f(t)\sin n\pi t\mathrm{d}t=\sqrt{2}\,c_n$$

级数 $\sum\limits_{n=1}^{\infty}a_n\sin n\pi x$ 平均收敛到 $f(x)$，由帕塞瓦尔等式

$$2\int_0^1 |f(x)|^2\mathrm{d}x=\sum_{n=1}^{\infty}a_n^2=2\sum_{n=1}^{\infty}c_n^2 \tag{9}$$

因为

$$\frac{c_n^2}{n^4}\leqslant c_n^2 \tag{10}$$

所以由(8)与(9)推出我们要证明的第一个不等式

$$\int_0^1 |g(x)|^2\mathrm{d}x\leqslant\frac{1}{\pi^4}\sum_{n=1}^{\infty}c_n^2=\frac{1}{\pi^4}\int_0^1 |f(x)|^2\mathrm{d}x \tag{11}$$

为了证明第二个不等式

$$\iint K(x,y)f(x)f(y)\mathrm{d}x\mathrm{d}y\leqslant\frac{1}{\pi^2}\int_0^1 |f(x)|^2\mathrm{d}x \tag{12}$$

首先注意到，先对 y 积分，就可使函数 $g(x)$ 出现在下面的二重积分中

$$\iint K(x,y)f(x)f(y)\mathrm{d}x\mathrm{d}y=\int_0^1 f(x)g(x)\mathrm{d}x$$

利用问题(2)所得的结果，则

$$\begin{aligned}\int_0^1 f(x)g(x)\mathrm{d}x&=-\int_0^1 g''(x)g(x)\mathrm{d}x\\&=-[g'(x)g(x)]_0^1+\int_0^1[g'(x)]^2\mathrm{d}x\\&=\int_0^1[g'(x)]^2\mathrm{d}x\end{aligned}$$

因此，二重积分是正的.若对积分 $\int_0^1 f(x)g(x)\mathrm{d}x$ 应用施瓦兹不等式，则有

$$\begin{aligned}&\iint K(x,y)f(x)f(y)\mathrm{d}x\mathrm{d}y\\&\leqslant\left\{\int_0^1[f(x)]^2\mathrm{d}x\cdot\int_0^1[g(x)]^2\mathrm{d}x\right\}^{\frac{1}{2}}\end{aligned}$$

再由式(11)，最后得到不等式(12)

$$\iint K(x,y)f(x)f(y)\mathrm{d}x\mathrm{d}y$$

$$\leqslant \int_0^1 [g'(x)]^2 \mathrm{d}x \leqslant \frac{1}{\pi^2}\int_0^1 [f(x)]^2 \mathrm{d}x$$

要使式(11) 与式(12) 中的等式成立，必须使式(10) 中的等式成立，即

$$\frac{c_n^2}{n^4} = c_n^2$$

这意味着当 $n \geqslant 2$ 时，$c_n = 0$，c_1 可以取任意的值. 因为三角函数系是完备的，所以使得式(11) 与式(12) 中等式成立的连续函数(或更一般地，平方可积的函数) 只能是形如

$$f(x) = c_1 \sin \pi x$$

的函数.

由问题(2)，我们立刻有

$$g(x) = \frac{c_1}{\pi^2}\sin \pi x = \frac{1}{\pi^2} f(x)$$

由此可得

$$\int_0^1 [g(x)]^2 \mathrm{d}x = \frac{1}{\pi^4}\int_0^1 [f(x)]^2 \mathrm{d}x$$

与

$$\int_0^1 f(x) g(x) \mathrm{d}x = \frac{1}{\pi^2}\int_0^1 [f(x)]^2 \mathrm{d}x$$

在式(11)与式(12)中，当 $f(x) = c_1 \sin \pi x$ 时，等式成立，而且仅对这种函数成立.

解释　若 f 是连续的，则它属于由使得 $\int_0^1 [f(x)]^2 \mathrm{d}x$ 存在的实函数组成的 L^2 空间，这是一个向量空间. 这个空间的范数 $\| f \|$ 由

$$\| f \|^2 = \int_0^1 f^2 \mathrm{d}x$$

所定义. 对 L^2 中的任何两个元素 f 与 g，f 与 g 的内积由

$$(f, g) = \int_0^1 f(x) g(x) \mathrm{d}x$$

所定义.

借助算子 K，公式

$$g(x) = \int_0^1 K(x, y) f(y) \mathrm{d}y$$

将 f 映为 g. 我们可以写作 $g = Kf$.

公式(11)表示

$$\| g \| \leqslant \frac{1}{\pi^2} \| f \| \quad 或 \quad \| Kf \| \leqslant \frac{1}{\pi^2} \| f \|.$$

公式(12)表示

$$(Kf, f) \leqslant \frac{1}{\pi^2} \| f \|^2$$

当 $f(x)=c\sin \pi x$ 时,等式成立.

(4)如果

$$\lambda f(x)=\int_0^1 K(x,y) f(y) \mathrm{d}y$$

那么由问题(2)可得

$$\lambda f''=-f$$

这样一来,f 是微分方程

$$f''+\frac{f}{\lambda}=0$$

的一个解,并满足边界条件

$$f(0)=f(1)=0$$

分两种情况讨论:

(a)$\lambda<0$. 设 $\frac{1}{\lambda}=-\omega^2$,所以

$$f(x)=a\mathrm{e}^{\omega x}+b\mathrm{e}^{-\omega x}$$

这里 a 与 b 是两个常数,满足

$$a+b=0, a\mathrm{e}^{\omega}+b\mathrm{e}^{-\omega}=0$$

在一般情况下,这两个线性方程有唯一解 $a=b=0$. 唯一可能的例外是 ω 满足方程

$$\mathrm{e}^{\omega}-\mathrm{e}^{-\omega}=0 \quad 或 \quad \mathrm{e}^{2\omega}=1$$

但是这蕴涵着 $\omega=0$,它与方程 $\frac{1}{\lambda}=-\omega^2$ 相矛盾. 当 $\lambda<0$ 时,积分方程只有唯一解 $f=0$.

(b)$\lambda>0$. 这时

$$f(x)=a\cos \omega x+b\sin \omega x,其中 \frac{1}{\lambda}=\omega^2$$

常数 a 与 b 满足条件

$$a=0 \quad 与 \quad b\sin \omega=0$$

因为 a 与 b 不可能同时为 0,所以 ω 一定是 π 的倍数. 因此,可设 $\omega=n\pi$. 这样

一来

$$\lambda=\frac{1}{n^2\pi^2}$$

已给方程有非零解

$$f(x)=b\sin n\pi x$$

确定到差一个常数因子.

值 $\lambda=\frac{1}{n^2\pi^2}$ 叫作算子 $-\frac{\mathrm{d}^2}{\mathrm{d}x^2}$ 的特征值，这个算子属于在区间 $[0,1]$ 上二次可微且在 $x=1$ 和 $x=0$ 处取零值的函数所组成的向量空间.

注 1　当 $\lambda=0$ 时，所有正交于核 $K(x,y)$（作为 y 的函数）的函数都是积分方程的非零解. 这些函数都可展开为余弦级数的偶函数.

注 2　若 $Kf=\lambda f$，则问题(3)中的不等式(12)表示

$$|\lambda|\,\|f\|\leqslant\frac{1}{\pi^2}\|f\|\quad\text{或}\quad|\lambda|\leqslant\frac{1}{\pi^2}$$

这就立即给出了积分方程的特征值集合的上界.

附录1 克莱鲍尔关于帕塞瓦尔等式的证明

设 f 是$(-\pi,\pi)$上的黎曼可积函数，证明

$$2a_0^2+\sum_{n=1}^{\infty}(a_n^2+b_n^2)=\frac{1}{\pi}\int_{-\pi}^{\pi}f^2(x)\mathrm{d}x$$

这个结果通常称为帕塞瓦尔等式.

证明 我们先证明贝塞尔不等式

$$2a_0^2+\sum_{n=1}^{\infty}(a_n^2+b_n^2)\leqslant\frac{1}{\pi}\int_{-\pi}^{\pi}f^2(x)\mathrm{d}x$$

注意

$$\int_{-\pi}^{\pi}[f(x)-s_n]^2\mathrm{d}x=\int_{-\pi}^{\pi}f^2(x)\mathrm{d}x-2\int_{-\pi}^{\pi}f(x)s_n\mathrm{d}x+\int_{-\pi}^{\pi}s_n^2\mathrm{d}x$$

以 s_n 的表达式代入右端，立刻得到

$$\int_{-\pi}^{\pi}[f(x)-s_n]^2\mathrm{d}x=\int_{-\pi}^{\pi}f^2(x)\mathrm{d}x-2\pi\left[2a_0^2+\sum_{r=1}^{n}(a_r^2+b_r^2)\right]+\pi\left[2a_0^2+\sum_{r=1}^{n}(a_r^2+b_r^2)\right]$$

由此

$$\frac{1}{\pi}\int_{-\pi}^{\pi}[f(x)-s_n]^2\mathrm{d}x=\frac{1}{\pi}\int_{-\pi}^{\pi}f^2(x)\mathrm{d}x-\left[2a_0^2+\sum_{r=1}^{n}(a_r^2+b_r^2)\right]$$

于是

$$2a_0^2+\sum_{r=1}^{n}(a_r^2+b_r^2)\leqslant\frac{1}{\pi}\int_{-\pi}^{\pi}f^2(x)\mathrm{d}x \tag{1}$$

从而

$$2a_0^2+\sum_{r=1}^{\infty}(a_r^2+b_r^2)\leqslant\frac{1}{\pi}\int_{-\pi}^{\pi}f^2(x)\mathrm{d}x \tag{2}$$

这正是贝塞尔不等式.

下面证明帕塞瓦尔等式. 由于

$$s_n=\frac{1}{2\pi}\int_{-\pi}^{\pi}f(x')\left[1+2\sum_{r=1}^{n}\cos r(x'-x)\right]\mathrm{d}x'$$

故

$$\sigma_n=\frac{1}{2n\pi}\int_{-\pi}^{\pi}f(x')\frac{\sin^2\frac{1}{2}n(x'-x)}{\sin^2\frac{1}{2}(x'-x)}\mathrm{d}x'$$

又

$$\int_{-\pi}^{\pi}\frac{\sin^2\frac{1}{2}n(x'-x)}{\sin^2\frac{1}{2}(x'-x)}\mathrm{d}x'=2n\pi$$

故

$$\sigma_n-f(x)=\frac{1}{2n\pi}\int_{-\pi}^{\pi}[f(x')-f(x)]\frac{\sin^2\frac{1}{2}n(x^2-x)}{\sin^2\frac{1}{2}(x'-x)}\mathrm{d}x' \tag{3}$$

$$|\sigma_n-f(x)|\leqslant M-m \tag{4}$$

这里,M,m 是 $f(x)$ 在$(-\pi,\pi)$上的上、下确界,x 是这个区间内的任意点.

因为 f 在$(-\pi,\pi)$上黎曼可积,所以对任意一对正数 α,β,存在分割$(-\pi,\pi)$的一种方法,使在其上 f 的振幅(即 f 的上、下确界之差)不小于 β 的那部分区间的长度之和小于 α. 这正是 f 在$(-\pi,\pi)$上的黎曼可积性的充分必要条件. 设 Δ 表示这种分割方法中 f 的振幅不小于 β 的那些区间之集,δ 表示其余区间之集.

对 δ 的区间,在它们的各个端点处割出一部分来,使所割出的线段的长度之和小于 α. 设 δ'' 表示所割出的线段,δ' 表示 δ 的其余部分. 于是

$$\int_{-\pi}^{\pi}[\sigma_n-f(x)]^2\mathrm{d}x=\left\{\sum_{\delta'}\int_{\delta'}+\sum_{\delta''}\int_{\delta''}+\sum_{\Delta}\int_{\Delta}\right\}[\sigma_n-f(x)]^2\mathrm{d}x \tag{5}$$

这里所用的记号表示:这些积分分别是在 δ',δ'',Δ 的区间上取的.

现在,设(a,b)是 δ 的一个区间,(a',b')是 δ' 的相应的区间. 又设 x 是(a',b')的点. 由式(3)知

$$\sigma_n-f(x)=\frac{1}{2n\pi}\left[\int_{-\pi}^{a}+\int_{a}^{b}+\int_{b}^{\pi}\right][f(x')-f(x)]\cdot\frac{\sin^2\frac{1}{2}n(x'-x)}{\sin^2\frac{1}{2}(x'-x)}\mathrm{d}x' \tag{6}$$

分别估计这三个积分,我们有

$$\left|\frac{1}{2n\pi}\int_{-\pi}^{a}[f(x')-f(x)]\frac{\sin^2\frac{1}{2}n(x'-x)}{\sin^2\frac{1}{2}(x'-x)}\mathrm{d}x'\right|$$

$$<\frac{M-m}{2n\pi}\int_{-\pi}^{a}\operatorname{cosec}^2\frac{1}{2}(x'-x)\mathrm{d}x'<\frac{K}{n}$$

其中 K 是与 (a,b) 和 (a',b') 的位置有关的整数. 类似有

$$\left|\frac{1}{2n\pi}\int_b^\pi [f(x')-f(x)]\frac{\sin^2\frac{1}{2}n(x'-x)}{\sin\frac{1}{2}(x'-x)}\mathrm{d}x'\right|$$

$$<\frac{M-m}{2n\pi}\int_b^\pi \operatorname{cosec}^2\frac{1}{2}(x'-x)\mathrm{d}x'<\frac{K}{n}$$

显然,在这两种情形里 K 可以取相同值,而且,在后面我们可以随便用一个较大的值代替它. 最后

$$\left|\frac{1}{2n\pi}\int_a^b [f(x')-f(x)]\frac{\sin^2\frac{1}{2}n(x'-x)}{\sin^2\frac{1}{2}(x'-x)}\mathrm{d}x'\right|$$

$$<\frac{\beta}{2n\pi}\int_a^b \frac{\sin^2\frac{1}{2}n(x'-x)}{\sin^2\frac{1}{2}(x'-x)}\mathrm{d}x'$$

$$<\frac{\beta}{2n\pi}\int_{-\pi}^\pi \frac{\sin^2\frac{1}{2}n(x'-x)}{\sin^2\frac{1}{2}(x'-x)}\mathrm{d}x'=\beta$$

因此,从式(6) 有

$$|\sigma_n-f(x)|\leqslant\left(\beta+2\cdot\frac{K}{n}\right) \tag{7}$$

但 δ' 的区间的长度之和不超过 2π,故式(5) 中

$$\sum_{\delta'}\int_{\delta'}[\sigma_n-f(x)]^2\mathrm{d}x\leqslant 2\pi\left(\beta+2\cdot\frac{K}{n}\right)^2 \tag{8}$$

又由式(4),因为 δ'' 的区间长度之和小于 a,故

$$\sum_{\delta''}\int_{\delta''}[\sigma_n-f(x)]^2\mathrm{d}x\leqslant\alpha(M-m)^2 \tag{9}$$

类似地

$$\sum_{\Delta}\int_{\Delta}[\sigma_n-f(x)]^2\mathrm{d}x\leqslant\alpha(M-m)^2 \tag{10}$$

但 β 和 α 是任意的正数,我们可以把它们取得要多小就多小,因此,从(5)(8)(9)(10) 四式得

$$\lim_{n\to\infty}\int_{-\pi}^{\pi}[\sigma_n-f(x)]^2\mathrm{d}x=0 \tag{11}$$

由于

$$\sigma_n = a_0 + \sum_{r=1}^{n-1} \left(\frac{n-r}{n}\right)(a_r \cos rx + b_r \sin rx)$$

与贝塞尔不等式的证明一样有

$$\begin{aligned}\frac{1}{\pi}\int_{-\pi}^{\pi}[\sigma_n - f(x)]^2 \mathrm{d}x &= \frac{1}{\pi}\int_{-\pi}^{\pi} f^2(x)\mathrm{d}x - \left[2a_0^2 + \sum_{r=1}^{n-1}\left(\frac{n^2-r^2}{n^2}\right)(a_r^2+b_r^2)\right] \\ &= \left\{\frac{1}{\pi}\int_{-\pi}^{\pi} f^2(x)\mathrm{d}x - \left[2a_0^2 + \sum_{r=1}^{n-1}(a_r^2+b_r^2)\right]\right\} + \\ &\quad \frac{1}{n^2}\sum_{r=1}^{n-1} r^2(a_r^2+b_r^2) \qquad (12)\end{aligned}$$

但从式(1) 知道

$$\frac{1}{\pi}\int_{-\pi}^{\pi} f^2(x)\mathrm{d}x - \left[2a_0^2 + \sum_{r=1}^{n-1}(a_r^2+b_r^2)\right] \geqslant 0$$

因而从(11)(12) 可知,f 黎曼可积时

$$\frac{1}{\pi}\int_{-\pi}^{\pi} f^2(x)\mathrm{d}x = 2a_0^2 + \sum_{r=1}^{\infty}(a_r^2+b_r^2)$$

又

$$\lim_{n\to\infty}\left[\frac{1}{n^2}\sum_{r=1}^{n-1} r^2(a_r^2+b_r^2)\right] = 0$$

(帕塞瓦尔等式的上述证法属于 A. 胡尔维茨(A. Hurwitz)).

本证明引自:G. 克莱鲍尔(G. Klambauer) 著,庄亚栋译,《数学分析》,上海科学技术出版社,1981 年,284-287 页.

附录 2　子空间帕塞瓦尔框架的一个基本恒等式[①]

石家庄铁道大学四方学院的王静、高德智、徐振民三位教授在 2009 年研究了子空间框架的一个基本恒等式，利用算子理论的两个基本结果，得到了子空间帕塞瓦尔框架的基本恒等式，同时给出了恒等式的几种变形，包括一般子空间框架的情况.

1. 引言

随着人们对框架理论的研究，框架已变成了数据传输等领域的一个基本工具，它的主要优点是在其元素不必互相正交而是有冗余的情况下重构公式仍然成立，这使得它在应用领域有更多的用处. 由于数量的稳定性，紧框架和帕塞瓦尔框架已经引起人们越来越多的关注，特别是在图像处理中，紧框架已经变成一种重要工具，多年来，工程师们认为，在语音识别中，一个信号即使没有位相信息也可重构. 在已有文献[②]中，这个长期的猜测通过构造一种新的帕塞瓦尔框架而得到验证. 在构造过程中，为了找到信号重构的有效算法，R. Balan，P. G. Casazza 和 D. Edidin 发现了帕塞瓦尔框架的一个令人惊奇的恒等式.

子空间框架是抽象框架的推广，它具有很多与框架类似的性质. 而子空间紧框架和子空间帕塞瓦尔框架又是非常特殊的子空间框架，特别是子空间帕塞瓦尔框架，它有很多优于一般子空间框架的结果. 本附录把 Radu Balan，Peter G. Gasazza 等人最近提出的帕塞瓦尔框架基本恒等式推广到了子空间帕塞瓦尔框架的情况，事实证明有类似的结论.

子空间帕塞瓦尔框架恒等式可表述为下面的形式(定理 2)：对每一个希尔伯特空间 H 上的子空间帕塞瓦尔框架$\{W_i\}_{i\in I}$，对每一个子集 $J\subseteq I$，$\forall f\in H$，都有

---

①本附录摘编自《数学杂志》，2009 年第 29 卷第 2 期.

②BALAN R，CASAZZA P G，EDIDIN D. Signal reconstruction without noisy phase[J]. Appl. Comput. Harmon. Anal.，2006，20(6)：345-356.

$$\sum_{i\in J^C} v_i^2 \| \pi W_i(f) \|^2 - \sum_{i\in J^C} \| v_i^2 \pi W_i(f) \|^2$$
$$= \sum_{i\in J^C} v_i^2 \| \pi W_i(f) \|^2 - \sum_{i\in J^C} \| v_i^2 \pi W_i(f) \|^2$$

本附录是在算子理论的基础上给出了证明,并推广到任意的子空间框架的情况(定理1).然而,我们的重点是子空间帕塞瓦尔框架的情形,还提出了这一结果的几种有趣变形,例如,子集分法重叠的情况.然后对恒等式进行了详细讨论,特别地,我们推导出了使得恒等式两边等于零的等价条件.

2. 预备知识

本附录考虑的是希尔伯特空间上的子空间框架,用 H 表示可分的复希尔伯特空间,I表示可数的指标集,Id 表示 H 上的恒等算子.如果 W 是 H 的一个子空间,用 π_W 表示 H 到 W 上的正交投影.用 $\text{span}\{W_i\}_{i\in I}$ 表示 H 中子空间 $\{W_i\}_{i\in I}$ 的有限并,其闭包用 $\overline{\text{span}}\{W_i\}_{i\in I}$ 表示.下面我们先给出子空间框架的定义.

定义1 设 H 是一个可分的希尔伯特空间,$\{W_i\}_{i\in I}$ 是 H 的一列闭子空间,$\{v_i\}_{i\in I}$ 是一组权重,即 $v_i>0, i\in I$.我们称 $\{W_i\}_{i\in I}$ 是 H 的关于 $\{v_i\}_{i\in I}$ 的子空间框架,如果存在常数 $0<C\leqslant D<\infty$,使得下式成立

$$C\| f \|^2 \leqslant \sum_{i\in I} v_i^2 \| \pi_{W_j}(f) \|^2 \leqslant D \| f \|^2 \quad (\forall f\in H) \tag{1}$$

其中我们把 C,D 叫作子空间框架界.若 $C=D$,则 $\{W_i\}_{i\in I}$ 是关于 $\{v_i\}_{i\in I}$ 的子空间 $C-$紧框架;若 $C=D=1$,则称 $\{W_i\}_{i\in I}$ 是关于 $\{v_i\}_{i\in I}$ 的子空间帕塞瓦尔框架;若 $v=v_i=v_j, i,j\in I$,则称 $\{W_i\}_{i\in I}$ 是子空间 $v-$一致框架.若 $H=\bigoplus_{i\in I} W_i$,则 $\{W_i\}_{i\in I}$ 是 H 关于 $\{v_i\}_{i\in I}$ 的子空间标准正交基,在此指出 $\{W_i\}_{i\in I}$ 是标准正交基的充要条件为 $\{W_i\}_{i\in I}$ 是一个 1-一致帕塞瓦尔框架.如果 $\{W_i\}_{i\in I}$ 只满足(1)中右边的不等式,那么称 $\{W_i\}_{i\in I}$ 是关于 $\{v_i\}_{i\in I}$ 的子空间贝塞尔序列,贝塞尔界为 D.我们称 $\{W_i\}_{i\in I}$ 是一个子空间框架序列,如果它仅仅是 $\overline{\text{span}}\{W_i\}_{i\in I}$ 的一个子空间框架.

同框架情况类似,子空间框架也有一个与 $\{W_i\}_{i\in I}$,$\{v_i\}_{i\in I}$ 相联系的框架算子 $S_{W,v}$,定义为 $S_{W,v}: H\to H, S_{W,v}(f)=\sum_{i\in I} v_i^2 \pi_{W_i}(f), \forall f\in H$,并且 $S_{W,v}$ 是正的、有界可逆算子,并且 $CId\leqslant S_{W,v}\leqslant DId$.进一步地,我们还可得到重构公式

$$f=\sum_{i\in I} v_i^2 S_{W,v}^{-1} \pi_{W_i}(f) = \sum_{i\in I} v_i^2 \pi_{W_i} S_{W,v}^{-1}(f) \quad (\forall f\in H)$$

特殊地,当 $\{W_i\}_{i\in I}$ 是关于 $\{v_i\}_{i\in I}$ 的子空间帕塞瓦尔框架时,有

$$\langle S_{W,v}(f), f\rangle = \langle \sum_{i\in I} v_i^2 \pi_{W_i}(f), f\rangle$$

$$=\sum_{i\in I}v_i^2\|\pi_{W_i}(f)\|^2=\|f\|^2$$

所以 $S_{W,v}=S_{W,v}^{-1}=Id$. 当$\{W_i\}_{i\in I}$是关于$\{v_i\}_{i\in I}$的子空间贝塞尔序列时，对 $\forall J\subseteq I$，定义算子 $S_{W,v,J}:S_{W,v,J}(f)=\sum_{i\in J}v_i^2\pi_{W_i}(f)$，易得 $S_{W,v,J}$ 是一个正算子.

最后，为方便后面的使用，我们给出一个类似于抽象框架的结论.

引理 1 设$\{W_i\}_{i\in I}$是 H 的关于$\{v_i\}_{i\in I}$的子空间框架，框架算子为 $S_{W,v}$，则对 $\forall f\in H$，有：

(1) $\|\sum_{i\in I}v_i^2\pi_{W_i}(f)\|^2\leqslant\|S_{W,v}\|\sum_{i\in I}v_i^2\|\pi_{W_i}(f)\|^2$.

(2) $\sum_{i\in I}v_i^2\|\pi_{W_i}(f)\|^2\leqslant\|S_{W,v}^{-1}\|\ \|\sum_{i\in I}v_i^2\pi_{W_i}(f)\|^2$.

对于无限维希尔伯特空间上的框架，我们一个富有成效的研究方法就是把框架看作算子，这样算子理论、C^* 一代数中的一些很好的性质就可以应用到框架中来. 下面给出算子理论的两个基本结果，它们对于基本恒等式的证明是非常有用的.

引理 2 如果 S,T 是 H 上的算子，且满足$S+T=Id$，那么 $S-T=S^2-T^2$.

引理 3 设 S,T 是 H 上的算子，且满足 $S+T=Id$，则 S,T 是自伴的当且仅当 S^*T 是自伴的.

3. 一个基本恒等式

我们先讨论一下 H 中一般的子空间框架的情况.

定理 1 设$\{W_i\}_{i\in I}$是 H 的关于$\{v_i\}_{i\in I}$的子空间框架，则对所有的 $J\subseteq I$，$\forall f\in H$，有

$$\sum_{i\in J}v_i^2\|\pi_{W_i}(f)\|^2-\sum_{i\in I}v_i^2\|\pi_{W_i}S_{W,v}^{-1}(S_{W,v,J}f)\|^2$$
$$=\sum_{i\in J^c}v_i^2\|\pi_{W_i}(f)\|^2-\sum_{i\in I}v_i^2\|\pi_{W_i}S_{W,v}^{-1}(S_{W,v,J^c}f)\|^2$$

证明 设 $S_{W,v}$ 为$\{W_i\}_{i\in I}$的框架算子. 因为 $S_{W,v}=S_{W,v,J}+S_{W,v,J^c}$，所以 $Id=S_{W,v}^{-1}S_{W,v,J}+S_{W,v}^{-1}S_{W,v,J^c}$，把引理 2 应用到算子 $S_{W,v}^{-1}S_{W,v,J}$ 和 $S_{W,v}^{-1}S_{W,v,J^c}$ 上就有

$$S_{W,v}^{-1}S_{W,v,J}-S_{W,v}^{-1}S_{W,v,J}S_{W,v}^{-1}S_{W,v,J}$$
$$=S_{W,v}^{-1}S_{W,v,J^c}-S_{W,v}^{-1}S_{W,v,J^c}S_{W,v}^{-1}S_{W,v,J^c} \tag{2}$$

因此，对 $\forall f,g\in H$，有

$$\langle S_{W,v}^{-1}S_{W,v,J}f,g\rangle-\langle S_{W,v}^{-1}S_{W,v,J}S_{W,v}^{-1}S_{W,v,J}f,g\rangle$$
$$=\langle S_{W,v,J}f,S_{W,v}^{-1}g\rangle-\langle S_{W,v}^{-1}S_{W,v,J}f,S_{W,v,J}S_{W,v}^{-1},g\rangle \tag{3}$$

现在我们取 $g=S_{W,v}f$，则式(3)变为

$$\begin{aligned}&\langle S_{W,v,J}f,f\rangle-\langle S_{W,v}^{-1}S_{W,v,J}f,S_{W,v,J}f\rangle\\&=\sum_{i\in J}v_i^2\|\pi_{W_i}(f)\|^2-\langle S_{W,v}^{-1}S_{W,v,J}f,S_{W,v,J}f\rangle\end{aligned}$$

令 $S_{W,v,J}(f)=\sum_{i\in J}v_i^2\pi_{W_i}(f)=h$，则

$$\begin{aligned}\langle S_{W,v}^{-1}S_{W,v,J}f,S_{W,v,J}f\rangle&=\langle S_{W,v}^{-1}h,h\rangle=\langle h,S_{W,v}^{-1}h\rangle\\&=\langle\sum_{i\in I}v_i^2\pi_{W_i}S_{W,v}^{-1}h,S_{W,v}^{-1}h\rangle\\&=\sum_{i\in I}v_i^2\langle\pi_{W_i}S_{W,v}^{-1}h,S_{W,v}^{-1}h\rangle\\&=\sum_{i\in I}v_i^2\|\pi_{W_i}S_{W,v}^{-1}h\|^2\\&=\sum_{i\in I}v_i^2\|\pi_{W_i}S_{W,v}^{-1}(S_{W,v,J}f)\|^2\end{aligned}$$

因此式(3)右边变为 $\sum_{i\in J}v_i^2\|\pi_{W_i}(f)\|^2-\sum_{i\in I}v_i^2\|\pi_{W_i}S_{W,v}^{-1}(S_{W,v,J}f)\|^2$. 对于式(2)右边是关于 J^c 的式子，同理可得到与式(3)类似的结果. 于是两边合起来就得到结论.

推论1 设 $\{W_i\}_{i\in I}$ 是 H 的关于 $\{v_i\}_{i\in I}$ 的子空间 C—紧框架，则对所有的 $J\subseteq I$, $\forall f\in H$ 都有

$$\begin{aligned}&C\sum_{i\in J}v_i^2\|\pi_{W_i}(f)\|^2-\|\sum_{i\in J}v_i^2\pi_{W_i}(f)\|^2\\&=C\sum_{i\in J^c}v_i^2\|\pi_{W_i}(f)\|^2-\|\sum_{i\in J^c}v_i^2\pi_{W_i}(f)\|^2\end{aligned}$$

证明 设 $\{W_i\}_{i\in I}$ 是子空间 C—紧框架，则 $S_{W,v}=CId$, $S_{W,v}^{-1}=\frac{1}{C}Id$，由定理1知

$$\begin{aligned}&\sum_{i\in J}v_i^2\|\pi_{W_i}(f)\|^2-\frac{1}{C^2}\sum_{i\in I}v_i^2\|\pi_{W_i}(S_{W,v,J}f)\|^2\\&=\sum_{i\in J^C}v_i^2\|\pi_{W_i}(f)\|^2-\frac{1}{C^2}\sum_{i\in I}v_i^2\|\pi_{W_i}(S_{W,v,J^C}f)\|^2\end{aligned}$$

此时 $\sum_{i\in I}v_i^2\|\pi_{W_i}(S_{W,v,J}f)\|^2=C\|S_{W,v,J}f\|^2$，代入上式两边同乘以 C 即得结论.

对于子空间帕塞瓦尔框架的情形，恒等式变成了更特殊的形式，这正是它的奇特之处.

定理2 设 $\{W_i\}_{i\in I}$ 是 H 关于 $\{v_i\}_{i\in I}$ 的子空间帕塞瓦尔框架，则对所有的 $J\subseteq$

I, $\forall f\in \mathrm{H}$ 都有

$$\sum_{i\in J}v_i^2\parallel \pi_{W_i}(f)\parallel^2-\parallel \sum_{i\in J}v_i^2\pi_{W_i}(f)\parallel^2$$
$$=\sum_{i\in J^C}v_i^2\parallel \pi_{W_i}(f)\parallel^2-\parallel \sum_{i\in J^C}v_i^2\pi_{W_i}(f)\parallel^2$$

证明 当$\{W_i\}_{i\in \mathrm{I}}$是子空间帕塞瓦尔框架时，常数$C=1$，由推论 1 知结果成立.

我们还可得到下面的变形结果.

定理 3 设$\{W_i\}_{i\in \mathrm{I}}$是 H 关于$\{v_i\}_{i\in \mathrm{I}}$的子空间帕塞瓦尔框架，则对所有的$J\subseteq \mathrm{I}$, $\forall E\in J^C$, $\forall f\in \mathrm{H}$，有

$$\parallel \sum_{i\in J\cup E}v_i^2\pi_{W_i}(f)\parallel^2-\parallel \sum_{i\in J^C\setminus E}v_i^2\pi_{W_i}(f)\parallel^2$$
$$=\parallel \sum_{i\in J}v_i^2\pi_{W_i}(f)\parallel^2-\parallel \sum_{i\in J^C}v_i^2\pi_{W_i}(f)\parallel^2+2\sum_{i\in E}v_i^2\parallel \pi_{W_i}(f)\parallel^2$$

证 注意$(J\cup E)^C=J^C\setminus E$，应用定理 2 两次得

$$\parallel \sum_{i\in J\cup E}v_i^2\pi_{W_i}(f)\parallel^2-\parallel \sum_{i\in J^C\setminus E}v_i^2\pi_{W_i}(f)\parallel^2$$
$$=\sum_{i\in J\cup E}v_i^2\parallel \pi_{W_i}(f)\parallel^2-\sum_{i\in J^C\setminus E}v_i^2\parallel \pi_{W_i}(f)\parallel^2$$
$$=\sum_{i\in J}v_i^2\parallel \pi_{W_i}(f)\parallel^2-\sum_{i\in J^C}v_i^2\parallel \pi_{W_i}(f)\parallel^2+2\sum_{i\in E}v_i^2\parallel \pi_{W_i}(f)\parallel^2$$
$$=\parallel \sum_{i\in J}v_i^2\pi_{W_i}(f)\parallel^2-\parallel \sum_{i\in J^C}v_i^2\pi_{W_i}(f)\parallel^2+2\sum_{i\in E}v_i^2\parallel \pi_{W_i}(f)\parallel^2$$

进一步地，定理 2 中的恒等式在子空间帕塞瓦尔框架序列时也成立.

推论 2 设$\{W_i\}_{i\in \mathrm{I}}$是 H 的关于$\{v_i\}_{i\in \mathrm{I}}$的子空间帕塞瓦尔框架序列，则$J\subseteq \mathrm{I}$, $\forall f\in \mathrm{H}$ 都有

$$\sum_{i\in J}v_i^2\parallel \pi_{W_i}(f)\parallel^2-\parallel \sum_{i\in J}v_i^2\pi_{W_i}(f)\parallel^2$$
$$=\sum_{i\in J^C}v_i^2\parallel \pi_{W_i}(f)\parallel^2-\parallel \sum_{i\in J^C}v_i^2\pi_{W_i}(f)\parallel^2$$

证明 设P_i是 H 到W_i的正交投影算子，由定理 2，我们有

$$\sum_{i\in J}v_i^2\parallel \pi_{W_i}(P_if)\parallel^2-\parallel \sum_{i\in J}v_i^2\pi_{W_i}(P_if)\parallel^2$$
$$=\sum_{i\in J^C}v_i^2\parallel \pi_{W_i}(P_if)\parallel^2-\parallel \sum_{i\in J^C}v_i^2\pi_{W_i}(P_if)\parallel^2$$

因为$\pi_{W_i}(P_if)=\pi_{W_i}^2(f)=\pi_{W_i}(f)$，所以结论成立.

4. 关于恒等式的讨论

子空间帕塞瓦尔框架恒等式的两边所具有的性质是一般子空间框架的情形无法比拟的，它具有一些令人惊奇的结论. 例如，若 J 是空集，则恒等式的左边为 0，是因为

$$\sum_{i\in J} v_i^2 \| \pi_{W_i}(f) \|^2 = 0 = \| \sum_{i\in J} v_i^2 \pi_{W_i}(f) \|^2$$

右边也为 0，却是因为

$$\begin{aligned}\sum_{i\in \mathrm{I}} v_i^2 \| \pi_{W_i}(f) \|^2 &= \| f \|^2 = \| S_{W,v}(f) \|^2 \\ &= \| \sum_{i\in \mathrm{I}} v_i^2 \pi_{W_i}(f) \|^2\end{aligned}$$

同样地，如果 $|J|=1$，恒等式左边的两项都任意趋近于零，而右边的两项都近似地等于 $\| f \|^2$，并且两边不再精确地产生恒等式了.

若$\{W_i\}_{i\in \mathrm{I}}$ 是 H 的关于$\{v_i\}_{i\in \mathrm{I}}$ 的子空间帕塞瓦尔框架序列，则对 $\forall J \subseteq \mathrm{I}$，$\forall f \in \mathrm{H}$，有

$$\| f \|^2 = \sum_{i\in J} v_i^2 \| \pi_{W_i}(f) \|^2 + \sum_{i\in J^C} v_i^2 \| \pi_{W_i}(f) \|^2$$

因此上述等式右边两项中总有一项要大于或等于 $\frac{1}{2} \| f \|^2$. 因此，由定理 2，对 $\forall J \subseteq \mathrm{I}$，$\forall f \in \mathrm{H}$，有

$$\begin{aligned}&\sum_{i\in J} v_i^2 \| \pi_{W_i}(f) \|^2 + \| \sum_{i\in J^C} v_i^2 \pi_{W_i}(f) \|^2 \\ \geqslant &\sum_{i\in J^C} v_i^2 \| \pi_{W_i}(f) \|^2 + \| \sum_{i\in J} v_i^2 \pi_{W_i}(f) \|^2 \\ \geqslant &\| f \|^2\end{aligned}$$

事实上，这个不等式的右边还可以再大.

定理 4 设$\{W_i\}_{i\in \mathrm{I}}$ 是 H 的关于$\{V_i\}_{i\in \mathrm{I}}$ 的子空间帕塞瓦尔框架，则对 $\forall I \subseteq \mathrm{I}$，$\forall f \in \mathrm{H}$，有

$$\sum_{i\in J} v_i^2 \| \pi_{W_i}(f) \|^2 + \| \sum_{i\in J^C} v_i^2 \pi_{W_i}(f) \|^2 \geqslant \frac{3}{4} \| f \|^2$$

证明 因为

$$\begin{aligned}\| f \|^2 &= \| S_{W,v,J} f + S_{W,v,J^C} f \|^2 \\ &\leqslant \| S_{W,v,J} f \|^2 + \| S_{W,v,J^C} f \|^2 + 2 \| S_{W,v,J} f \| \ \| S_{W,v,J^C} f \| \\ &\leqslant 2(\| S_{W,v,J} f \|^2 + \| S_{W,v,J^C} f \|^2)\end{aligned}$$

所以得

$$\langle (S_{W,v,J}^2 + S_{W,v,J^C}^2) f, f\rangle = \| S_{W,v,J} f \|^2 + \| S_{W,v,J^C} f \|^2$$

$$\geqslant \frac{1}{2} \| f \|^2 = \frac{1}{2} \langle \mathrm{I}d(f), f\rangle$$

即

$$S_{W,v,J}^2 + S_{W,v,J^C}^2 \geqslant \frac{1}{2} \mathrm{I}d$$

又因为

$$S_{W,v,J} + S_{W,v,J} = \mathrm{I}d$$

所以

$$S_{W,v,J} + S_{W,v,J}^2 + S_{W,v,J^C}^2 + S_{W,v,J^C} \geqslant \frac{3}{2} \mathrm{I}d$$

把引理 2 应用到

$$S = S_{W,v,J}, T = S_{W,v,J^C}$$

得

$$S_{W,v,J} + S_{W,v,J^C}^2 = S_{W,v,J}^2 + S_{W,v,J^C}$$

于是有

$$2(S_{W,v,J} + S_{W,v,J^C}^2) \geqslant \frac{3}{2} \mathrm{I}d$$

所以对 $\forall f \in \mathrm{H}$，有

$$\sum_{i \in J} v_i^2 \| \pi_{W_i}(f) \|^2 + \| \sum_{i \in J^C} v_i^2 \pi_{W_i}(f) \|^2$$

$$= \langle S_{W,v,J} f, f\rangle + \langle S_{W,v,J^C} f, S_{W,v,J^C} f\rangle$$

$$= \langle (S_{W,v,J} + S_{W,v,J^C}^2) f, f\rangle \geqslant \frac{3}{4} \| f \|^2$$

如果我们能够选择两个不同的子空间序列把$\{W_i\}_{i\in \mathrm{I}}$延拓为一个子空间紧框架，那么这两个空间序列就有几个共同的性质.

定理 5　设$\{W_i\}_{i\in \mathrm{I}}$是 H 的关于$\{v_i\}_{i\in \mathrm{I}}$的子空间框架. 假设$\{W_i\}_{i\in \mathrm{I}} \cup \{Z_i\}_{i\in K}$是关于$\{v_i\}_{i\in \mathrm{I}} \cup \{z_i\}_{i\in K}$的子空间$C-$紧框架，$\{W_i\}_{i\in \mathrm{I}} \cup \{U_i\}_{i\in L}$是关于$\{v_i\}_{i\in \mathrm{I}} \cup \{u_i\}_{i\in L}$的子空间$C-$紧框架，则下面的式子成立.

(1) 对 $\forall f \in \mathrm{H}$，$\sum\limits_{i\in K} z_i^2 \| \pi_{Z_i}(f) \|^2 = \sum\limits_{i\in L} u_i^2 \| \pi_{U_i}(f) \|^2$.

(2) 对 $\forall f \in \mathrm{H}$，$\sum\limits_{i\in K} z_i^2 \pi_{Z_i}(f) = \sum\limits_{i\in L} u_i^2 \pi_{U_i}(f)$.

(3) $\operatorname{span}\{Z_i\}_{i\in K}=\operatorname{span}\{U_i\}_{i\in L}$.

证明　对 $\forall f\in \mathrm{H}$,我们有

$$\sum_{i\in \mathrm{I}} v_i^2\|\pi_{W_i}(f)\|^2+\sum_{i\in K} z_i^2\|\pi_{Z_i}(f)\|^2=C\|f\|^2$$
$$=\sum_{i\in \mathrm{I}} v_i^2\|\pi_{W_i}(f)\|^2+\sum_{i\in L} u_i^2\|\pi_{U_i}(f)\|^2$$

于是得

$$\sum_{i\in K} z_i^2\|\pi_{Z_i}(f)\|^2=\sum_{i\in L} u_i^2\|\pi_{U_i}(f)\|^2$$

同样地,$\sum_{i\in \mathrm{I}} v_i^2\pi_{W_i}(f)+\sum_{i\in K} z_i^2\pi_{Z_i}(f)=Cf=\sum_{i\in \mathrm{I}} v_i^2\pi_{W_i}(f)+\sum_{i\in L} u_i^2\pi_{U_i}(f)$,于是(2)成立.

由(2)知此 C—紧框架的两个子空间框架算子相等,易推出(3)成立.

注意到对任意的H上的正算子T来说,对 $\forall f\in \mathrm{H}$, $Tf=0\Leftrightarrow\langle Tf,f\rangle=0$. 又任意到帕塞瓦尔恒等式中一边为0的充要条件是另一边也为0,于是我们得到下面的结果.

定理6　设 $\{W_i\}_{i\in \mathrm{I}}$ 是H的关于 $\{v_i\}_{i\in \mathrm{I}}$ 的子空间帕塞瓦尔框架,则 $J\subseteq \mathrm{I}$, $\forall f\in \mathrm{H}$,下面条件是等价的.

(1) $\sum_{i\in J} v_i^2\|\pi_{W_i}(f)\|^2=\|\sum_{i\in J} v_i^2\pi_{W_i}(f)\|^2$.

(2) $\sum_{i\in J^C} v_i^2\|\pi_{W_i}(f)\|^2=\|\sum_{i\in J^C} v_i^2\pi_{W_i}(f)\|^2$.

(3) $\sum_{i\in J} v_i^2\pi_{W_i}(f)\perp\sum_{i\in J^C} v_i^2\pi_{W_i}(f)$.

(4) $f\perp S_{W,v,J}S_{W,v,J^C}f$.

(5) $S_{W,v,J}f=S_{W,v,J}^2 f$.

(6) $S_{W,v,J}S_{W,v,J^C}f=0$.

证明　(1)⇔(2):由定理3.3即得.

(3)⇔(4):由 $\langle\sum_{i\in J} v_i^2\pi_{W_i}(f),\ \sum_{i\in J^C} v_i^2\pi_{W_i}(f)\rangle=\langle S_{W,v,J}f,S_{W,v,J^C}f\rangle=\langle f,S_{W,v,J}S_{W,v,J^C}f\rangle$,即得.

(5)⇔(6):由 $S_{W,v,J}^2 f=S_{W,v,J}(\mathrm{I}d-S_{W,v,J^C})f=S_{W,v,J}f-S_{W,v,J}S_{W,v,J^C}f$ 立刻得到.

(1)⇔(5):由

$$\sum_{i\in J} v_i^2\|\pi_{W_i}(f)\|^2-\|\sum_{i\in J} v_i^2\pi_{W_i}(f)\|^2$$

$$=\langle S_{W,v,J}f,f\rangle-\langle S_{W,v,J}f,S_{W,v,J}f\rangle$$
$$=\langle(S_{W,v,J}-S_{W,v,J}^{2})f,f\rangle$$

知 $S_{W,v,J}-S_{W,v,J}^{2}\geqslant 0$，因此上述等式中右边为零当且仅当$(S_{W,v,J}-S_{W,v,J}^{2})f=0$，即(5) 成立.

(1)⇒(4)：由 (1) 知 $\langle S_{W,v,J}f,f\rangle=\langle S_{W,v,J}f,S_{W,v,J}f\rangle$，因此有 $\langle(S_{W,v,J}-S_{W,v,J}^{2})f,f\rangle=\langle S_{W,v,J}S_{W,v,J^C}f,f\rangle=0$，即 $f\perp S_{W,v,J}S_{W,v,J^C}f$.

(4)⇔(6)：由于$\{W_i\}_{i\in I}$是子空间帕塞瓦尔框架，所以对 $\forall J\subseteq I,\forall f\in H$，运用引理1，有

$$\begin{aligned}\langle S_{W,v,J}^{2}f,f\rangle&=\langle S_{W,v,J}f,S_{W,v,J}f\rangle\\&=\left\|\sum_{i\in J}v_i^2\pi_{W_i}(f)\right\|^2\\&\leqslant\sum_{i\in J}v_i^2\left\|\pi_{W_i}(f)\right\|^2\\&=\langle S_{W,v,J}f,f\rangle\end{aligned}$$

这就说明 $S_{W,v,J}-S_{W,v,J}^{2}\geqslant 0$. 又因为 $S_{W,v,J}=S_{W,v,J}(S_{W,v,J}+S_{W,v,J^C})=S_{W,v,J}^{2}+S_{W,v,J}S_{W,v,J^C}$，所以有 $S_{W,v,J}-S_{W,v,J}^{2}=S_{W,v,J}S_{W,v,J^C}\geqslant 0$，因此$\langle S_{W,v,J}S_{W,v,J^C}f,f\rangle=0$ 当且仅当 $S_{W,v,J}S_{W,v,J^C}f=0$.

附录 3　帕塞瓦尔公式在结构噪声基础理论中的应用

1. 远场声压

假设一个平板结构处于无限大的刚性障板中，建立坐标系(x,y,z)使得原点位于结构的中间，xOy 面与结构处于同一平面，如图 1 所示.

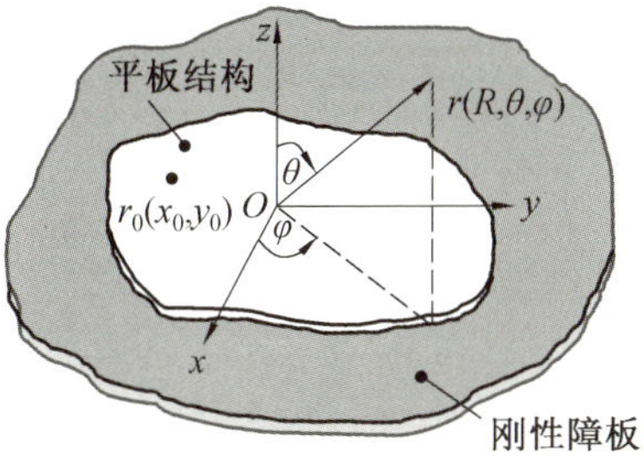

图 1　带有障板的平板结构坐标系

声压用速度项的瑞利(Rayleigh) 积分表示为

$$p(r)=\frac{\mathrm{j}\omega\rho_0}{2\pi}\iint_S v(r_0)\frac{\exp(-\mathrm{j}k\,|r-r_0|)}{|r-r_0|}\mathrm{d}S \tag{1}$$

式中 ρ_0 为声介质的密度，$v(r_0)$ 为平板的法向振动速度，S 为平板的面积，又

$$|r-r_0|=\sqrt{(x-x_0)^2+(y-y_0)^2+z^2} \tag{2}$$

假设距离$|r-r_0|$比结构尺寸的特征距离大很多，则式(1) 分母中的$|r-r_0|$可以近似使用 R 代替. 对于远场声压，其简化表达式如下

$$p(r)=\frac{\mathrm{j}\omega\rho_0}{2\pi R}\iint_S v(r_0)\exp(-\mathrm{j}k\,|r-r_0|)\mathrm{d}S \tag{3}$$

使用球坐标(R,θ,φ) 表示 r 的坐标

$$x=R\sin\theta\cos\varphi \tag{4}$$

$$y=R\sin\theta\sin\varphi \tag{5}$$

$$z=R\cos\theta \tag{6}$$

经过整理，式(2) 可以重新表示为

$$|r-r_0|=\sqrt{R^2-2R(x_0\sin\theta\cos\varphi+y_0\sin\theta\sin\varphi)+(x_0^2+y_0^2)} \tag{7}$$

若R比x_0和y_0大许多，则可以略去二次项$x_0^2+y_0^2$，然后用一阶泰勒级数近似，则式(7)简化为

$$|r-r_0|=R-x_0\sin\theta\cos\varphi-y_0\sin\theta\sin\varphi \tag{8}$$

将式(8)代入式(3)，得到瑞利积分的简化表达式

$$p(R,\theta,\varphi)=\frac{\mathrm{j}\omega\rho_0}{2\pi R}\exp(-\mathrm{j}kR)\iint_S v(x_0,y_0)\exp[\mathrm{j}k(x_0\sin\theta\cos\varphi+y_0\sin\theta\sin\varphi)]\mathrm{d}S \tag{9}$$

对于简支梁，参考以上推导的积分公式，可以得到声压的解为

$$p(R,\theta,\varphi)=\frac{\omega\rho_0\exp(-\mathrm{j}kR)}{2\pi R}\sum_{m=1}\frac{L_xL_y\dot{\Phi}_m}{m\pi}\cdot\frac{(-1)^m\exp(\mathrm{j}\alpha)-1}{\left(\frac{\alpha}{m\pi}\right)^2-1}\cdot\frac{1-\exp(\mathrm{j}\beta)}{\beta} \tag{10}$$

对于简支板，则是

$$p(R,\theta,\varphi)=\frac{\mathrm{j}\omega\rho_0\exp(-\mathrm{j}kR)}{2\pi R}\cdot\sum_{m=1}\sum_{n=1}\frac{L_xL_y\dot{\Phi}_{mn}}{mn\pi}\cdot\frac{(-1)^m\exp(\mathrm{j}\alpha)-1}{\left(\frac{\alpha}{m\pi}\right)^2-1}\cdot\frac{(-1)^n\exp(\mathrm{j}\beta)-1}{\left(\frac{\beta}{n\pi}\right)^2-1} \tag{11}$$

式中$\alpha=kL_x\sin\theta\cos\varphi$，$\beta=kL_y\sin\theta\cos\varphi$.

源的辐射声功率定义为垂直于源表面的时间平均声强在整个源包络表面上的积分. 对于谐振动，在场点r处的时间平均声强I的定义是

$$I(r)=\frac{1}{2}\mathrm{Re}[p(r)\cdot v^*(r)] \tag{12}$$

式中$p(r)$为声压的复振幅，$v(r)$为介质质点的速度，上标 * 表示共轭.

在远场，质点速度$v(r)$的振幅近似于$\frac{p(r)}{\rho_0c_0}$，其中，c_0是介质的声速，类似平面波中的情况. 因此，远场的时间平均声强写为

$$I(R,\theta,\varphi)=\frac{1}{2\rho_0c_0}|p(R,\theta,\varphi)|^2\quad(R\gg1) \tag{13}$$

对平均声强远场的半球面积分，得到总的结构辐射声功率

$$\Pi=\int_0^{2\pi}\int_0^{\frac{\pi}{2}}\frac{|p(R,\theta,\varphi)|^2}{2\rho_0c_0}R^2\sin\theta\mathrm{d}\theta\mathrm{d}\varphi \tag{14}$$

对于平面结构，通常需要数值计算以上的球面积分.

2. 波数变换解

在图1柱坐标表示的二维平面中，空间傅里叶变换及其逆变换的定义为

$$F(k_x,k_y)=\int_{-\infty}^{+\infty}\int_{-\infty}^{+\infty}f(x,y)\exp(\mathrm{j}k_xx+\mathrm{j}k_yy)\mathrm{d}x\mathrm{d}y \tag{15}$$

$$F(x,y)=\int_{-\infty}^{+\infty}\int_{-\infty}^{+\infty}F(k_x,k_y)\exp(-\mathrm{j}k_xx-\mathrm{j}k_yy)\mathrm{d}k_x\mathrm{d}k_y \tag{16}$$

与时域变换到频域的傅里叶变换类似. 此处是从空间域变换到波数域. 对于笛卡儿坐标系表示的平面辐射源，如图 1 所示，描述三维声场的亥姆霍兹(Helmholtz) 方程为

$$(\nabla^2+k^2)p(x,y,z)=0 \tag{17}$$

式中 $k=\dfrac{\omega}{c_0}$ 为声波数.

连续性条件为

$$\mathrm{j}\omega\rho_0V(x,y)+\left.\frac{\partial p}{\partial z}\right|_{x,y,z=0}=0 \tag{18}$$

式中 $V(x,y)$ 为振动表面沿 z 的正向速度.

将波数变换应用到亥姆霍兹方程，得到

$$\int_{-\infty}^{+\infty}\int_{-\infty}^{+\infty}\left(\frac{\partial^2}{\partial x^2}+\frac{\partial^2}{\partial y^2}+\frac{\partial^2}{\partial z^2}+k^2\right)p(x,y,z)\exp(\mathrm{j}k_xx+\mathrm{j}k_yy)\mathrm{d}x\mathrm{d}y=0 \tag{19}$$

可以将式(19) 重新表示为

$$\left(k^2-k_x^2-k_y^2+\frac{\partial^2}{\partial z^2}\right)\int_{-\infty}^{+\infty}\int_{-\infty}^{+\infty}\left(\frac{\partial^2}{\partial x^2}+\frac{\partial^2}{\partial y^2}+\frac{\partial^2}{\partial z^2}+k^2\right)p(x,y,z)\exp(\mathrm{j}k_xx+\mathrm{j}k_yy)\mathrm{d}x\mathrm{d}y$$

$$=\left(k^2-k_x^2-k_y^2+\frac{\partial^2}{\partial z^2}\right)P(k_x,k_z,z)=0 \tag{20}$$

式中

$$P(k_x,k_y,z)=\int_{-\infty}^{+\infty}\int_{-\infty}^{+\infty}p(x,y,z)\exp(\mathrm{j}k_xx+\mathrm{j}k_yy)\mathrm{d}x\mathrm{d}y \tag{21}$$

式(21) 的通解为

$$P(k_x,k_y,z)=A\exp(-\mathrm{j}z\sqrt{k^2-k_x^2-k_y^2}) \tag{22}$$

式中 A 为未知参数.

类似地，波数变换下的边界条件为

$$\mathrm{j}\omega\rho_0V(k_x,k_y)+\left.\frac{\partial P}{\partial z}\right|_{k_x,k_y,z=0}=0 \tag{23}$$

结构速度的波数变换 $V(k_x,k_y)$ 为

$$V(k_x,k_y)=\int_{-\infty}^{+\infty}\int_{-\infty}^{+\infty}v(x,y)\exp(\mathrm{j}k_xx+\mathrm{j}k_yy)\mathrm{d}x\mathrm{d}y \tag{24}$$

将式(22) 代入变换边界条件式(23)，可以确定未知参数 A，即

$$A=\frac{\rho_0\omega V(k_x,k_y)}{\sqrt{k^2-k_x^2-k_y^2}} \tag{25}$$

将式(25) 代入式(22),声压可以表示为

$$P(k_x,k_y,z)=\frac{\rho_0\omega V(k_x,k_y)}{\sqrt{k^2-k_x^2-k_y^2}}\exp(-\mathrm{j}z\sqrt{k^2-k_x^2-k_y^2}) \tag{26}$$

对式(26) 进行双重傅里叶逆变换,得到声压为

$$P(x,y,z)=\frac{\rho_0\omega}{4\pi^2}\int_{-\infty}^{+\infty}\int_{-\infty}^{+\infty}\frac{V(k_x,k_y)\exp(-\mathrm{j}k_x x-\mathrm{j}k_y y-\mathrm{j}k_z z)}{\sqrt{k^2-k_x^2-k_y^2}}\mathrm{d}k_x\mathrm{d}k_y \tag{27}$$

式中

$$k_z=\sqrt{k^2-k_x^2-k_y^2} \tag{28}$$

追踪式(12),结构外表面的法向速度 $u(x,y,0)$ 等于结构平面外介质质点的速度 $v(x,y)$. 因而,结构表面声强可以表示为

$$I(x,y)=\frac{1}{2}\mathrm{Re}[p(x,y,z=0)\cdot v^*(x,y)] \tag{29}$$

声功率可以表示为

$$\Pi(\omega)=\frac{1}{2}\mathrm{Re}\left[\int_{-\infty}^{+\infty}\int_{-\infty}^{+\infty}p(x,y,z=0)v^*(x,y)\mathrm{d}x\mathrm{d}y\right] \tag{30}$$

式(29) 和式(30) 中,Re 表示复数的实部.

根据帕塞瓦尔公式

$$\int_{-\infty}^{+\infty}\int_{-\infty}^{+\infty}p(x,y)v^*(x,y)\mathrm{d}x\mathrm{d}y=\frac{1}{4\pi^2}\int_{-\infty}^{+\infty}\int_{-\infty}^{+\infty}P(k_x,k_y)V^*(k_x,k_y)\mathrm{d}k_x\mathrm{d}k_y \tag{31}$$

式(30) 中的声功率可以重新表示为

$$\Pi(\omega)=\frac{1}{8\pi^2}\mathrm{Re}\left[\int_{-\infty}^{+\infty}\int_{-\infty}^{+\infty}P(k_x,k_y,z=0)V^*(k_x,k_y)\mathrm{d}k_x\mathrm{d}k_y\right] \tag{32}$$

根据式(26),表面上的声压可以表示为

$$P(k_x,k_y,z=0)=\frac{\rho_0\omega V(k_x,k_y)}{\sqrt{k^2-k_x^2-k_y^2}} \tag{33}$$

将式(33) 代入式(32),得到

$$\Pi(\omega)=\frac{\rho_0\omega}{8\pi^2}\mathrm{Re}\left[\int_{-\infty}^{+\infty}\int_{-\infty}^{+\infty}\frac{|V(k_x,k_y)|^2}{\sqrt{k^2-k_x^2-k_y^2}}\mathrm{d}k_x\mathrm{d}k_y\right] \tag{34}$$

仅当 $k^2\geqslant k_x^2+k_y^2$ 时,$\sqrt{k^2-k_x^2-k_y^2}$ 才为实数,故式(34) 可以重新表示为

$$\Pi(\omega)=\frac{\rho_0\omega}{8\pi^2}\iint\limits_{k^2\geqslant k_x^2+k_y^2}\frac{|V(k_x,k_y)|^2}{\sqrt{k^2-k_x^2-k_y^2}}\mathrm{d}k_x\mathrm{d}k_y \tag{35}$$

由式(34) 和式(35) 可以看出,当波数的值满足 $k^2\geqslant k_x^2+k_y^2$ 时,声波才能辐射到远场,当波数值满足 $k^2<k_x^2+k_y^2$ 时,声波仅在近场进行波动,而对远场声辐射没有贡献.

3. 体积速度和声压

利用式(15)的空间傅里叶变换，可以将速度变换到波数域，即

$$V(k_x,k_y)=\int_{-\infty}^{+\infty}\int_{-\infty}^{+\infty}v(x,y)\exp(\mathrm{j}k_xx+\mathrm{j}k_yy)\mathrm{d}x\mathrm{d}y \tag{36}$$

对于有限平板，式(36)可以简化为

$$V(k_x,k_y)=\iint_S v(x,y)\exp(\mathrm{j}k_xx+\mathrm{j}k_yy)\mathrm{d}x\mathrm{d}y \tag{37}$$

式中S为平面结构的表面积.

根据式(9)，远场声压

$$p(R,\theta,\varphi)=\frac{\mathrm{j}\omega\rho_0}{2\pi R}\exp(-\mathrm{j}kR)\iint_S v(x_0,y_0)\exp[\mathrm{j}k(x_0\sin\theta\cos\varphi+y_0\sin\theta\sin\varphi)]\mathrm{d}S \tag{38}$$

比较式(37)和式(38)，远场声压用速度分布的波数变换后可以表示为

$$p(R,\theta,\varphi)=\frac{\mathrm{j}\omega\rho_0}{2\pi R}\exp(-\mathrm{j}kR)V(k_x,k_y) \tag{39}$$

$$k_x=l\sin\theta\cos\varphi \tag{40}$$

$$k_y=k\sin\theta\sin\varphi \tag{41}$$

式(39)表达了远场辐射声压与结构波数之间的基本关系：以方向θ和φ约定的远场辐射声能量.仅由单个结构的波数分量确定，它们是式(40)和式(41)中定义的波数(k_x,k_y)，k_x和k_y满足

$$\sqrt{k_x^2+k_y^2}\leqslant k \tag{42}$$

式(42)对波数域的声频范围进行定义：该频域与结构振动的辐射成分有关.超声频外的波数成分，即所谓的次声波数，仅对近场辐射有贡献.

总的体积速度的定义是

$$V_v=\iint_S v(x,y)\mathrm{d}x\mathrm{d}y \tag{43}$$

在式(36)中考虑特殊情况：$k_x=0$和$k_y=0$，则结构速度的波数变换可以表示为

$$V(k_x=0,k_y=0)=\iint_S v(x,y)\mathrm{d}x\mathrm{d}y=V_v \tag{44}$$

根据式(44)，显然$V(k_x=0,k_y=0)$等于结构的体积速度.从而，对应于特殊情况$k_x=0$和$k_y=0$的远场辐射声压与结构的体积速度成比例.观察式(40)和式(41)可以发现，这是一种特殊情况，对应于结构平面垂直方向的声辐射，其中，$\theta=0$(φ可以取任意值).因此，若设计一个可控系统，其模态都是非测定体积的，即$V(k_x=0,k_y=0)=V_v=0$，则理论上垂直于结构方向的远场声压将为零.

刘培杰数学工作室
已出版(即将出版)图书目录——初等数学

书　　名	出版时间	定　价	编号
新编中学数学解题方法全书(高中版)上卷(第2版)	2018－08	58.00	951
新编中学数学解题方法全书(高中版)中卷(第2版)	2018－08	68.00	952
新编中学数学解题方法全书(高中版)下卷(一)(第2版)	2018－08	58.00	953
新编中学数学解题方法全书(高中版)下卷(二)(第2版)	2018－08	58.00	954
新编中学数学解题方法全书(高中版)下卷(三)(第2版)	2018－08	68.00	955
新编中学数学解题方法全书(初中版)上卷	2008－01	28.00	29
新编中学数学解题方法全书(初中版)中卷	2010－07	38.00	75
新编中学数学解题方法全书(高考复习卷)	2010－01	48.00	67
新编中学数学解题方法全书(高考真题卷)	2010－01	38.00	62
新编中学数学解题方法全书(高考精华卷)	2011－03	68.00	118
新编平面解析几何解题方法全书(专题讲座卷)	2010－01	18.00	61
新编中学数学解题方法全书(自主招生卷)	2013－08	88.00	261

数学奥林匹克与数学文化(第一辑)	2006－05	48.00	4
数学奥林匹克与数学文化(第二辑)(竞赛卷)	2008－01	48.00	19
数学奥林匹克与数学文化(第二辑)(文化卷)	2008－07	58.00	36
数学奥林匹克与数学文化(第三辑)(竞赛卷)	2010－01	48.00	59
数学奥林匹克与数学文化(第四辑)(竞赛卷)	2011－08	58.00	87
数学奥林匹克与数学文化(第五辑)	2015－06	98.00	370

世界著名平面几何经典著作钩沉——几何作图专题卷(共3卷)	2022－01	198.00	1460
世界著名平面几何经典著作钩沉(民国平面几何老课本)	2011－03	38.00	113
世界著名平面几何经典著作钩沉(建国初期平面三角老课本)	2015－08	38.00	507
世界著名解析几何经典著作钩沉——平面解析几何卷	2014－01	38.00	264
世界著名数论经典著作钩沉(算术卷)	2012－01	28.00	125
世界著名数学经典著作钩沉——立体几何卷	2011－02	28.00	88
世界著名三角学经典著作钩沉(平面三角卷Ⅰ)	2010－06	28.00	69
世界著名三角学经典著作钩沉(平面三角卷Ⅱ)	2011－01	38.00	78
世界著名初等数论经典著作钩沉(理论和实用算术卷)	2011－07	38.00	126
世界著名几何经典著作钩沉(解析几何卷)	2022－10	68.00	1564

发展你的空间想象力(第3版)	2021－01	98.00	1464
空间想象力进阶	2019－05	68.00	1062
走向国际数学奥林匹克的平面几何试题诠释.第1卷	2019－07	88.00	1043
走向国际数学奥林匹克的平面几何试题诠释.第2卷	2019－09	78.00	1044
走向国际数学奥林匹克的平面几何试题诠释.第3卷	2019－03	78.00	1045
走向国际数学奥林匹克的平面几何试题诠释.第4卷	2019－09	98.00	1046
平面几何证明方法全书	2007－08	48.00	1
平面几何证明方法全书习题解答(第2版)	2006－12	18.00	10
平面几何天天练上卷·基础篇(直线型)	2013－01	58.00	208
平面几何天天练中卷·基础篇(涉及圆)	2013－01	28.00	234
平面几何天天练下卷·提高篇	2013－01	58.00	237
平面几何专题研究	2013－07	98.00	258
平面几何解题之道.第1卷	2022－05	38.00	1494
几何学习题集	2020－10	48.00	1217
通过解题学习代数几何	2021－04	88.00	1301
圆锥曲线的奥秘	2022－06	88.00	1541

刘培杰数学工作室
已出版(即将出版)图书目录——初等数学

书　　名	出版时间	定　价	编号
最新世界各国数学奥林匹克中的平面几何试题	2007—09	38.00	14
数学竞赛平面几何典型题及新颖解	2010—07	48.00	74
初等数学复习及研究(平面几何)	2008—09	68.00	38
初等数学复习及研究(立体几何)	2010—06	38.00	71
初等数学复习及研究(平面几何)习题解答	2009—01	58.00	42
几何学教程(平面几何卷)	2011—03	68.00	90
几何学教程(立体几何卷)	2011—07	68.00	130
几何变换与几何证题	2010—06	88.00	70
计算方法与几何证题	2011—06	28.00	129
立体几何技巧与方法(第2版)	2022—10	168.00	1572
几何瑰宝——平面几何500名题暨1500条定理(上、下)	2021—07	168.00	1358
三角形的解法与应用	2012—07	18.00	183
近代的三角形几何学	2012—07	48.00	184
一般折线几何学	2015—08	48.00	503
三角形的五心	2009—06	28.00	51
三角形的六心及其应用	2015—10	68.00	542
三角形趣谈	2012—08	28.00	212
解三角形	2014—01	28.00	265
探秘三角形:一次数学旅行	2021—10	68.00	1387
三角学专门教程	2014—09	28.00	387
图天下几何新题试卷.初中(第2版)	2017—11	58.00	855
圆锥曲线习题集(上册)	2013—06	68.00	255
圆锥曲线习题集(中册)	2015—01	78.00	434
圆锥曲线习题集(下册·第1卷)	2016—10	78.00	683
圆锥曲线习题集(下册·第2卷)	2018—01	98.00	853
圆锥曲线习题集(下册·第3卷)	2019—10	128.00	1113
圆锥曲线的思想方法	2021—08	48.00	1379
圆锥曲线的八个主要问题	2021—10	48.00	1415
论九点圆	2015—05	88.00	645
论圆的几何学	2024—06	48.00	1736
近代欧氏几何学	2012—03	48.00	162
罗巴切夫斯基几何学及几何基础概要	2012—07	28.00	188
罗巴切夫斯基几何学初步	2015—06	28.00	474
用三角、解析几何、复数、向量计算解数学竞赛几何题	2015—03	48.00	455
用解析法研究圆锥曲线的几何理论	2022—05	48.00	1495
美国中学几何教程	2015—04	88.00	458
三线坐标与三角形特征点	2015—04	98.00	460
坐标几何学基础.第1卷,笛卡儿坐标	2021—08	48.00	1398
坐标几何学基础.第2卷,三线坐标	2021—09	28.00	1399
平面解析几何方法与研究(第1卷)	2015—05	28.00	471
平面解析几何方法与研究(第2卷)	2015—06	38.00	472
平面解析几何方法与研究(第3卷)	2015—07	28.00	473
解析几何研究	2015—01	38.00	425
解析几何学教程.上	2016—01	38.00	574
解析几何学教程.下	2016—01	38.00	575
几何学基础	2016—01	58.00	581
初等几何研究	2015—02	58.00	444
十九和二十世纪欧氏几何学中的片段	2017—01	58.00	696
平面几何中考.高考.奥数一本通	2017—07	28.00	820
几何学简史	2017—08	28.00	833
四面体	2018—01	48.00	880
平面几何证明方法思路	2018—12	68.00	913
折纸中的几何练习	2022—09	48.00	1559
中学新几何学(英文)	2022—10	98.00	1562
线性代数与几何	2023—04	68.00	1633

刘培杰数学工作室
已出版(即将出版)图书目录——初等数学

书　　名	出版时间	定　价	编号
四面体几何学引论	2023－06	68.00	1648
平面几何图形特性新析.上篇	2019－01	68.00	911
平面几何图形特性新析.下篇	2018－06	88.00	912
平面几何范例多解探究.上篇	2018－04	48.00	910
平面几何范例多解探究.下篇	2018－12	68.00	914
从分析解题过程学解题:竞赛中的几何问题研究	2018－07	68.00	946
从分析解题过程学解题:竞赛中的向量几何与不等式研究(全2册)	2019－06	138.00	1090
从分析解题过程学解题:竞赛中的不等式问题	2021－01	48.00	1249
二维、三维欧氏几何的对偶原理	2018－12	38.00	990
星形大观及闭折线论	2019－03	68.00	1020
立体几何的问题和方法	2019－11	58.00	1127
三角代换论	2021－05	58.00	1313
俄罗斯平面几何问题集	2009－08	88.00	55
俄罗斯立体几何问题集	2014－03	58.00	283
俄罗斯几何大师——沙雷金论数学及其他	2014－01	48.00	271
来自俄罗斯的5000道几何习题及解答	2011－03	58.00	89
俄罗斯初等数学问题集	2012－05	38.00	177
俄罗斯函数问题集	2011－03	38.00	103
俄罗斯组合分析问题集	2011－01	48.00	79
俄罗斯初等数学万题选——三角卷	2012－11	38.00	222
俄罗斯初等数学万题选——代数卷	2013－08	68.00	225
俄罗斯初等数学万题选——几何卷	2014－01	68.00	226
俄罗斯《量子》杂志数学征解问题100题选	2018－08	48.00	969
俄罗斯《量子》杂志数学征解问题又100题选	2018－08	48.00	970
俄罗斯《量子》杂志数学征解问题	2020－05	48.00	1138
463个俄罗斯几何老问题	2012－01	28.00	152
《量子》数学短文精粹	2018－09	38.00	972
用三角、解析几何等计算解来自俄罗斯的几何题	2019－11	88.00	1119
基谢廖夫平面几何	2022－01	48.00	1461
基谢廖夫立体几何	2023－04	48.00	1599
数学:代数、数学分析和几何(10－11年级)	2021－01	48.00	1250
直观几何学:5—6年级	2022－04	58.00	1508
几何学:第2版.7—9年级	2023－08	68.00	1684
平面几何:9—11年级	2022－10	48.00	1571
立体几何.10—11年级	2022－01	58.00	1472
几何快递	2024－05	48.00	1697

谈谈素数	2011－03	18.00	91
平方和	2011－03	18.00	92
整数论	2011－05	38.00	120
从整数谈起	2015－10	28.00	538
数与多项式	2016－01	38.00	558
谈谈不定方程	2011－05	28.00	119
质数漫谈	2022－07	68.00	1529

解析不等式新论	2009－06	68.00	48
建立不等式的方法	2011－03	98.00	104
数学奥林匹克不等式研究(第2版)	2020－07	68.00	1181
不等式研究(第三辑)	2023－08	198.00	1673
不等式的秘密(第一卷)(第2版)	2014－02	38.00	286
不等式的秘密(第二卷)	2014－01	38.00	268
初等不等式的证明方法	2010－06	38.00	123
初等不等式的证明方法(第二版)	2014－11	38.00	407
不等式・理论・方法(基础卷)	2015－07	38.00	496
不等式・理论・方法(经典不等式卷)	2015－07	38.00	497
不等式・理论・方法(特殊类型不等式卷)	2015－07	48.00	498
不等式探究	2016－03	38.00	582
不等式探秘	2017－01	88.00	689

刘培杰数学工作室
已出版(即将出版)图书目录——初等数学

书　　名	出版时间	定　价	编号
四面体不等式	2017－01	68.00	715
数学奥林匹克中常见重要不等式	2017－09	38.00	845
三正弦不等式	2018－09	98.00	974
函数方程与不等式:解法与稳定性结果	2019－04	68.00	1058
数学不等式.第1卷,对称多项式不等式	2022－05	78.00	1455
数学不等式.第2卷,对称有理不等式与对称无理不等式	2022－05	88.00	1456
数学不等式.第3卷,循环不等式与非循环不等式	2022－05	88.00	1457
数学不等式.第4卷,Jensen不等式的扩展与加细	2022－05	88.00	1458
数学不等式.第5卷,创建不等式与解不等式的其他方法	2022－05	88.00	1459
不定方程及其应用.上	2018－12	58.00	992
不定方程及其应用.中	2019－01	78.00	993
不定方程及其应用.下	2019－02	98.00	994
Nesbitt不等式加强式的研究	2022－06	128.00	1527
最值定理与分析不等式	2023－02	78.00	1567
一类积分不等式	2023－02	88.00	1579
邦费罗尼不等式及概率应用	2023－05	58.00	1637
同余理论	2012－05	38.00	163
[x]与{x}	2015－04	48.00	476
极值与最值.上卷	2015－06	28.00	486
极值与最值.中卷	2015－06	38.00	487
极值与最值.下卷	2015－06	28.00	488
整数的性质	2012－11	38.00	192
完全平方数及其应用	2015－08	78.00	506
多项式理论	2015－10	88.00	541
奇数、偶数、奇偶分析法	2018－01	98.00	876
历届美国中学生数学竞赛试题及解答(第一卷)1950－1954	2014－07	18.00	277
历届美国中学生数学竞赛试题及解答(第二卷)1955－1959	2014－04	18.00	278
历届美国中学生数学竞赛试题及解答(第三卷)1960－1964	2014－06	18.00	279
历届美国中学生数学竞赛试题及解答(第四卷)1965－1969	2014－04	28.00	280
历届美国中学生数学竞赛试题及解答(第五卷)1970－1972	2014－06	18.00	281
历届美国中学生数学竞赛试题及解答(第六卷)1973－1980	2017－07	18.00	768
历届美国中学生数学竞赛试题及解答(第七卷)1981－1986	2015－01	18.00	424
历届美国中学生数学竞赛试题及解答(第八卷)1987－1990	2017－05	18.00	769
历届国际数学奥林匹克试题集	2023－09	158.00	1701
历届中国数学奥林匹克试题集(第3版)	2021－10	58.00	1440
历届加拿大数学奥林匹克试题集	2012－08	38.00	215
历届美国数学奥林匹克试题集	2023－08	98.00	1681
历届波兰数学竞赛试题集.第1卷,1949～1963	2015－03	18.00	453
历届波兰数学竞赛试题集.第2卷,1964～1976	2015－03	18.00	454
历届巴尔干数学奥林匹克试题集	2015－05	38.00	466
历届CGMO试题及解答	2024－03	48.00	1717
保加利亚数学奥林匹克	2014－10	38.00	393
圣彼得堡数学奥林匹克试题集	2015－01	38.00	429
匈牙利奥林匹克数学竞赛题解.第1卷	2016－05	28.00	593
匈牙利奥林匹克数学竞赛题解.第2卷	2016－05	28.00	594
历届美国数学邀请赛试题集(第2版)	2017－10	78.00	851
全美高中数学竞赛:纽约州数学竞赛(1989—1994)	2024－08	48.00	1740
普林斯顿大学数学竞赛	2016－06	38.00	669
亚太地区数学奥林匹克竞赛题	2015－07	18.00	492
日本历届(初级)广中杯数学竞赛试题及解答.第1卷(2000～2007)	2016－05	28.00	641
日本历届(初级)广中杯数学竞赛试题及解答.第2卷(2008～2015)	2016－05	38.00	642
越南数学奥林匹克题选:1962－2009	2021－07	48.00	1370
欧洲女子数学奥林匹克	2024－04	48.00	1723
360个数学竞赛问题	2016－08	58.00	677

刘培杰数学工作室
已出版(即将出版)图书目录——初等数学

书　名	出版时间	定　价	编号
奥数最佳实战题.上卷	2017—06	38.00	760
奥数最佳实战题.下卷	2017—05	58.00	761
解决问题的策略	2024—08	48.00	1742
哈尔滨市早期中学数学竞赛试题汇编	2016—07	28.00	672
全国高中数学联赛试题及解答:1981—2019(第4版)	2020—07	138.00	1176
2024年全国高中数学联合竞赛模拟题集	2024—01	38.00	1702
20世纪50年代全国部分城市数学竞赛试题汇编	2017—07	28.00	797
国内外数学竞赛题及精解:2018～2019	2020—08	45.00	1192
国内外数学竞赛题及精解:2019～2020	2021—11	58.00	1439
许康华竞赛优学精选集.第一辑	2018—08	68.00	949
天问叶班数学问题征解100题.Ⅰ,2016—2018	2019—05	88.00	1075
天问叶班数学问题征解100题.Ⅱ,2017—2019	2020—07	98.00	1177
美国初中数学竞赛:AMC8准备(共6卷)	2019—07	138.00	1089
美国高中数学竞赛:AMC10准备(共6卷)	2019—08	158.00	1105
王连笑教你怎样学数学:高考选择题解题策略与客观题实用训练	2014—01	48.00	262
王连笑教你怎样学数学:高考数学高层次讲座	2015—02	48.00	432
高考数学的理论与实践	2009—08	38.00	53
高考数学核心题型解题方法与技巧	2010—01	28.00	86
高考思维新平台	2014—03	38.00	259
高考数学压轴题解题诀窍(上)(第2版)	2018—01	58.00	874
高考数学压轴题解题诀窍(下)(第2版)	2018—01	48.00	875
突破高考数学新定义创新压轴题	2024—08	88.00	1741
北京市五区文科数学三年高考模拟题详解:2013～2015	2015—08	48.00	500
北京市五区理科数学三年高考模拟题详解:2013～2015	2015—09	68.00	505
向量法巧解数学高考题	2009—08	28.00	54
高中数学课堂教学的实践与反思	2021—11	48.00	791
数学高考参考	2016—01	78.00	589
新课程标准高考数学解答题各种题型解法指导	2020—08	78.00	1196
全国及各省市高考数学试题审题要津与解法研究	2015—02	48.00	450
高中数学章节起始课的教学研究与案例设计	2019—05	28.00	1064
新课标高考数学——五年试题分章详解(2007～2011)(上、下)	2011—10	78.00	140,141
全国中考数学压轴题审题要津与解法研究	2013—04	78.00	248
新编全国及各省市中考数学压轴题审题要津与解法研究	2014—05	58.00	342
全国及各省市5年中考数学压轴题审题要津与解法研究(2015版)	2015—04	58.00	462
中考数学专题总复习	2007—04	28.00	6
中考数学较难题常考题型解题方法与技巧	2016—09	48.00	681
中考数学难题常考题型解题方法与技巧	2016—09	48.00	682
中考数学中档题常考题型解题方法与技巧	2017—08	68.00	835
中考数学选择填空压轴好题妙解365	2024—01	80.00	1698
中考数学:三类重点考题的解法例析与习题	2020—04	48.00	1140
中小学数学的历史文化	2019—11	48.00	1124
小升初衔接数学	2024—06	68.00	1734
赢在小升初——数学	2024—08	78.00	1739
初中平面几何百题多思创新解	2020—01	58.00	1125
初中数学中考备考	2020—01	58.00	1126
高考数学之九章演义	2019—08	68.00	1044
高考数学之难题谈笑间	2022—06	68.00	1519
化学可以这样学:高中化学知识方法智慧感悟疑难辨析	2019—07	58.00	1103
如何成为学习高手	2019—09	58.00	1107
高考数学:经典真题分类解析	2020—04	78.00	1134
高考数学解答题破解策略	2020—11	58.00	1221
从分析解题过程学解题:高考压轴题与竞赛题之关系探究	2020—08	88.00	1179
从分析解题过程学解题:数学高考与竞赛的互联互通探究	2024—06	88.00	1735
教学新思考:单元整体视角下的初中数学教学设计	2021—03	58.00	1278
思维再拓展:2020年经典几何题的多解探究与思考	即将出版		1279
中考数学小压轴汇编初讲	2017—07	48.00	788
中考数学大压轴专题微言	2017—09	48.00	846

刘培杰数学工作室
已出版(即将出版)图书目录——初等数学

书　　名	出版时间	定　价	编号
怎么解中考平面几何探索题	2019－06	48.00	1093
北京中考数学压轴题解题方法突破(第 9 版)	2024－01	78.00	1645
助你高考成功的数学解题智慧:知识是智慧的基础	2016－01	58.00	596
助你高考成功的数学解题智慧:错误是智慧的试金石	2016－04	58.00	643
助你高考成功的数学解题智慧:方法是智慧的推手	2016－04	68.00	657
高考数学奇思妙解	2016－04	38.00	610
高考数学解题策略	2016－05	48.00	670
数学解题泄天机(第 2 版)	2017－10	48.00	850
高中物理教学讲义	2018－01	48.00	871
高中物理教学讲义:全模块	2022－03	98.00	1492
高中物理答疑解惑 65 篇	2021－11	48.00	1462
中学物理基础问题解析	2020－08	48.00	1183
初中数学、高中数学脱节知识补缺教材	2017－06	48.00	766
高考数学客观题解题方法和技巧	2017－10	38.00	847
十年高考数学精品试题审题要津与解法研究	2021－10	98.00	1427
中国历届高考数学试题及解答.1949－1979	2018－01	38.00	877
历届中国高考数学试题及解答.第二卷,1980—1989	2018－10	28.00	975
历届中国高考数学试题及解答.第三卷,1990—1999	2018－10	48.00	976
跟我学解高中数学题	2018－07	58.00	926
中学数学研究的方法及案例	2018－05	58.00	869
高考数学抢分技能	2018－07	68.00	934
高一新生常用数学方法和重要数学思想提升教材	2018－06	38.00	921
高考数学全国卷六道解答题常考题型解题诀窍:理科(全 2 册)	2019－07	78.00	1101
高考数学全国卷 16 道选择、填空题常考题型解题诀窍.理科	2018－09	88.00	971
高考数学全国卷 16 道选择、填空题常考题型解题诀窍.文科	2020－01	88.00	1123
高中数学一题多解	2019－06	58.00	1087
历届中国高考数学试题及解答:1917－1999	2021－08	98.00	1371
2000～2003 年全国及各省市高考数学试题及解答	2022－05	88.00	1499
2004 年全国及各省市高考数学试题及解答	2023－08	78.00	1500
2005 年全国及各省市高考数学试题及解答	2023－08	78.00	1501
2006 年全国及各省市高考数学试题及解答	2023－08	88.00	1502
2007 年全国及各省市高考数学试题及解答	2023－08	98.00	1503
2008 年全国及各省市高考数学试题及解答	2023－08	88.00	1504
2009 年全国及各省市高考数学试题及解答	2023－08	88.00	1505
2010 年全国及各省市高考数学试题及解答	2023－08	98.00	1506
2011～2017 年全国及各省市高考数学试题及解答	2024－01	78.00	1507
2018～2023 年全国及各省市高考数学试题及解答	2024－03	78.00	1709
突破高原:高中数学解题思维探究	2021－08	48.00	1375
高考数学中的“取值范围”	2021－10	48.00	1429
新课程标准高中数学各种题型解法大全.必修一分册	2021－06	58.00	1315
新课程标准高中数学各种题型解法大全.必修二分册	2022－01	68.00	1471
高中数学各种题型解法大全.选择性必修一分册	2022－06	68.00	1525
高中数学各种题型解法大全.选择性必修二分册	2023－01	58.00	1600
高中数学各种题型解法大全.选择性必修三分册	2023－04	48.00	1643
高中数学专题研究	2024－05	88.00	1722
历届全国初中数学竞赛经典试题详解	2023－04	88.00	1624
孟祥礼高考数学精刷精解	2023－06	98.00	1663

新编 640 个世界著名数学智力趣题	2014－01	88.00	242
500 个最新世界著名数学智力趣题	2008－06	48.00	3
400 个最新世界著名数学最值问题	2008－09	48.00	36
500 个世界著名数学征解问题	2009－06	48.00	52
400 个中国最佳初等数学征解老问题	2010－01	48.00	60
500 个俄罗斯数学经典老题	2011－01	28.00	81
1000 个国外中学物理好题	2012－04	48.00	174
300 个日本高考数学题	2012－05	38.00	142
700 个早期日本高考数学试题	2017－02	88.00	752

刘培杰数学工作室
已出版(即将出版)图书目录——初等数学

书　　名	出版时间	定　价	编号
500 个前苏联早期高考数学试题及解答	2012－05	28.00	185
546 个早期俄罗斯大学生数学竞赛题	2014－03	38.00	285
548 个来自美苏的数学好问题	2014－11	28.00	396
20 所苏联著名大学早期入学试题	2015－02	18.00	452
161 道德国工科大学生必做的微分方程习题	2015－05	28.00	469
500 个德国工科大学生必做的高数习题	2015－06	28.00	478
360 个数学竞赛问题	2016－08	58.00	677
200 个趣味数学故事	2018－02	48.00	857
470 个数学奥林匹克中的最值问题	2018－10	88.00	985
德国讲义日本考题. 微积分卷	2015－04	48.00	456
德国讲义日本考题. 微分方程卷	2015－04	38.00	457
二十世纪中叶中、英、美、日、法、俄高考数学试题精选	2017－06	38.00	783
中国初等数学研究　2009 卷(第 1 辑)	2009－05	20.00	45
中国初等数学研究　2010 卷(第 2 辑)	2010－05	30.00	68
中国初等数学研究　2011 卷(第 3 辑)	2011－07	60.00	127
中国初等数学研究　2012 卷(第 4 辑)	2012－07	48.00	190
中国初等数学研究　2014 卷(第 5 辑)	2014－02	48.00	288
中国初等数学研究　2015 卷(第 6 辑)	2015－06	68.00	493
中国初等数学研究　2016 卷(第 7 辑)	2016－04	68.00	609
中国初等数学研究　2017 卷(第 8 辑)	2017－01	98.00	712
初等数学研究在中国. 第 1 辑	2019－03	158.00	1024
初等数学研究在中国. 第 2 辑	2019－10	158.00	1116
初等数学研究在中国. 第 3 辑	2021－05	158.00	1306
初等数学研究在中国. 第 4 辑	2022－06	158.00	1520
初等数学研究在中国. 第 5 辑	2023－07	158.00	1635
几何变换(Ⅰ)	2014－07	28.00	353
几何变换(Ⅱ)	2015－06	28.00	354
几何变换(Ⅲ)	2015－01	38.00	355
几何变换(Ⅳ)	2015－12	38.00	356
初等数论难题集(第一卷)	2009－05	68.00	44
初等数论难题集(第二卷)(上、下)	2011－02	128.00	82,83
数论概貌	2011－03	18.00	93
代数数论(第二版)	2013－08	58.00	94
代数多项式	2014－06	38.00	289
初等数论的知识与问题	2011－02	28.00	95
超越数论基础	2011－03	28.00	96
数论初等教程	2011－03	28.00	97
数论基础	2011－03	18.00	98
数论基础与维诺格拉多夫	2014－03	18.00	292
解析数论基础	2012－08	28.00	216
解析数论基础(第二版)	2014－01	48.00	287
解析数论问题集(第二版)(原版引进)	2014－05	88.00	343
解析数论问题集(第二版)(中译本)	2016－04	88.00	607
解析数论基础(潘承洞,潘承彪著)	2016－07	98.00	673
解析数论导引	2016－07	58.00	674
数论入门	2011－03	38.00	99
代数数论入门	2015－03	38.00	448

刘培杰数学工作室
已出版(即将出版)图书目录——初等数学

书　　名	出版时间	定　价	编号
数论开篇	2012－07	28.00	194
解析数论引论	2011－03	48.00	100
Barban Davenport Halberstam 均值和	2009－01	40.00	33
基础数论	2011－03	28.00	101
初等数论 100 例	2011－05	18.00	122
初等数论经典例题	2012－07	18.00	204
最新世界各国数学奥林匹克中的初等数论试题(上、下)	2012－01	138.00	144,145
初等数论(Ⅰ)	2012－01	18.00	156
初等数论(Ⅱ)	2012－01	18.00	157
初等数论(Ⅲ)	2012－01	28.00	158
平面几何与数论中未解决的新老问题	2013－01	68.00	229
代数数论简史	2014－11	28.00	408
代数数论	2015－09	88.00	532
代数、数论及分析习题集	2016－11	98.00	695
数论导引提要及习题解答	2016－01	48.00	559
素数定理的初等证明. 第 2 版	2016－09	48.00	686
数论中的模函数与狄利克雷级数(第二版)	2017－11	78.00	837
数论:数学导引	2018－01	68.00	849
范氏大代数	2019－02	98.00	1016
解析数学讲义. 第一卷,导来式及微分、积分、级数	2019－04	88.00	1021
解析数学讲义. 第二卷,关于几何的应用	2019－04	68.00	1022
解析数学讲义. 第三卷,解析函数论	2019－04	78.00	1023
分析・组合・数论纵横谈	2019－04	58.00	1039
Hall 代数:民国时期的中学数学课本:英文	2019－08	88.00	1106
基谢廖夫初等代数	2022－07	38.00	1531
基谢廖夫算术	2024－05	48.00	1725
数学精神巡礼	2019－01	58.00	731
数学眼光透视(第 2 版)	2017－06	78.00	732
数学思想领悟(第 2 版)	2018－01	68.00	733
数学方法溯源(第 2 版)	2018－08	68.00	734
数学解题引论	2017－05	58.00	735
数学史话览胜(第 2 版)	2017－01	48.00	736
数学应用展观(第 2 版)	2017－08	68.00	737
数学建模尝试	2018－04	48.00	738
数学竞赛采风	2018－01	68.00	739
数学测评探营	2019－05	58.00	740
数学技能操握	2018－03	48.00	741
数学欣赏拾趣	2018－02	48.00	742
从毕达哥拉斯到怀尔斯	2007－10	48.00	9
从迪利克雷到维斯卡尔迪	2008－01	48.00	21
从哥德巴赫到陈景润	2008－05	98.00	35
从庞加莱到佩雷尔曼	2011－08	138.00	136
博弈论精粹	2008－03	58.00	30
博弈论精粹. 第二版(精装)	2015－01	88.00	461
数学 我爱你	2008－01	28.00	20
精神的圣徒　别样的人生——60 位中国数学家成长的历程	2008－09	48.00	39
数学史概论	2009－06	78.00	50

刘培杰数学工作室
已出版(即将出版)图书目录——初等数学

书　　名	出版时间	定　价	编号
数学史概论(精装)	2013－03	158.00	272
数学史选讲	2016－01	48.00	544
斐波那契数列	2010－02	28.00	65
数学拼盘和斐波那契魔方	2010－07	38.00	72
斐波那契数列欣赏(第2版)	2018－08	58.00	948
Fibonacci数列中的明珠	2018－06	58.00	928
数学的创造	2011－02	48.00	85
数学美与创造力	2016－01	48.00	595
数海拾贝	2016－01	48.00	590
数学中的美(第2版)	2019－04	68.00	1057
数论中的美学	2014－12	38.00	351
数学王者　科学巨人——高斯	2015－01	28.00	428
振兴祖国数学的圆梦之旅:中国初等数学研究史话	2015－06	98.00	490
二十世纪中国数学史料研究	2015－10	48.00	536
《九章算法比类大全》校注	2024－06	198.00	1695
数字谜、数阵图与棋盘覆盖	2016－01	58.00	298
数学概念的进化:一个初步的研究	2023－07	68.00	1683
数学发现的艺术:数学探索中的合情推理	2016－07	58.00	671
活跃在数学中的参数	2016－07	48.00	675
数海趣史	2021－05	98.00	1314
玩转幻中之幻	2023－08	88.00	1682
数学艺术品	2023－09	98.00	1685
数学博弈与游戏	2023－10	68.00	1692
数学解题——靠数学思想给力(上)	2011－07	38.00	131
数学解题——靠数学思想给力(中)	2011－07	48.00	132
数学解题——靠数学思想给力(下)	2011－07	38.00	133
我怎样解题	2013－01	48.00	227
数学解题中的物理方法	2011－06	28.00	114
数学解题的特殊方法	2011－06	48.00	115
中学数学计算技巧(第2版)	2020－10	48.00	1220
中学数学证明方法	2012－01	58.00	117
数学趣题巧解	2012－03	28.00	128
高中数学教学通鉴	2015－05	58.00	479
和高中生漫谈:数学与哲学的故事	2014－08	28.00	369
算术问题集	2017－03	38.00	789
张教授讲数学	2018－07	38.00	933
陈永明实话实说数学教学	2020－04	68.00	1132
中学数学学科知识与教学能力	2020－06	58.00	1155
怎样把课讲好:大罕数学教学随笔	2022－03	58.00	1484
中国高考评价体系下高考数学探秘	2022－03	48.00	1487
数苑漫步	2024－01	58.00	1670
自主招生考试中的参数方程问题	2015－01	28.00	435
自主招生考试中的极坐标问题	2015－04	28.00	463
近年全国重点大学自主招生数学试题全解及研究.华约卷	2015－02	38.00	441
近年全国重点大学自主招生数学试题全解及研究.北约卷	2016－05	38.00	619
自主招生数学解证宝典	2015－09	48.00	535
中国科学技术大学创新班数学真题解析	2022－03	48.00	1488
中国科学技术大学创新班物理真题解析	2022－03	58.00	1489
格点和面积	2012－07	18.00	191
射影几何趣谈	2012－04	28.00	175
斯潘纳尔引理——从一道加拿大数学奥林匹克试题谈起	2014－01	28.00	228
李普希兹条件——从几道近年高考数学试题谈起	2012－10	18.00	221
拉格朗日中值定理——从一道北京高考试题的解法谈起	2015－10	18.00	197

刘培杰数学工作室
已出版(即将出版)图书目录——初等数学

书　　名	出版时间	定　价	编号
闵科夫斯基定理——从一道清华大学自主招生试题谈起	2014－01	28.00	198
哈尔测度——从一道冬令营试题的背景谈起	2012－08	28.00	202
切比雪夫逼近问题——从一道中国台北数学奥林匹克试题谈起	2013－04	38.00	238
伯恩斯坦多项式与贝齐尔曲面——从一道全国高中数学联赛试题谈起	2013－03	38.00	236
卡塔兰猜想——从一道普特南竞赛试题谈起	2013－06	18.00	256
麦卡锡函数和阿克曼函数——从一道前南斯拉夫数学奥林匹克试题谈起	2012－08	18.00	201
贝蒂定理与拉姆贝克莫斯尔定理——从一个拣石子游戏谈起	2012－08	18.00	217
皮亚诺曲线和豪斯道夫分球定理——从无限集谈起	2012－08	18.00	211
平面凸图形与凸多面体	2012－10	28.00	218
斯坦因豪斯问题——从一道二十五省市自治区中学数学竞赛试题谈起	2012－07	18.00	196
纽结理论中的亚历山大多项式与琼斯多项式——从一道北京市高一数学竞赛试题谈起	2012－07	28.00	195
原则与策略——从波利亚“解题表”谈起	2013－04	38.00	244
转化与化归——从三大尺规作图不能问题谈起	2012－08	28.00	214
代数几何中的贝祖定理(第一版)——从一道IMO试题的解法谈起	2013－08	18.00	193
成功连贯理论与约当块理论——从一道比利时数学竞赛试题谈起	2012－04	18.00	180
素数判定与大数分解	2014－08	18.00	199
置换多项式及其应用	2012－10	18.00	220
椭圆函数与模函数——从一道美国加州大学洛杉矶分校(UCLA)博士资格考题谈起	2012－10	28.00	219
差分方程的拉格朗日方法——从一道2011年全国高考理科试题的解法谈起	2012－08	28.00	200
力学在几何中的一些应用	2013－01	38.00	240
从根式解到伽罗华理论	2020－01	48.00	1121
康托洛维奇不等式——从一道全国高中联赛试题谈起	2013－03	28.00	337
西格尔引理——从一道第18届IMO试题的解法谈起	即将出版		
罗斯定理——从一道前苏联数学竞赛试题谈起	即将出版		
拉克斯定理和阿廷定理——从一道IMO试题的解法谈起	2014－01	58.00	246
毕卡大定理——从一道美国大学数学竞赛试题谈起	2014－07	18.00	350
贝齐尔曲线——从一道全国高中联赛试题谈起	即将出版		
拉格朗日乘子定理——从一道2005年全国高中联赛试题的高等数学解法谈起	2015－05	28.00	480
雅可比定理——从一道日本数学奥林匹克试题谈起	2013－04	48.00	249
李天岩－约克定理——从一道波兰数学竞赛试题谈起	2014－06	28.00	349
受控理论与初等不等式:从一道IMO试题的解法谈起	2023－03	48.00	1601
布劳维不动点定理——从一道前苏联数学奥林匹克试题谈起	2014－01	38.00	273
伯恩赛德定理——从一道英国数学奥林匹克试题谈起	即将出版		
布查特－莫斯特定理——从一道上海市初中竞赛试题谈起	即将出版		
数论中的同余数问题——从一道普特南竞赛试题谈起	即将出版		
范·德蒙行列式——从一道美国数学奥林匹克试题谈起	即将出版		
中国剩余定理:总数法构建中国历史年表	2015－01	28.00	430
牛顿程序与方程求根——从一道全国高考试题解法谈起	即将出版		
库默尔定理——从一道IMO预选试题谈起	即将出版		
卢丁定理——从一道冬令营试题的解法谈起	即将出版		
沃斯滕霍姆定理——从一道IMO预选试题谈起	即将出版		
卡尔松不等式——从一道莫斯科数学奥林匹克试题谈起	即将出版		
信息论中的香农熵——从一道近年高考压轴题谈起	即将出版		

刘培杰数学工作室
已出版(即将出版)图书目录——初等数学

书　　名	出版时间	定　价	编号
约当不等式——从一道希望杯竞赛试题谈起	即将出版		
拉比诺维奇定理	即将出版		
刘维尔定理——从一道《美国数学月刊》征解问题的解法谈起	即将出版		
卡塔兰恒等式与级数求和——从一道 IMO 试题的解法谈起	即将出版		
勒让德猜想与素数分布——从一道爱尔兰竞赛试题谈起	即将出版		
天平称重与信息论——从一道基辅市数学奥林匹克试题谈起	即将出版		
哈密尔顿一凯莱定理:从一道高中数学联赛试题的解法谈起	2014－09	18.00	376
艾思特曼定理——从一道 CMO 试题的解法谈起	即将出版		
阿贝尔恒等式与经典不等式及应用	2018－06	98.00	923
迪利克雷除数问题	2018－07	48.00	930
幻方、幻立方与拉丁方	2019－08	48.00	1092
帕斯卡三角形	2014－03	18.00	294
蒲丰投针问题——从 2009 年清华大学的一道自主招生试题谈起	2014－01	38.00	295
斯图姆定理——从一道"华约"自主招生试题的解法谈起	2014－01	18.00	296
许瓦兹引理——从一道加利福尼亚大学伯克利分校数学系博士生试题谈起	2014－08	18.00	297
拉姆塞定理——从王诗宬院士的一个问题谈起	2016－04	48.00	299
坐标法	2013－12	28.00	332
数论三角形	2014－04	38.00	341
毕克定理	2014－07	18.00	352
数林掠影	2014－09	48.00	389
我们周围的概率	2014－10	38.00	390
凸函数最值定理:从一道华约自主招生题的解法谈起	2014－10	28.00	391
易学与数学奥林匹克	2014－10	38.00	392
生物数学趣谈	2015－01	18.00	409
反演	2015－01	28.00	420
因式分解与圆锥曲线	2015－01	18.00	426
轨迹	2015－01	28.00	427
面积原理:从常庚哲命的一道 CMO 试题的积分解法谈起	2015－01	48.00	431
形形色色的不动点定理:从一道 28 届 IMO 试题谈起	2015－01	38.00	439
柯西函数方程:从一道上海交大自主招生的试题谈起	2015－02	28.00	440
三角恒等式	2015－02	28.00	442
无理性判定:从一道 2014 年"北约"自主招生试题谈起	2015－01	38.00	443
数学归纳法	2015－03	18.00	451
极端原理与解题	2015－04	28.00	464
法雷级数	2014－08	18.00	367
摆线族	2015－01	38.00	438
函数方程及其解法	2015－05	38.00	470
含参数的方程和不等式	2012－09	28.00	213
希尔伯特第十问题	2016－01	38.00	543
无穷小量的求和	2016－01	28.00	545
切比雪夫多项式:从一道清华大学金秋营试题谈起	2016－01	38.00	583
泽肯多夫定理	2016－03	38.00	599
代数等式证题法	2016－01	28.00	600
三角等式证题法	2016－01	28.00	601
吴大任教授藏书中的一个因式分解公式:从一道美国数学邀请赛试题的解法谈起	2016－06	28.00	656
易卦——类万物的数学模型	2017－08	68.00	838
"不可思议"的数与数系可持续发展	2018－01	38.00	878
最短线	2018－01	38.00	879
数学在天文、地理、光学、机械力学中的一些应用	2023－03	88.00	1576
从阿基米德三角形谈起	2023－01	28.00	1578

刘培杰数学工作室
已出版(即将出版)图书目录——初等数学

书　　名	出版时间	定　价	编号
幻方和魔方(第一卷)	2012—05	68.00	173
尘封的经典——初等数学经典文献选读(第一卷)	2012—07	48.00	205
尘封的经典——初等数学经典文献选读(第二卷)	2012—07	38.00	206

初级方程式论	2011—03	28.00	106
初等数学研究(Ⅰ)	2008—09	68.00	37
初等数学研究(Ⅱ)(上、下)	2009—05	118.00	46,47
初等数学专题研究	2022—10	68.00	1568

趣味初等方程妙题集锦	2014—09	48.00	388
趣味初等数论选美与欣赏	2015—02	48.00	445
耕读笔记(上卷):一位农民数学爱好者的初数探索	2015—04	28.00	459
耕读笔记(中卷):一位农民数学爱好者的初数探索	2015—05	28.00	483
耕读笔记(下卷):一位农民数学爱好者的初数探索	2015—05	28.00	484
几何不等式研究与欣赏.上卷	2016—01	88.00	547
几何不等式研究与欣赏.下卷	2016—01	48.00	552
初等数列研究与欣赏·上	2016—01	48.00	570
初等数列研究与欣赏·下	2016—01	48.00	571
趣味初等函数研究与欣赏.上	2016—09	48.00	684
趣味初等函数研究与欣赏.下	2018—09	48.00	685
三角不等式研究与欣赏	2020—10	68.00	1197
新编平面解析几何解题方法研究与欣赏	2021—10	78.00	1426

火柴游戏(第2版)	2022—05	38.00	1493
智力解谜.第1卷	2017—07	38.00	613
智力解谜.第2卷	2017—07	38.00	614
故事智力	2016—07	48.00	615
名人们喜欢的智力问题	2020—01	48.00	616
数学大师的发现、创造与失误	2018—01	48.00	617
异曲同工	2018—09	48.00	618
数学的味道(第2版)	2023—10	68.00	1686
数学千字文	2018—10	68.00	977

数贝偶拾——高考数学题研究	2014—04	28.00	274
数贝偶拾——初等数学研究	2014—04	38.00	275
数贝偶拾——奥数题研究	2014—04	48.00	276

钱昌本教你快乐学数学(上)	2011—12	48.00	155
钱昌本教你快乐学数学(下)	2012—03	58.00	171

集合、函数与方程	2014—01	28.00	300
数列与不等式	2014—01	38.00	301
三角与平面向量	2014—01	28.00	302
平面解析几何	2014—01	38.00	303
立体几何与组合	2014—01	28.00	304
极限与导数、数学归纳法	2014—01	38.00	305
趣味数学	2014—03	28.00	306
教材教法	2014—04	68.00	307
自主招生	2014—05	58.00	308
高考压轴题(上)	2015—01	48.00	309
高考压轴题(下)	2014—10	68.00	310

刘培杰数学工作室
已出版(即将出版)图书目录——初等数学

书　　名	出版时间	定　价	编号
从费马到怀尔斯——费马大定理的历史	2013—10	198.00	Ⅰ
从庞加莱到佩雷尔曼——庞加莱猜想的历史	2013—10	298.00	Ⅱ
从切比雪夫到爱尔特希(上)——素数定理的初等证明	2013—07	48.00	Ⅲ
从切比雪夫到爱尔特希(下)——素数定理 100 年	2012—12	98.00	Ⅲ
从高斯到盖尔方特——二次域的高斯猜想	2013—10	198.00	Ⅳ
从库默尔到朗兰兹——朗兰兹猜想的历史	2014—01	98.00	Ⅴ
从比勃巴赫到德布朗斯——比勃巴赫猜想的历史	2014—02	298.00	Ⅵ
从麦比乌斯到陈省身——麦比乌斯变换与麦比乌斯带	2014—02	298.00	Ⅶ
从布尔到豪斯道夫——布尔方程与格论漫谈	2013—10	198.00	Ⅷ
从开普勒到阿诺德——三体问题的历史	2014—05	298.00	Ⅸ
从华林到华罗庚——华林问题的历史	2013—10	298.00	Ⅹ

美国高中数学竞赛五十讲.第 1 卷(英文)	2014—08	28.00	357
美国高中数学竞赛五十讲.第 2 卷(英文)	2014—08	28.00	358
美国高中数学竞赛五十讲.第 3 卷(英文)	2014—09	28.00	359
美国高中数学竞赛五十讲.第 4 卷(英文)	2014—09	28.00	360
美国高中数学竞赛五十讲.第 5 卷(英文)	2014—10	28.00	361
美国高中数学竞赛五十讲.第 6 卷(英文)	2014—11	28.00	362
美国高中数学竞赛五十讲.第 7 卷(英文)	2014—12	28.00	363
美国高中数学竞赛五十讲.第 8 卷(英文)	2015—01	28.00	364
美国高中数学竞赛五十讲.第 9 卷(英文)	2015—01	28.00	365
美国高中数学竞赛五十讲.第 10 卷(英文)	2015—02	38.00	366

三角函数(第 2 版)	2017—04	38.00	626
不等式	2014—01	38.00	312
数列	2014—01	38.00	313
方程(第 2 版)	2017—04	38.00	624
排列和组合	2014—01	28.00	315
极限与导数(第 2 版)	2016—04	38.00	635
向量(第 2 版)	2018—08	58.00	627
复数及其应用	2014—08	28.00	318
函数	2014—01	38.00	319
集合	2020—01	48.00	320
直线与平面	2014—01	28.00	321
立体几何(第 2 版)	2016—04	38.00	629
解三角形	即将出版		323
直线与圆(第 2 版)	2016—11	38.00	631
圆锥曲线(第 2 版)	2016—09	48.00	632
解题通法(一)	2014—07	38.00	326
解题通法(二)	2014—07	38.00	327
解题通法(三)	2014—05	38.00	328
概率与统计	2014—01	28.00	329
信息迁移与算法	即将出版		330

刘培杰数学工作室
已出版(即将出版)图书目录——初等数学

书 名	出版时间	定 价	编号
IMO 50年.第1卷(1959—1963)	2014—11	28.00	377
IMO 50年.第2卷(1964—1968)	2014—11	28.00	378
IMO 50年.第3卷(1969—1973)	2014—09	28.00	379
IMO 50年.第4卷(1974—1978)	2016—04	38.00	380
IMO 50年.第5卷(1979—1984)	2015—04	38.00	381
IMO 50年.第6卷(1985—1989)	2015—04	58.00	382
IMO 50年.第7卷(1990—1994)	2016—01	48.00	383
IMO 50年.第8卷(1995—1999)	2016—06	38.00	384
IMO 50年.第9卷(2000—2004)	2015—04	58.00	385
IMO 50年.第10卷(2005—2009)	2016—01	48.00	386
IMO 50年.第11卷(2010—2015)	2017—03	48.00	646
数学反思(2006—2007)	2020—09	88.00	915
数学反思(2008—2009)	2019—01	68.00	917
数学反思(2010—2011)	2018—05	58.00	916
数学反思(2012—2013)	2019—01	58.00	918
数学反思(2014—2015)	2019—03	78.00	919
数学反思(2016—2017)	2021—03	58.00	1286
数学反思(2018—2019)	2023—01	88.00	1593
历届美国大学生数学竞赛试题集.第一卷(1938—1949)	2015—01	28.00	397
历届美国大学生数学竞赛试题集.第二卷(1950—1959)	2015—01	28.00	398
历届美国大学生数学竞赛试题集.第三卷(1960—1969)	2015—01	28.00	399
历届美国大学生数学竞赛试题集.第四卷(1970—1979)	2015—01	18.00	400
历届美国大学生数学竞赛试题集.第五卷(1980—1989)	2015—01	28.00	401
历届美国大学生数学竞赛试题集.第六卷(1990—1999)	2015—01	28.00	402
历届美国大学生数学竞赛试题集.第七卷(2000—2009)	2015—08	18.00	403
历届美国大学生数学竞赛试题集.第八卷(2010—2012)	2015—01	18.00	404
新课标高考数学创新题解题诀窍:总论	2014—09	28.00	372
新课标高考数学创新题解题诀窍:必修1～5分册	2014—08	38.00	373
新课标高考数学创新题解题诀窍:选修2—1,2—2,1—1,1—2分册	2014—09	38.00	374
新课标高考数学创新题解题诀窍:选修2—3,4—4,4—5分册	2014—09	18.00	375
全国重点大学自主招生英文数学试题全攻略:词汇卷	2015—07	48.00	410
全国重点大学自主招生英文数学试题全攻略:概念卷	2015—01	28.00	411
全国重点大学自主招生英文数学试题全攻略:文章选读卷(上)	2016—09	38.00	412
全国重点大学自主招生英文数学试题全攻略:文章选读卷(下)	2017—01	58.00	413
全国重点大学自主招生英文数学试题全攻略:试题卷	2015—07	38.00	414
全国重点大学自主招生英文数学试题全攻略:名著欣赏卷	2017—03	48.00	415
劳埃德数学趣题大全.题目卷.1:英文	2016—01	18.00	516
劳埃德数学趣题大全.题目卷.2:英文	2016—01	18.00	517
劳埃德数学趣题大全.题目卷.3:英文	2016—01	18.00	518
劳埃德数学趣题大全.题目卷.4:英文	2016—01	18.00	519
劳埃德数学趣题大全.题目卷.5:英文	2016—01	18.00	520
劳埃德数学趣题大全.答案卷:英文	2016—01	18.00	521

刘培杰数学工作室
已出版(即将出版)图书目录——初等数学

书　　名	出版时间	定　价	编号
李成章教练奥数笔记. 第 1 卷	2016－01	48.00	522
李成章教练奥数笔记. 第 2 卷	2016－01	48.00	523
李成章教练奥数笔记. 第 3 卷	2016－01	38.00	524
李成章教练奥数笔记. 第 4 卷	2016－01	38.00	525
李成章教练奥数笔记. 第 5 卷	2016－01	38.00	526
李成章教练奥数笔记. 第 6 卷	2016－01	38.00	527
李成章教练奥数笔记. 第 7 卷	2016－01	38.00	528
李成章教练奥数笔记. 第 8 卷	2016－01	48.00	529
李成章教练奥数笔记. 第 9 卷	2016－01	28.00	530
第 19～23 届"希望杯"全国数学邀请赛试题审题要津详细评注(初一版)	2014－03	28.00	333
第 19～23 届"希望杯"全国数学邀请赛试题审题要津详细评注(初二、初三版)	2014－03	38.00	334
第 19～23 届"希望杯"全国数学邀请赛试题审题要津详细评注(高一版)	2014－03	28.00	335
第 19～23 届"希望杯"全国数学邀请赛试题审题要津详细评注(高二版)	2014－03	38.00	336
第 19～25 届"希望杯"全国数学邀请赛试题审题要津详细评注(初一版)	2015－01	38.00	416
第 19～25 届"希望杯"全国数学邀请赛试题审题要津详细评注(初二、初三版)	2015－01	58.00	417
第 19～25 届"希望杯"全国数学邀请赛试题审题要津详细评注(高一版)	2015－01	48.00	418
第 19～25 届"希望杯"全国数学邀请赛试题审题要津详细评注(高二版)	2015－01	48.00	419
物理奥林匹克竞赛大题典——力学卷	2014－11	48.00	405
物理奥林匹克竞赛大题典——热学卷	2014－04	28.00	339
物理奥林匹克竞赛大题典——电磁学卷	2015－07	48.00	406
物理奥林匹克竞赛大题典——光学与近代物理卷	2014－06	28.00	345
历届中国东南地区数学奥林匹克试题及解答	2024－06	68.00	1724
历届中国西部地区数学奥林匹克试题集(2001～2012)	2014－07	18.00	347
历届中国女子数学奥林匹克试题集(2002～2012)	2014－08	18.00	348
数学奥林匹克在中国	2014－06	98.00	344
数学奥林匹克问题集	2014－01	38.00	267
数学奥林匹克不等式散论	2010－06	38.00	124
数学奥林匹克不等式欣赏	2011－09	38.00	138
数学奥林匹克超级题库(初中卷上)	2010－01	58.00	66
数学奥林匹克不等式证明方法和技巧(上、下)	2011－08	158.00	134,135
他们学什么:原民主德国中学数学课本	2016－09	38.00	658
他们学什么:英国中学数学课本	2016－09	38.00	659
他们学什么:法国中学数学课本. 1	2016－09	38.00	660
他们学什么:法国中学数学课本. 2	2016－09	28.00	661
他们学什么:法国中学数学课本. 3	2016－09	38.00	662
他们学什么:苏联中学数学课本	2016－09	28.00	679

刘培杰数学工作室
已出版(即将出版)图书目录——初等数学

书　　名	出版时间	定　价	编号
高中数学题典——集合与简易逻辑·函数	2016－07	48.00	647
高中数学题典——导数	2016－07	48.00	648
高中数学题典——三角函数·平面向量	2016－07	48.00	649
高中数学题典——数列	2016－07	58.00	650
高中数学题典——不等式·推理与证明	2016－07	38.00	651
高中数学题典——立体几何	2016－07	48.00	652
高中数学题典——平面解析几何	2016－07	78.00	653
高中数学题典——计数原理·统计·概率·复数	2016－07	48.00	654
高中数学题典——算法·平面几何·初等数论·组合数学·其他	2016－07	68.00	655
台湾地区奥林匹克数学竞赛试题.小学一年级	2017－03	38.00	722
台湾地区奥林匹克数学竞赛试题.小学二年级	2017－03	38.00	723
台湾地区奥林匹克数学竞赛试题.小学三年级	2017－03	38.00	724
台湾地区奥林匹克数学竞赛试题.小学四年级	2017－03	38.00	725
台湾地区奥林匹克数学竞赛试题.小学五年级	2017－03	38.00	726
台湾地区奥林匹克数学竞赛试题.小学六年级	2017－03	38.00	727
台湾地区奥林匹克数学竞赛试题.初中一年级	2017－03	38.00	728
台湾地区奥林匹克数学竞赛试题.初中二年级	2017－03	38.00	729
台湾地区奥林匹克数学竞赛试题.初中三年级	2017－03	28.00	730
不等式证题法	2017－04	28.00	747
平面几何培优教程	2019－08	88.00	748
奥数鼎级培优教程.高一分册	2018－09	88.00	749
奥数鼎级培优教程.高二分册.上	2018－04	68.00	750
奥数鼎级培优教程.高二分册.下	2018－04	68.00	751
高中数学竞赛冲刺宝典	2019－04	68.00	883
初中尖子生数学超级题典.实数	2017－07	58.00	792
初中尖子生数学超级题典.式、方程与不等式	2017－08	58.00	793
初中尖子生数学超级题典.圆、面积	2017－08	38.00	794
初中尖子生数学超级题典.函数、逻辑推理	2017－08	48.00	795
初中尖子生数学超级题典.角、线段、三角形与多边形	2017－07	58.00	796
数学王子——高斯	2018－01	48.00	858
坎坷奇星——阿贝尔	2018－01	48.00	859
闪烁奇星——伽罗瓦	2018－01	58.00	860
无穷统帅——康托尔	2018－01	48.00	861
科学公主——柯瓦列夫斯卡娅	2018－01	48.00	862
抽象代数之母——埃米·诺特	2018－01	48.00	863
电脑先驱——图灵	2018－01	58.00	864
昔日神童——维纳	2018－01	48.00	865
数坛怪侠——爱尔特希	2018－01	68.00	866
传奇数学家徐利治	2019－09	88.00	1110

刘培杰数学工作室
已出版(即将出版)图书目录——初等数学

书　　名	出版时间	定　价	编号
当代世界中的数学.数学思想与数学基础	2019—01	38.00	892
当代世界中的数学.数学问题	2019—01	38.00	893
当代世界中的数学.应用数学与数学应用	2019—01	38.00	894
当代世界中的数学.数学王国的新疆域(一)	2019—01	38.00	895
当代世界中的数学.数学王国的新疆域(二)	2019—01	38.00	896
当代世界中的数学.数林撷英(一)	2019—01	38.00	897
当代世界中的数学.数林撷英(二)	2019—01	48.00	898
当代世界中的数学.数学之路	2019—01	38.00	899
105 个代数问题:来自 AwesomeMath 夏季课程	2019—02	58.00	956
106 个几何问题:来自 AwesomeMath 夏季课程	2020—07	58.00	957
107 个几何问题:来自 AwesomeMath 全年课程	2020—07	58.00	958
108 个代数问题:来自 AwesomeMath 全年课程	2019—01	68.00	959
109 个不等式:来自 AwesomeMath 夏季课程	2019—04	58.00	960
110 个几何问题:选自各国数学奥林匹克竞赛	2024—04	58.00	961
111 个代数和数论问题	2019—05	58.00	962
112 个组合问题:来自 AwesomeMath 夏季课程	2019—05	58.00	963
113 个几何不等式:来自 AwesomeMath 夏季课程	2020—08	58.00	964
114 个指数和对数问题:来自 AwesomeMath 夏季课程	2019—09	48.00	965
115 个三角问题:来自 AwesomeMath 夏季课程	2019—09	58.00	966
116 个代数不等式:来自 AwesomeMath 全年课程	2019—04	58.00	967
117 个多项式问题:来自 AwesomeMath 夏季课程	2021—09	58.00	1409
118 个数学竞赛不等式	2022—08	78.00	1526
119 个三角问题	2024—05	58.00	1726
紫色彗星国际数学竞赛试题	2019—02	58.00	999
数学竞赛中的数学:为数学爱好者、父母、教师和教练准备的丰富资源.第一部	2020—04	58.00	1141
数学竞赛中的数学:为数学爱好者、父母、教师和教练准备的丰富资源.第二部	2020—07	48.00	1142
和与积	2020—10	38.00	1219
数论:概念和问题	2020—12	68.00	1257
初等数学问题研究	2021—03	48.00	1270
数学奥林匹克中的欧几里得几何	2021—10	68.00	1413
数学奥林匹克题解新编	2022—01	58.00	1430
图论入门	2022—09	58.00	1554
新的、更新的、最新的不等式	2023—07	58.00	1650
几何不等式相关问题	2024—04	58.00	1721
数学归纳法——一种高效而简捷的证明方法	2024—06	48.00	1738
数学竞赛中奇妙的多项式	2024—01	78.00	1646
120 个奇妙的代数问题及 20 个奖励问题	2024—04	48.00	1647

刘培杰数学工作室
已出版(即将出版)图书目录——初等数学

书　名	出版时间	定　价	编号
澳大利亚中学数学竞赛试题及解答(初级卷)1978～1984	2019－02	28.00	1002
澳大利亚中学数学竞赛试题及解答(初级卷)1985～1991	2019－02	28.00	1003
澳大利亚中学数学竞赛试题及解答(初级卷)1992～1998	2019－02	28.00	1004
澳大利亚中学数学竞赛试题及解答(初级卷)1999～2005	2019－02	28.00	1005
澳大利亚中学数学竞赛试题及解答(中级卷)1978～1984	2019－03	28.00	1006
澳大利亚中学数学竞赛试题及解答(中级卷)1985～1991	2019－03	28.00	1007
澳大利亚中学数学竞赛试题及解答(中级卷)1992～1998	2019－03	28.00	1008
澳大利亚中学数学竞赛试题及解答(中级卷)1999～2005	2019－03	28.00	1009
澳大利亚中学数学竞赛试题及解答(高级卷)1978～1984	2019－05	28.00	1010
澳大利亚中学数学竞赛试题及解答(高级卷)1985～1991	2019－05	28.00	1011
澳大利亚中学数学竞赛试题及解答(高级卷)1992～1998	2019－05	28.00	1012
澳大利亚中学数学竞赛试题及解答(高级卷)1999～2005	2019－05	28.00	1013

天才中小学生智力测验题.第一卷	2019－03	38.00	1026
天才中小学生智力测验题.第二卷	2019－03	38.00	1027
天才中小学生智力测验题.第三卷	2019－03	38.00	1028
天才中小学生智力测验题.第四卷	2019－03	38.00	1029
天才中小学生智力测验题.第五卷	2019－03	38.00	1030
天才中小学生智力测验题.第六卷	2019－03	38.00	1031
天才中小学生智力测验题.第七卷	2019－03	38.00	1032
天才中小学生智力测验题.第八卷	2019－03	38.00	1033
天才中小学生智力测验题.第九卷	2019－03	38.00	1034
天才中小学生智力测验题.第十卷	2019－03	38.00	1035
天才中小学生智力测验题.第十一卷	2019－03	38.00	1036
天才中小学生智力测验题.第十二卷	2019－03	38.00	1037
天才中小学生智力测验题.第十三卷	2019－03	38.00	1038

重点大学自主招生数学备考全书:函数	2020－05	48.00	1047
重点大学自主招生数学备考全书:导数	2020－08	48.00	1048
重点大学自主招生数学备考全书:数列与不等式	2019－10	78.00	1049
重点大学自主招生数学备考全书:三角函数与平面向量	2020－08	68.00	1050
重点大学自主招生数学备考全书:平面解析几何	2020－07	58.00	1051
重点大学自主招生数学备考全书:立体几何与平面几何	2019－08	48.00	1052
重点大学自主招生数学备考全书:排列组合·概率统计·复数	2019－09	48.00	1053
重点大学自主招生数学备考全书:初等数论与组合数学	2019－08	48.00	1054
重点大学自主招生数学备考全书:重点大学自主招生真题.上	2019－04	68.00	1055
重点大学自主招生数学备考全书:重点大学自主招生真题.下	2019－04	58.00	1056

高中数学竞赛培训教程:平面几何问题的求解方法与策略.上	2018－05	68.00	906
高中数学竞赛培训教程:平面几何问题的求解方法与策略.下	2018－06	78.00	907
高中数学竞赛培训教程:整除与同余以及不定方程	2018－01	88.00	908
高中数学竞赛培训教程:组合计数与组合极值	2018－04	48.00	909
高中数学竞赛培训教程:初等代数	2019－04	78.00	1042
高中数学讲座:数学竞赛基础教程(第一册)	2019－06	48.00	1094
高中数学讲座:数学竞赛基础教程(第二册)	即将出版		1095
高中数学讲座:数学竞赛基础教程(第三册)	即将出版		1096
高中数学讲座:数学竞赛基础教程(第四册)	即将出版		1097

刘培杰数学工作室
已出版(即将出版)图书目录——初等数学

书　　名	出版时间	定　价	编号
新编中学数学解题方法 1000 招丛书. 实数(初中版)	2022—05	58.00	1291
新编中学数学解题方法 1000 招丛书. 式(初中版)	2022—05	48.00	1292
新编中学数学解题方法 1000 招丛书. 方程与不等式(初中版)	2021—04	58.00	1293
新编中学数学解题方法 1000 招丛书. 函数(初中版)	2022—05	38.00	1294
新编中学数学解题方法 1000 招丛书. 角(初中版)	2022—05	48.00	1295
新编中学数学解题方法 1000 招丛书. 线段(初中版)	2022—05	48.00	1296
新编中学数学解题方法 1000 招丛书. 三角形与多边形(初中版)	2021—04	48.00	1297
新编中学数学解题方法 1000 招丛书. 圆(初中版)	2022—05	48.00	1298
新编中学数学解题方法 1000 招丛书. 面积(初中版)	2021—07	28.00	1299
新编中学数学解题方法 1000 招丛书. 逻辑推理(初中版)	2022—06	48.00	1300
高中数学题典精编. 第一辑. 函数	2022—01	58.00	1444
高中数学题典精编. 第一辑. 导数	2022—01	68.00	1445
高中数学题典精编. 第一辑. 三角函数・平面向量	2022—01	68.00	1446
高中数学题典精编. 第一辑. 数列	2022—01	58.00	1447
高中数学题典精编. 第一辑. 不等式・推理与证明	2022—01	58.00	1448
高中数学题典精编. 第一辑. 立体几何	2022—01	58.00	1449
高中数学题典精编. 第一辑. 平面解析几何	2022—01	68.00	1450
高中数学题典精编. 第一辑. 统计・概率・平面几何	2022—01	58.00	1451
高中数学题典精编. 第一辑. 初等数论・组合数学・数学文化・解题方法	2022—01	58.00	1452
历届全国初中数学竞赛试题分类解析. 初等代数	2022—09	98.00	1555
历届全国初中数学竞赛试题分类解析. 初等数论	2022—09	48.00	1556
历届全国初中数学竞赛试题分类解析. 平面几何	2022—09	38.00	1557
历届全国初中数学竞赛试题分类解析. 组合	2022—09	38.00	1558
从三道高三数学模拟题的背景谈起:兼谈傅里叶三角级数	2023—03	48.00	1651
从一道日本东京大学的入学试题谈起:兼谈 π 的方方面面	即将出版		1652
从两道 2021 年福建高三数学测试题谈起:兼谈球面几何学与球面三角学	即将出版		1653
从一道湖南高考数学试题谈起:兼谈有界变差数列	2024—01	48.00	1654
从一道高校自主招生试题谈起:兼谈詹森函数方程	即将出版		1655
从一道上海高考数学试题谈起:兼谈有界变差函数	即将出版		1656
从一道北京大学金秋营数学试题的解法谈起:兼谈伽罗瓦理论	即将出版		1657
从一道北京高考数学试题的解法谈起:兼谈毕克定理	即将出版		1658
从一道北京大学金秋营数学试题的解法谈起:兼谈帕塞瓦尔恒等式	即将出版		1659
从一道高三数学模拟测试题的背景谈起:兼谈等周问题与等周不等式	即将出版		1660
从一道 2020 年全国高考数学试题的解法谈起:兼谈斐波那契数列和纳卡穆拉定理及奥斯图达定理	即将出版		1661
从一道高考数学附加题谈起:兼谈广义斐波那契数列	即将出版		1662

刘培杰数学工作室
已出版(即将出版)图书目录——初等数学

书　　名	出版时间	定　价	编号
代数学教程.第一卷,集合论	2023－08	58.00	1664
代数学教程.第二卷,抽象代数基础	2023－08	68.00	1665
代数学教程.第三卷,数论原理	2023－08	58.00	1666
代数学教程.第四卷,代数方程式论	2023－08	48.00	1667
代数学教程.第五卷,多项式理论	2023－08	58.00	1668
代数学教程.第六卷,线性代数原理	2024－06	98.00	1669

中考数学培优教程——二次函数卷	2024－05	78.00	1718
中考数学培优教程——平面几何最值卷	2024－05	58.00	1719
中考数学培优教程——专题讲座卷	2024－05	58.00	1720

联系地址:哈尔滨市南岗区复华四道街 10 号　哈尔滨工业大学出版社刘培杰数学工作室
邮　　编:150006
联系电话:0451－86281378　　13904613167
E-mail:lpj1378@163.com